Jahrbuch Schleifen, Honen, Läppen und Polieren

Bibliografische Information der Deutschen Nationalbibliothek

Die Deutsche Nationalbibliothek verzeichnet diese Publikation in der Deutschen Nationalbibliografie; detaillierte bibliografische Daten sind im Internet über www.dnb.de abrufbar.

Jahrbuch Schleifen, Honen, Läppen und Polieren

Dirk Biermann, Hans-Christian Möhring (Hrsg.)
71. Ausgabe 2026

ISBN: 978-3-8027-3202-7 (Print)
ISBN: 978-3-8027-3203-4 (eBook)

Friedrich-Ebert-Straße 55, 45127 Essen, Deutschland
E-Mail: bestellung@vulkan-verlag.de
Telefon: +49 201 820 02-0
Internet: www.vulkan-verlag.de

Projektmanagement: Marie-Therese Hanschmann, Vulkan-Verlag GmbH, Essen
Lektorat: Marie-Therese Hanschmann, Vulkan-Verlag GmbH, Essen
Herstellung: Melanie Zöller, Vulkan-Verlag GmbH, Essen
Umschlaggestaltung: Melanie Zöller, Vulkan-Verlag GmbH, Essen
Titelbild: © Krebs & Riedel Schleifscheibenfabrik GmbH & Co. KG; Technische Universität Dortmund
Satz: Brigitte Schmidt, Schmidt Media Design, München
Druckerei: mediaprint solutions GmbH, 33100 Paderborn

Dirk Biermann, Hans-Christian Möhring (Hrsg.)

71. Ausgabe

Jahrbuch Schleifen, Honen, Läppen und Polieren

Vulkan Verlag

Inhalt

Maschinen

Verfahren

Geleitwort

Traditionsreiche Sammlung von Informationen und Wissen zu den spanenden Fertigungsverfahren mit geometrisch unbestimmten Schneiden

Dirk Biermann, Hans-Christian Möhring, Marie-Therese Hanschmann

Als neue Herausgeber sind wir zunächst sehr dankbar, dass uns unsere Vorgänger Prof. Dr.-Ing. Berend Denkena und Dr.-Ing. Hans-Werner Hoffmeister die sehr ehrenvolle Aufgabe überlassen haben, das Jahrbuch Schleifen, Honen, Läppen und Polieren zum 100-jährigen Jubiläum gemeinsam mit Frau Hanschmann vom Vulkan-Verlag gestalten zu dürfen. Gleichzeitig ist damit aber auch ein besonderer Anspruch verbunden, dieses außergewöhnliche Fachbuch in seiner langjährigen Tradition wieder mit ausgewählten Beiträgen aus der Industrie und der Wissenschaft zu aktuellen Fragestellungen und neuen Lösungsmöglichkeiten zu einem sehr interessanten und inhaltsreichen Werk werden zu lassen. Bei der Zusammenstellung der Beiträge haben wir großen Wert daraufgelegt, wichtige Aspekte aktueller Entwicklungen zu den unterschiedlichen Verfahren, Werkzeugen und Maschinen zu berücksichtigen und auch wieder eine größere Anzahl von Industriebeträgen zu gewinnen. Insgesamt ist es uns gelungen, 27 Beiträge in dem Fachbuch zusammenzubringen, wovon fast die Hälfte von Autoren aus der Industrie geschrieben wurde. Bei den insgesamt 67 Autoren, die es uns mit ihren Beiträgen auf über 400 Seiten ermöglicht haben, diese Jubiläumsausgabe wieder zu einem umfassenden Werk werden zu lassen, möchten wir uns ganz herzlich bedanken! Gerade dieses Engagement ist in der aktuellen Zeit, die durch unsichere Randbedingungen und viele schwierige Herausforderungen in den meisten Branchen geprägt ist, alles andere als selbstverständlich und verdient deshalb umso mehr Anerkennung.

In Ergänzung zu den aktuellen Fachbeiträgen ist die Historie des Jahrbuchs nachfolgend kurz zusammenfassend dargestellt und die wichtigsten Stationen sind in einer Abbildung auf den Seiten XVI bis XIX in Form eines Zeitstrahls sehr anschaulich wiedergegeben. Die ausgewählten Darstellungen des Covers von 1926, einer Firmenanzeige und den „Zwölf Geboten für den Schleifer“ sollen dabei einen Eindruck vermitteln, wie der sogenannte Schleifindustrie-Kalender vor 100 Jahren aussah und welche Inhalte Bestandteil waren. Sehr beeindruckend ist sicherlich, dass das Jahrbuch trotz diverser Krisen, Katastrophen und globaler Einschränkungen überstehen und damit auch immer eine Hilfestellung bieten konnte. Diese Entwicklung ist natürlich nur dem Engagement der jeweils beteiligten Herausgeber, Autoren, Industriepartner und dem Vulkan-Verlag zu verdanken.

Gerade in schwierigen Zeiten kann die Kenntnis über neue Lösungen und grundlegende Zusammenhänge sehr wertvoll sein, um im eigenen Umfeld Möglichkeiten zu identifizieren, die zu einem Wettbewerbsvorteil führen können. In diesem Sinne wünschen wir Ihnen eine spannende Lektüre der Beiträge und hoffen, dass Sie möglichst viele Anregungen entdecken, damit auch diese Jubiläumsausgabe der langen Tradition der Bereitstellung von aktuellen Informationen rund um die Schleiftechnik gerecht werden kann.

100 Jahre Jahrbuch Schleifen, Honen, Läppen und Polieren

100 Jahre und 71 Ausgaben – das Jahrbuch Schleifen, Honen, Läppen und Polieren blickt inzwischen auf eine lange und bewegte Geschichte zurück. Anlässlich des einhundertjährigen Jubiläums der Buchreihe möchten wir Sie auf eine kleine geschichtliche Reise zu den wichtigsten Stationen in der Historie unserer Buchreihe mitnehmen.

Die erste Ausgabe der Reihe erschien 1926 unter dem Titel „Schleif-Industrie-Kalender: Schleif- u. Poliermittel-Kalender“. Der erste Herausgeber war Bernhard Kleinschmidt aus Düsseldorf. Unterstützt wurde er bei seiner Arbeit von dem chemischen Laboratorium für Tonindustrie. Bereits vor 100 Jahren wurde das Jahrbuch nicht nur durch den Verkauf, sondern auch durch die Integration von Firmenanzeigen finanziert. Tatsächlich waren Werbeanzeigen von Firmen seit der ersten Ausgabe Teil der Buchreihe. Exemplare der ersten Ausgabe von 1926 gibt es heute noch in der Universitätsbibliothek der RWTH Aachen, der Technischen Universität München sowie im Deutschen Museum in München. [1], [2], [3]

1944 kam es zu einer vorübergehenden Unterbrechung der Buchreihe. Nach der 16. Ausgabe erschienen für einige Jahre keine neuen Bände der Reihe mehr. Über den Grund für diese Unterbrechung kann nur spekuliert werden. Allerdings liegt die Vermutung nahe, den Grund in der damaligen Kriegssituation sowie in der unmittelbaren Nachkriegszeit zu suchen. Im Jahr 1949 wurde die Reihe jedoch unter dem alten Namen und der Herausgeberschaft von Bernhard Kleinschmidt wieder fortgesetzt. [2], [3]

Mehrfach änderte die Buchreihe im Laufe ihrer einhundertjährigen Geschichte ihren Namen. Zu der ersten Titeländerung kam es im Jahr 1953. Ab der 26. Ausgabe wurde die Reihe unter dem neuen Titel „Jahrbuch der Schleif- und Poliertechnik und der Oberflächenbehandlung“ fortgeführt. Mittlerweile hatte die 1928 gegründete Vulkan-Verlag GmbH aus Essen den Druck und den Vertrieb des Jahrbuchs übernommen. [2], [3]

Genau wie der Titel wechselten auch die Herausgeber der Buchreihe im Laufe der Jahre immer wieder. Einen wichtigen Einschnitt stellte in diesem Zusammenhand das Jahr 1969 dar. Damals endete die Herausgeberschaft von Bernhard Kleinschmidt drei Jahre nach dem Tod des ersten Herausgebers der

Buchreihe. Nach seinem Tod übernahm zunächst Ingenieur E. H. Maass die Bearbeitung der folgenden Bücher. [2], [3]

Im Jahr 1971 änderte sich der Titel der Buchreihe abermals. Von der 44. Ausgabe an wurden die Bände unter dem Titel „Jahrbuch der Schleif-, Hon-, Läpp- und Poliertechnik und der Oberflächenfeinbearbeitung“ veröffentlicht. 1974 und 1975 erschienen unter der Regie von Ing. (grad) Erwin W. Schwirz zwei weitere Bände der Reihe. [2], [3]

Einen wichtigen Meilenstein in der Geschichte der Buchreihe stellte das Jahr 1977 dar. Damals erschien mit der 48. Ausgabe der erste Band, der unter dem Titel „Jahrbuch Schleifen, Honen, Läppen und Polieren“ veröffentlicht wurde. Bis heute ist dieser Name der Buchreihe erhalten geblieben. Zugleich übernahm damals Prof. Dr.-Ing. Ernst Saljé die Herausgeberschaft. Er kümmerte sich in den 1980er-Jahren um die Buchreihe und betreute die Bände bis zur 56. Ausgabe von 1990. [2], [3]

Nach dem Tod von Prof. Dr.-Ing. Ernst Saljé stellte Prof. Dr.-Ing. Engelbert Westkämper im Jahr 1993 die 57. Ausgabe der Buchreihe fertig. 1997 wurde abermals eine Änderung in der Bearbeitung der Buchreihe wirksam. Während vorher zumeist eine Person als Herausgeber fungierte und es nur in Phasen des Übergangs zu einem neuen Betreuer Bücher mit mehreren Herausgebern gab, bildeten Prof. Dr.-Ing. Engelbert Westkämper und Prof. Dr.-Ing. Hans-Kurt Tönshoff ab der 58. Ausgabe ein Herausgeberteam. Die Tradition, zwei Herausgeber mit der Buchreihe zu betrauen, hat sich seither gehalten. [2], [3]

Im Jahr 2002 erschien die 60. Ausgabe des Jahrbuchs. Nach dem Ausscheiden von Engelbert Westkämper stieß Dr.-Ing. Hans-Werner Hoffmeister von der Technischen Universität Braunschweig zum Hausgeberteam. Drei Jahre später, im Jahr 2005, wurde die 62. Ausgabe der Reihe herausgegeben. Zum ersten Mal bildeten Dr.-Ing. Hans-Werner Hoffmeister und Prof. Dr.-Ing. Berend Denkena von der Universität Hannover das Herausgeberteam. Diese Zusammenarbeit blieb über 18 Jahre hinweg bestehen. Im Jahr 2022 erschien schließlich die 70. Ausgabe des Jahrbuchs. Es war zugleich die letzte Ausgabe, die von dem Herausgeberteam Dr.-Ing. Hans-Werner Hoffmeister und Prof. Dr.-Ing. Berend Denkena betreut wurde. [2], [3]

Der einhundertjährige Kreis der Buchreihe schließt sich nun mit der 71. Ausgabe im Jahr 2026. Zugleich begrüßt die Buchreihe mit dieser Ausgabe ein neues Herausgeberteam: Prof. Dr.-Ing. Prof. h.c. Dirk Biermann von der Technischen Universität Dortmund und Prof. Dr.-Ing. Hans-Christian Möhring von der Universität Stuttgart haben mit der Veröffentlichung dieser Jubiläumsausgabe die Herausgeberschaft übernommen. Nach 100 Jahre gibt es somit immer noch Neuerungen in dieser traditionsreichen Buchreihe. Das macht Mut für die Zukunft. Veränderungen waren immer Teil der Historie des Jahrbuchs Schleifen, Honen, Läppen und Polieren und genau diese Anpassungsfähigkeit hat es ermöglicht, die Buchreihe über 100 Jahre hinweg aufrecht zu erhalten, sodass das Jahrbuch auch nach vollendeten 100 Jahren neuen Ausgaben entgegenblickt.

Quellen:

[1] Kleinschmidt, B.: Schleif-Industrie-Kalender. Chemisches Laboratorium für Tonindustrie Prof. Dr. H. Seger & E. Cramer GmbH, Berlin, 1926

[2] Hoffmeister, H.-W.; Hanschmann, M.-T.: Geleitwort. Das 70. Jahrbuch – Eine lange Geschichte von den Anfängen bis heute. In: Hoffmeister, H.-W.; Denkena, B. (Hrsg.): Jahrbuch Schleifen, Honen, Läppen und Polieren. Verfahren und Maschinen. Vulkan-Verlag GmbH, Essen, 2022

[3] www.dnb.de. Zuletzt abgerufen am 14.07.2022 (Deutsche Nationalbibliothek (dnb))

100 Jahre

Bild 1: Cover der 1. Ausgabe [3] (Quelle: RWTH-Aachen)

1926

1926: Die erste Ausgabe erscheint unter dem Titel „Schleif-Industrie-Kalender: Schleif- u. Poliermittel-Kalender" **(Bild 1, Bild 2, Bild 3)**. Der erste Herausgeber war Bernhard Kleinschmidt aus Düsseldorf. Unterstützt wurde er bei seiner Arbeit von dem chemischen Laboratorium für Tonindustrie.

1969

1969: Die Herausgeberschaft von Bernhard Kleinschmidt endet drei Jahre nach seinem Tod mit der Ausgabe im Jahr 1969. Nach seinem Tod übernahm zunächst Ingenieur E. H. Maass die Bearbeitung der Reihe.

1971

1971: Von der 44. Ausgabe an wird die Buchreihe unter dem Titel „Jahrbuch der Schleif-, Hon-, Läpp- und Poliertechnik und der Oberflächenfeinbearbeitung" weitergeführt.

1974

1974, 1975: Unter der Regie von Ing. (grad) Erwin W. Schwirz erscheinen zwei weitere Bände der Reihe.

Jahrbuch Schleifen, Honen, Läppen und Polieren

1944

1944: Nach der 16. Ausgabe erscheinen für einige Jahre keine neuen Bände der Reihe mehr.

1949

1949: Die Reihe wird unter dem alten Namen und der Herausgeberschaft von Bernhard Kleinschmidt fortgesetzt.

Bild 2: Firmenanzeige von 1926 [3] (Quelle: RWTH-Aachen)

1953

1953: Ab der 26. Ausgabe wird die Reihe unter dem neuen Titel „Jahrbuch der Schleif- und Poliertechnik und der Oberflächenbehandlung“ fortgeführt.

1977

Seit der 48. Ausgabe im Jahr 1977 werden die Bücher unter dem Titel „Jahrbuch Schleifen, Honen, Läppen und Polieren“ veröffentlicht. Prof. Dr.-Ing. Ernst Saljé übernimmt die Herausgeberschaft. Er betreut die Buchreihe bis zur 56. Ausgabe 1990.

1993

1993: Nach dem Tod von Prof. Dr.-Ing. Ernst Saljé stellt Prof. Dr.-Ing. Engelbert Westkämper die 57. Ausgabe der Buchreihe fertig.

2022

2022: Erscheinen der 70. Ausgabe. Es ist zugleich die letzte Ausgabe, die von dem Herausgeberteam Dr.-Ing. Hans-Werner Hoffmeister und Prof. Dr.-Ing. Berend Denkena betreut wird.

2026

Bild 4: Cover der 71. Ausgabe

2026: 100 Jahre nach der Veröffentlichung der 1. Ausgabe erscheint die 71. Ausgabe der Buchreihe **(Bild 4)**. Prof. Dr.-Ing. Prof. h.c. Dirk Biermann und Prof. Dr.-Ing. Hans-Christian Möhring übernehmen die Herausgeberschaft.

1997

1997: Prof. Dr.-Ing. Engelbert Westkämper und Prof. Dr.-Ing. Hans-Kurt Tönshoff bilden ab der 58. Ausgabe ein Herausgeberteam.

2002

2002: Veröffentlichung der 60. Ausgabe. Nach dem Ausscheiden von Engelbert Westkämper stößt Dr.-Ing. Hans-Werner Hoffmeister zum Hausgeberteam

2005

2005: Veröffentlichung der 62. Ausgabe. Zum ersten Mal bilden Dr.-Ing. Hans-Werner Hoffmeister und Prof. Dr.-Ing. Berend Denkena das Herausgeberteam.

Die 12 Gebote.

Auf was Sie im Interesse einer guten Arbeit und im Interesse Ihrer Schleifmaschine zu achten haben:

1. Halten Sie Ihre Schleifmaschine stets peinlich sauber, denn eine schlecht gereinigte und schlecht geschmierte Maschine wird Ihnen Aerger und uns Unkosten verursachen.

2. Sagen Sie es sofort Ihrem Vorgesetzten, wenn an Arbeitsstücken oder an der Maschine Uebelstände auftreten; auch das Nichtsauberwerden von Schleifstücken müssen Sie melden.

3. Kühlen Sie Ihr Arbeitsstück vor dem Messen ab, die deutsche Normal-Meßtemperatur ist die von 20 Grad C. Messen Sie nicht das laufende Arbeitsstück, Sie schaden damit Ihren Lehren und Meßgeräten.

4. Achten Sie stets auf Riemen- und Steinschutz, es muß bei kleiner werdender Schleifscheibe der Schutz nachgestellt werden.

5. Benutzen Sie die zu jeder Maschine gehörige Schutzbrille.

6. Geben Sie immer genügend Kühlwasser, damit auf den Arbeitsstücken keine Brandflecken entstehen.

7. Berücksichtigen Sie die richtige Umlaufgeschwindigkeit, also etwa 25 m/Min. beim Arbeitsstück und etwa 30 m/sec., bei der Schleifscheibe am Umfang gemessen.

$$\text{Umlaufzahl/Min.} = \text{oder kleiner } \frac{1800}{3{,}14 \times \text{Durchmesser in Meter}}.$$

8. Nehmen Sie beim Spannen des Werkstückes Rücksicht auf die Wärmeausdehnung, z. B. beim Schleifen zwischen den toten Spitzen auf der Rundschleifmaschine und beim Planschleifen, und daß die Spannorgane besonders bei Gußeisen an der richtigen Stelle sitzen.

9. Weisen Sie jede minderwertige Schleifscheibe sofort zurück und nehmen Sie jeweils, selbst auf Kosten Ihrer augenblicklichen Bequemlichkeit, die günstigste Schleifscheibe für Ihre Arbeit.

10. Beachten Sie beim Innenschleifen, daß Ihre Schleifspindelachse auf genau gleicher Höhe der Arbeitsachse liegt.

11. Vor dem Rundschleifen muß die Maschine auf zylindrischen Schliff eingestellt werden, probieren Sie nicht erst am Arbeitsstück.

12. Behandeln Sie Ihre Schleifmaschine als lebendes Inventar.

E. Sch.

Bild 3: „Zwölf Gebote für den Schleifer“ aus der 1. Ausgabe [3] (Quelle: RWTH-Aachen)

Quellen

[1] Hoffmeister, H.-W.; Hanschmann, M.-T.: Geleitwort. Das 70. Jahrbuch – Eine lange Geschichte von den Anfängen bis heute. In: Hoffmeister, H.-W.; Denkena, B. (Hrsg.): Jahrbuch Schleifen, Honen, Läppen und Polieren. Verfahren und Maschinen. Vulkan-Verlag GmbH, Essen, 2022

[2] www.dnb.de. Zuletzt abgerufen am 14.07.2022 (Deutsche Nationalbibliothek (dnb))

[3] Kleinschmidt, B.: Schleif-Industrie-Kalender. Chemisches Laboratorium für Tonindustrie Prof. Dr. H. Seger & E. Cramer GmbH, Berlin, 1926

1. Schleifen

Werkzeuge

Hochschule und Industrie – sieben Jahrzehnte Gemeinschaftsforschung in der Forschungsgemeinschaft Schleiftechnik

Gerd Fischer, Gunnar Grecksch

1. Die Forschungsgemeinschaft Schleiftechnik FGS e.V.

Am 06.11.1956 traf sich eine Gruppe engagierter Schleifmittelhersteller in Frankfurt und gründete die „Forschungsgemeinschaft Schleifscheiben“. Damit begann eine Erfolgsgeschichte, die bis heute anhält. Der Name wurde später geändert; aus „Schleifscheiben“ wurde „Schleiftechnik“, um allen Mitgliedern dieser Branche gerecht zu werden. Der Auftrag ist aber derselbe: die Zukunft des Schleifens als eine unverzichtbare Bearbeitungs- und Fertigungstechnologie zu sichern.

Schleifen ist ein uraltes Fertigungsverfahren. Die ersten Schleifwerkzeuge wurden in der Altsteinzeit verwendet, vor etwa 35.000 bis 50.000 Jahren, möglicherweise sogar früher. Belegte Schleifspuren auf Werkstücken gibt es von Fundstätten im Nahen Osten, Afrika und Europa. Schleifwerkzeuge und Schleifverfahren haben sich über Jahrtausende vom einfachen Sandsteinblock zum hochpräzisen Industrieprozess entwickelt. Heute ist das Spektrum der Anwendungen so vielfältig wie die Produkte – kaum ein industrieller Fertigungsprozess, in dem nicht an irgendeiner Stelle spezialisierte Schleifwerkzeuge zum Einsatz kommen. Die moderne Industriegesellschaft und ihre Produkte sind ohne Schleifprozesse undenkbar.

Im Jahr 2026 feiert die Forschungsgemeinschaft Schleiftechnik e.V. (FGS) mit ihren 21 Mitgliedsfirmen ihr 70-jähriges Bestehen. Sie ist in der Geschäftsstelle des Verbands Deutscher Schleifmittelwerke e.V. in Bonn angesiedelt. Seit ihrer Gründung hat die FGS bisher rund 220 Forschungsvorhaben aus dem Bereich der Schleiftechnik gefördert. Von Beginn an wurden Projekte in enger Zusammenarbeit mit Universitäten, Fachhochschulen und außeruniversitären Forschungseinrichtungen durchgeführt. Diese partnerschaftliche Zusammenarbeit zwischen Industrie und Forschung ist bis heute das Fundament des Erfolges.

Davon profitieren beide Seiten. Die Hersteller von Schleifwerkzeugen, überwiegend kleine und mittelständische Unternehmen, nutzen die externen Forschungskapazitäten und die Kompetenz der Institute. An den Hochschulen wird das Wissen um die Schleiftechnik ausgebaut und der wissenschaftliche Nachwuchs gefördert. Als Schlüsselindustrie ist die Schleifmittelbranche in Deutschland auf die regelmäßige und fortlaufende Ausbildung hochqualifizierter Mitarbeiterinnen und Mitarbeiter angewiesen. So gehört es für die FGS sogar zu den satzungsgemäßen Aufgaben, eine hohe Sichtbarkeit der Schleifmittelindustrie im Forschungsumfeld zu fördern und den akademischen Nachwuchs für technologische Fragestellungen rund um die Schleiftechnik zu interessieren und zu begeistern. Die Projekte der FGS dienen somit neben der Klärung wissenschaftlicher Fragestellungen auch der Förderung des qualifizierten Nachwuchses für die Unternehmen der Branche. Nicht selten beginnen ehemalige Hochschulabsolventen ihre berufliche Karriere in der Schleifmittelbranche.

2. Gemeinschaftliche Projektarbeit

Die FGS fördert ausschließlich vorwettbewerbliche Forschungsvorhaben. Das erste finanzierte Projekt der FGS begann 1950, bereits vor Gründung der Forschungsgemeinschaft, unter dem Titel „Genauschleifen – Außenrund-, Längs- und Einstechschleifen" mit der TH Aachen und TU Braunschweig. Mit diesen beiden Hochschulen wurde auch das erste Sicherheitsthema (Schutzhauben-Untersuchungen) 1969 erfolgreich bearbeitet. Seitdem sind Themen rund um die Sicherheit schleiftechnischer Prozesse stetiger Begleiter der FGS. Themen wie die Untersuchungen zur Bruchsicherheit ausgesparter Diamanttrennscheiben (in 2009 mit dem Institut für Umformtechnik und Umformmaschinen IFUM der Leibniz Universität Hannover, **Bild 1**) oder die experimentelle Bestimmung von Schleifmitteleigenfrequenzen (in 2024 mit der Forschungsgemeinschaft Werkzeuge und Werkstoffe e.V. FGW, Remscheid, **Bild 2**) lieferten anschauliche Ergebnisse für die Hersteller und ermöglichten die Produktion sicherer Werkzeuge.

Im Bereich Sicherheit spielt der Faktor Zeit und damit auch die Alterung von Werkzeugen eine wichtige Rolle. Die FGS erforschte hierzu die Alterung organischer Komponenten im Schleifmittelverbund (2020, mit dem Fraunhofer Institut für Fertigungstechnik und Angewandte Materialforschung IFAM, Bremen). Mit

Bild 1: Diamanttrennscheibe nach Fliehkraftsprengversuch (aus Abschlussbericht IFUM, 2009)

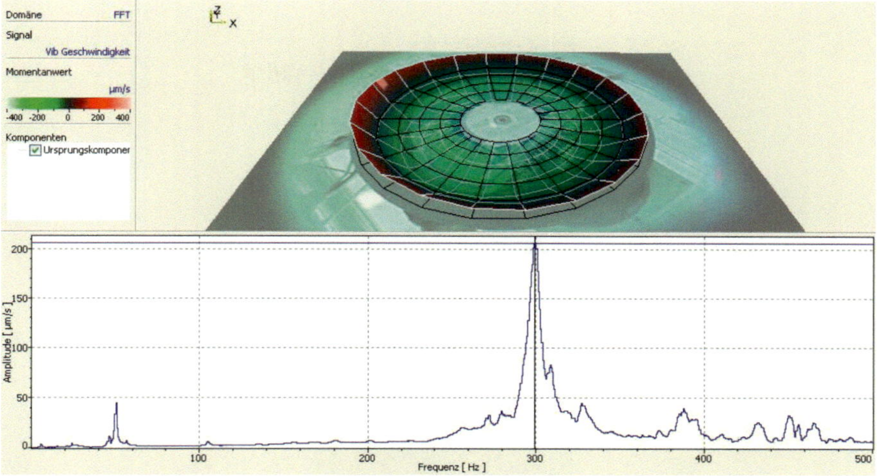

Bild 2: Auswertung von Eigenfrequenzen einer Trennscheibe (aus Abschlussbericht FGW, 2024)

den verwendeten Methoden können nunmehr Aussagen zur Alterung der Polymermaterialien getroffen und der Einfluss des Schleifkorns auf Dehnung und Festigkeit bestimmt werden sowie auch der Einfluss der thermomechanischen Polymereigenschaften und der Anbindung des Polymers an das Korn (**Bild 3**).

Alterungsuntersuchungen zum Verfallsdatum kunstharzgebundener Schleifscheiben unter unterschiedlichsten Lagerbedingungen zeigten, dass die Lagerung von kunstharzgebundenen Schleifwerkzeugen unter normalen Umge-

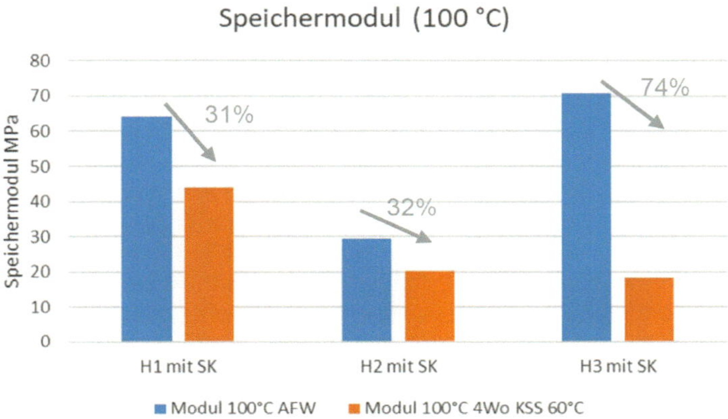

Bild 3: Alle Materialen zeigten einen Abfall im Modul durch Auslagerung (aus Abschlussbericht IFAM, 2020).

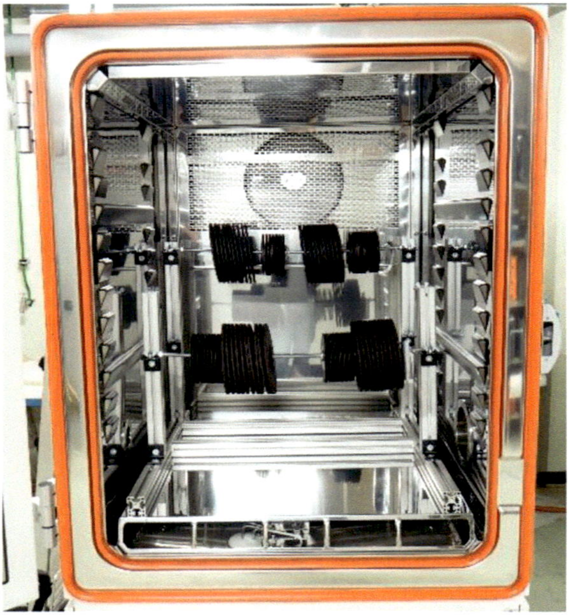

Bild 4: Lagerung der Prüfmuster im Klimaschrank (aus Abschlussbericht IFA, 2019)

bungsbedingungen (Normal-Klima 20° und 50 % rel. Feuchte) keine sicherheitsrelevanten Festigkeitseinbußen erwarten lässt (2019, mit dem Institut für Arbeitsschutz der Deutschen Gesetzlichen Unfallversicherung, IFA, St. Augustin, **Bild 4**).

Immer öfter geht es in den Forschungsvorhaben der FGS um umweltrelevante Fragestellungen, stoffbezogene Untersuchungen oder Fragen des Recyclings, beispielsweise bei der Untersuchung der Restgehalte an Formaldehyd in Schleifwerkzeugen (2015, mit dem Fraunhofer-Institut für Holzforschung – Wilhelm-Klauditz-Institut WKI, Braunschweig). In Schleifwerkzeugen enthaltene oder im Schleifprozess entstehende Gefahrstoffe wie Formaldehyd können zu einer Exposition von Maschinenbedienern führen. Nach Bestimmung des freien Formaldehydgehalts in Schleifmitteln auf Unterlagen und Schleifkörpern mit Bindemittel auf Basis von Phenol- oder Harnstoff-Formaldehydharzen, nach der für Holzwerkstoffe relevanten DIN EN 717-1 und in abgeleiteten Methoden erfüllen insbesondere phenolharzgebundene Schleifwerkzeuge bei der Lagerung die gültigen Anforderungen für Holzwerkstoffe im Innenbereich und auch die ab August 2026 geltenden Vorgaben der Beschränkung von Formaldehyd und Formaldehydabspaltern. Einen typischen Verlauf der Formaldehydkonzentrationen zeigt **Bild 5**.

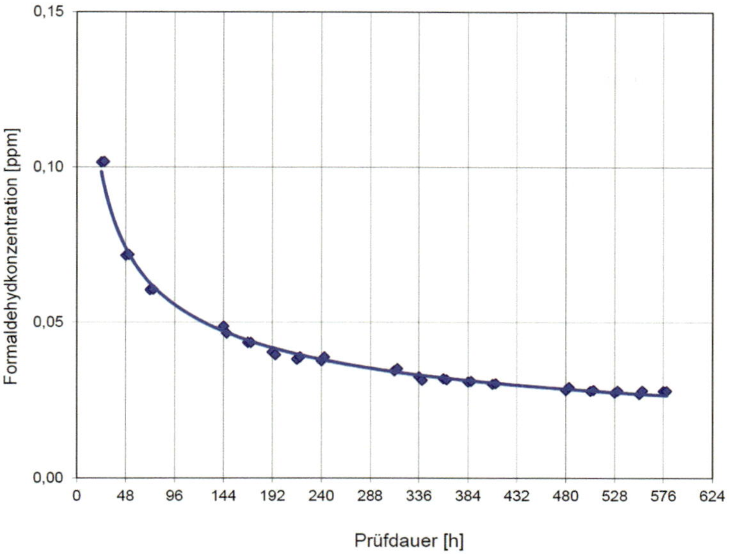

Bild 5: Typischer Verlauf der Formaldehydkonzentrationen in der Prüfkammer (aus Abschlussbericht WKI, 2015)

Ergänzende Messungen der Konzentrationen von Formaldehyd, Quarz und Titandioxid zur Exposition an Schleifarbeitsplätzen lassen bei Einhaltung der Arbeitsplatzgrenzwerte für die einatembare und die alveolengängige Staubfraktion im Ergebnis auf die Einhaltung der Grenzwerte dieser Gefahrstoffe schließen (mit der ANECO – Institut für Arbeitsschutz GmbH & Co, Mönchengladbach, 2016, 2018 und der HS Koblenz, Amtliche Prüfstelle Glas und Keramik in Höhr-Grenzhausen, 2017).

Der Gehalt von freien, nicht polymergebundenen Bisphenolen in Schleifwerkzeugen aus Epoxidharzklebstoffen oder, im Falle von Bisphenol-F, auch aus Phenolharzen wurde 2021 von der TÜV Rheinland LGA Products GmbH, Köln untersucht. Aus verschiedenen Proben von Schleifwerkzeugen, Schleifmitteln auf Unterlagen und Schleifstäuben wurde nach Extraktion mit THF der Gehalt mittels LC-MS/MS-Kopplung bestimmt. In den meisten Fällen liegen die Bisphenolkonzentrationen deutlich oberhalb der Bestimmungsgrenze von 0,1 mg/kg. Die FGS hat damit eigenverantwortlich und vorrausschauend ein augenscheinlich gut funktionierendes Messverfahren qualifiziert, das bei Bedarf auch durch den Gesetzgeber angewendet bzw. eingefordert werden könnte.

Inhaltsstoffe von Schleifwerkzeugen können zur Korrosion von geschliffenen Werkstückoberflächen führen. Korrosionsuntersuchungen an Oberflächen aus

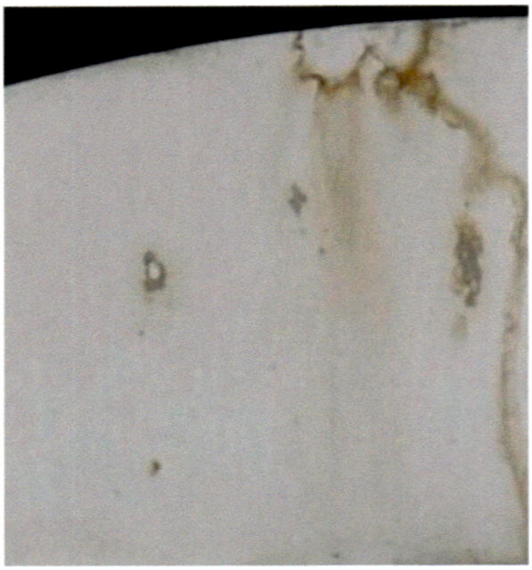

Bild 6: Korrosion einer Gussstahloberfläche (1.4309) nach Schleifbearbeitung mit pyrithaltigem Schleifwerkzeug und Salzsprühnebelprüfung (aus Abschlussbericht BAM, 2011)

nichtrostendem Stahl nach der Bearbeitung mit Schleifwerkzeugen mit Kryolith oder Pyrit als Bindemittelbestandteil zeigten, dass die Versagenswahrscheinlichkeit bei gleicher Korrosivität der Umgebung nach der Bearbeitung mit pyrithaltigen Schleifwerkzeugen deutlich erhöht ist (**Bild 6**, 2011, mit der Bundesanstalt für Materialforschung und -prüfung. BAM, Berlin). Die ebenfalls von der BAM im Jahr 2016 durchgeführte Untersuchung des Einflusses von eisenhaltigen Schleifmitteln auf die Korrosion bei der Aluminiumbearbeitung durch Schleifwerkzeuge mit metallischem Eisen oder Eisenoxid als Bindemittelbestandteil zeigte, dass im Vergleich zu einem eisenfreien Schleifwerkzeug das Korrosionsverhalten nicht negativ beeinflusst wird.

Nachfolgend werden drei aktuelle Forschungsvorhaben näher vorgestellt.

Wirkmechanismus des Kryoliths als aktiver Füllstoff in Schleifmitteln auf Unterlagen [1]

Kryolith und andere Fluoride werden häufig als aktive Füllstoffe in Schleifmitteln eingesetzt, da sie die Standzeit erhöhen und die Temperaturen, die auf das Werkstück wirken, vermindern. Der Nachteil dieser Stoffe ist, dass sie als wassergefährdend eingestuft sind und somit die Entsorgung der Werkzeugreste erschweren und bedenklich bzgl. der Gesundheit sind. Um eine Substitution zu ermöglichen, ist die Kenntnis des genaue Wirkmechanismus unerlässlich.

Hierzu sind neben Schleifversuchen mit Schleifmitteln auf Unterlagen an einem Stift-Scheibe-Tribometer auch Pyrometermessungen im Schleifkontakt mittels einer im Stahlstift befindlichen Glasfaser durchgeführt worden. Zudem sind von den Schleifmitteln nach dem Einsatz die metallischen Überträge aus dem Werkstück mit HCl gelöst und mittels ICP-OES quantifiziert worden. Vor der

Messung sind sämtliche lose anhaftenden Späne mittels eines Ultraschallbades entfernt worden.

Im Rahmen dieser Arbeit wurde festgestellt, dass beim Schleifen mit Kryolith haltigen Schleifmitteln auf Unterlagen geringere spezifische Schleifenergien auftreten als beim Schleifen mit kreidehaltigen Schleifmitteln.

Bei längeren Schleifintervallen und damit verbundener höherer thermischer Last fällt ab einem gewissen Zeitpunkt das zerspante Volumen signifikant ab. Dies kann als Standzeitende des Schleifwerkzeugs interpretiert werden. Dieser Punkt wird bei kreidehaltigen Schleifmitteln früher erreicht als bei kryolithhaltigen Schleifmitteln auf Unterlagen.

Interessanterweise zeigten die Temperaturmessungen eine höhere Temperatur im Schleifkontakt bei kryolithhaltigen Schleifmitteln auf Unterlagen. Dies ist umso erstaunlicher, da die Berechnungen nach dem Archard-Modell nahelegen, dass hier geringere Temperaturen vorherrschen sollten. Zudem sollte ein geringerer Energieeintrag zu weniger Energiedissipation in Form von Wärme führen.

Die oben beschriebenen Effekte gehen einher mit einer geringeren Menge an metallischem Übertrag aus der Werkstückoberfläche auf das Schleifmittel – wobei zu beobachten ist, dass dieser Effekt gerade bei austenitischen Edelstählen (VA) die größte Relevanz hat, da hier die mit Abstand größte Menge an metallischem Übertrag gemessen werden kann. Es lässt sich zudem beobachten, dass bei längerer Versuchsdauer die Zusetzung der Schleifkörner zunimmt, woraus sich folgern lässt, dass der Aufbau des metallischen Übertrages ein stetiger Prozess ist (**Bild 7**).

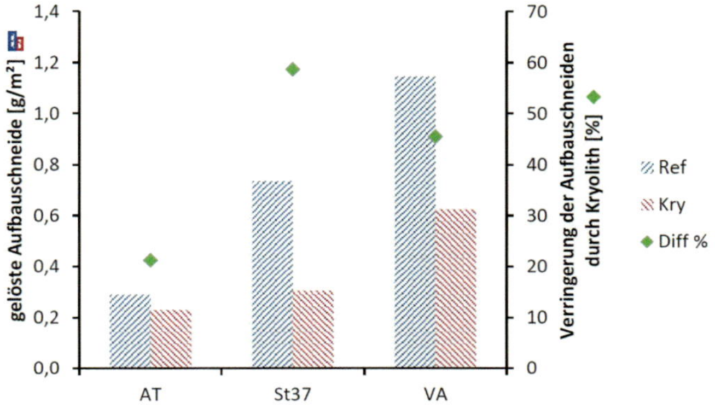

Bild 7: Aufbauschneidenmenge und Verringerung der Aufbauschneidenmenge gegenüber Ref-Schleifmittel nach dem Schleifen verschiedener Stähle für 600 s (40 x 15 s) bei einem Vorschub von 3,15 mm/min (Kry: kryolithhaltiges Schleifmittel auf Unterlage, Ref: kreidehaltiges Schleifmittel)

Insgesamt lässt sich schlussfolgern, dass das Vorhandensein von Kryolith die Zusetzung des Schleifmittels vermindert. In diesem Zuge lassen sich die auf den ersten Blick widersprüchlichen höheren gemessenen Temperaturen im Schleifkontakt dahingehend erklären, dass Rückstände des Werkstücks kürzer auf der Scheibe verbleiben und daher die frischen Späne deutlich größeren Einfluss auf die gemessene Temperatur haben. Damit lässt sich erklären, dass Kryolith sowohl über die verminderte Energieaufnahme und die damit verbundenen geringere Wärmefreisetzung als auch über den effizienteren Energieaustrag in Form von mit den Spänen ausgetragener Wärme zu einer geringeren Temperatur und damit zu einer geringeren Belastung für Werkzeug und Werkstück führt. Dies ist durch die passivierende Wirkung des Kryoliths auf die naszierenden Metalloberflächen, die sich beim Schleifen bilden, zu erklären. Nicht auszuschließen ist, dass Kryolith nicht alleinig für die Passivierung verantwortlich ist, sondern eventuell katalytisch wirkt, da in der Umgebungsluft prinzipiell ausreichend Sauerstoff für die Passivierung bereitsteht.

Recycling kunstharzgebundener Schleifwerkzeuge [2], [3]

Kunstharzgebundene Schleifscheiben werden in allen materialverarbeitenden Industriezweigen eingesetzt. Dabei bleiben zwischen 30 und 50 % einer Schleifscheibe nach dem Einsatz als Abfall zurück. Die Herstellung von Schmelzkorund, dem häufigsten Schleifmittel, bei einer Temperatur von 2.120 °C erfordert sehr viel Energie und ist mit einem erheblichen Verschleiß der eingesetzten Feuerfestmaterialien und damit mit zusätzlichem Abfallaufkommen verbunden. Bei Aluminiumoxid handelt es sich zudem um einen hochwertigen Werkstoff, dessen Weltmarktpreis starken Schwankungen unterliegt.

Produktionsabfälle von Schleifscheiben werden bereits getrennt gesammelt und von spezialisierten Entsorgungsunternehmen behandelt. Keramisch gebundene Schleifscheiben werden manuell aussortiert und verwertet; kunstharzgebundene Schleifscheiben bleiben zurück und werden deponiert, da es trotz einiger nachfolgend genannter Laborstudien noch nicht gelungen ist, Kunstharz und Schleifkörner sauber voneinander zu trennen. Die Deponierung ist mit mehreren Nachteilen verbunden, aufgrund derer sich ein Bedarf zur Technologienentwicklung ergibt, u. a. die Entsorgungskosten und der Verlust wertvoller Rohstoffe.

Die FGS hat daher das Institut für Materials Resource Management, Universität Augsburg, mit drei aufeinander folgenden Forschungsprojekten beauftragt, um praxisrelevante Lösungsvorschläge für eine Kreislaufwirtschaft in der Schleifmittelindustrie zu erarbeiten:

RecySchleif - Erzeugung von Schleifkorngemischen aus Schleifwerkzeugen: Ziel des Projekts war die Klärung der Frage, ob sich zukünftige Verfahren eher auf mechanische, thermische, chemische oder photokatalytische Prozesse bzw.

Bild 8: Rückgewonnene Schleifkörner nach einer Kombination unterschiedlicher Aufschlussverfahren im Rasterelektronenmikroskop; links: das Rückstreuelektronenbild zeigt die Kornmorphologie; rechts: das EDX-Überlagerungsbild ergibt die Kornart sowie verbleibende Verunreinigungen [3].

auf welche Kombination dieser Verfahren zum Recycling kunstharzgebundener Schleifscheiben man sich fokussieren sollte. Dabei gelang es, durch eine Kombination thermischer, mechanischer und chemischer Prozesse die Kunstharzmatrix zu zerstören, das Glasfasergewebe abzutrennen und die verschiedenen Schleifkörner in einer gemeinsamen Mischfraktion anzureichern (**Bild 8**).

RecySchleif 2.0: Auftrennung von Schleifkorngemischen in reine Fraktionen: Ziel des Projekts war die Klärung der Frage, welche Trennverfahren für Gemische von verschiedenen Schleifkornarten geeignet sind. Dazu wurden u. a. Verfahren zur Trennung nach der Dichte und Benetzbarkeit sowie der Trennung in elektrischen und magnetischen Feldern untersucht. In ersten Ergebnissen wurden für ausgewählte Gemische ein Wertstoffausbringen von 92 bis über 99 % und eine Reinheit von 93 bis über 99 % erzielt [2].

füRST: Marktstudie zu Rezyklaten für die Schleif- und Trenntechnik: In diesem Projekt wird der Fokus beim Einsatz von Rezyklaten in Schleif- und Trennschleifwerkzeugen auf alle einzusetzenden Rohstoffgruppen bzw. Komponenten erweitert. Dazu werden die Beschaffenheit der Rezyklate und ihre Verfügbarkeit am Markt erhoben. Zudem werden die Entsorgungs- und Behandlungskosten sowie die Rohstoffpreise erhoben und so die Wirtschaftlichkeit eines Recyclings bewertet. Anschließend wird ein abfalltechnisches Technologiescreening durchgeführt, um innovative Verfahren, die ein hochwertiges Recycling ermöglichen würden, anhand ihres Technologiereifegrades zu bewerten.

Einfluss des drahterodierenden Abrichtens auf Superabrasivkörner [4]

Das drahterodierende Abrichten (Wire Electrical Discharge Conditioning, WEDC) ist ein vielversprechendes, nicht-mechanisches Verfahren zur Konditionierung von kunstharz-, metall- und hybridgebundenen Schleifscheiben, die mit Superabrasivkörnern wie kubischem Bornitrid (CBN) oder Diamant bestückt sind. Ein wesentlicher Vorteil dieser Methode besteht darin, dass auch komplexe Profilgeometrien – wie enge konkave Radien oder steile Innenflanken, die mit mechanischen Verfahren nicht realisierbar sind – hochpräzise und reproduzierbar erzeugt werden können. Gleichzeitig ermöglicht WEDC die Erzeugung einer optimierten Schleifscheibentopographie, insbesondere durch einen erhöhten Kornüberstand, was die Schneidfähigkeit der Schleifscheibe deutlich verbessert.

Da CBN- und Diamantkörner elektrisch nicht leitfähig sind, wirkt der Entladeprozess im Prinzip ausschließlich auf das bindende Material. Dennoch können die lokal entstehenden hohen Temperaturen im Bereich der Entladungsstellen potenziell auch die Schleifkörner thermisch beeinflussen. Mögliche Folgen sind Phasenumwandlungen – etwa die Transformation von Diamant zu Grafit oder von CBN zu hexagonalem Bornitrid (HBN). Ziel dieser Studie, die die FGS mit dem Institute for Advanced Manufacturing (KSF) der Hochschule Furtwangen durchgeführt hat, war es, zu ermitteln, ob der WEDC-Prozess strukturelle oder chemische Veränderungen an den Superabrasivkörnern verursacht und wie sich dies im Vergleich zum konventionellen mechanischen Abrichten auswirkt.

Diamant- und CBN-Schleifscheiben mit unterschiedlichen Körnungen wurden auf einer CNC-Drahterodiermaschine mit Drehachse abgerichtet. Zum Vergleich diente eine konventionelle mechanische Abrichtmethode mittels keramischer SiC-Abrichtscheibe und anschließender Schärfung mit einem Al_2O_3-Abrichtblock auf einer CNC-Schleifmaschine. Anschließend wurde mit den abgerichteten Schleifscheiben das Planschleifen von Werkstoffen durchgeführt: CBN-Scheiben kamen beim Schleifen von gehärtetem 100Cr6-Stahl (60 HRc) zum Einsatz, während Diamantscheiben auf Hartmetall getestet wurden.

Die Untersuchung potenzieller thermischer Schäden erfolgte mittels fokussiertem Ionenstrahl (FIB) zur Herstellung polierter Querschnitte (2–8 µm tief), kombiniert mit energiedispersiver Röntgenspektroskopie (EDX). In der oberflächennahen Zone der Diamantkörner wurde ausschließlich eine reine Kohlenstoffphase detektiert – ohne Hinweise auf Grafitbildung. Zusätzlich kam die Elektronenrückstreubeugung (EBSD) zum Einsatz, um kristallografische Veränderungen zu detektieren. Die gemessenen Kikuchibänder wiesen eindeutig auf die Diamantstruktur hin. Auch bei CBN konnten keine Spuren von HBN identifiziert werden – weder im REM (Rasterelektronmikroskopie) noch per EBSD.

Eine plausible Erklärung für das Ausbleiben thermischer Schädigungen liegt in den physikalischen Eigenschaften des WEDC-Prozesses: Superabrasivkörner wie Diamant und CBN sind elektrisch nicht leitfähig, weshalb keine direkte Entladung an ihrer Oberfläche stattfindet. Selbst Entladungen in unmittelbarer Nähe der Körner führen aufgrund ihrer extrem kurzen Impulsdauer im Mikrosekundenbereich lediglich zu einer lokal und zeitlich stark begrenzten Wärmeeinwirkung. Die entstehende Wärme wird zudem rasch durch die umgebende Bindung und das Dielektrikum abgeführt, wodurch eine kritische Erwärmung der Körneroberfläche verhindert wird. Phasenumwandlungen – etwa von kubischem Bornitrid (CBN) zu hexagonalem Bornitrid (HBN) oder von Diamant zu Grafit – erfordern deutlich höhere Temperaturen: über 1.500 °C bei CBN bzw. 700–900 °C bei Diamant, jeweils unter oxidierenden oder reaktiven Bedingungen. Solche Bedingungen werden beim WEDC-Prozess nicht erreicht, was durch die experimentellen Analysen eindeutig bestätigt wurde.

Die Topographieanalysen zeigten, dass WEDC-abgerichtete Schleifscheiben einen ausgeprägten, scharfkantigen Kornüberstand aufweisen, was zu einer aggressiveren Schneidwirkung führt (**Bild 9**). Mechanisch abgerichtete Scheiben zeigten dagegen eine gleichmäßigere, aber stumpfere Oberfläche. Beim Schleifen von 100Cr6-Stahl zeigten die WEDC-abgerichteten CBN-Schleifscheiben eine bessere Standzeit, geringeren finalen Verschleiß und eine stabilere Prozessführung – selbst bei verdoppelter Materialabtragsrate. Zwar war

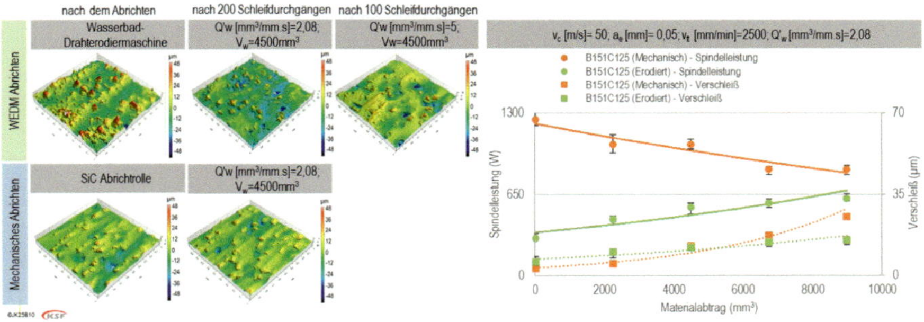

Bild 9: Konfokale Mikroskopieaufnahmen der Schleifscheibenoberflächen nach dem Abrichten und dem Schleifprozess sowie Vergleich der Spindelleistung und des radialen Verschleißes bei unterschiedlichen Abrichtverfahren

der initiale Verschleiß durch Kornausbruch beim Erstkontakt höher, jedoch war der Gesamtverschleiß am Ende geringer als bei der mechanisch abgerichteten Scheibe. Die mechanisch abgerichtete Schleifscheibe verursachte zudem eine höhere Spindelleistung, was auf stärkere Reibung durch die stumpfere Kornstruktur hinweist.

Auch beim Schleifen von Hartmetall überzeugten die WEDC-abgerichteten Diamantscheiben mit höherer Prozessstabilität und gleichmäßigem Verschleißverlauf. Besonders bei feiner Körnung (D64) war die Werkzeugstandzeit deutlich verbessert. Bei gröberer Körnung (D151) zeigten sich nur geringe Unterschiede zwischen den Abrichtmethoden.

Das drahterodierende Abrichten (WEDC) stellt eine wirkungsvolle Alternative zum mechanischen Abrichten dar, insbesondere für metallgebundene Superabrasiv-Schleifscheiben. Die Studie zeigte keine signifikanten thermischen Schäden an CBN- oder Diamantkörnern, eine deutlich verbesserte Schleifleistung und längere Standzeit der WEDC-abgerichteten CBN-Scheiben, eine aggressivere Schneidwirkung durch höheren Kornüberstand bei zugleich geringerer Spindelleistung im Schleifprozess sowie einen stabilen Verschleißverlauf. WEDC ist somit eine praxistaugliche, verschleißminimierende Abrichtmethode für anspruchsvolle Schleifaufgaben mit hoher Profiltreue.

3. Ausblick

In den vergangenen Jahren gewinnen Themen wie Nachhaltigkeit, Kreislaufwirtschaft, das Internet of Things (IoT) oder Künstliche Intelligenz (KI) zunehmend an Bedeutung – sowohl in wirtschaftlicher als auch in gesellschaftlicher Hinsicht. Auch im Schleifmittelsektor sind die damit verbundenen Chancen und Herausforderungen relevant.

Im Rahmen des vom FGS geförderten Projekts „Schleifen 2030“ hat das Fraunhofer IEM in Paderborn einen Überblick über zukünftige Technologietrends im Kontext der Schleiftechnik erarbeitet. In Zusammenarbeit mit beteiligten Unternehmen sowie Expertinnen und Experten aus verschiedenen Forschungseinrichtungen wurden aus einer Vielzahl aktueller Entwicklungen 38 vielversprechende Themenfelder identifiziert – u. a. aus den Bereichen Materialwissenschaft, Energiemanagement, Verfahrenstechnik und Informationstechnologie. Berücksichtigt wurden dabei sowohl marktreife und marktnahe Lösungen als auch Grundlagenforschung, Prototypen und konzeptionelle Ansätze mit unterschiedlichem Zeithorizont. Ziel war es, diese im Hinblick auf ihr Innovationspotenzial und den jeweiligen Forschungsbedarf einzuordnen. So wurde mit Carbon Capture and Storage (CCS) beispielsweise ein eher konzeptioneller Ansatz zur Reduzierung von CO_2-Emissionen betrachtet, bei dem CO_2 abgeschieden, aber auch potenziell wiederverwertet werden kann. Genauso wurden Grundlagentechnologien wie das Quantencomputing, also die Nutzung von Qubits anstelle klassischer Bits für Rechenoperationen, in die Analyse einbezogen. Gleichzeitig fanden auch bereits etablierte Entwicklungen wie additive Fertigungsverfahren oder hybride Produktionsprozesse Berücksichtigung, die in verschiedenen Industriebereichen bereits erfolgreich im Einsatz sind.

Abschließend wurden auf Basis der analysierten Trends sowie Experteneinschätzungen allgemeine Handlungsempfehlungen für die Branche, u. a. zur Produktionsoptimierung, neuen Anwendungsfeldern, Materialentwicklungen oder zur Prozessüberwachung abgeleitet.

Mit Stolz blickt die Forschungsgemeinschaft Schleiftechnik zurück auf sieben Jahrzehnte voller technologischer Meilensteine, lebendiger Kooperation und wissenschaftlicher Neugier. Gleichzeitig richtet sie ihren Blick entschlossen nach vorne: in eine Zukunft, in der ressourcenschonendes, intelligentes und anpassungsfähiges Schleifen weiterhin eine Schlüsselrolle in der industriellen Fertigung einnimmt.

Literatur

[1] Lynen, L.: Wirkmechanismus des Kryoliths als aktiver Füllstoff in Schleifmitteln auf Unterlage. Dissertation, RWTH Aachen, 2024

[2] Maurer, C.; Sasse, S.; Bronner, E.; Vollprecht, D.: Investigations on different separation processes for a material-specific recycling of resin-bonded grinding tool. Sardinia Symposium, 2025

[3] Pentz, S.; Lämmermaier, L.; Diller, N.; Vollprecht, D.: Recycling kunstharzgebundener Schleifwerkzeuge. DGAW-Wissenschaftskongress, 2024, S. 377–380

[4] Azarhoushang, B.; Behjat, S.; Bösinger, R.; Khosravi, J.: Einfluss der Drahterosion auf metallgebundene Diamant- und CBN-Schleifwerkzeuge. Institute for Advanced Manufacturing (KSF), Hochschule Furtwangen, Abschlussbericht an die FGS, 2025

Schleifbearbeitung von CMC (Ceramic matrix composite)-Werkstoffen

Steffen Weber, Marijke van der Meer, Thomas Rabe, Hermann Schall

1. Einleitung

Das große Einsatzpotenzial keramischer Verbundwerkstoffe (Ceramic Matrix Composites / kurz CMC) ist seit geraumer Zeit bekannt. Durch ihre außerordentlichen Eigenschaften, wie hohe Temperatur- und Thermoschockbeständigkeit, geringe thermische Ausdehnung, niedriges spezifisches Gewicht bei gleichzeitig hervorragenden bruchmechanischen und tribologischen Kennwerten, zählen CMC-Werkstoffe zu den Lösungsbausteinen von innovativen Strukturbauteilen. Die Einsatzgebiete von keramischen Verbundmaterialien sind vielfältig und u. a. im Fahrzeug- und Maschinenbau, in der Luft- und Raumfahrt, der Keramikindustrie und der Energietechnik zu finden. Durch die erhöhte Schadenstoleranz infolge der Faserverstärkung wird ihr Einsatz auch in sicherheitsrelevanten Bereichen ermöglicht, was häufig eine unüberwindbare Hürde für klassische, technische Keramiken (monolithische Keramiken) darstellt. In Form von Gleitlagerkomponenten, Chargiergestellen für Wärmebehandlungen, Brennkammerauskleidungen, Turbinenschaufeln oder auch Hochleistungsbremsen (s. **Bild 1**) sind CMCs nicht nur Lösungen für höchste technische Herausforderungen, sondern leisten gleichzeitig einen wichtigen Beitrag zur Ressourcenschonung und Ökobilanz [1], [2].

Es wird in oxidische (z. B. Aluminiumoxid-Faser in Aluminiumoxid-Matrix, Werkstoffbezeichnung: Al_2O_3/Al_2O_3) und nicht-oxidische (z. B. Kohlenstoff-Faser oder auch Siliziumcarbid-Faser in Siliziumcarbid-Matrix, Werkstoffbezeichnung: C/SiC bzw. SiC/SiC) CMCs unterschieden. Die Auswahl für den forcierten Einsatzbereich erfolgt schließlich anhand der jeweiligen Werkstoffklasse/Herstell-

Bild 1: Hochleistungsbremsscheiben (BSCCB®, links) und SiC/SiC-Turbinenschaufeln (DLR / CC BY-NC-ND 3.0, rechts)

verfahren und den dadurch resultierenden Materialeigenschaften des keramischen Faserverbundwerkstoffes.

Den vorteilhaften Materialeigenschaften stehen weiterhin hohe Herstellungskosten gegenüber, die einen breiteren industriellen Einsatz von CMCs bislang verhindern oder verlangsamen. Kostentreiber sind neben den Rohstoffen (wie z. B. Fasermaterialien) auch die weiterführenden Prozesskosten durch Nach- und Endbearbeitung. Denn trotz endkonturnaher Fertigungsrouten für CMC-Bauteile ist eine Bearbeitung funktioneller Oberflächen (z. B. für Strömungsoptimierungen oder nachfolgende Beschichtungsprozesse) und Verbindungselemente (Bohrungen, Gewinde usw.) oftmals erforderlich. Für die mechanische Bearbeitung bzw. Endbearbeitung von CMCs kommen klassische Fertigungsverfahren wie Fräsen, Bohren und Schleifen mit Diamantwerkzeugen zum Einsatz. Neben den eher teuren Diamantwerkzeugen sind zudem fehlende Bearbeitungsstrategien oder gänzlich fehlendes technologisches Wissen zur Bearbeitung mit möglichen Bearbeitungsverfahren limitierende Faktoren für eine kostengünstige und effiziente Bearbeitung von keramischen Faserverbundmaterialien.

2. Ziel und Vorgehensweise

Das Ziel dieser Arbeit war die Untersuchung von zwei grundsätzlich verschiedenen Schleifverfahren – in diesem Fall das Doppelseitenplanschleifen (DSPS) und das Flachschleifen (FS) – und damit verbunden ein Wissensaufbau im Kontext der Bearbeitung von keramischen Verbundwerkstoffen. Ein elementarer Unterschied der gewählten Bearbeitungsverfahren ist die Kontaktfläche zum Werkstück, wobei beim DSPS-Verfahren ein Flächenkontakt und beim FS-Verfahren ein Linienkontakt vorliegt. Über experimentelle Schleifversuche an zwei CMC-Werkstofftypen (C/SiC und SiC/SiC, Tradename „Keraman®“ [3]) des Herstellers BJS Ceramics wurde der Einfluss von verfahrens- und werkzeugspezifischen Bearbeitungsparametern auf die resultierenden Oberflächenqualitäten ermittelt sowie charakterisiert. Beide CMC-Materialtypen weisen laut Hersteller einen Faservolumengehalt von Φ = 35–45 vol.% auf. Das C/SiC besitzt eine 0°/45°/90°- und das SiC/SiC eine 0°/90°-Faserorientierung. Das CMC-Probenmaterial wurde in den Abmessungen 80 x 20 x 10 mm (C/SiC) und 80 x 20 x 4 mm (SiC/SiC) geliefert (s. **Bild 2**, oben). Für die Untersuchungen mittels DSPS-Verfahren sind quadratische (20 x 20 mm) Proben eingesetzt und zuvor aus den gelieferten Proben herausgearbeitet worden.

Der Fokus der verfahrensspezifischen Parameter lag auf der Schnittgeschwindigkeit v_c, dem Werkzeugvorschub v_w und der Werkzeugzustellung a_e. Zusätzlich wurde je Bearbeitungsverfahren mit zwei Werkzeugen unterschiedlicher Korngröße (D12 und D76) gearbeitet, wodurch der Korngrößeneinfluss und die erzielte Einzelkornspanungsdicken h_{cu} ermittelt werden konnten. Die Erfassung und Be-

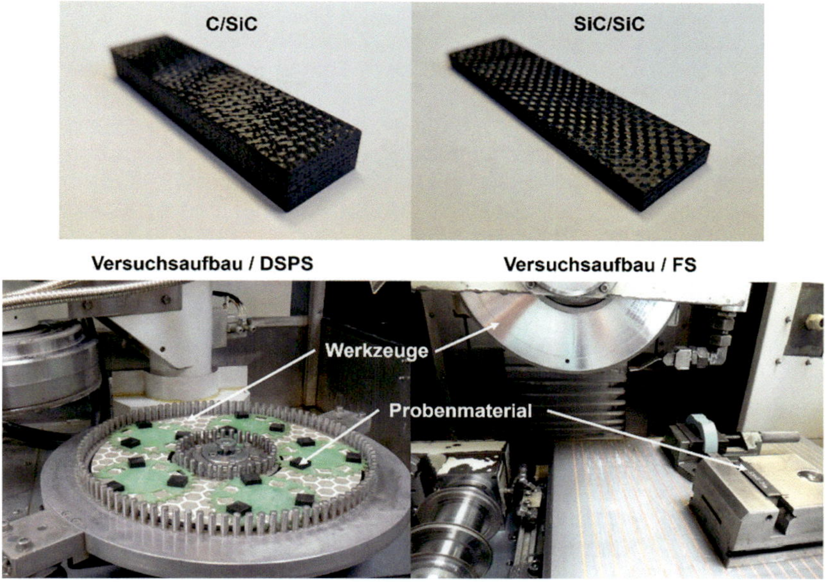

Bild 2: CMC-Versuchsmaterialien und Versuchsaufbau (DSPS und FS)

urteilung der erzeugten Oberflächen wurde mittels Rasterelektronenmikroskopie (REM) und Auflichtmikroskopie (AM) durchgeführt. Neben den erzeugten CMC-Oberflächen sind auch der Werkzeugverschleiß und die Schleifkräfte ermittelt worden, worüber sich die eingesetzten Schleifwerkzeuge und Spezifikationen (D12 bzw. D76) hinsichtlich ihrer Einsatzeignung beurteilen ließen.

3. Beschreibung Versuchsablauf Doppelseitenplanschleifen und eingesetzte Werkzeuge

Auf einer AC500-Doppelseitenplanschleifmaschinen (s. Bild 2, unten links) mit verkleinerter Abwälzkinematik wurden Werkzeuge mit einem Außendurchmesser von $Ø_A$ = 356 mm und einer Ringbreite von 100 mm verwendet. Die Werkstück-Beladung der Maschine belief sich dabei auf 15 Bauteile (20 x 20 x10 mm beim C/SiC bzw. 20 x 20 x 4 mm beim SiC/SiC) zu jeweils drei Stücken in fünf Läuferscheiben. Dies entspricht einer Belegung von 7,5 bis 10 % je nach Werkzeugauslegung (vollflächig oder unterbrochen). Zum Einsatz kamen zwei Krebs & Riedel DSPS-Werkzeuge mit den Werkzeugspezifikationen 72D 12 X28 V12722-50 und 4D 76 X18 V8318-40. Die Variation der Schnittgeschwindigkeiten bzw. Drehzahlen wurde wie folgt festgesetzt:

1.) n_{oben} = 60 1/min, n_{unten} = -60 1/min bzw. n_{mitte} = 10 1/min, 2.) n_{oben} = 120 1/min, n_{unten} = -120 1/min bzw. n_{mitte} = 10 1/min, 3.) n_{oben} = 360 1/min, n_{unten} = -360 1/min bzw. n_{mitte} = 10 1/min. Durch die verschiedenen Schnittgeschwindigkeiten bzw. Drehzahlen konnte auf die jeweils resultierende Einzelkornspanungsdicke h_{CU} Einfluss genommen werden. Bei den Schleifversuchen wurden die Abtragsrate (100 µm/min) und der Materialgesamtabtrag (400 µm) je Durchlauf konstant gehalten. Jeder Durchlauf wurde mit einer minimalen Anfangskraft von 5 daN gestartet. Anschließend wurde die Kraft, infolge der einsetzenden Werkzeugabstumpfung, bis zu einem Kraftmaximum von 250 daN sukzessive erhöht. Nach dem Erreichen des Kraftmaximums ist erneut aufgeschärft worden. Konnte das Kraftmaximum in einem Durchlauf nicht erreicht werden, erfolgte ein definiertes Abstumpfen des Werkzeugs. Hierfür wurden Aluminiumoxidplatten bei einer Belegung von 22 bis 30 % (je nach Werkzeuglayout) bis zur Maximalkraft bearbeitet. Vor Beginn eines neuen Bearbeitungsdurchlaufs ist jedes Werkzeug neu aufgeschärft worden. Der Schärfprozess erfolgte mit SiC-Schärfsteinen von Krebs & Riedel in jeweils angepasster Korngröße (320 Mesh für D12 bzw. 220 Mesh für D76). Die Schärfkraft lag bei 38 daN und es wurde in beide Drehrichtungsmöglichkeiten (links und rechts) mit den Drehzahlparametern n_{oben} = 30 1/min, n_{unten} = -36 1/min bzw. n_{mitte} = -24 1/min geschärft, wodurch ein Beibehalten der Werkzeugebenheit gewährleistet werden konnte. Bei der Versuchsdurchführung kam der synthetische, wassermischbare Kühlschmierstoff (KSS) Castrol Syntilo 81E mit 5,4 % Konzentration zum Einsatz.

4. Beschreibung Versuchsablauf Flachschleifen und eingesetzte Werkzeuge

Die Flachschleifversuche sind auf einer ELB-Smart-Line N6 HGT STC (s. Bild 2, unten rechts) durchgeführt worden. Es kamen Krebs & Riedel Schleifwerkzeuge mit einem Außendurchmesser von $Ø_A$ = 400 mm und einer Schleifbelagsbreite von T = 20 mm sowie den Werkzeugspezifikationen 74D 12 X26 V12118-100 und 53D 76 X26 V12118-100 zum Einsatz. Die Versuche wurden im Einstech- und Tiefschleifverfahren durchgeführt. Beim Einstechschleifen betrug die Werkzeugzustellung a_e = 3 µm und beim Tiefschleifen a_e = 100 µm. Für beide Verfahren wurde ein einheitliches Zeitspanvolumina von Q'_w = 0,56 mm/mms gewählt, was wiederum in Werkstückzuführungsgeschwindigkeiten von v_w = 11.250 mm/min für das Einstechschleifen und v_w = 330 mm/min für das Tiefschleifen resultierte. Die Gesamtzustellung je Versuchsdurchlauf lag bei z_w = 100 µm. Die Variation der Schnittgeschwindigkeiten wurde wie folgt festgesetzt: 1.) 5 m/s, 2.) 15 m/s, 3.) 30 m/s und 4.) 60 m/s. Vor Beginn eines Versuchsdurchlaufs wurden die Schleifwerkzeuge neu abgerichtet und geschärft. Zum Abrichten der Schleifwerkzeuge wurde eine DIA-Abrichtrolle D252-C135 mit RI-Bindung und zum Aufschärfen SiC-Schärfsteine von Krebs & Riedel (320 Mesh für D12 bzw. 220 Mesh für D76) verwendet. Die eingesetzten Abricht- und Schärfparameter wurden an die jeweiligen Werkzeugspezifikationen und Schleifkorngrößen angepasst. Die Zustellung beim Abrichten pro Überlauf a_{ed} wurde mit 1 µm (für D12-Werkzeug) und 3 µm (für D76-Werkzeug) festgelegt. Es sind zehn Überläufe pro Abrichtvorgang vorgenommen worden, was wiederum in einen radialen Gesamtabrichtbetrag z_d von 10 µm (für D12-Werkzeug) bzw. 30 µm (für D76-Werkzeug) mündete. Der Überdeckungsgrad U_d betrug ca. 4,42. Die Zustellung beim Schärfprozess pro Überlauf a_{ed} lag bei 100 µm (für D12-Werkzeug / insgesamt ein Überlauf) und 2 x 300 µm (für D76-Werkzeug / insgesamt zwei Überläufe). Sowohl beim Abrichten als auch beim Schärfprozess wurde mit einer Schleifwerkzeuggeschwindigkeit von v_{cd} = 15 m/s gearbeitet. Sowohl das Tiefschleifen als auch das Einstechschleifen wurden mit dem synthetischen, wassermischbaren KSS Castrol Syntilo 81BF mit 4,2 % Konzentration durchgeführt.

5. Ergebnisse

Eine taktile Oberflächenmessung war an den unebenen und porösen CMC-Werkstoffen nicht möglich, weshalb im Rahmen dieser Untersuchungen eine visuelle Erfassung der Oberflächen mittels REM und AM herangezogen wurde. Die Ausgangszustände der gelieferten CMC-Proben sind in **Bild 3** veranschau-

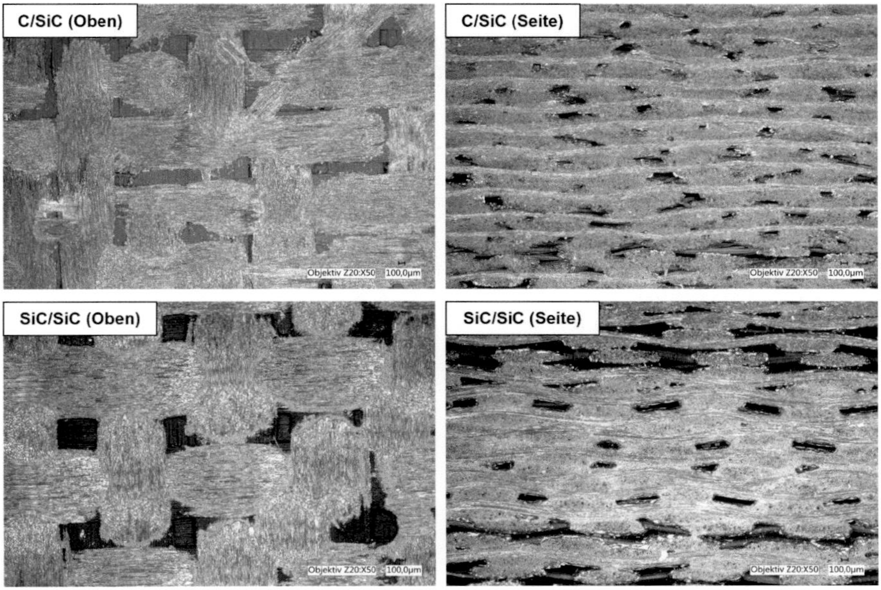

Bild 3: CMC-Versuchsmaterialien im Lieferzustand

licht. Neben den definierten Lagenaufbauten ist die hohe Grundporosität beider Materialien gut zu erkennen. Die makroskopisch als homogen verteilte Porosität, ist mikroskopisch als inhomogener und anisotroper Materialaufbau zu definieren.

Der Fokus bei der Oberflächenauswertung lag auf der Identifikation von Schleifartefakten wie z. B. Schleifriefen oder Materialausbrüchen. Zudem wurden die Materialtrennmechanismen eingeordnet und charakterisiert. Die untersuchten CMC-Werkstoffe sind aufgrund ihrer Materialzusammensetzung den sprödharten Werkstoffen zuzuordnen, bei denen die Materialtrennung – bei zunehmender Eingriffstiefe der Schneide – vorwiegend durch Mikrorissfortschritt hervorgerufen wird [4], [5], [6]. Das Einstellen von gleichmäßig eingeebneten Oberflächen wird darüber hinaus durch die starken anisotropischen Eigenschaften der CMC-Werkstoffe erschwert.

In **Bild 4** (C / SiC) und **Bild 5** (SiC/SiC) sind jeweils Übersichtsbilder der erzeugten CMC-Werkstoffoberflächen nach Bearbeitung mittels Doppelseitenplanschleifverfahren und entsprechender Drehzahlvariation (60/120/360 1/min) exemplarisch dargestellt.

Beim C/SiC ist die Bearbeitung mit beiden Korngrößen vorwiegend spröde (s. dazu **Bild 6**, links), wobei weniger Materialausbrüche mit steigender Bearbeitungsgeschwindigkeit festgestellt werden konnten. Hervorgerufen wird dieser Effekt durch eine Verringerung der Einzelkornspanungsdicke infolge der gesteigerten Schnittgeschwindigkeit. Beim SiC/SiC-Material konnten hingegen kaum Materialausbrüche bei allen erprobten Drehzahlvariationen festgestellt

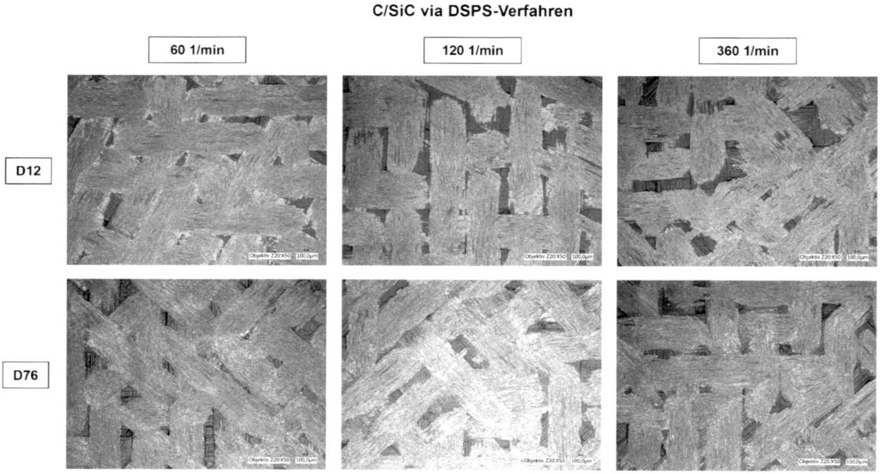

Bild 4: Erzeugte C/SiC-Oberflächen via DSPS-Verfahren

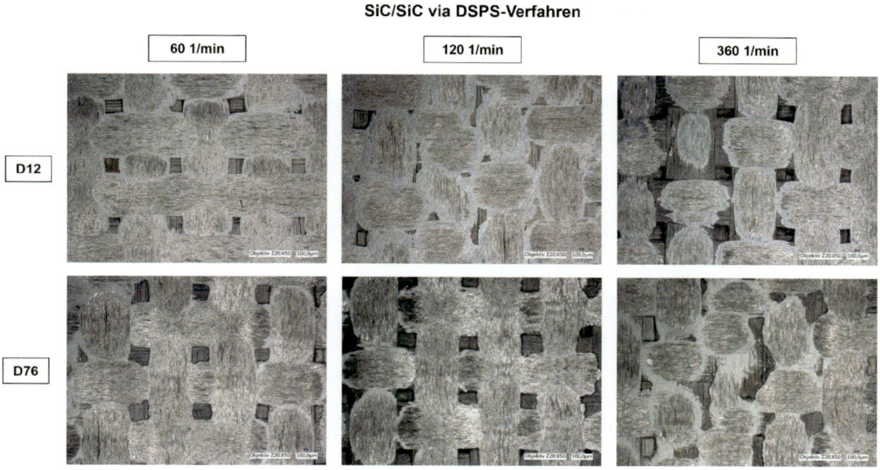

Bild 5: Erzeugte SiC/SiC-Oberflächen via DSPS-Verfahren

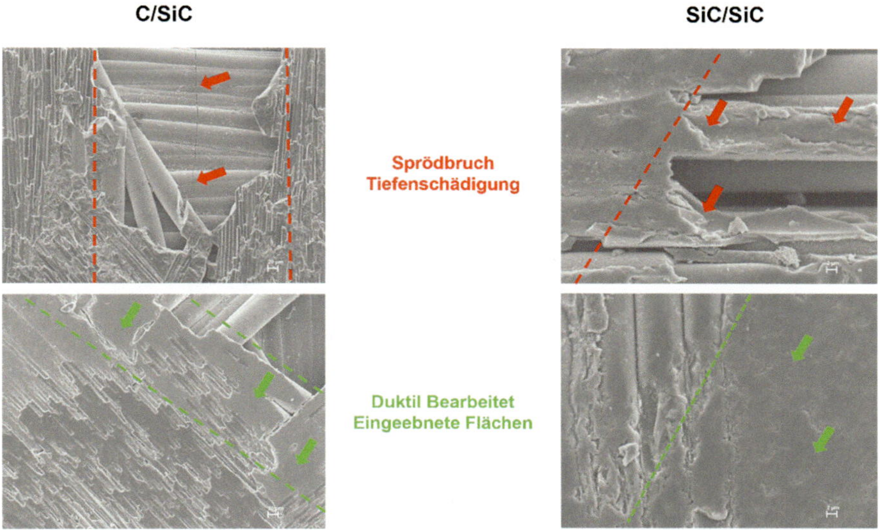

Bild 6: Exemplarische Darstellung von Tiefenschädigungen und eingeebneten Flächen

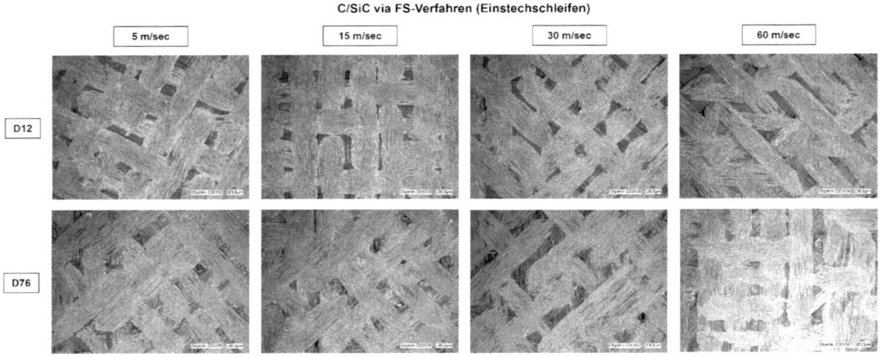

Bild 7: Erzeugte C/SiC-Oberflächen via FS-Verfahren (Einstechschleifen)

werden. Zudem zeigte das SiC/SiC-Material im Vergleich zum C/SiC-Material ein erhöhtes Aufkommen an duktilen Bereichen (eingeebnete Flächen), wie in Bild 6 (rechts) exemplarisch zu sehen ist. Diese duktilen Bereiche vergrößerten sich mit Verringerung der Werkzeugkorngröße von D76 auf D12, was auf die effektive Reduzierung der Einzelkornspanungsdicke zurückzuführen ist. Das generell sprödere Bruchverhalten des C/SiC ist materialseitig über den eingesetzten Faserwerkstoff (hier Kohlenstoff) und eine gering ausgebildete SiC-Matrix zu erklären. Dadurch ergibt sich eine reduzierte Fasermatrixbindung (FMB), die ein verstärktes Sprödbruchverhalten begünstigt. Im Vergleich dazu besitzt das SiC/SiC-Material eine stark ausgebildete SiC-Matrix mit einer hohen FMB.

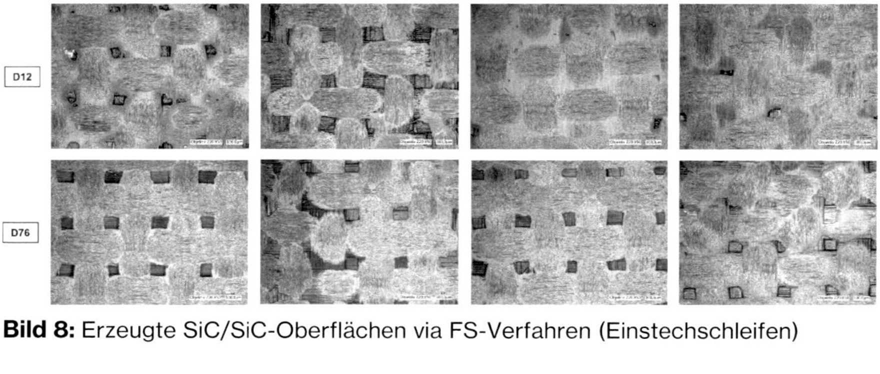

Bild 8: Erzeugte SiC/SiC-Oberflächen via FS-Verfahren (Einstechschleifen)

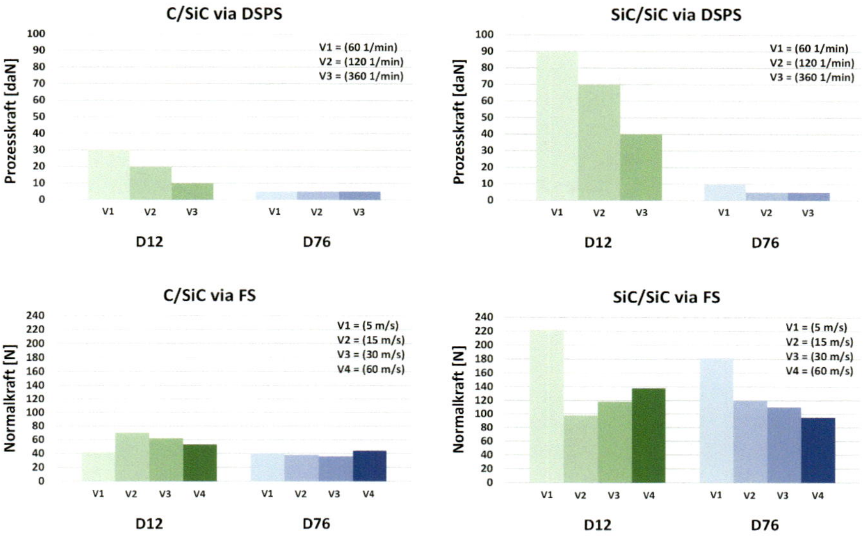

Bild 9: Prozesskräfte beim DSPS- und FS-Verfahren

Die generierten Oberflächen nach erfolgter Flachschleifbearbeitung (Einstechschleifen) sind in **Bild 7** (C/SiC) und **Bild 8** (SiC/SiC) zu sehen. Auch beim Flachschleifen mit geringerer Kontaktfläche des Werkzeugs im Vergleich zum DSPS-Verfahren konnten ähnliche Trends beobachtet bzw. abgeleitet werden. So ergaben sich verstärkt Materialausbrüche beim C/SiC mit Erhöhung der Schnittgeschwindigkeit, wobei die Bearbeitung mit einer Schnittgeschwindigkeit von v_c = 15 m/s die geringsten Ausbruchbereiche erzeugte. Das SiC/SiC zeigte generell wenige Bereiche mit Materialausbrüchen und verstärkt eingeebnete Flächen, insbesondere nach dem Einsatz des feinkörnigen D12-Werkzeugs und gleichzeitiger Erhöhung der Schnittgeschwindigkeit. Beim Tiefschleifen waren insbesondere Unterschiede bei der Bearbeitung des SiC/SiC-Materials zu erkennen. Durch die größere Kontaktfläche und höheren Kräfte waren die eingeebneten Bereiche größer als die beim Einstechschleifen.

In **Bild 9** sind die beim Doppelseitenplanschleifen erforderlichen Prozesskräfte und die beim Flachschleifen maximal auftretenden Normalkräfte dargestellt. Durch die Betrachtung der erzielten Kraftmaxima wird ein grundsätzlicher Unterschied zwischen den untersuchten CMC-Werkstofftypen sehr deutlich. Das C/SiC-Material wirkt beim Schleifvorgang erheblich weicher als das SiC/SiC-Material, was auf die unterschiedliche Materialzusammensetzung (eingesetzten Faserwerkstoffe und Ausbildungsgrad der SiC-Matrix) zurückzuführen ist.

Die im C/SiC vorhandenen Kohlenstoffgewebe rufen Kohlenstoffbereiche (zumeist makro- bis mikrokristalliner Kohlenstoff [7]) hervor, welche eine im Vergleich zur Siliziumcarbid-Matrix geringere Härte aufweisen. Die besagten Kohlenstoffbereiche (C-Bereiche) können mit Härten von 2–5 Mohs angenommen werden, wobei die stöchiometrisch – via CVI-Prozess erzeugte – Siliziumcarbid-Matrix eine Härte von ca. 9–9,5 Mohs aufweist. Somit ergibt sich ein theoretischer, materialseitiger Härteunterschied um den Faktor von ca. zwei bis fünf, was zugleich den effektiven Kraftwerteunterschied zwischen der Schleifbearbeitung des C/SiC und dem SiC/SiC widerspiegelt.

Über die Auswertung der erforderlichen Prozesskräfte beim DSPS-Verfahren bzw. der resultierenden Normalkräfte beim Flachschleifen (hier Tiefschleifen) konnte zudem der Einfluss der eingesetzten Werkzeugspezifikationen mit unterschiedlichen Schleifkorngrößen (D12 und D76) sowie der gewählten Schnittgeschwindigkeiten aufgezeigt werden. Die nominalen Prozesskräfte/Normalkräfte sanken demnach mit dem Einsatz des jeweils grobkörnigeren Schleifwerkzeugs und einer Erhöhung der Schnittgeschwindigkeit des Werkzeugs. Dieser Trend konnte insbesondere beim Doppelseitenplanschleifen bestätigt werden. Im Fall des Tiefschleifprozesses wurde dieser Trend undeutlicher. Insbesondere bei der Bearbeitung des C/SiC-Materials lagen die erfassten Kräfte auf einem sehr niedrigen und konstanten Niveau – trotz ansteigender Schnittgeschwindigkeit. Dies war sowohl für das feinkörnige (D12) als auch für das grobkörnige (D76) Schleifwerkzeugwerkzeug zu beobachten. Auch eine Erhö-

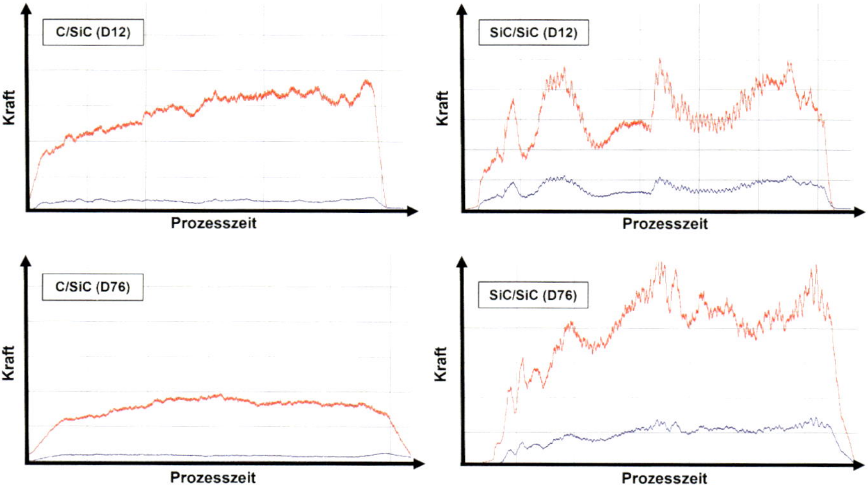

Bild 10: Kraftverläufe beim Tiefschleifen der CMC-Werkstoffe

hung der Gesamtzustellung um den Faktor fünf auf 500 µm bestätigte diesen Trend. Bei der Bearbeitung des SiC/SiC-Materials wurde ein leichter, sukzessiver Anstieg der Normalkraft ab einer Schnittgeschwindigkeit von v_c > 15 m/s für das feinkörnige Werkzeug festgestellt, was ebenfalls eine Trendabweichung darstellt.

Bild 10 zeigt exemplarisch die Kraftverläufe beim Tiefschleifen der CMC-Werkstoffe mit D12- und D76-Werkzeugen. Es zeichneten sich überwiegend diskontinuierliche Normalkraftverläufe bei der SiC/ SiC-Bearbeitung und vergleichend dazu konstant aufsteigende Normalkraftverläufe bei der C/SiC-Bearbeitung ab.

Die ersichtlichen Kraftverlaufsunterschiede bei der C/SiC- und SiC/SiC-Bearbeitung sind zum einen in den unterschiedlichen Fasermaterialen (C-Faser bzw. SiC-Faser) begründet und zum anderen ein Resultat des unterschiedlichen Lagen- bzw. Strukturaufbaus der untersuchten CMC-Werkstoffe. Die beim C/SiC vorhandene 45°-Zwischenlage erzeugt demnach eine strukturelle Stabilisierung (Erhöhung der Steifigkeit), wodurch ein konsistenterer Materialabtrag (in Kombination mit dem weicheren Kohlenstoffanteilen) bei der Schleifbearbeitung gewährleistet wird.

Über ein Modell von Egger [8] konnte der Einfluss der Schleifkorngrößen (D12 und D76) sowie der gewählten Schnittgeschwindigkeiten auf die Einzelkornspanungsdicken der beiden Verfahren einander gegenübergestellt werden (s. dazu Formel (1) und **Bild 11**).

$$h_{CU} = \sqrt{\frac{F_n / A_K}{\pi \cdot NGV \cdot M \cdot d_G}} \quad \text{mit} \quad NGV = \frac{6C}{\pi \cdot d_G^B \cdot \delta_G} \qquad (1)$$

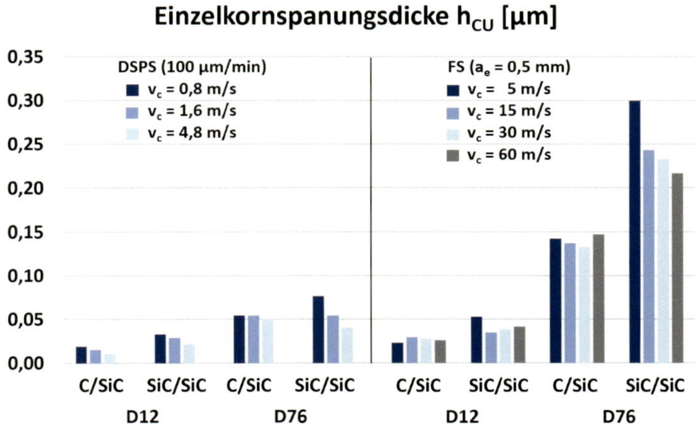

Bild 11: Einzelkornspanungsdicken beim DSPS- und FS-Verfahren

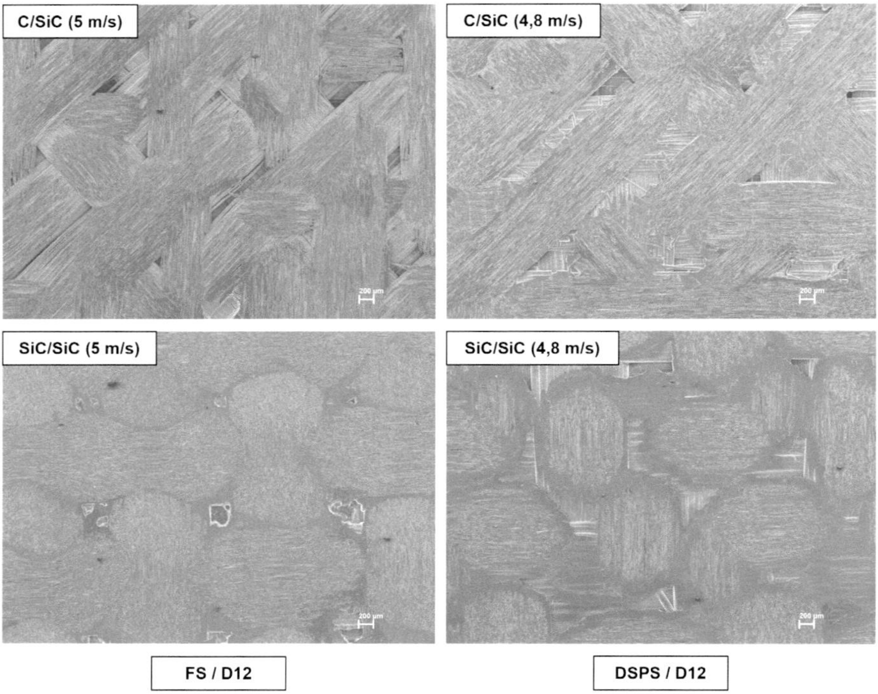

Bild 12: Generierte Oberflächen beim FS- und DSPS-Verfahren

Dabei finden auch charakteristische Unterschiede der beiden Verfahren wie Kontaktfläche A_K und Schneidendichte N_{GV} (mit C für Konzentration, d_G für Korngröße und δ_G für Korndichte) Berücksichtigung. M steht hier für eine von Egger gegebene Materialkonstante (für SiC = 27.000 N/mm²). Es sind deutliche Einflüsse der Korngröße sowie der Materialeigenschaften zu erkennen. Für die Materialtrennung von SiC/SiC sind höhere Kräfte erforderlich, womit auch größere Eindringtiefen und damit höhere Einzelkornspanungsdicken h_{CU} verbunden sind.

Beim DSPS treten hingegen kleinere h_{CU} auf als beim FS, da die Kontaktfläche hier direkt einfließt. Die Verringerung der Korngröße hat einen größeren Einfluss auf die Verkleinerung von h_{CU} als die Verringerung der Schnittgeschwindigkeit v_c. Dies spiegelt sich auch in den AM-Aufnahmen der Materialien wider (s. dazu **Bild 12**).

Über die Auswahl gezielter Parameter und Werkzeugspezifikationen lassen sich sowohl beim FS als auch DSPS ähnliche Oberflächenqualitäten erzeugen.

Bei den eingesetzten Werkzeugen für das Doppelseitenplanschleifen (72D 12 X28 V12722-50 und 4D 76 X18 V8318-40) konnte kein messbarer Werkzeugverschleiß nach sämtlichen Versuchsdurchgängen identifiziert werden. Hierfür waren die Prozesszyklen und Materialbelegungen zu gering. Auch eine Erhöhung der Werkzeugbelastung durch Verdoppelung der Materialabtragsleistung (200 µm/min) konnte keinen Verschleiß an den Werkzeugen herbeiführen.

Der Werkzeugverschleiß beim Flachschleifen (Einstechschleifen) mit den Werkzeugspezifikationen 74D 12 X26 V12118-100 und 53D 76 X26 V12118-100 ist bei einer kontinuierlichen Schnittgeschwindigkeit v_c = 15 m/s und den Zustellungsvarianten a_e = 3 µm und a_e = 19 µm durchgeführt worden. Unter den genannten Bedingungen konnte das C/SiC-Material mit dem D76-Werkzeug ohne messbaren Verschleiß bearbeitet werden. Das feinere D12-Werkzeug wies einen finalen Verschleiß von V'_s = 3 µm (für a_e = 3 µm) und V'_s = 6 µm (für a_e = 19 µm) auf. Im direkten Vergleich dazu konnte bei der SiC/SiC-Bearbeitung mit dem feinkörnigen D12-Werkzeug eine Verschleißerhöhung um den Faktor drei ermittelt werden. So lag der effektive Verschleiß bei V'_s = 9 µm (für a_e = 3 µm) und V'_s = 18 µm (für a_e = 19 µm). Beim Einsatz des grobkörnigeren D76-Werkzeugs konnte bei einer Zustellung von a_e = 3 µm kein Verschleiß gemessen werden und bei einer Zustellung von a_e = 19 µm ergab sich ein minimaler Werkzeugverschleiß von V'_s = 2 µm.

6. Fazit

In dieser Arbeit wurde die schleiftechnische Bearbeitung zweier unterschiedlicher CMC-Werkstofftypen (C/SiC und SiC/SiC) mit keramisch-gebundenen DIA-Schleifwerkzeugen vorgestellt. Dabei lag der Fokus auf der Ermittlung des Einflusses unterschiedlicher Bearbeitungsparameter und eingesetzter Werkzeugspezifikationen auf die generierten CMC-Oberflächen und Prozesskräfte. Folgende Erkenntnisse konnten aus der Arbeit abgeleitet werden:

Die schleiftechnische Bearbeitung beider CMC-Werkstofftypen war sowohl über das Doppelseitenplanschleifen (DSPS) als auch das Flachschleifen (FS) reproduzierbar möglich. Es konnten definierte Materialabträge bei unterschiedlichen Schnittgeschwindigkeiten und Werkzeugzustellungen erzeugt werden. Alle eingesetzten Werkzeugtypen zeigten ein sehr geringes Verschleißverhalten unabhängig von dem jeweiligen Schleifprozess. Infolgedessen sind Schleifbearbeitungsprozesse, die sowohl auf Materialabtrag als auch auf hohe Oberflächenqualitäten abzielen, mit den eingesetzten keramisch-gebundenen DIA-Schleifwerkzeugen effizient umsetzbar. Es ergeben sich dadurch zusätzliche CMC-Bearbeitungsmöglichkeiten (vor allem in Bezug auf Stückzahlen und Bauteilanforderungen).

Die Prozesssteuerung und Prozesskontrolle ist stark von dem jeweiligen CMC-Werkstofftyp abhängig. Der strukturelle Aufbau (Lagenaufbau und Gefügehomogenität) sowie die Materialzusammensetzung (Matrix- und Fasermaterial) muss bekannt sein, um eine fertigungsgerechte und kosteneffiziente Bearbeitung gewährleisten zu können.

Literatur

[1] Rösiger, A.: Korrelation von Herstell- und Bearbeitungsparametern sowie dem Gefüge von CMC-Werkstoffen. BayWISS-Verbundkolleg Ressourceneffizienz & Werkstoffe, Technische Hochschule Augsburg, 2022

[2] Leon-Perez, P.: Effect of the fibre volume content on the machinability and surface integrity in grinding C/C-SiC composites. In: Journal oft the European Ceramic Society, 2025

[3] BJS Composites GmbH: Keraman® Products & Services. Produktinformation, 2025

[4] van der Meer, M.: Bearbeitung keramischer Funktionsflächen für Knieimplantate. Dissertation, in: Berichte aus dem IFW, Band 08, 2011, Leibniz Universität Hannover, 2011

[5] Behrens, L.: Schleifen von PCBN. Dissertation, Universität Hannover, Institut für Fertigungstechnik und Werkzeugmaschinen (IFW), 2016

[6] Reichstein, M.: Schleifen miniaturisierter Bauteile. Dissertation, Universität Hannover, Institut für Fertigungstechnik und Werkzeugmaschinen (IFW), 2008

[7] Weber, S.: Entwicklung und Herstellung von MiCaSiC® Keramiken über die Flüssigphaseninfiltration von komplexen und neuartigen Kohlenstoffstrukturen. Forschungsbericht 2016-30, Dissertation, Deutsches Zentrum für Luft- und Raumfahrt, 2016

[8] Egger, R.: Planschleifen von Keramik mit zykloidischer Wirkbewegung. Dissertation, Leibniz Universität Hannover, in: Fortschrittsberichte VDI, 2001

Energieeffizientes Nutentiefschleifen mit 3D-gedruckten metallisch gebundenen Diamantschleifscheiben

Berend Denkena, Benjamin Bergmann, Maximilian Tontsch

1. Strukturierte Schleifwerkzeuge zur energieeffizienten Schleifbearbeitung

Angesichts steigender Energiekosten und Rohstoffpreise rücken energie- und ressourcenschonende Fertigungsverfahren immer mehr in den Fokus der Industrie. Um weiterhin wirtschaftliche und darüber hinaus nachhaltige Schleifprozesse zu realisieren, sind innovative Werkzeugkonzepte notwendig. Im Rahmen des Projekts „Energieeffizientes Nutenstiefschleifen“ wurden vom Institut für Fertigungstechnik und Werkzeugmaschinen und der BDW-BINKA Diamantwerkzeug GmbH additiv gefertigte, strukturierte Schleifwerkzeuge entwickelt und eingesetzt. Ziel war es, die Effizienz beim Nutentiefschleifen von Hartmetallfräsern durch eine gezielte Werkzeugauslegung zu steigern.

Der Nutenschleifprozess beeinflusst maßgeblich die finale Geometrie und die Leistungsfähigkeit eines Schaftwerkzeugs [1], [2]. Jedoch erschweren die beim Nutentiefschleifen auftretenden Eingriffstiefen und die daraus resultierenden hohen Kontaktlängen die Versorgung der Kontaktzone mit einer ausreichenden Menge Kühlschmierstoff (KSS). Während des Schleifprozesses wird der Großteil der Schleifarbeit in Wärme umgewandelt. Diese wird im Prozess über das Werkzeug, das Werkstück, die Späne und den Kühlschmierstoff abgeführt [3]. Ein zu hoher Wärmeeintrag in die Bauteilrandzone führt zu Schädigungen wie Zugeigenspannungen oder Rissen. Bei ausreichender Versorgung der Kontaktzone mit Kühlschmierstoff treten aus plastischer Werkstoffverformung resultierende erwünschte Druckeigenspannungen auf [4]. Aufgrund der hohen mechanischen Belastung bei der Zerspanung von Hartmetall werden i. d. R. Schleifwerkzeuge mit metallischer Bindung eingesetzt [5]. Im Gegensatz zu keramisch gebundenen Schleifwerkzeugen verfügen diese nicht über Poren, die zu einer verbesserten Versorgung mit Kühlschmierstoff führen. Für die effektive Kühlung wird in der Praxis daher der KSS-Volumenstroms erhöht. Eine andere Möglichkeit, um die KSS-Zufuhr in die Schleifkontaktzone zu steigern, ist der Einsatz strukturierter Schleifwerkzeuge. Schleifwerkzeugstrukturen ermöglichen durch ihre Wirkung als künstliche Porenräume eine Steigerung der KSS-Menge, die während des Einsatzes in den Schleifkontakt gefördert wird [6]. Vor allem im Bereich der metallisch gebundenen Schleifwerkzeuge kann durch das

Einbringen von künstlichen Porenräumen die KSS-Zugänglichkeit in die Kontaktzone verbessert werden.

Die Senkung der thermomechanischen Prozessbelastungen beim Schleifen durch strukturierte Schleifwerkzeuge wurde bereits in einer Vielzahl an Forschungsarbeiten untersucht [7]. Dabei werden die Schleifwerkzeugstrukturen typischerweise hinsichtlich ihrer Größe und Geometrie in Mikro- und Makrostrukturen eingeteilt. Ein weiteres Unterscheidungskriterium ist die Art der Einbringung der Strukturen. Bei keramisch und kunstharzgebundenen Schleifwerkzeugen kommen häufig mechanische Verfahren zur Einbringung der Strukturen zum Einsatz [8], [9], [10]. Allerdings haben diese den Nachteil, dass die abrasive Oberfläche der Schleifwerkzeuge zu einem erhöhten Verschleiß des Strukturierungswerkzeugs führt. Ein Verfahren, das keinen direkten Werkzeugkontakt benötigt, ist die Strukturierung mittels Laser [11]. Mit diesem Verfahren können Mikrostrukturen unterschiedlicher Formen in den Schleifbelag eingebracht werden. Ein wesentlicher Nachteil aller subtraktiven Verfahren zur Herstellung von Schleifwerkzeugstrukturen ist jedoch der erhöhte Zeit- und Kostenaufwand.

Die additive Herstellung von strukturierten Schleifwerkzeugen bietet den Vorteil, dass selbst komplizierte Strukturen, wie beispielsweise Hinterschneidungen, herstellbar sind. Darüber hinaus kann durch die additive Fertigung der Nachbearbeitungsaufwand reduziert werden. Da die Strukturen bereits während der Herstellung des Schleifwerkzeugs eingebracht werden, entfallen nachträgliche subtraktive Prozesse meist vollständig. Insbesondere bei Schleifwerkzeugen mit metallischer Bindung stellt dies einen Vorteil dar, da eine nachträgliche Bearbeitung aufgrund der hohen Bindungsfestigkeit mit erheblichem Aufwand verbunden wäre. Die additive Fertigung von Schleifwerkzeugen wird bereits industriell für keramisch gebundene Schleifwerkzeuge eingesetzt [12]. Die Übertragung des Herstellungsverfahrens auf Schleifwerkzeuge mit metallischer Bindung ist industriell noch nicht etabliert.

2. Additiv gefertigte metallisch gebundene Schleifwerkzeuge

Bei dem für die Fertigung von metallisch gebundenen strukturierten Schleifwerkzeugen eingesetzten additiven Herstellungsverfahren handelt es sich um ein sinterbasiertes Filamentdruckverfahren (kurz: FDMS, engl. Fused Deposition Modeling and Sintering). Der grundlegende Ablauf des Verfahrens ist in **Bild 1** dargestellt. Zunächst wird ein spezielles Filament hergestellt, das aus einer Mischung von Bindungspulver, Schleifkörnern und einem thermoplastischen Binder besteht. Der Binder umschließt die Pulverpartikel und verleiht dem Filament die notwendige mechanische Stabilität für den Druckprozess. Im nächsten Schritt erfolgt der schichtweise Aufbau des Bauteils. Dabei wird das Filament durch eine beheizte Düse aufgeschmolzen und entsprechend der vor-

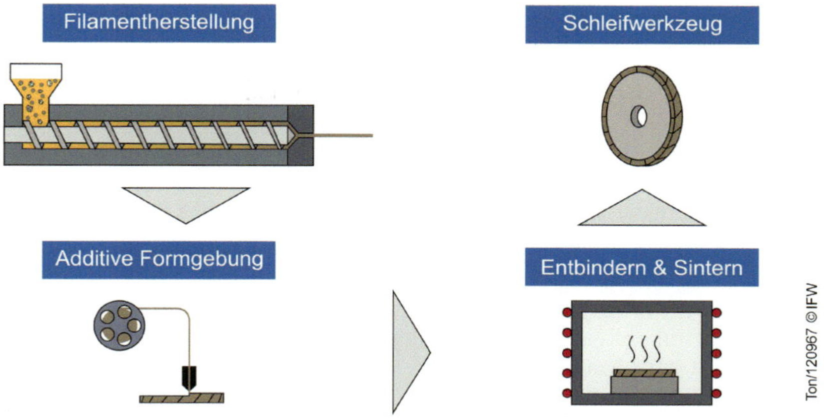

Bild 1: Additive Herstellungskette für strukturierte Schleifwerkzeuge

gegebenen Geometrie aufgetragen. Dieser Prozess ähnelt dem klassischen Fused Deposition Modeling (FDM), unterscheidet sich jedoch durch die Zusammensetzung des Filaments. Durch einen anschließenden Entbinderungs- und Sinterprozess wird der Binder aus dem Bauteil entfernt und das Schleifwerkzeug erhält seine finale Festigkeit.

Zur Auslegung von Schleifwerkzeugstrukturen für das Nutentiefschleifen sind verschiedene Kriterien ausschlaggebend. Zunächst wurden die Eingriffsbedingungen von Schleifwerkzeug und Werkstück im Nutentiefschliff mithilfe einer Simulation untersucht. Zu diesem Zweck kam die am IFW entwickelte Software CutS zum Einsatz. Dabei handelt es sich um eine dexelbasierte Software zur Simulation des Materialabtrags. Durch die Simulation lässt sich der Einfluss von Schleifwerkzeugstrukturen auf die Einzelkornspanungsdicke und das Zeitspanvolumen darstellen, wodurch ungünstige Strukturanordnungen vermieden werden können [13]. Da der Schleifbelag Unterbrechungen aufweist, schwanken die Einzelkornspanungsdicken während des Schleifprozesses. Bei dem auf eine Unterbrechung im Schleifbelag folgenden Bereich des Schleifwerkzeugs steigt die Einzelkornspanungsdicke kurzzeitig an. Dies führt zu punktuell gesteigerten Belastungen und bei ungünstiger Strukturanordnung zu einem gesteigerten Verschleiß.

Ein weiteres Kriterium, das bei der Auslegung der Schleifwerkzeugstrukturen berücksichtigt wird, ist die Steigerung des KSS-Transports in die Schleifkontaktzone. Um den KSS-Transport in die Schleifkontaktzone durch unterschiedliche Schleifwerkzeugstrukturen zu untersuchen, wurden am IFW Analogieversuche mit einer KSS-Auffangeinheit durchgeführt. Dabei wurden additiv gefertigte Analogiewerkzeuge aus Kunststoff eingesetzt. Durch die Untersuchungen konnte ein direkter Zusammenhang zwischen der Abnahme der Fläche des aktiven Schleifbelags und der Zunahme der KSS-Zugänglichkeit in die Schleifkontaktzone festgestellt werden. Als aktiver Schleifbelag wird der Teil des Schleifwerkzeugs bezeichnet, der nicht zurückgesetzt ist und aktiv am Materialabtrag beteiligt ist. Mit einer Reduktion des aktiven Schleifbelags um 18 % konnte eine Steigerung der KSS-Menge von ungefähr 43 % erreicht werden. Die Form der Strukturen zeigte dabei einen geringeren Einfluss [6].

Um die Herstellbarkeit von Schleifscheiben mit metallischer Bindung und einer strukturierten Oberfläche mittels eines additiven Herstellungsverfahrens zu untersuchen, wurde im Rahmen des Forschungsvorhabens ein erster Prototyp eines strukturierten Schleifwerkzeugs hergestellt. Das hergestellte Schleifwerkzeug besitzt KSS-Nuten, die in einem 45° Winkel zur Rotationsachse des Schleifwerkzeugs angeordnet sind.

3. Einsatzuntersuchungen mit additiv gefertigten strukturierten Schleifwerkzeugen

Im Rahmen der Entwicklung von additiv gefertigten strukturierten Schleifwerkzeugen wurden Einsatzuntersuchungen mit dem strukturierten Schleifwerkzeugprototypen durchgeführt. Die Versuche wurden auf einer Walter Helitronic Vision 400 L durchgeführt. Der Versuchsaufbau ist in **Bild 2** veranschaulicht. Es wurden gerade Nuten mit einer Tiefe von 4 mm und einer Breite von 6 mm in Hartmetallrundstäbe mit einem Durchmesser von d_{Fr} = 16 mm geschliffen. Die Länge der Nuten betrug 35 mm.

Zum Einsatz kam ein Schleifwerkzeug mit einem 1A1-Profil, einem Durchmesser von 100 mm und einer Breite von 10 mm. Das Schleifwerkzeug besitzt eine sintermetallische Bindung und Diamanten als Kornwerkstoff mit einer Korngröße von D64 und einer Kornkonzentration von C125. Das additiv gefertigte Schleifwerkzeug verfügt über 17 KSS-Nuten mit einer variierenden Breite von 1 bis 1,5 mm. Hierdurch resultiert ein auf den Umfang des Schleifwerkzeugs bezogener Abstand der KSS-Nuten von 19 mm. Der Abstand wurde so gewählt, dass sich beim Tiefschleifen der Fräsernuten im betrachteten Fall zu jedem Zeitpunkt eine KSS-Nut im Eingriff befindet. Die KSS-Nuten wurden in einem Winkel von 45° zur Drehachse des Schleifwerkzeugs angeordnet. Dies dient zum einen einem kontinuierlichen Eingriff und einer reduzierten dynamischen Anregung, zum anderen ermöglicht der Winkel eine Beeinflussung der KSS-Strömung in der KSS-Nut des Schleifwerkzeugs durch die Drehbewegung (s. Bild 2). Durch diese Bewegung wird der KSS in den Bereich des tiefsten Eingriffs des Schleifwerkzeugs in das Werkstück und damit der höchsten Prozessbelastung geleitet.

Der KSS-Volumenstrom wurde während der Einsatzversuche variiert, um den Einfluss einer reduzierten Kühlschmierung auf den Schleifprozess und das

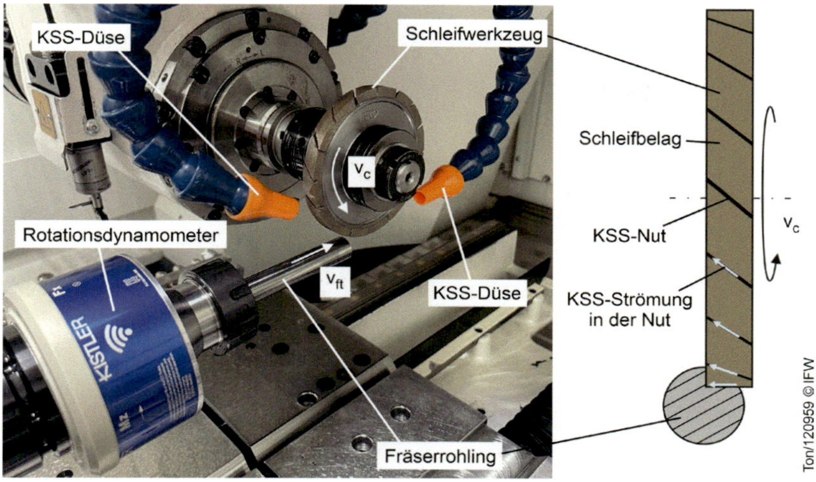

Bild 2: Versuchsaufbau und Eingriffsbedingungen beim Nutentiefschleifen mit strukturiertem Schleifwerkzeug

Schleifergebnis aufzuzeigen. Die Messung des KSS-Volumenstroms erfolgte mit einem Ultraschall-Durchflusssensor der Firma IFM (Typ: SU9000). Der maximale KSS-Volumenstrom betrug 88 l/min und teilte sich auf zwei Runddüsen auf. Die Reduktion des KSS-Volumenstroms erfolgte in zwei Schritten um jeweils 10 %. Dabei entspricht ein Volumenstrom von 90 % 79,2 l/min und ein Volumenstrom von 80 % 70,4 l/min. Im Folgenden werden zur besseren Lesbarkeit die Volumenströme als prozentuale Anteile des maximalen KSS-Volumenstroms angegeben.

Zur Aufnahme der Prozesskräfte wurde ein Rotationsdynamometer der Firma Kistler (Typ: 9170B) eingesetzt. Dabei wurden die Prozesskräfte in Normal-, Tangential- und Axialrichtung des Schleifwerkzeugs aufgenommen. In **Bild 3** sind die ermittelten Normal-, Tangential- und Axialkräfte (F_N, F_T, F_A) in Abhängigkeit des eingesetzten KSS-Volumenstroms dargestellt. Die Reduktion des eingesetzten KSS-Volumenstroms führt zu einer Erhöhung der Prozesskräfte. Die Normalkräfte steigen dabei linear an, was für eine Erhöhung des Reibanteils im Schleifprozess spricht. Trotz der steigenden mechanischen Belastungen kommt es nicht zu einer Beschädigung an Werkstück oder Schleifwerkzeug.

Beim Schleifen der Hartmetallrohlinge mit der genuteten Schleifscheibe resultiert zusätzlich eine Axialkraft von etwa 5 N. Beim Schleifen einer nicht gedrallten Fräsernut tritt i. d. R. keine Kraft in Richtung der Schleifscheibenachse auf. Diese Kraft kann im hier betrachteten Fall auf die spezifische KSS-Strömung

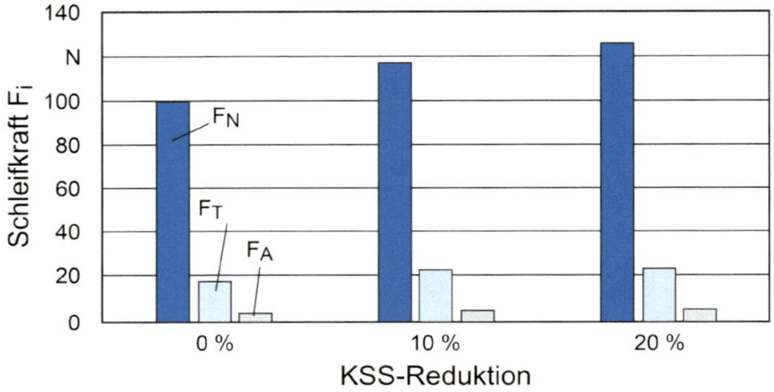

Versuchsparameter		**Werkzeug / Werkstück:**	
Schnittgeschwindigkeit v_c	= 20 m/s	Korngröße d_G:	64 µm
Vorschubgeschwindigkeit v_{ft}	= 30 mm/min	Kornkonzentration:	C125
Durchmesser Fräser d_{Fr}	= 16 mm	Fräserrohling:	HM (WC-Co)

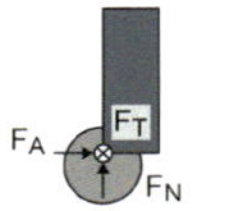

Ton/120960 © IFW

Bild 3: Prozesskräfte in Abhängigkeit von der KSS-Reduktion

innerhalb der KSS-Nuten der Schleifscheibe zurückgeführt werden. Durch die Rotation der Schleifscheibe wird der Kühlschmierstoff seitlich aus den KSS-Nuten heraus beschleunigt (vgl. Bild 2). Aufgrund der Geometrie des Werkstücks ist der ungehinderte Austritt des Kühlschmierstoffs an dieser Stelle nicht möglich, was zu einem Druckaufbau und somit zur Axialkraft führt.

Um eine Aussage über die thermische Belastung aufgrund des steigenden Reibanteils durch den Schleifprozess zu treffen, wurden Eigenspannungsmessung mit einem Röntgendiffraktometer vom Typ Seifert XRD 3000 P durchgeführt (**Bild 4**). Bei steigender thermischer Belastung des Werkstücks resultieren Zugeigenspannungen in der Werkstückrandzone. Unabhängig von der Reduktion des KSS-Volumenstroms zeigen die Fräser jedoch ausschließlich Druckeigenspannungen von bis zu -742 MPa, was auf eine ausreichende Kühlschmierung des Schleifkontakts hindeutet. Eine Reduktion der KSS-Menge führt dabei nicht zu einer signifikanten Verringerung dieser Druckeigenspannungen, was darauf hinweist, dass die Temperaturen im Schleifspalt nicht erheblich angestiegen sind.

In **Bild 5** sind die Mittelwerte der Rauheiten orthogonal zur Vorschubrichtung in Abhängigkeit des KSS-Volumenstroms dargestellt. Je Fräsernut wurden drei Messungen mit einer Messlänge von 3 mm orthogonal zur Vorschubrichtung aufgenommen. Zusätzlich wurden Messungen der Rauheit in Vorschubrichtung aufgenommen. Die Messung der Rauheiten erfolgte taktil mit dem Messgerät

MarSurf LD 130. Der Nutgrund weist unabhängig von der Reduktion des KSS-Volumenstroms *Ra* Werte von ungefähr 0,5 µm auf. Die Werte für *Rz* schwanken zwischen 3,5 und 4,5 µm. Die Reduktion des eingesetzten KSS-Volumen-

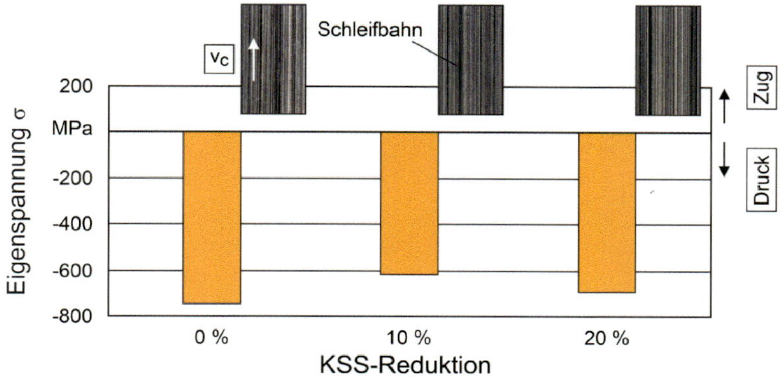

Versuchsparameter		Werkzeug / Werkstück:	
Schnittgeschwindigkeit v_c	= 20 m/s	Korngröße d_G:	64 µm
Vorschubgeschwindigkeit v_{ft}	= 30 mm/min	Kornkonzentration:	C125
Durchmesser Fräser d_{Fr}	= 16 mm	Fräserrohling:	HM (WC-Co)

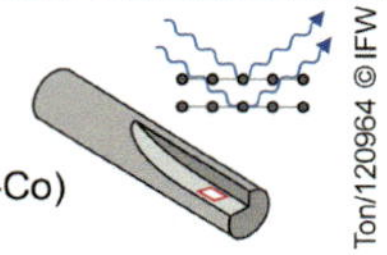

Bild 4: Eigenspannung in Abhängigkeit von der KSS-Reduktion

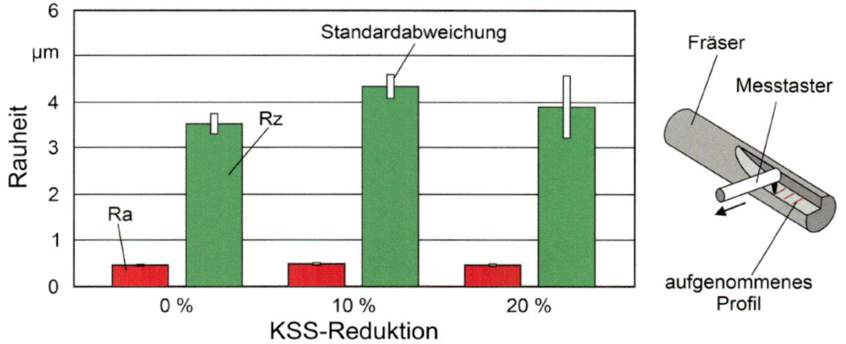

Versuchsparameter		Werkzeug / Werkstück:	
Schnittgeschwindigkeit v_c	= 20 m/s	Korngröße d_G:	64 µm
Vorschubgeschwindigkeit v_{ft}	= 30 mm/min	Kornkonzentration:	C125
Durchmesser Fräser d_{Fr}	= 16 mm	Fräserrohling:	HM (WC-Co)

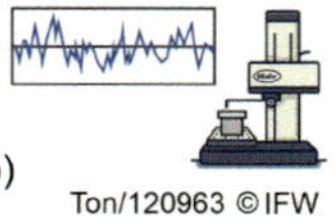

Bild 5: Rauheit in Abhängigkeit von der KSS-Reduktion

stroms führt nicht zu einer Steigerung der gemessenen Rauheitswerte. Bei der Untersuchung der Rauheit entlang der Schleifrichtung konnte zudem keine periodische Welligkeit der Oberfläche festgestellt werden, die auf eine Abbildung des Schleifscheibenprofils hindeuten würde.

In **Bild 6** sind Aufnahmen der erzeugten Schneidkanten der Fräser dargestellt. Es ist zu erkennen, dass der Einsatz der genuteten Schleifscheibe nicht zu einem Auftreten von Ausbrüchen an der Schneidkante führt. Darüber hinaus ist bei einer Reduktion des eingesetzten KSS keine Veränderung der Schartigkeit sichtbar. Es ist zu erwarten, dass eine weitere Reduktion des KSS-Volumenstroms möglich ist, ohne die Güte der Schneide negativ zu beeinflussen.

Zu beachten ist dabei, dass durch das Schleifen einer geraden Nut die Oberfläche des Fräsers durch andere Bereiche des Schleifwerkzeugs erzeugt wird als beim Schleifen einer gedrallten Nut. Aus diesem Grund wurden beide erzeugten Kanten der Fräsernut mittels mikroskopischer Aufnahmen untersucht. Weder bei der durch die Stirnfläche noch bei der durch die Mantelfläche der Schleifscheibe erzeugten Kante konnten Auffälligkeiten in der Schartigkeit festgestellt werden, die auf eine negative Beeinflussung des Schleifergebnisses durch die KSS-Nuten im Schleifbelag hindeuten. Die Messwerte der Rauheit und die mikroskopische Analyse der Schartigkeit verdeutlichen, dass der unterbrochene Schnitt aufgrund der KSS-Nuten im Schleifbelag keine negativen Auswirkungen auf die Oberflächenqualität hat.

Bild 7 zeigt den Gesamtenergieverbrauch der eingesetzten Versuchsmaschine und die Anteile der einzelnen Verbraucher. Die dargestellten Werte wurden in

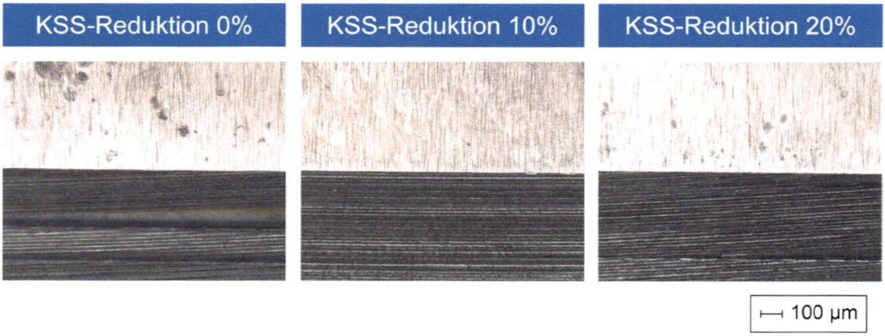

Versuchsparameter
Schnittgeschwindigkeit v_c = 20 m/s
Vorschubgeschwindigkeit v_{ft} = 30 mm/min
Durchmesser Fräser d_{Fr} = 16 mm

Werkzeug / Werkstück:
Korngröße d_G: 64 µm
Kornkonzentration: C125
Fräserrohling: HM (WC-Co)

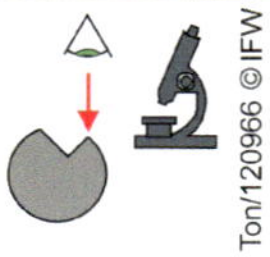

Bild 6: Schartigkeit in Abhängigkeit von der KSS-Reduktion

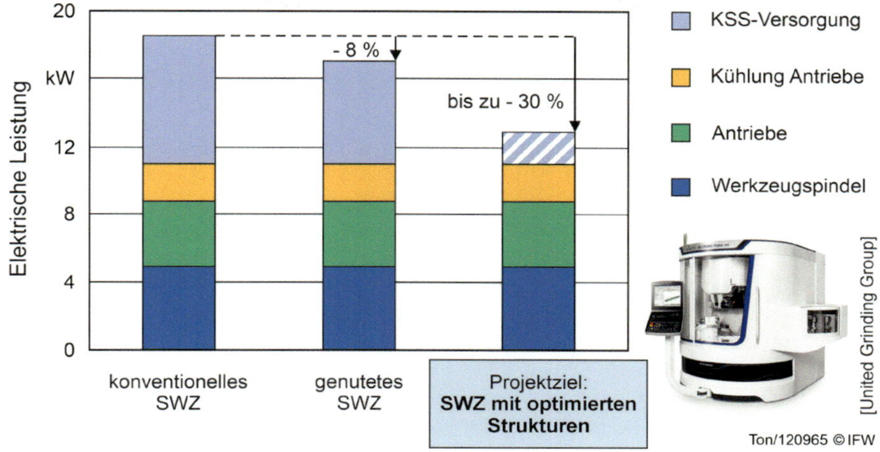

Bild 7: Energieeinsparpotenzial durch den Einsatz strukturierter Schleifwerkzeuge

Voruntersuchungen ermittelt. Die gemessene elektrische Gesamtleistung beträgt 18,6 kW. Die KSS-Versorgung trägt mit ungefähr 40 % der Gesamtleistung (7,5 kW) den größten Anteil zum Gesamtenergieverbrauch bei. Daher bietet besonders die KSS-Versorgung ein großes Potenzial für Energieeinsparungen.

Das im Rahmen der ersten Einsatzversuche verwendete additiv gefertigte Schleifwerkzeug ermöglicht eine Reduktion der KSS-Versorgung um 20 % bei gleichbleibender Oberflächenqualität, was einer Einsparung von etwa 8 % des gesamten Energieverbrauchs der Werkzeugmaschine entspricht. Das Ziel des Forschungsvorhabens ist die Einsparung von bis zu 30 % des Gesamtenergieverbrauchs der Schleifmaschine. Dieses Ziel wird über eine weitere Anpassung der Schleifwerkzeugstrukturen erreicht.

4. Zusammenfassung und Ausblick

Die Einsatzuntersuchungen mit additiv gefertigtem, strukturiertem Schleifwerkzeug im Nutentiefschleifen von Hartmetallfräsern zeigen das Potenzial zur Reduktion des Kühlschmierstoffbedarfs bei gleichbleibender Werkstückqualität. Trotz steigender Prozesskräfte traten weder Werkzeug- noch Werkstückschädigungen auf. Röntgenografische Eigenspannungsanalysen ergaben ausschließlich Druckeigenspannungen, die sich bei reduzierter KSS-Menge nur geringfügig veränderten. In Bezug auf die Oberflächenqualität konnten mit der genuteten Schleifscheibe niedrige Rauheitswerte erzielt werden, ohne dass negative Effekte durch den unterbrochenen Schnitt auftraten. Darüber hinaus wiesen die erzeugten Schneidkanten der Fräser unabhängig vom eingesetzten

KSS-Volumenstrom keine sichtbaren Ausbrüche auf. Durch die strukturierte Oberfläche konnte der KSS-Volumenstrom um 20 % gesenkt werden, was einer Energieeinsparung von rund 8 % am Gesamtenergieverbrauch der Schleifmaschine entspricht.

Anhand zukünftiger Einsatzversuche werden sowohl der Einfluss einer weiteren Reduktion des KSS-Volumenstroms auf den Schleifprozess und das Schleifergebnis als auch der Einfluss weiterer Strukturgeometrien untersucht. Besonders der Einsatz simulativ ausgelegter Schleifwerkzeugstrukturen steht dabei im Fokus. Darüber hinaus wird der Nutentiefschliff für gedrallte Fräsernuten durchgeführt. Die simulative, belastungsangepasste Auslegung der Schleifwerkzeugstrukturen wird durch die Untersuchung des Verschleißes (Radialverschleiß und Kantenverschleiß) unterschiedlicher strukturierter Schleifwerkzeuge validiert. Ein weiterer Fokus ist die Untersuchung des Abrichtverhaltens strukturierter metallisch gebundener Schleifwerkzeuge. So steht mit Abschluss des Forschungsvorhabens ein industriell einsetzbares metallisch gebundenes Schleifwerkzeugs mit Strukturen zur Verfügung, das es ermöglicht, den KSS-Einsatz und damit den Energieverbrauch beim Nutentiefschleifen signifikant zu reduzieren.

Danksagung

Die dargestellten Ergebnisse entstanden innerhalb des Projektes „Energieeffizientes Nutentiefschleifen". Das Forschungsvorhaben wird durch Mittel aus dem Europäischen Fonds für Regionale Entwicklung (EFRE) und vom Land Niedersachsen gefördert.

Das IFW dankt dem Förderer und der Sieglinde-Vollmer-Stiftung für die Unterstützung des Forschungsvorhabens und dem Projektpartner, der BDW-BINKA Diamantwerkzeug GmbH, für die vertrauensvolle Zusammenarbeit.

Literatur

[1] Heymann, T.: Schleifen und Polieren von wendelförmigen Spannuten an Vollhartmetallwerkzeugen. Dr.-Ing. Dissertation, Technische Universität Dortmund, 2015

[2] Hübert, C.: Schleifen von Hartmetall- und Vollkeramik-Schaftfräsern. Dr.-Ing. Dissertation, Technische Universität Berlin, 2012

[3] Marinescu, I.; Rowe, B.; Dimitrov, B.; Ohmori, H.: Tribology of Abrasive Machining Processes. 2. Auflage, William Andrew Publishing, Oxford, Großbritannien, 2013

[4] Basem, A.; Naji, M.; Al-Asadi, H.; Sediq Safi, M.; Daminova, G.; Alhadrawi, M.; Alfaker, M.; Islam, S.: Small-quantity cooling lubrication in creep-feed grinding: Surface quality and residual stress analysis. In: Results in Engineering, 22 (2024), Artikel: 102.348

[5] Maldaner, J.: Verbesserung des Zerspanverhaltens von Werkzeugen mit Hartmetall-Schneidelementen durch Variation der Schleifbearbeitung. Dr.-Ing. Dissertation, Universität Kassel, 2008

[6] Denkena, B.; Bergmann, B.; Tontsch, M.: Energieeffiziente Schleifprozesse: Steigerung des Kühlschmierstoff-Fördervolumens durch Schleifscheibenstrukturen. In: VDI-Z, VDI-Fachmedien, 166 (2024) 07–08, S. 41–44

[7] Li, H. N.; Axinte, D.: Textured grinding wheels: A review. In: International Journal of Machine Tools and Manufacture, 109 (2016), S. 8–35

[8] Tawakoli, T.; Danieshi, A.: Innovative Abrichtrolle mit Punktkontakt optimiert die Abrichtprozesse, T-Dress. Moderne Schleiftechnologie und Feinstbearbeitung, 9. Seminar, Stuttgart, 2012, Kapitel 4a, S. 1–21

[9] Mohamed A.; Bauer, R.; Warkentin, A.: Application of shallow circumferential grooved wheels to creep-feed grinding. In: Journal of Materials Processing Technology, 213 (2013) 5, S. 700–706

[10] Denkena, B.; Grove, T.; Göttsching, T.: Grinding with patterned grinding wheels. In: CIRP Journal of Manufacturing Science and Technology, 8 (2015), S. 12–21

[11] Walter, C.; Komischke, T.; Kuster, F.; Wegener, K.: Laser-structured grinding tools – Generation of prototype patterns and performance evaluation. In: Journal of Materials Processing Technology, 214 (2014) 4, 2014, S. 951–961

[12] Behrens, L.; Thiele, A.: Durch Druck entstehen Diamanten. Indiamond.world, 2022, online, [https://www.indiamond.world/fachartikel/durch-druck-entstehen-diamanten], zuletzt abgerufen am 14.07.2025

[13] Denkena, B.; Bergmann, B.; Tontsch, M.: Strukturierte Schleifwerkzeuge gezielt auslegen – Simulation als Schlüssel zur Optimierung. In: Zukunft.Digital, 1 (2025), S. 40–43

Stochastisches geometrisch-kinematisches Modell zum Kernbohren mit Verschleißvorhersage

Lucas Marra, Stefan Fabbro, Michal Kuffa, Konrad Wegener

1. Einleitung

Kernbohren ist ein abrasives Verfahren zum Bohren von größeren Löchern in mineralischen Materialien wie Gestein, Mauerwerk und Beton. Das Kernbohren ist kinematisch dem Stirnschleifen zuzuordnen. Allerdings ist die Genauigkeit im Gegensatz zu üblichen Schleifverfahren von untergeordneter Bedeutung. Dagegen ist die Abtragsleistung und damit der Vorschub das mit Abstand wichtigste Kriterium, gefolgt von der Werkzeuglebensdauer. Je nach Bohrkronendurchmesser kann das Kernbohrverfahren mit handgeführten oder ständergeführten Bohrmaschinen durchgeführt werden. Eine spezielle Herausforderung ist das Bohren von Verbundmaterialien wie stahlbewehrtem Beton, weil dort die Vorschubgeschwindigkeit um einen Faktor von ca. fünf sinkt, wenn in den Betonstahl eingegriffen wird. Die Ursache dafür sind die sehr verschiedenen Materialeigenschaften des Betonstahls und der Betonmatrix selber. Die Schnittgeschwindigkeit ist eigentlich für die Stahlbearbeitung deutlich zu klein, während sie für die Stabilität eines mobilen Systems, das auch auf Baustellen eingesetzt werden kann und für den Abtrag in Beton gut geeignet ist. Beim Stahlbetonkernbohren enthält die Bohrkrone als Abrasivschicht auf dem Umfang mehrere diamantbesetzte Segmente, die für den Materialabtrag verantwortlich sind. Diese werden nicht abgerichtet, sondern die Bohrkrone soll selbstschärfend sein. Während des Bohrvorgangs verschleißt das Segment aufgrund von Erosion und Abrieb der Matrix durch Kornauszug, durch Frakturen sowie abrasiven und chemischen Abtrag von den Schleifkörnern [1]. Auf dieser Grundlage muss ein gut funktionierendes Segment ein Gleichgewicht zwischen der Bindungsfestigkeit, der Haltekraft zur Abstützung der Prozesskräfte und der Kornverschleißfestigkeit bilden. Die Bindung, die ebenfalls einer Erosion unterliegt, soll die Diamanten freigeben, wenn sie stumpf werden, was eine sorgfältige Abstimmung der Verschleißfestigkeit der Abrasivkörner und der Erosionsfestigkeit des Binders sowie der Prozessparameter und Werkstückeigenschaften erfordert. Die Zusammensetzung dieser Segmente, d. h. metallischer Binder und Diamanten, ist der wichtigste Faktor für das Prozessverhalten und die Arbeitsergebnisse. Hierbei spielen aber Prozessparameter, Betonart und Wasserzufuhr ebenfalls eine wichtige Rolle [2]. **Bild 1** zeigt die gängigen Parameterbereiche.

Da das Diamantkernbohren einen der größten Anteile an Diamantwerkzeugen im Bauwesen ausmacht, ist die Entwicklung neuer, effizienterer Werkzeuge

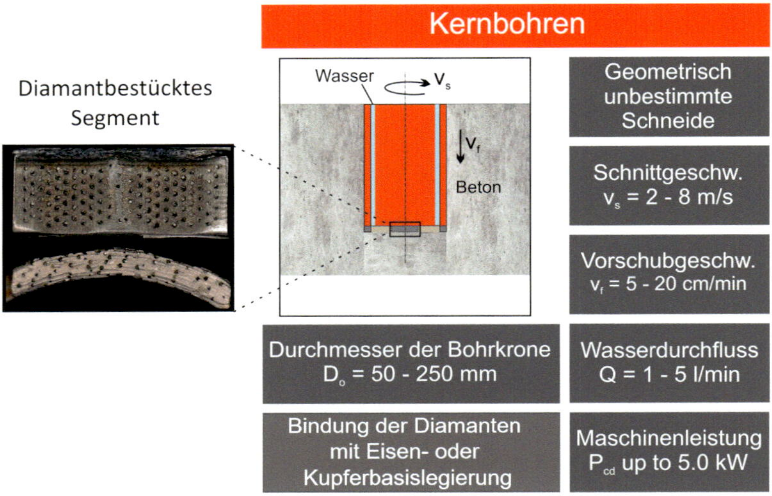

Bild 1: Übersicht über die Charakteristik des Kernbohrens (nach [7])

in naher Zukunft mehr als notwendig. Solche Entwicklungen, vorangetrieben durch die Produktion synthetischer Diamanten mit hoher Kristallqualität und neue Fertigungsstrategien, gipfelten in der Herstellung von Diamantsegmenten mit definierten Mustern, da allgemeiner Konsens darüber besteht, dass Werkzeuge mit einer ungleichmäßigen Diamantverteilung beim Schneiden von Gesteinsmaterialien in den meisten Fällen eine inkonsistente Leistung und eine kürzere Standzeit aufweisen [3–6]. Dennoch gibt es nur wenige Forschungsarbeiten, die den Zusammenhang zwischen den Eigenschaften von Diamantsegmenten und den Prozessergebnissen untersucht haben. In [7] wurde ein Zusammenhang zwischen Diamantkonzentration und -größe, Stromverbrauch, Vorschubgeschwindigkeit und Segmentverschleiß festgestellt.

Eine Korrelation zwischen den Eigenschaften der Diamantsegmente und den Prozessergebnissen ist grundlegend, um die Feinheiten des Prozesses zu verstehen, aber bisher haben nur wenige Forschungsarbeiten diese Korrelation untersucht. Kansteiner und Biermann [7] korrelierten die Diamantkonzentration und -größe mit dem Segmentverschleiß in Beton, indem sie die Segmenttopografie nach Einzelsegmenttests in einer kontrollierten Umgebung analysierten. Kürzlich begannen Autoren, den Verschleiß der Diamantsegmente eingehend zu erforschen, um dessen Verhalten vorherzusagen und Ressourcen zu schonen. Quacquarelli et al. [14] entwickelten einen numerisch-experimentellen Ansatz zur Modellierung des Verschleißes von Diamantwerkzeugen. Der Ansatz berücksichtigt die tribologischen Effekte auf der metallischen Oberfläche des

Diamantsegments. Malevich et al. [15] führten eine experimentelle und statistische Analyse des Verschleißes solcher Werkzeuge durch. Das statistische Modell wurde verwendet, um experimentelle Ergebnisse zu extrapolieren und die Leistung des Werkzeugs in Abhängigkeit von seiner Topografie vorherzusagen.

Diese Arbeit schlägt eine Verschleißsimulation vor, die sich darauf konzentriert, vorherzusagen, ob die Eigenschaften der Diamantschicht des Segments (Korngröße, Konzentration, Muster, Morphologie usw.), die für spezifische Bohrparameter ausgewählt wurden, einen Selbstschärfungseffekt und ein Gleichgewicht zwischen Retentionskraft und Diamantverschleiß aufweisen werden. Der verwendete Ansatz ist ein analytisches kinematisch-geometrisches Modell, das laut Brinksmeier et al. [8] zu den am besten anwendbaren Modellen für abrasive Prozesse gehört. Diese Modelle sind in der Lage, Prozesscharakteristika und Ergebnisse aus der relativen Bewegung zwischen Werkzeug und Werkstück zu berechnen. Denkena et al. [3] verwendeten einen solchen Ansatz, um die Kräfte und das von den Eigenschaften der Diamantschicht beeinflusste Werkstückmaterial beim Kreissägen von Natursteinen vorherzusagen. Mehrere andere industrielle abrasive Prozesse wurden unter Verwendung dieses Ansatzes modelliert [7], [8].

Das Verständnis darüber, wie Konzentration, Größe und andere Eigenschaften die Leistung beim Diamantkernbohren beeinflussen, ist also unvollständig, und daher werden die Möglichkeiten des Segmentdesigns heute noch nicht systematisch ausgeschöpft.

Dieser Beitrag stellt nun ein Konzept zur Modellierung und Simulation des Kernbohrens vor, mit dem der Einfluss der verschiedenen Gestaltungs- und Prozessparameter auf Materialabtrag und Verschleiß abgebildet werden kann. Das kinematisch-geometrische Modell verwendet detaillierte Werkzeugbeschreibungen mit stochastischen und deterministischen Variablen sowie Parameter für Beton (Zement und Agglomerate) und Bewehrungsstahl als Basismaterialien. Dies ermöglicht die Bewertung der Auswirkungen sowohl der geometrischen Eigenschaften von Diamantsegmenten als auch der Prozessparameter auf Materialabtrag, Oberflächenprofil, Schnitt-, Normalkräfte und Verschleiß, was eine Einschätzung der Leistungsfähigkeit solcher Segmente liefert und die Basis für Optimierungen darstellt.

2. Stochastisches geometrisch-kinematisches Modell

Das geometrisch-kinematische Modell für Stahlbetonkernbohrungen ist ein stochastisches Modell der Wechselwirkungen auf Kornebene mit der Werkstückoberfläche. Die Summe der Wechselwirkungen auf Kornebene beschreibt stochastisch das Verhalten des gesamten Werkzeugs. Das vorgeschlagene Modell enthält fünf verschiedene Teilmodelle, die eng miteinander verknüpft sind, wie in **Bild 2** dargestellt ist. Das erste Teilmodell ist die detaillierte geometrische

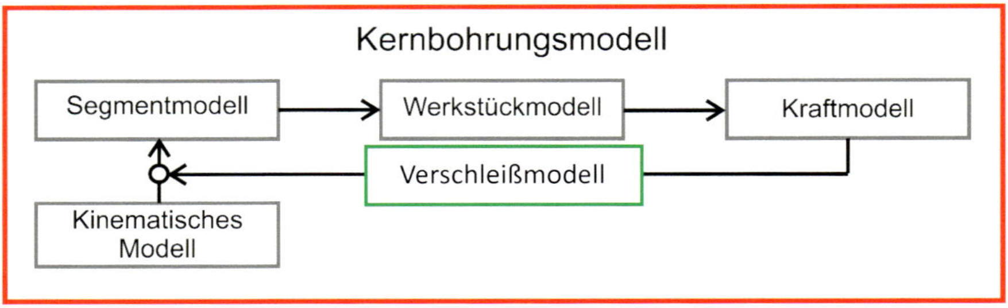

Bild 2: Modell zur Simulation des Kernbohrens

Beschreibung des Diamantsegments, gefolgt vom kinematischen Modell, dem Materialmodell und dem Kraftmodell. Die dem Segment hinzugefügte Kinematik ermöglicht die Wechselwirkung des Diamanten mit dem Werkstückmaterial, wodurch die Materialoberfläche verändert wird, und liefert folglich auch die Eingangsparameter für die Kraftberechnungen, wodurch eine Simulationsschleife, also der Zeitschritt, abgeschlossen wird. Für den folgenden Zeitschritt wird die Geometrie von Werkzeug und Werkstück aktualisiert, das kinematische Modell erneut aktiviert und der Berechnungsprozess wiederholt.

In den folgenden Abschnitten wird im Detail beschrieben, wie jedes dieser einzelnen Modelle funktioniert, quantitativ beschrieben wird und wie die Abhängigkeit der Teilmodelle voneinander realisiert wird.

2.1 Modell der Diamantbohrsegmente

Die Modellierung des Abrasivsegments muss die stochastische Natur des Abrasivsegments wiedergeben. Entsprechend deren Herstellverfahren werden die Schleifkörner, monokristalline Diamanten, innerhalb der Bindungsgrenzen, einem Streukreis mit vorgegebenem Radius, gemäß einer statistischen Verteilung positioniert, wobei das Anordnungsmuster dem realer Abrasivsegmente entspricht. Der Aufbau des Segments geht aus **Bild 3** hervor.

Zusätzlich wurden die Abweichung des Diamantüberstands über die Binderfläche, die um etwa 150 µm variiert, und die Anzahl der Diamanten – ca. 50 für 52-mm-Bohrkronen und ca. 25 für 102-mm-Bohrkronen – gesetzt.

Um die geometrischen Einflüsse des Werkzeugs bestmöglich zu reproduzieren, wurde die Diamantmorphologie basierend auf Wilks und Wilks [13] berücksichtigt. Die morphologische Verteilung der Diamanten ist klar definiert und reicht von kubischen zu oktaedrischen Strukturen gemäß Bild 3 und **Bild 4**. Bild 4 zeigt, dass ein einziger stochastischer Parameter ξ ausreicht, um alle Zwischenformen zu charakterisieren.

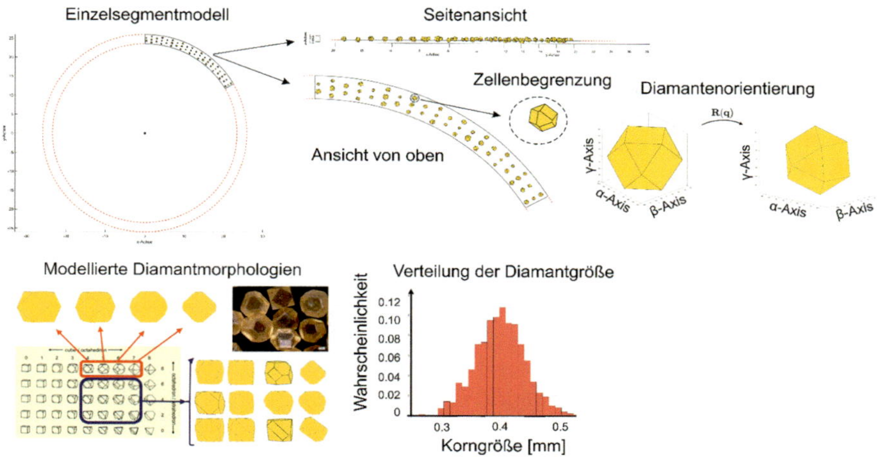

Bild 3: Aufbau des Abrasivsegments aus monokristallinen Diamanten

Die durch den Hochdrucksinterprozess verursachten Verzerrungen in der Geometrie der synthetischen Diamanten wurden ebenfalls als Aspektverhältnisse in Form einer Gauß-Verteilung implementiert. Die Korngröße wird durch die ISO 6106 charakterisiert. Die Norm klassifiziert die Schleifmittelgrößen nach der Größe der Prüfsiebmaschenweite, was bedeutet, dass die Durchmesser im Allgemeinen einer Gauß-Verteilung folgen. Die Diamanten werden um die drei Orientierungsachsen α, β und γ gedreht in das Segment eingebaut. Die Orientierung wird durch Drehung um die drei Cardanischen Winkel θ, ϕ und ψ, die zwischen 0 und 360° gleichverteilt sind, beschrieben:

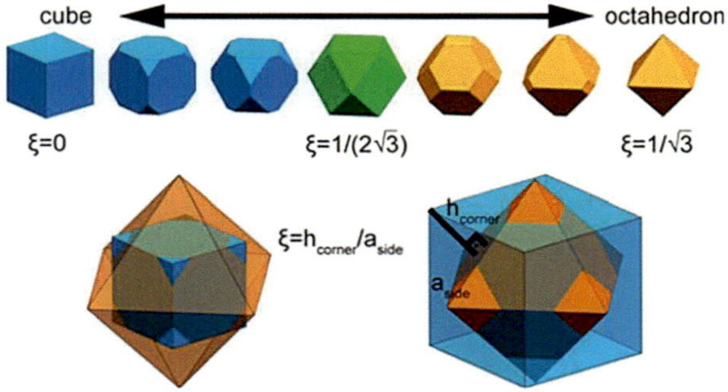

Bild 4: Beschreibung der Kornmorphologie von Diamantkörnern mithilfe eines Parameters

$$Rx\ (\theta) = \begin{bmatrix} 1 & 0 & 0 \\ 0 & cos\theta & -sin\theta \\ 0 & sin\theta & cos\theta \end{bmatrix} \quad (1)$$

$$Rx\ (\varphi) = \begin{bmatrix} cos\varphi & 0 & sin\varphi \\ 0 & 1 & 0 \\ -sin\varphi & 0 & cos\varphi \end{bmatrix} \quad (2)$$

$$Rx\ (\psi) = \begin{bmatrix} cos\psi & -sin\psi & 0 \\ sin\psi & cos\psi & 0 \\ 0 & 0 & 1 \end{bmatrix} \quad (3)$$

$$R(q) = Rx \cdot Ry \cdot Rz \quad (4).$$

Zur Vereinfachung und Reduktion des Simulationsaufwands wird nur ein Segment, wie in Bild 3 dargestellt, modelliert. Durch die Definition der Segmentkontur (s. „Ansicht von oben“) erlaubt das Programm die Verteilung von Diamantkörnern darüber hinaus nur innerhalb der vorgegebenen Grenzen des Segments.

2.2 Kinematik-Modell

Das kinematische Modell sorgt für die Bewegung des Segments im dreidimensionalen Raum. **Bild 5** veranschaulicht den Pfad, den das Diamantwerkzeug gemäß den definierten Parametern nimmt. Das Segment rotiert um die z-Achse und verschiebt sich in Vorschubrichtung z. Schnittgeschwindigkeit ν_c und Vorschubrate ν_f können ausgedrückt werden als:

$$\nu_c = \pi \cdot \frac{n}{60} \cdot d \quad (5)$$

$$_f - \quad m_w$$

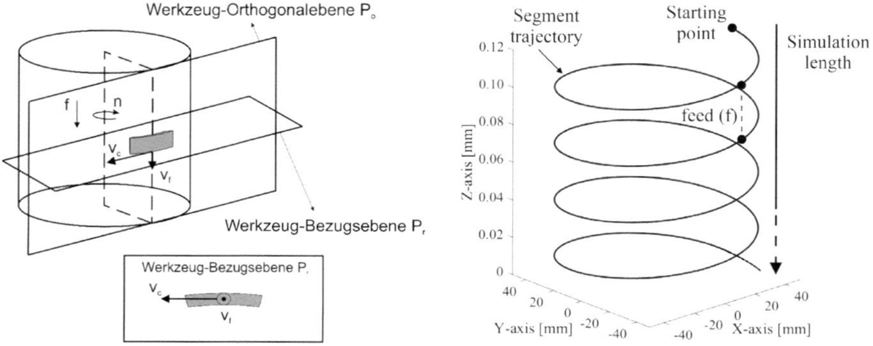

Bild 5: Kinematik des Kernbohrens

$$v_f = n \cdot a_e \quad (6),$$

wobei n die Anzahl der Werkzeugumdrehungen pro Minute, d der Durchmesser und a_e die Eindringtiefe pro Umdrehung sind. Ein weiterer wichtiger Parameter, der zum kinematischen Modell gehört, ist die Diskretisierung der Bewegungen – die Zeitschrittweite t_s. Diese wird über den Weg m_w eines Korns bei gleichen Parametern als

$$t_s = \frac{m_w}{2\pi \cdot f_{cb} \cdot r_{cb}} \quad (7)$$

dargestellt, mit dem Außenradius der Bohrkrone r_{cb} und der Drehfrequenz der Bohrkrone f_{cb}. Für die Kernbohrsimulation ist m_w = 1 mm ausreichend und gut geeignet für längere Simulationen oder Optimierungsaufgaben.

2.3 Kraftmodell

Während aus dem kinematischen Modell die Überdeckung zwischen Korn und Material folgt, ist die modifizierte Kienzle-Gleichung ein übliches Modell zur Kraftberechnung:

$$F_c = k_{c1,1} \cdot A^{mc} \quad (8)$$

Dabei ist $k_{c1,1}$ die spezifische Schnittkraft, A die orthogonale Schnittfläche, der Schnittkraftzunahmeexponent des Werkstückmaterials und mit dem Kräfteverhältnis μ als Verhältnis aus Schnitt- und Normalkraft kann daraus die Normalkraft berechnet werden:

$$F_n = \frac{F_c}{\mu} \quad (9)$$

Diese Parameter werden aus Einzelkornkratzversuchen mit verschiedenen Kornformen und -orientierungen an Ck45 sowie Kernbohrexperimenten identifiziert. Um das gesamte Werkzeug darzustellen, müssen alle Einzelkräfte und deren Momente wie folgt summiert werden:

$$F_{cg} = \sum_i^n F_{ci}, \quad F_{ng} = \sum_i^n F_{ni}, \quad M_{cg} = \sum_i^n r_{ci} F_{ci} \quad (10)$$

Die erste Gleichung gilt, sofern das Segment kurz gegenüber dem Bohrerradius ist.

Zur Bestimmung der simulierten Eingriffsfläche wird ein Schnittprofil definiert, indem die orthogonale Ebene, die durch die Projektion des Diamanten in Richtung der Schnittgeschwindigkeit v_c entsteht, aus der 3D-Diamantgeometrie extrahiert wird (s. **Bild 6**).

Die zu Beginn der Simulation festgelegten Netzpunkte definieren die Werkstückoberfläche. Anschließend bewegt sich das orthogonale Schnittprofil mit einer definierten Kinematik innerhalb eines Simulationsschritts von Punkt A

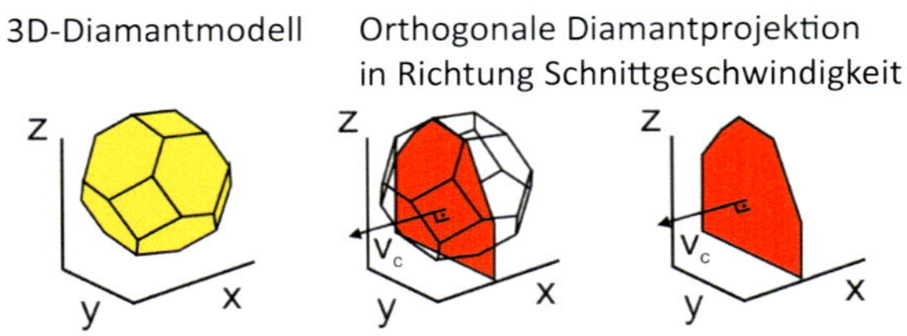

Bild 6: Extraktion der Interaktionsfläche eines Korns

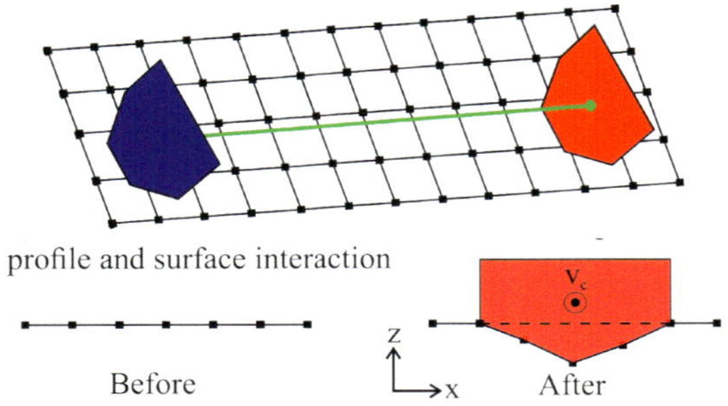

Bild 7: Darstellung der Kratzbewegung eines Korns während des Zeitschritts zwischen Punkt A (blau) und B (rot) über das Punktgitter der Materialoberfläche

(blaues Profil) nach B (rotes Profil) über das Netz, wie in **Bild 7** dargestellt. Nach der Überprüfung der vom Profilschritt betroffenen Punkte werden der Interaktionsbereich zwischen Netz und Schnittprofil sowie der Weg des Korns zwischen den Punkten A und B ermittelt. Danach hat sich die Oberfläche entsprechend dem Kratzer verändert, den das durch das Werkstück laufende Schnittprofil verursacht. Durch einen Vergleich des Netzes vor und nach dem Simulationsschritt lässt sich das abgetragene Materialvolumen des Werkstücks berechnen. Mit diesem Ansatz zur Umwandlung einer dreidimensionalen in eine zweidimensionale Korngeometrie wird die Simulationszeit für das Modell erheblich verkürzt.

Für die Berücksichtigung der Dreidimensionalität des Korns kann in allen Teilmodellen der Einfluss analytisch wieder hergestellt werden, weil die Rechenzeiteinsparung vor allem Folge des vereinfachten Kontaktalgorithmus ist. Z. B. kann der Kraftvektor über die Orientierung der im Eingriff befindlichen Flächen bestimmt werden. Die modifizierte Kienzle-Gleichung liefert dann lediglich die Größe der Kraft:

$$\underline{F} = k_{c1,1} \cdot \sum_{i=1}^{n} \frac{A_i}{A_t} \cdot \underline{n_i} \tag{11}$$

Hierbei ist n die Gesamtzahl der in das Werkstück eingetauchten Flächen des Korns, A_i die orthogonale Schnittfläche der Fläche i, A_t die gesamte orthogonale Schnittfläche und $\underline{n}_i$ der zur Flächennummer *i* zugehörige Normalenvektor. Dieser Ansatz liefert unter Vernachlässigung der Reibkraftkomponente pro Fläche korrekte Ergebnisse.

2.4 Materialabtragsmodell

Das Modell verwendet den einfachsten möglichen Ansatz und beschreibt den Materialabtrag rein geometrisch, da von der Oberfläche des Werkstücks das

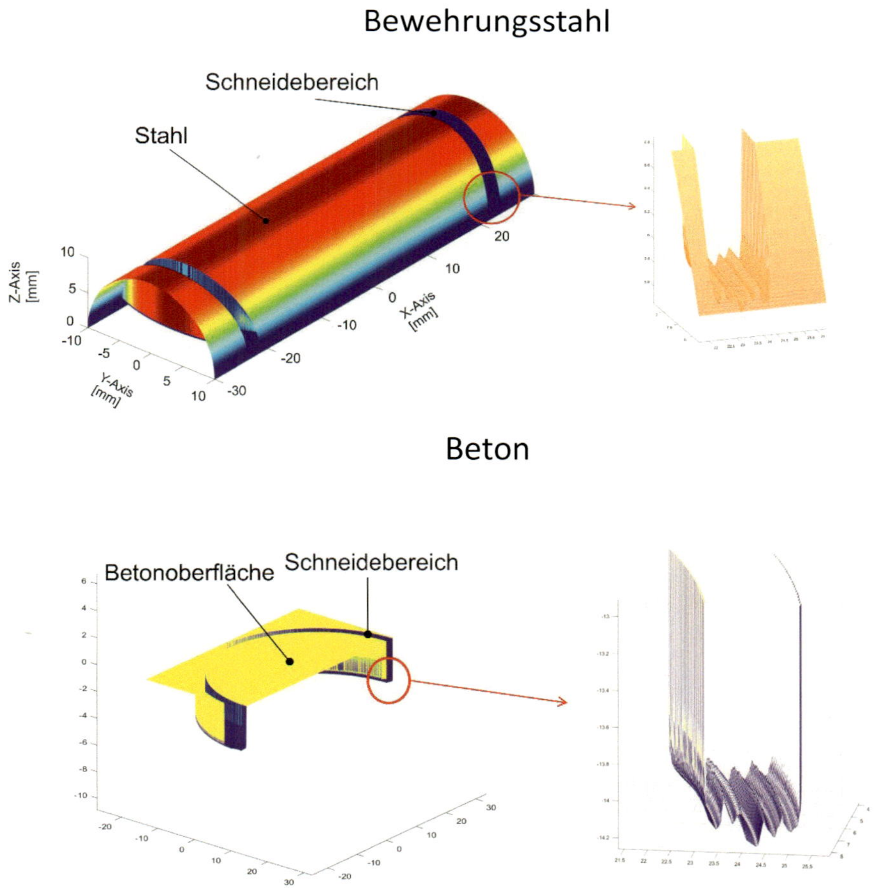

Bild 8: Geschnittener Bewehrungsstahl und Betonoberfläche in der Diskretisierung aus der Simulation (Rillen überhöht dargestellt)

Material entfernt wird, das von der Projektionsfläche des Korns überstrichen wird. Thermische und mechanische Einflüsse, wie Schnitttemperatur, Reiben, Pflügen, elastische und plastische Verformungen sowie Rissausbreitung beim Materialabtrag, werden vernachlässigt. Auch der Einfluss des Kühlschmiermittels und der Späne wird nicht berücksichtigt. Dadurch entsteht im Oberflächennetz des Werkstücks eine Netzrille, deren Profil ein exaktes Negativ des Schneidprofils ist. Die Überlagerung der Rillen definiert letztendlich die Oberflächenrauheit und das abgetragene Materialvolumen. In **Bild 8** sind Stahlbewehrungs- und Betonoberflächen als Beispiel für das durch die geometrisch-kinematische Wechselwirkung zwischen Schleifpartikeln und Grundmaterial entstehende Netz dargestellt. Vergrößert dargestellt und hervorgehoben sind die erzeugten Rillen, die aber insofern nicht mit der Realität vergleichbar sind, weil diese Simulation nur ein einzelnes Segment berücksichtigt, während die Bohrkrone je nach Durchmesser vier bis zehn Segmente enthält.

2.5 Verschleißmodell

Zur Abschätzung der Diamantverschleißzustände unter verschiedenen Kernbohrbedingungen werden vier unterschiedliche Diamantverschleißstufen modelliert:

- Abrieb, Abstumpfung
- Mikrofrakturierung
- Makrofrakturierung
- Kornauszug.

Für die Formulierung der Abriebverschleißrate der Diamanten wird das Usui-Modell unter Berücksichtigung thermo-mechanischer Belastungen während des Schneidprozesses implementiert. Das Modell kann wie folgt formuliert werden:

$$\frac{dW}{dt} = K \cdot F_c(t) \cdot \nu_c \cdot e^{-\frac{B}{T_g}} \tag{12}$$

Dabei ist $\frac{dW}{dt}$ die Verschleißrate in [mm/s], K der Verschleißkoeffizient, B das Verhältnis aus Aktivierungsenergie und universeller Gaskonstante, $F_c(t)$ die Schneidkraft, ν_c die Schnittgeschwindigkeit des Diamantkorns und T_g die Temperatur an der Kontaktstelle. Allerdings wird hier zur Vereinfachung dieser Teil als Konstante angenommen.

Aufgrund der hohen Spannungen an der Kontaktstelle ist eine Fraktur des Diamanten ein häufiges Verschleißphänomen beim Bohren in bewehrtem Beton. Mikro- und Makrofrakturierung werden auf die gleiche Weise konzipiert. Die Unterscheidung hängt von der Eindringtiefe jedes Diamantkorns ab. Dieses Phänomen wird durch die Änderung der orthogonalen Projektion des Korns modelliert. Der Bruch tritt auf, wenn die Hauptspannung, die auf den Diamanten wirkt, höher ist als seine Druck- oder Zugfestigkeit. Die Normalspannungshypothese kommt zum Einsatz für zusammengesetzte Spannungen. Die Normalspannungen werden wie folgt berechnet:

$$\sigma_n = \frac{F_n}{A_\perp} \quad (13)$$

Dabei ist F_n die Normalkraft und $A_\perp$ die Eingriffsfläche des Korns als Kontaktfläche projiziert in Vorschubrichtung, σ_t ist die Spannung in Schneidrichtung, berechnet als:

$$\sigma_t = \frac{F_c}{A_\perp} \quad (14),$$

wobei F_c die Schneidkraft ist.

Für jedes Korn wird eine spezifische Druckfestigkeit auf der Grundlage eines Drucktests am Diamantkorn zugeordnet. Die Druckfestigkeitskurve in **Bild 9** ergibt sich aus den Ergebnissen von 1.200 Diamanten, die in einem Messsystem DiaTest-ASM getestet wurden. Die resultierenden Druckspannungen werden für jeden einzelnen Diamanten berechnet, und zwar als

$$\sigma_v = \sqrt{\sigma_n^2 + \sigma_t^2} \quad (15),$$

da beides Druckspannungen sind. Sie werden mit den kritischen Druckspannungen verglichen. Der Bruch am Diamanten tritt als Scherbruch auf, wenn:

$$\sigma_v \geq \sigma_B \quad (16).$$

Die Rissausbreitungsrichtung wird stochastisch gemäß der Diamantschnitttiefe definiert. Sobald die Punkte der orthogonalen Ebene für die Rissbildung aus-

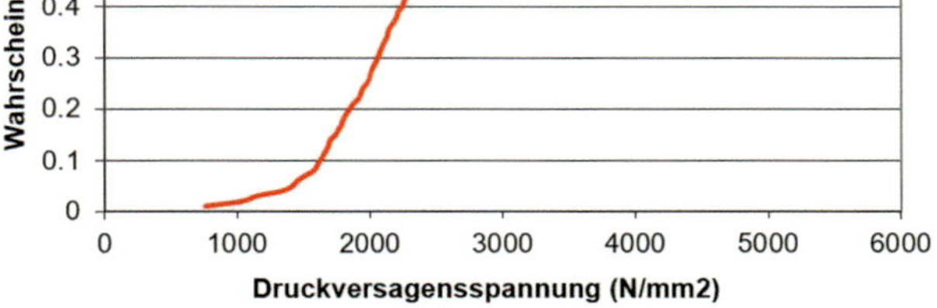

Bild 9: Wahrscheinlichkeitsverteilung der Druckversagensspannung von Diamanten

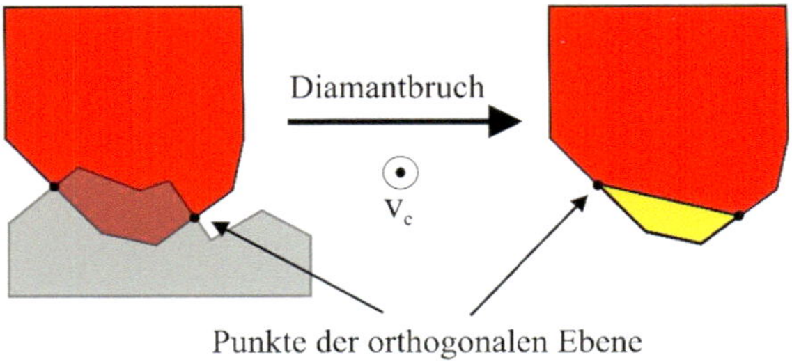

Bild 10: Orthogonales Profil in Rot und abgebrochenes (inaktives) Profilstück in Gelb

gewählt sind, ist der gebrochene Teil des Diamanten nicht mehr aktiv, wie in **Bild 10** gezeigt wird.

In diesem stochastischen Modell basiert der Auszug der Diamantkörner aus dem Bindungssystem auf den Diamant-Rückhaltekräften, die vom Verschleißfortschritt des Bindungssystems abhängen. Die Verschleißhöhe des Binders *u*, die die Diamantrückhaltekraft beeinflusst, wird auf dem Archard-Ansatz aufbauend gemäß

$$u = \frac{K_V \cdot F_n \cdot L}{H \cdot A} \tag{17}$$

abgeschätzt. Dabei ist K_V der Verschleißkoeffizient, F_n die Normalkraft, L die Gleitstrecke, H die Härte der Binder-Matrix und A die scheinbare Kontaktfläche.

K_V wird aus Experimenten von Fabbro et al. [16] abgeschätzt. Die Experimente bestehen aus einem modifizierten ASTM B611-13 tribologischen Test, welcher ein standardisiertes Testverfahren zur Bestimmung der Abriebfestigkeit von harten Materialien unter hohen Belastungen durch Normalkräfte und abrasivem Slurry in der Reibfuge ist. Der Binder kommt mit dem Betonstahl nicht direkt in Kontakt. Um den Einfluss adhäsiven Verschleißes zwischen den Metallen, Binder und Stahl, auszuschließen, wurde als Gegenkörper zum Block aus dem Bindermaterial ein SiC-Rad verwendet, während als Slurry eine speziell angesetzte Aufschwemmung von Abrieb aus Uetliberg-Beton mit der gleichen Korngrösse wie die beim Betonbohren entstehende eingesetzt wurde. Die Verschleißkoeffizienten sind mit Bohrversuchen und Messung der Binderzurücksetzung validiert. Als Wert wird K_V 0 = 0,03 mm³/(Nm) verwendet.

Um die anfänglichen Kornrückhaltekraftwerte der Matrix zu quantifizieren und darzustellen, wie sich der Verschleiß des Matrixmaterials auf die Rückhaltung auswirkt, wurde eine Kornauszugvorrichtung entworfen. Das experimentelle Verfahren besteht darin, dass ein WC-Einsatz eine zunehmende Tangentialkraft auf einen in einer metallischen Matrix eingebetteten Diamanten ausübt. Das Verfahren wird gestoppt, sobald die metallische Matrix den Diamanten

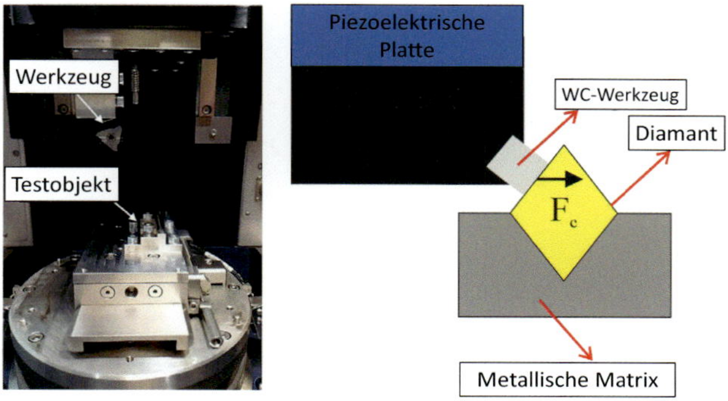

Bild 11: Auszugstestvorrichtung mit adaptivem WC-Werkzeug

nicht mehr zurückhalten kann oder wenn der Diamant gebrochen ist. **Bild 11** zeigt die experimentelle Vorrichtung und das Diamant-Matrix-Probestück.

Der Ausziehtest zeigt, dass Kornbruch an Diamanten das vorherrschende Versagensmuster ist, wenn die Probe den Diamanten nur zu 30 % oder weniger seines Durchmessers hervorstehen lässt. Bei Proben mit Diamanten, die zu 60 % oder mehr hervorstehen, tritt Auszug auf, wobei tangentiale Kräfte von etwa 50 bis 140 N für die 450 µm großen Diamantkörner angewendet werden müssen. Bei einem Kornüberstand von 30 % wechselt das Versagen von Kornbruch auf Kornauszug bei Tangentialkräften von 300 N. Von da aus nehmen die Tangentialkräfte für den Kornauszug bis 60 % Kornüberstand in etwa linear auf 150 N ab.

3. Modellvalidierung

3.1 Ergebnisse im Neuzustand

Zur Modellvalidierung werden zunächst Kernbohrversuche mit frischen, d. h. unverschlissenen, Segmenten mit gleichen Prozess- und Aufbauparametern durchgeführt und simuliert. Die Validierung erfolgt in zwei Phasen: Tests mit unterschiedlichen Vorschubgeschwindigkeiten und Tests mit Variation des Segmentaufbaus. Die Ergebnisse fassen **Bild 12** und **Bild 13** gemeinsam mit den Versuchsparametern für Phase 1 zusammen.

Das Kraftmodell beschreibt die einzelnen Korn-Werkstück-Interaktionen. Die spezifische Schnittkraft und die Materialkoeffizienten wurden demzufolge aus den Kratzversuchen in Beton und Bewehrungsstahl extrahiert. Bei Bewehrungsstahl (Ck45) zeigten die simulierten Kräfte eine zufriedenstellende Korrelation mit den experimentellen Ergebnissen bei einem Vorschub zwischen 10 und 40 µm pro Umdrehung, wie in Bild 12 zu sehen ist.

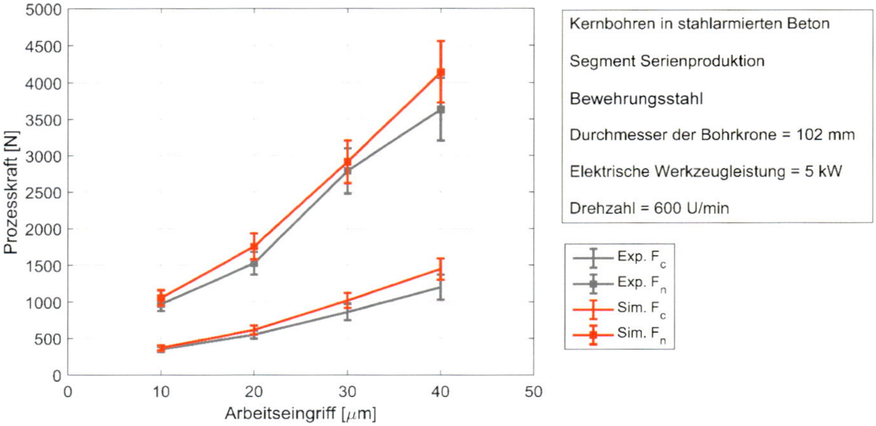

Bild 12: Kräfte beim Kernbohren von Bewehrungsstahl an einem Segment bei Volleingriff: Vergleich zwischen Simulation und Messung

Bei geringer oder großer Schnitttiefe können Phänomene wie Reiben/Pflügen bzw. Rissausbreitung auftreten, die im Modell nicht berücksichtigt sind. Bei Uetliberg-Beton, wo der Bereich der Schnitttiefe zwischen 50 und 300 µm pro Umdrehung variieren kann, können diese Phänomene verstärkt auftreten, was den Unterschied von bis zu 25 % in den extremen Bereichen der Schnitttiefe erklären kann, wie er in Bild 13 gezeigt ist. Außerdem verwendet die Simulation

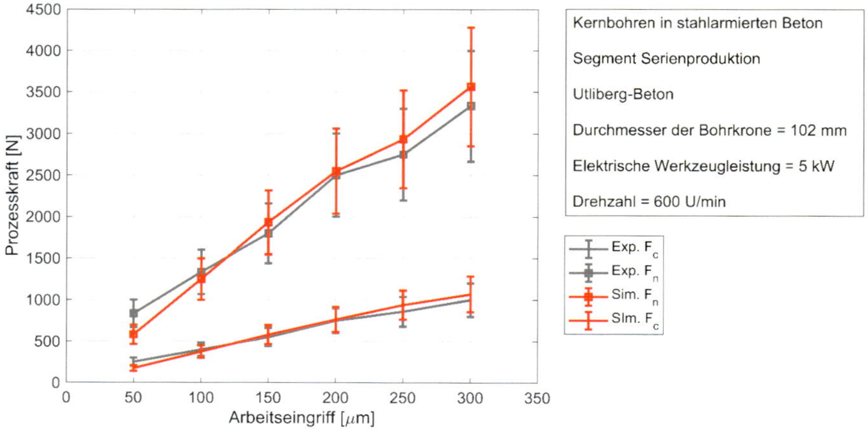

Bild 13: Kräfte beim Kernbohren von Beton an einem Segment bei Volleingriff: Vergleich zwischen Simulation und Messung

Bild 14: Beispielhafte Abrasivschicht für Design #2

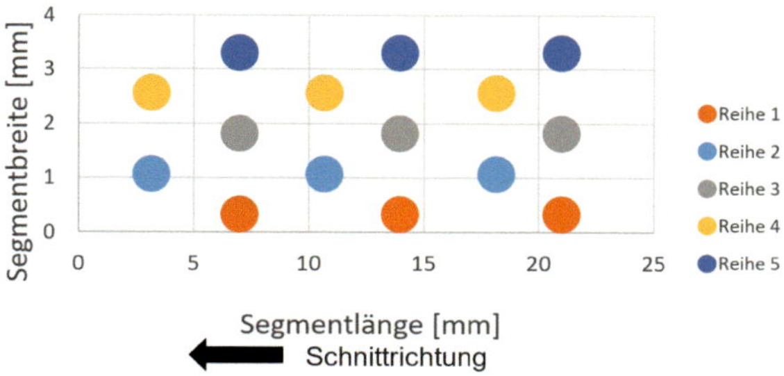

einen Ansatz mit einem einzelnen Diamantsegment, wobei zum Vergleich Kräfte und Momente an der Bohrkrone auf das Einzelsegment herunterskaliert werden. Die Drehzahl der Bohrkrone wurde während des gesamten Experiments konstant gehalten. Simulation und Experiment zeigen einen ähnlichen funktionellen Verlauf der Prozesskräfte in Abhängigkeit vom Arbeitseingriff.

In der zweiten Validierungsphase wird das Verhalten der Simulation durch Veränderung der Diamantschichteigenschaften beobachtet. Hierzu wurden vier verschiedene Segmentdesigns hergestellt und anhand der Kernbohrsimulation getestet, beginnend mit einem Segment mit 25/30 US Mesh und vier Reihen bis hinunter zu 35/40 US Mesh und sieben Reihen. **Bild 14** zeigt als Beispiel für ein Segment-Diamantschichtdesign die Position jedes Diamanten in der Schicht. Alle Schichtdesigns weisen ein Zickzack-Muster auf und unterscheiden sich in Diamantgröße und Reihenzahl, wodurch sich die Diamantkonzentration im Metallsegment verändert. **Tabelle 1** zeigt die Diamantschichteigenschaften für jedes getestete Segmentdesign.

Für jedes Segmentdesign wurden 20 Löcher in Stahlbeton gebohrt, um repräsentative Durchschnittsergebnisse zu erhalten. Die gleiche Anzahl an Löchern wurde simuliert, da das Modell über eine stochastische Werkzeuggenerierung verfügt, die eine Abweichung von ± 20 % bei Schnitt- und Normalkräften erzeugen kann. Das bedeutet, dass vor jedem Bohren eines Lochs in der Simulation

Tabelle 1: Segment-Designs für die Validierungstests

Segment-Design	Diamant-Charakterisierung	Anzahl Kornreihen	Diamant-konzentration
#1	Ti Coating 30/35	4	33 %
#2	Ti Coating 35/40	5	34 %
#3	Ti Coating 35/40	6	30 %
#4	Ti Coating 40/45	7	35 %

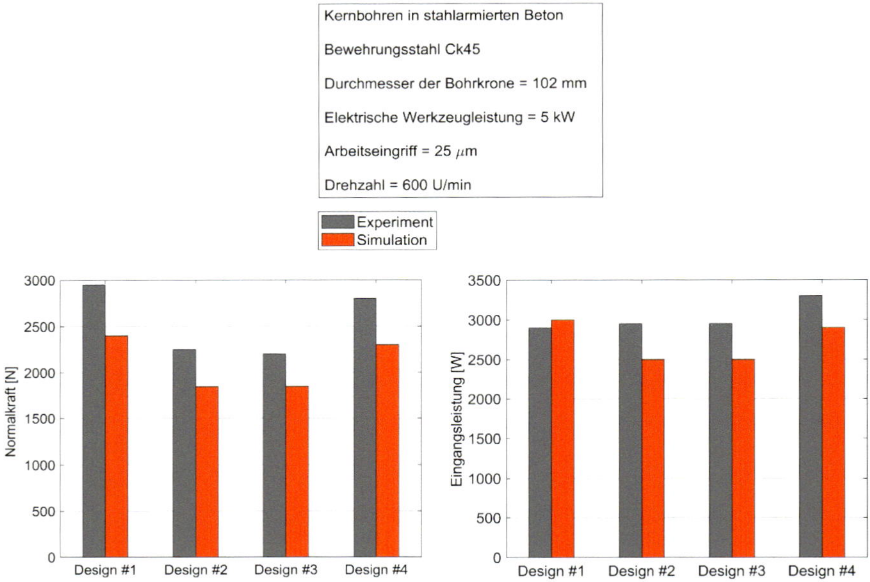

Bild 15: Normalkraft und Eingangsleistung für die verschiedenen Segment-Designs im Vergleich zwischen Experiment und Simulation beim Bohren in Bewehrungsstahl / vergütetem CK45

ein neues Werkzeug mit denselben Spezifikationen, aber stochastischen Eigenschaften innerhalb des vorgegebenen Bereichs generiert wird.

Bild 15 und **Bild 16** zeigen die Ergebnisse für Normalkraft und Eingangsleistung, die zum Kernbohren von Beton und Bewehrungsstahl mit einer Vorschubgeschwindigkeit von 25 µm/U bzw. 175 µm/U benötigt werden, als Vergleich zwischen Simulation und Experiment.

Für beide Fälle, Beton und Stahlbewehrung, liefert die Simulation im Vergleich zu den durchschnittlichen Kernbohrungsergebnissen vergleichbare Ergebnisse und ermöglicht so eine Unterscheidung der Prozesskräfte und der Eingangsleistung zwischen den getesteten Segment-Designs. Abweichungen vor allem der Normalkräfte resultieren aus bereits erfolgtem Verschleiß, obwohl dieser in den Experimenten minimiert wurde, jedoch nicht ganz ausgeschlossen werden konnte. Laut Simulation erzeugten die Designs 2 und 3 die geringsten Kräfte und stellten damit die vielversprechendsten Designs für eine erhöhte Vorschubgeschwindigkeit unter den getesteten Bedingungen dar.

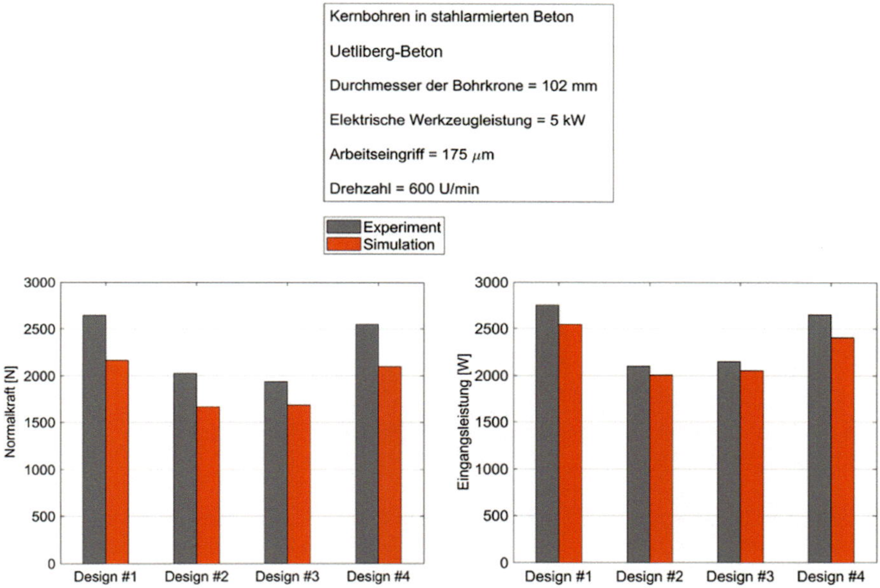

Bild 16: Normalkraft und Eingangsleistung für die verschiedenen Segment-Designs im Vergleich zwischen Experiment und Simulation beim Bohren in Uetliberg-Beton

Schließlich stellen die Annahmen für die Simulation den Kernbohrprozess angemessen dar, angefangen von der grundlegenden Beschreibung der mikroskopischen Eigenschaften der Wechselwirkung einzelner Diamanten bis hin zur Beschreibung der makroskopischen Eigenschaften der gesamten Diamantschicht bzw. eines Segments.

3.2 Ergebnisse mit Verschleiß

3.2.1 Kernbohrexperimente

Bild 17 fasst die Kernbohrungs-Experimente zusammen, die durchgeführt wurden, um die Verschleißzustände (neu, mikrofrakturiert, makrofrakturiert und herausgezogen) von bis zu zwei gebohrten Bewehrungsstahlabschnitten zu quantifizieren. Die Experimente umfassen ein automatisiertes Kernbohrsystem mit 5 kW maximaler Leistungsaufnahme, das auf eine spezifische Vorschubgeschwindigkeit (15, 30 oder 60 μm/Umdrehung bei 580 U/min) eingestellt ist und den Bewehrungsstahlabschnitt einer bewehrten Betonprobe bohrt. Es wird ein 102-mm-Kernbohrer verwendet, der acht Diamantsegmente mit definierter Diamantpositionierung in metallischer Bindung hat. Eine Kraftmessplattform

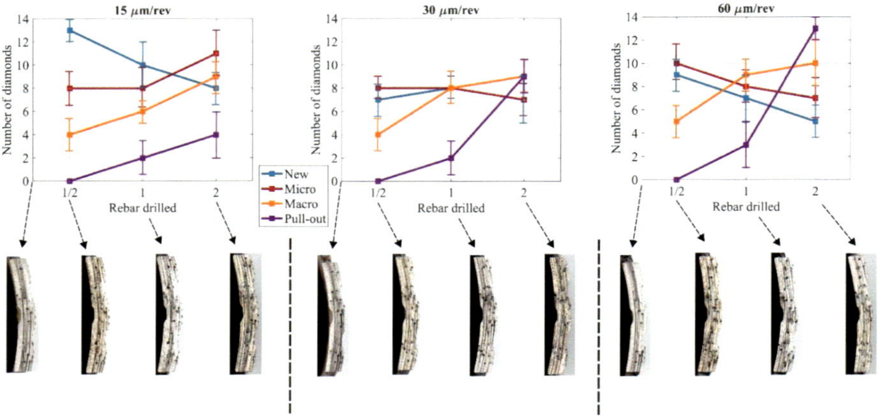

Bild 17: Charakterisierung der Verschleißzustände von Diamanten durch Kernbohrexperimente

ist am Bohrgerät angebracht, um die Messung der tangentialen und normalen Prozesskräfte zu ermöglichen. Nach jeder definierten Materialabtragsstufe (0, 0,5, 1 und 2 Bewehrungsstahlstäbe mit 26 mm Durchmesser, zuzüglich Beton) werden Abdrücke und Mikroskopbilder aufgenommen, um den Zustand der Diamanten auf dem Segment zu erfassen. Gemäß Hersteller des Kernbohrers stabilisiert sich der Verschleißzustand bei den empfohlenen Prozessparametern nach zwei Bewehrungsstahlstäben. Die Segmenthöhe wird ebenfalls mit einem digitalen Messgerät gemessen. Für denselben Betontyp (Uetliberg-Beton) beträgt der vom Hersteller angegebene Verschleiß der Segmenthöhe 0,35 mm pro Bewehrungsstab. Insgesamt wurden 72 Segmenttopografien analysiert, wobei drei Wiederholungen für jeden Satz Prozessparameter erfolgten.

Bei einer Vorschubgeschwindigkeit von 15 µm/Umdrehung (9 mm/min) dominieren Kornbrüche als Verschleißmechanismen. Nach dem Bohren von zwei Bewehrungsstahlstäben wurden im Durchschnitt nur vier Diamanten ausgerissen. Diese Anzahl ausgerissener Diamanten ist im Vergleich zu den anderen Diamantverschleisszuständen deutlich niedriger. Darüber hinaus beträgt der durchschnittliche Verschleiss der Segmenthöhe 0,47 mm, was 33 % niedriger ist als das erwartete Vergleichsmaß (ungefähr 0,7 mm). Diese Messungen bestätigen die sehr langsame Veränderung der Werkzeugtopografie und deuten auf Kornabrieb und Abstumpfung als vorherrschenden Verschleißmechanismus hin, der sich negativ auf die Vorschubgeschwindigkeit auswirkt.

Die klassifizierten Diamantzustände (neu, mikrofrakturiert, makrofrakturiert und ausgezogen) bei einer Vorschubgeschwindigkeit von 30 µm/Umdrehung (18 mm/min) scheinen ähnliche Größenordnungen aufzuweisen. Wie in Bild 17 gezeigt, wurden nach dem Bohren von zwei Bewehrungsstahlstäben 18 herausgezogene und makrofrakturierte Diamanten (je neun für jeden Zustand) in der Topografie gezählt, während sich in den Zuständen „mikrofrakturiert“ und „neu“ jeweils 14 Diamanten befanden. Dies zeigt, dass die Segmente, die unter dieser Bedingung getestet wurden, die Fähigkeit haben, ein ausgewogenes Verhältnis von aktiven zu verlorenen Diamanten für den Abrasionsprozess aufrechtzuerhalten, während sie die überlasteten Diamanten freisetzen, um Platz für neue, scharfe Körner zu schaffen. Die Segmenthöhe wies einen Verschleiß von 0,76 mm auf, was 8 % höher ist als das Vergleichsmaß.

Die Anzahl der herausgezogenen und makrofrakturierten Diamanten, die Haupttreiber für den Verschleiß der Segmenthöhe sind, ist bei einer Vorschubgeschwindigkeit von 60 µm/Umdrehung (36 mm/min) signifikant höher als die Anzahl neu freigelegter und mikrofrakturierter Diamanten. Die Anzahl der ausgezogenen Diamanten ist fast dreimal höher als die Anzahl neuer Diamanten und fast doppelt so hoch wie die Anzahl mikrofrakturierter Diamanten. Die Segmenthöhe wies einen Verschleiß von 1,31 mm auf, was 87 % höher ist als das Vergleichsmaß. Diese Ergebnisse deuten darauf hin, dass die Bedingungen, die für diese Segmentkonfiguration verwendet werden, die Körner überlasten und übermäßigen Verschleiß verursachen, was sich negativ auf die Lebensdauer des Werkzeugs auswirkt.

3.2.2 Simulation des Werkzeugverschleißes

Die Verschleißsimulation beim Kernbohren von bewehrtem Beton hat das Ziel, eine Schätzung des Anteils der Diamantverschleißzustände für neue Segment-Designs mit einer signifikanten Verringerung der Anzahl der Experimente zu liefern, was zu wesentlich kürzeren und kostengünstigeren Entwicklungszyklen führt. Das geometrisch-kinematische Modell ist in der Lage aufzuzeigen, ob ein bestimmtes Segment-Design einer spezifischen Kernbohrbedingung standhalten würde. Um diesen Simulationsansatz zu validieren, wurden die Kernbohrvorgänge mit genau denselben Eingangsparametern wie bei den in Abschnitt 3.2.1 vorgestellten Experimenten simuliert. Ebenso ist die simulierte Diamantschicht dieselbe wie die in Abschnitt 3.2.1 vorgestellte Schicht. Die Simulation verwendet eine einzelne Diamantschicht im Gegensatz zu den mehrschichtigen experimentell getesteten Kernbohrsegmenten. Der Vergleich erfolgt auf Gesamtsegmentbasis und nicht auf der Grundlage des einzelnen Diamanten. Die Diamantschichtprofile nach zwei mit verschiedenen Prozessbedingungen geschnittenen Bewehrungsstäben von 26 mm Durchmesser sind in **Bild 18** dargestellt.

Das Profil zeigt die Projektionen aller verbliebenen Diamanten in Schnittrichtung, wobei der gelbe Bereich den gebrochenen Projektionsflächenanteil und der rote Bereich den intakten Flächenanteil darstellt. Für die Vorschubgeschwindigkeit von 15 µm/Umdrehung (9 mm/min) ist gemäß den Simulationsergebnissen das Diamantschichtprofil hauptsächlich von Mikrofrakturen betrof-

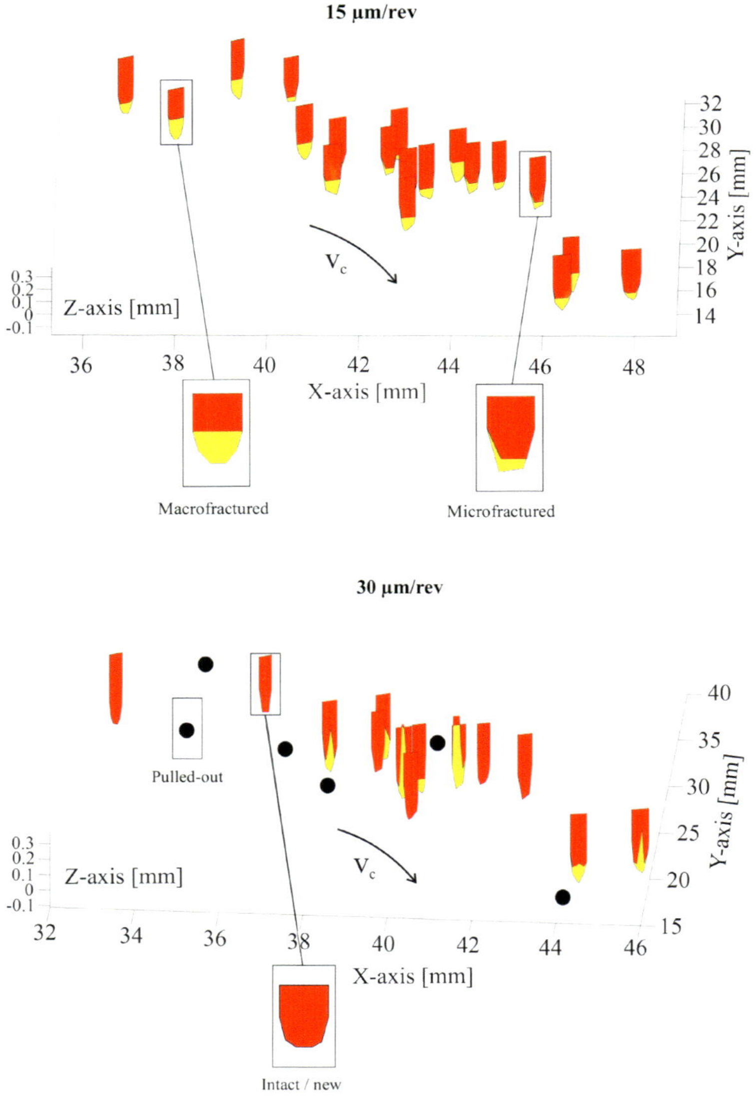

Bild 18: Verschleiß-/Bruchprofile der Diamantschicht bei 15 und 30 µm/U nach dem Bohren von zwei Bewehrungsstäben; Projektionen der Körner in Schnittrichtung; verbleibende Projektionsfläche in Rot und abgebrochenes (inaktives) Flächenstück in Gelb

fen. Makrofrakturen sind auch in fünf von 19 Diamanten vorhanden. Es werden keine Pull-outs für diese Bedingungen beobachtet. Basierend auf den Modellen, die die Simulation steuern, bedeutet das Fehlen von Pull-outs, dass die in den Diamanten und der Bindung durch den Schneidprozess erzeugten Spannungen signifikant niedriger waren als die Spannungen im Selbstschärfungsregime, wo Makrobrüche und Kornauszüge auftreten. Hauptsächlicher Verschleißmechanismus bei diesen niedrigen Vorschubgeschwindigkeiten sind der abrasive Abtrag und die Abstumpfung der Körner. Diese alleinige Abstumpfung/Verflachung der Diamanten ist nachteilig für den Selbstschärfungseffekt und erhöht folglich die Kernbohrprozessdauer.

Die Verschleißsimulationsergebnisse für 30 μm/Umdrehung (18 mm/min) zeigen ein Gleichgewicht zwischen unverschlissenen und mikrofrakturierten Diamanten, die zusammen zehn Körner ausmachen, und makrofrakturierten und herausgezogenen Diamanten, die neun von 19 Diamanten der simulierten Schicht darstellen. Diese Simulationstendenz korreliert mit den experimentellen Ergebnissen. Während die Diamantschicht immer noch einen Teil der aktiven abrasiven Partikel behalten kann, werden gleichzeitig stumpfe oder gebrochene Diamanten aufgrund hoher effektiver Kräfte freigesetzt, was Raum für neue scharfe Abrasivkörner schafft, die in die Topografie gelangen.

Bei 60 μm/Umdrehung (36 mm/min) sind alle 19 Diamanten der Diamantschicht nach dem Bohren von zwei Bewehrungsstahlstäben herausgezogen worden, weshalb der Zustand auch in Bild 18 nicht dargestellt ist. Dieses Simulationsverhalten zeigt die hohen Spannungen in der Diamantanbindung sowie den Bindungsverschleiß, die das Herausziehen der Diamanten sowie die Zurücksetzung des Segments dramatisch beschleunigen. Diese Tendenz wird auch in den Experimenten beobachtet, die eine übermäßige Anzahl von Kornauszügen unter diesen Prozessbedingungen zeigen.

4. Schlussfolgerung

Mithilfe eines stochastischen geometrisch-kinematischen Modells wurde die Möglichkeit geschaffen, das Arbeitsergebnis von Kernbohrprozessen vorherzusagen. Das Modell benötigt eine Repräsentation der Bohrkrone und Eigenschaften des Werkstücks, es enthält Modellierungen des Materialabtrags, der Schnittkräfte und des Verschleißes. Zielrichtung der Simulation ist es, mit einem validierten Modell die Gestalt der Segmente der Bohrkrone und die zugehörigen Prozessparameter zu optimieren. Dazu werden Produktivität, d. h. erreichbare Vorschubgeschwindigkeit bzw. Drehmomente und Vorschubkräfte, und das Verschleißverhalten vorhergesagt und mit experimentellen Ergebnissen verglichen. Die Validierung erfolgt in drei Phasen, einmal hinsichtlich Kraftvergleich bei verschiedenen Vorschüben und einmal hinsichtlich der Ergebnisse für verschiedene Kornmuster in den Segmenten und Vergleich des Verschleißverhaltens. Bei letzterem wurden Abrasion von Diamanten und Binder, Kornbrüche und Kornauszüge berücksichtigt. Damit ist eine korrekte Abfolge und Interaktion der verschiedenen Verschleißmechanismen realisiert worden. Die Ergebnisse zeigen eine brauchbare Übereinstimmung und vor allem, dass die Veränderungen der Prozessergebnisse bei Modifikationen von Prozesseingangsparametern und Gestaltung der Bohrkrone richtig wiedergegeben werden. Alle verwendeten Teilmodellansätze sind relativ einfach und können beliebig ausgebaut werden. Die Modellparameter folgen hier aus Einzelkornkratzversuchen und Bohrexperimenten, wobei erstere einen Aufbau des Prozessergebnisses aus Einzeleingriffen ermöglichen und letztere die Einzelkornparameter aus der Gesamtstatistik anpassen. Insgesamt können durch das Modell für die Prozessentwicklung und -optimierung umfangreiche Versuche auf wenige Validierungsexperimente reduziert werden.

Literatur

[1] Persistence Market Research: Diamond Tools Market Report. Global Industry Analysis 2013–2017 and Forecast 2018–2028, 2018
[2] Konstanty, J.: Powder metallurgy diamond tools. Elsevier, 2005
[3] Denkena, B.; Köhler, J.; Seiffert, F.: Deterministic Grain Distribution on Cut-Off Grinding Wheels. In: Proceedings of the 1st International Conference on Stone and Concrete Machining – ICSCM, 2011, S. 99–104
[4] Huang, G. Q.; Xu, X. P.: Sawing Characteristics of a Diamond Circular Blade with Grits in Ordered Distribution. In: Solid State Phenomena, Trans Tech Publications Ltd, 2011, S. 161–165
[5] Shih, A. J.; Denkena, B.; Grove, T.; Curry, D.; Hocheng, H.; Tsai, H. Y.; Ohmori, H.; Katahira, K.; Pei, Z. J.: Fixed abrasive machining of non-metallic materials. In: CIRP Annals, 67 (2018) 2, S. 767–790
[6] Park, H.: ARIX – a major advance in diamond segment design. In: Industrial Diamond Review, 65 (2005), S. 40–42
[7] Kansteiner, M.; Biermann, D.: Single segment tests for the analysis of the core drilling process of concrete materials. In: International Conference on Stone and Concrete Machining (ICSCM), 2015, S. 101–111
[8] Brinksmeier, E.; Aurich, J. C.; Govekar, E.; Heinzel, C.; Hoffmeister, H. W.; Klocke, F.; Peters, J.; Rentsch, R.; Stephenson, D. J.; Uhlmann, E.: Advances in modeling and simulation of grinding processes. In: CIRP annals, 55 (2006) 2, S. 667–696
[9] Pinto, F. W.; Vargas, G. E.; Wegener, K.: Simulation for optimizing grain pattern on engineered grinding tools. In: CIRP annals, 57 (2008) 1, S. 353–356
[10] Kuster, F.; Vargas, G. E.; Transchel, R.; Wegener, K.; Pinto, F.: Simulation zur Optimierung von Schleifwerkzeugen mit definierter Kornanordnung. In: Diamond business, 2 (2010), S. 28–33
[11] Kuffa, M.; Züger, S.; Kuster, F.; Wegener, K.: A kinematic process model and investigation of surface roughness for high efficiency dry grinding. In: Procedia CIRP, 46 (2016), S. 636–639

[12] Denkena, B.; Grove, T.; Ermisch, A.; Göttsching, T.: New simulation based method for the design of cut-off grinding segments for circular saws. International Conference on Stone and Concrete Machining, 2015, S. 146–156

[13] Wilks, E.; Wilks, J.: Properties and Applications of Diamond. Butterworth-Heinemann, 1994

[14] Quacquarelli, A.; Mollon, G.; Commeau, T.; Fillot, N. A.: Dual numerical experimental approach for modeling wear of Diamond Impregnated Tools. In: Wear, 478 (2021), S. 203.763

[15] Malevich, N.; Müller, C. H.; Dreier, J.; Kansteiner, M.; Biermann, D.; Ferreira, M. D. P.; Tillmann, W.: Experimental and statistical analysis of the wear of diamond impregnated tools. In: Wear, 468 (2021), S. 203.574

[16] Fabbro, S.; Araujo, L. M.; Engel, J.; Kondratiuk, J.; Kuffa, M.; Wegener, K.: Abrasive and adhesive wear behavior of metallic bonds in a synthetic slurry test for wear prediction in reinforced concrete. In: Wear, 476 (2021), S. 203.690

Einsatzvorbereitung

Doppelseitenplanschleifen: Der Schärfprozess ist ein wichtiger Faktor in Bezug auf die Lebensdauer der Schleifscheibe

Marijke van der Meer

Eine wissenschaftliche Untersuchung von Dr.-Ing. Marijke van der Meer (Krebs & Riedel Schleifscheibenfabrik GmbH & Co. KG) zeigt, dass durch die Anpassung von Schärfparametern wie Druck und Drehzahl sowie Schärfkorngröße die Lebensdauer der Doppelseitenplanscheifscheiben sowie der Schärfwerkzeuge deutlich verlängert werden kann. Dies macht einen Standard Schärfprozess weniger vorteilhaft und spricht für eine gezielte Anpassung an die spezifischen Anforderungen des Werkzeugs. Eine technologische Beratung und Optimierung beim Kunden vor Ort kann die Wirtschaftlichkeit und die Effizienz beim Doppelseitenplanschleifen mit Planetenkinematik positiv beeinflussen. **Bild 1** zeigt die in der Untersuchung eingesetzten Schleif-& Schärfwerkzeuge und **Bild 2** Aluminiumoxidkeramik-Werkstücke.

1. Bedingungen und Parameter beim Schärfen

Als Versuchsmaschine wurde eine Maschine von der Fa. Mμtech Basis AC500F eingesetzt. Diese wurde speziell für Krebs & Riedel auf kleinere Werkzeugdurchmesser angepasst, um die Kosten für die Versuche gering zu halten.

Um die Einstellung reproduzierbarer Schärfbedingungen zu gewährleisten, wurde der Schärfringverschleiß erfasst, dokumentiert und mindestens eine Wiederholung durchgeführt. Als KSS wurde die Emulsion Syntilo 81 E (5,4 %) eingesetzt. Schärfringe wurden darin einlegt bzw. benetzt. Während des Schärfprozesses wurde dann kein KSS zugeführt. Anschließend wurden die Schleifscheiben gereinigt.

Bild 1: Eingesetzte Schleif-& Schärfwerkzeuge

Bild 2: Aluminiumoxidkeramik-Werkstücke

Beim Standard-Schärfverfahren wird einmal konkav und einmal konvex geschärft, um die Scheiben gerade zu halten. Hierbei ändert sich nur die Drehrichtung des Innenstiftkranzes. Die Drehzahlen in 1/min betragen: konkav: n_{oben} = 30, n_{unten} = -36 sowie n_{Mitte} = -24 und konvex: n_{oben} = 30, n_{unten} = -36 und n_{Mitte} = 24. Die Kraft in der Hauptlast beträgt 38 daN und die Schärfzeit pro Drehrichtung 25 s, wovon jeweils die ersten 5 s zum Benetzen mit KSS versorgt werden. Es werden Verschleiß vom Schärfring sowie der unteren Schleifscheibe erfasst – letzterer nach dem Schärfen und nach dem Schleifen.

Zunächst wurden Schleifscheiben mit der Spezifikation 4D 76 X 18 V8318-40 und geschlossenem Layout untersucht, welche mit 57C 220 I 5 V59 geschärft wurden. Zum Abstumpfen wurden Bauteile aus Aluminiumoxidkeramik bearbeitet. Dabei entsprachen neun Bauteile 20 x 20 mm² aus ALOTEC92 pro Läufer bei Einsatz von fünf Läufern einer Materialbelegung von 22,4 %. Die Drehzahlen der Hauptlast betrug dabei in 1/min n_{oben} = 200, n_{unten} = -200 und n_{Mitte} = 20 und die Startschleifkraft in der Hauptlast betrug 30 daN. Die Abtragsrate war mit 100 µm/min vorgegeben, bei einer Zustellung pro Lauf von 200 µm. Die Schleifkraft wurde beim Abstumpfen der Schleifscheiben automatisch erhöht, um die Abtragsratenvorgabe einzuhalten. Dabei wurden so viele Läufe gefahren, bis die Maximalkraft von 250 daN erreicht wurde; damit war der gleichmäßig abgestumpfte Schleifbelag sichergestellt. Dabei wurden in jedem Versuch die Prozesslaufzeiten und -Kräfte sowie die tatsächlichen Abtragsraten und der Schleifscheibenverschleiß dokumentiert.

Bei den Aluminiumoxidplatten entsteht die Rauheit maßgeblich durch die grobe Materialstruktur und ist unabhängig vom Schärfegrad, weshalb hier auf die Auswertung der Bauteilrauheiten verzichtet wurde. Selbst mit dem stumpfen Werkzeug wurden hier ein R_a von > 0,5 µm und ein R_z von > 5 µm erzielt. Um den Schärfegrad bei verschiedenen Prozessvariationen zu erfassen, wurde ein Verfahren mittels Grafitabdruck eingeführt. Es wurden mittels 3D-Druck Haltevorrichtungen für Grafitstücke erstellt. Diese Grafitstücke bilden bei der Bearbeitung durch Ober- und Unterscheibe die produzierte Hüllkurve der Schleifscheibentopographie als Rauheit ab.

2. Ergebnisse

Zunächst wurde ausgehend vom beschriebenen Standardschärfprozess der Druck variiert. Höherer Druck bedeutete anhand der Rauheiten nicht automatisch schärfere Scheiben. Der Abtrag am Grafit bestätigte dies (**Bild 3**).

Die Werte in **Bild 4** sind beim Rauheitsmessen des Grafits erfasst worden, wobei zu berücksichtigen ist, dass der Grafitabdruck einem Negativabdruck der überlagerten Schleifscheibentopographie entspricht. Dies bedeutet, R_{vk} repräsentiert hier die Kornspitzen und R_{pk} die Topographietäler (Poren/Spanraum). R_{pk} und R_{vk} verdeutlichen, dass der Außenbereich mehr abstumpft als der In-

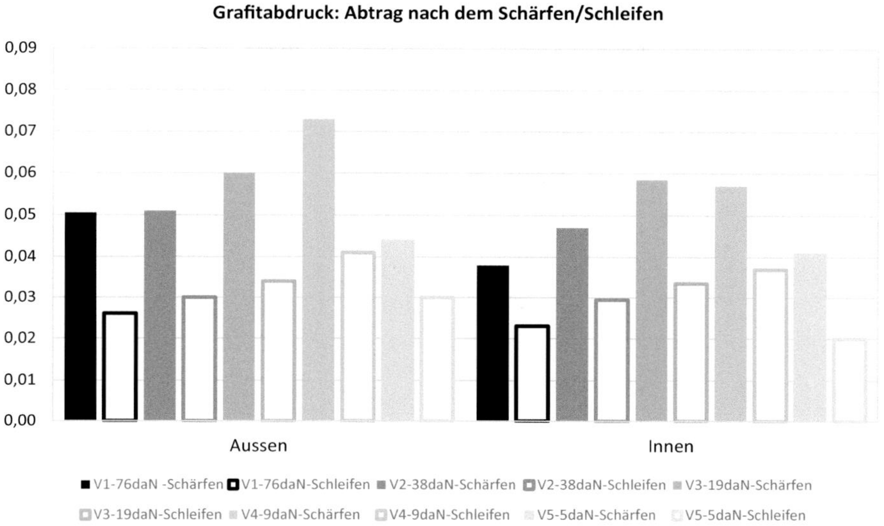

Bild 3: Abtrag am Grafit nach dem Schärfen und nach dem Schleifen bei verschiedenen Schärfkräften

nenbereich. Die Schleifwerkzeugringmitte ist am meisten abgeflacht. Oben ist dabei immer etwas schärfer als unten. Nach dem Schärfen ist die Rauheit immer deutlich höher als nach dem Schleifen. R_{vk} weist einen geringeren Unterschied zwischen Schärfen und Schleifen auf. Das Korn (R_{vk}) verschleißt weniger stark als die Bindung (R_{pk}).

Hinsichtlich der Gesamtabtragshöhe (**Bild 5**) unterscheiden sich die Schleifprozesse nach der Variation des Druckes beim Schärfen kaum, jedoch ist hinsichtlich des Verschleißes der Werkzeuge ein Unterschied von mehr als dem Faktor 3 erkennbar.

I. d. R. wird das Verschleißvolumen der Scheiben V_S in mm³ dem von den Werkstücken geschliffenen Gesamtvolumen V_W in mm³ gegenübergestellt, um die Prozesseffizienz über den sogenannten G-Wert zu bewerten. Hohe G-Werte sprechen für eine lange Lebensdauer der Werkzeuge.

$$G = \frac{V_W}{V_S} \quad (1)$$

Hier entsteht jedoch der Schleifscheibenverschleiß eher beim Schärfprozess und der Schärfring muss als „Einsatz“ auch Berücksichtigung finden. So wird der Wert Effizienz E eingeführt, der sich aus der Gegenüberstellung des Ge-

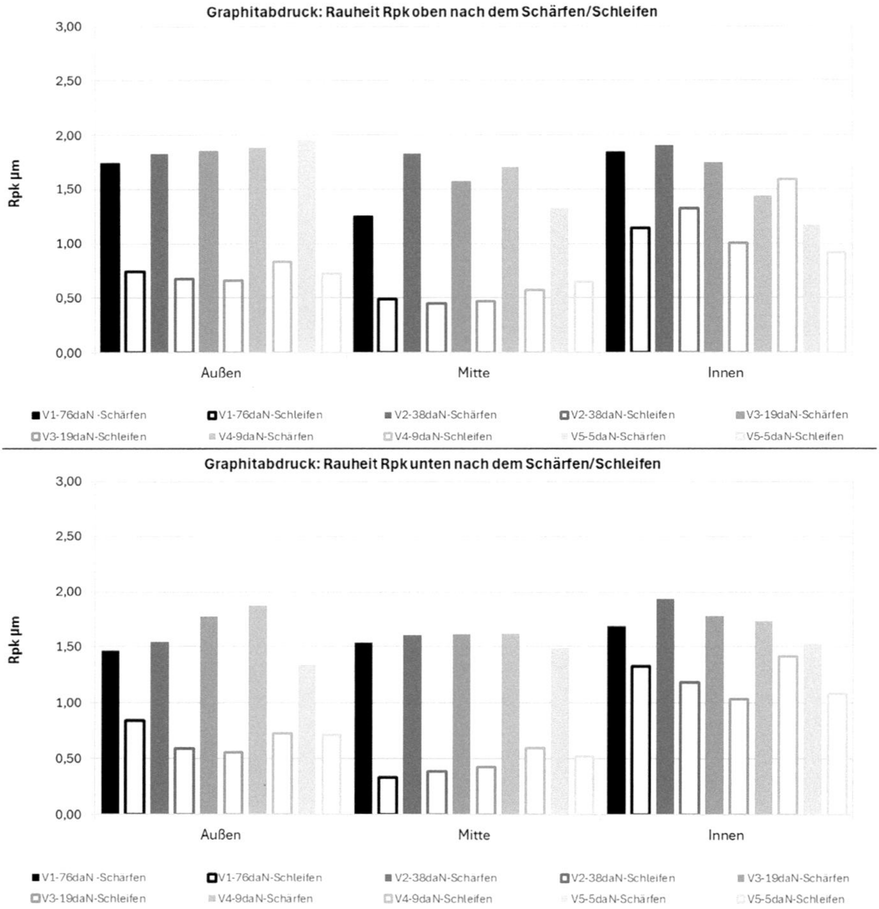

Bild 4: R_{pk} und R_{vk} nach dem Schärfen und Schleifen oben und unten

samtabtragsvolumens der Werkstücke V_W und der Summe der Verschleißvolumina der Schleifscheibe V_S und des Schärfringes V_{SR} ergibt:

$$E = \frac{V_W}{V_S + V_{SR}} \tag{2}$$

Es wurden neben dem Druck auch die Drehzahlen sowie die Schärfkorngröße variiert. Druck- sowie Drehzahlverkleinerung wirken sich demzufolge positiv auf

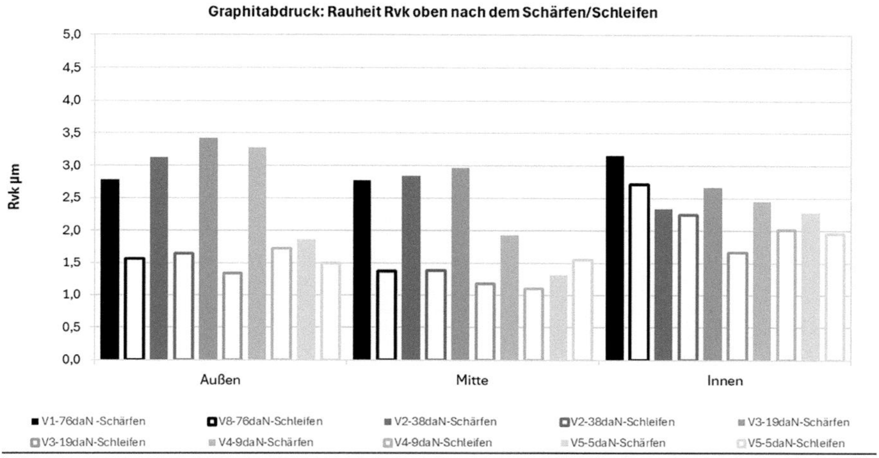

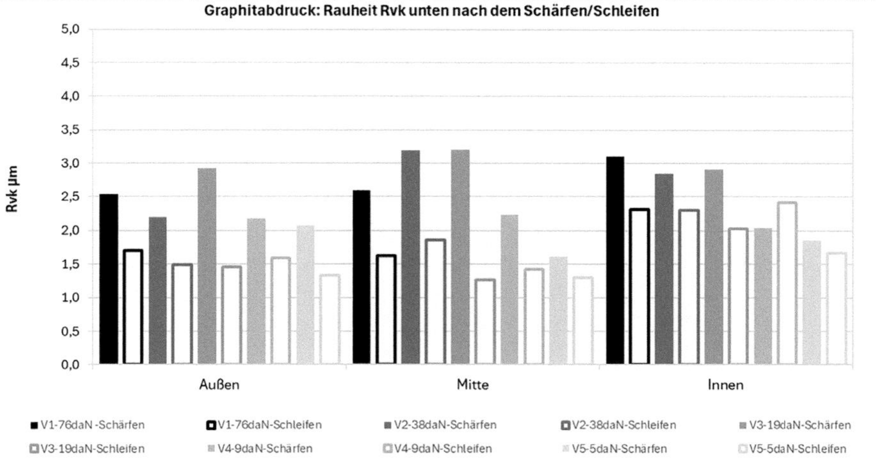

Bild 4 Fortsetzung: R_{pk} und R_{vk} nach dem Schärfen und Schleifen oben und unten

die Effizienz aus. Bei Korngrößenänderungen wirken sich nur starke Änderungen aus. Der Schnittpunkt entspricht dem Standardprozess. Diese Prozessanpassungen wirken sich direkt auf die mögliche Ladungszahl bezüglich eines Schleifscheibensatzes (Annahme: 6 mm Belagstärke) aus sowie auf die benötigte Schärfringsatzanzahl während der Scheibenlebensdauer (**Bild 6**).

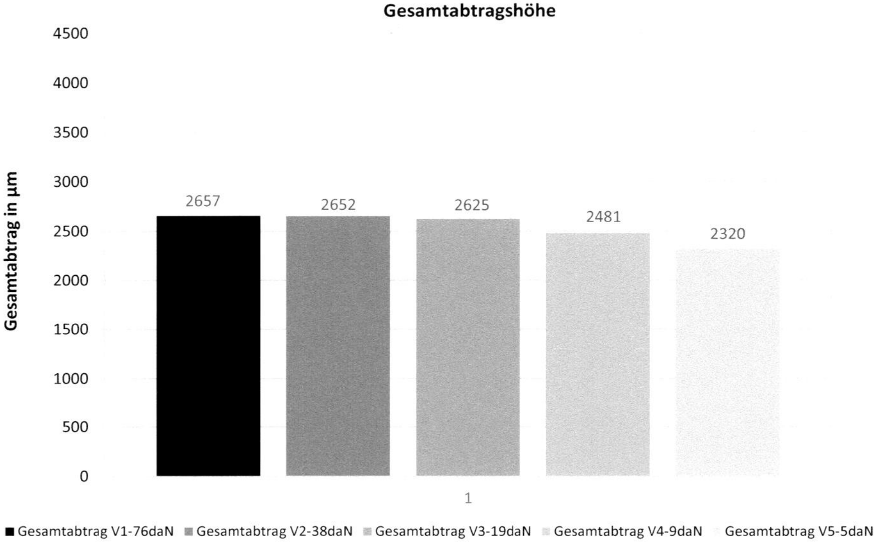

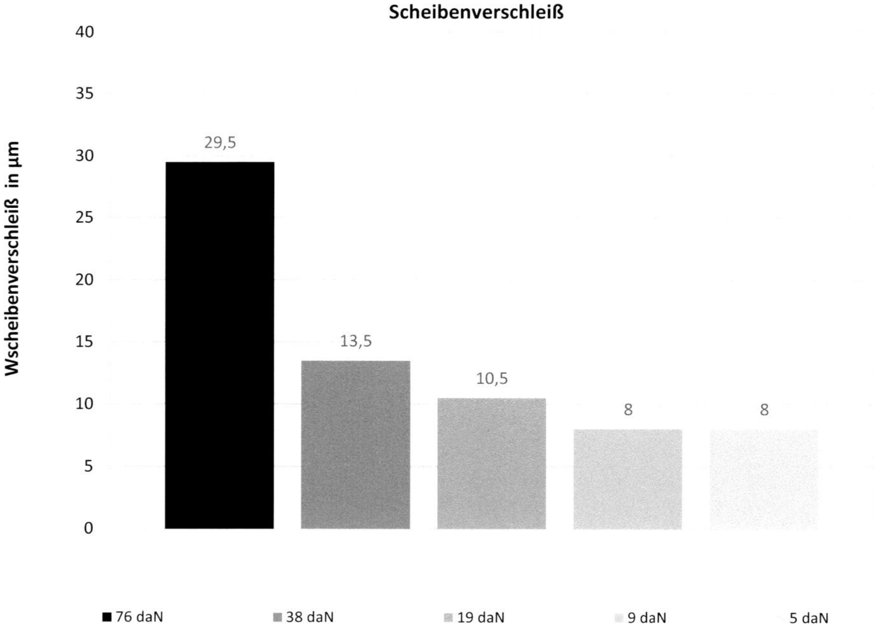

Bild 5: Gesamtabtragshöhe, Scheiben- und Schärfringverschleiß

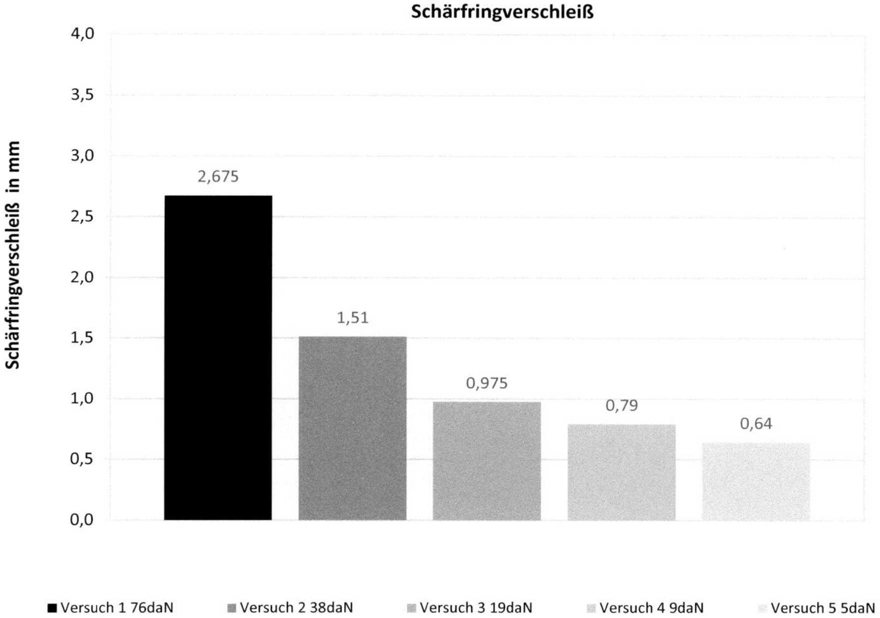

Bild 5 Fortsetzung**:** Gesamtabtragshöhe, Scheiben- und Schärfringverschleiß

3. Eine Verringerung des Drucks und der Drehzahlen führt zu einer Verbesserung der Effizienz im Schärf- und im Schleifprozess

Die Untersuchung ergab, dass der Druck den Verschleiß der Werkzeuge um mehr als den Faktor 3 erhöhte. Die Ergebnisse zeigten, dass eine Reduzierung des Drucks und der Drehzahlen die Effizienz des Prozesses steigerte, während Änderungen in der Korngröße nur bei starken Abweichungen signifikante Effekte hatten. Diese Anpassungen beeinflussten direkt die Lebensdauer eines Schleifscheibensatzes und die Anzahl der benötigten Schärfringe. Zusammenfassend lässt sich sagen, dass für eine optimale Effizienz beim Doppelseitenplanschleifen nicht der Standardprozess beibehalten werden sollte, sondern auch eine gezielte Anpassung der Prozessparameter, wie Druck und Drehzahl, sinnvoll ist, um die Werkzeuglebensdauer zu verlängern und die Gesamtprozesseffizienz zu verbessern.

Krebs & Riedel ist spezialisiert auf die Bearbeitung von sprödharten Werkstoffen wie Glas und Saphir, Keramik (SiC, SiN), Mischkeramik und Hartmetall sowie auf die Bearbeitung von Stahl- und Metalllegierungen. Krebs & Riedel hat

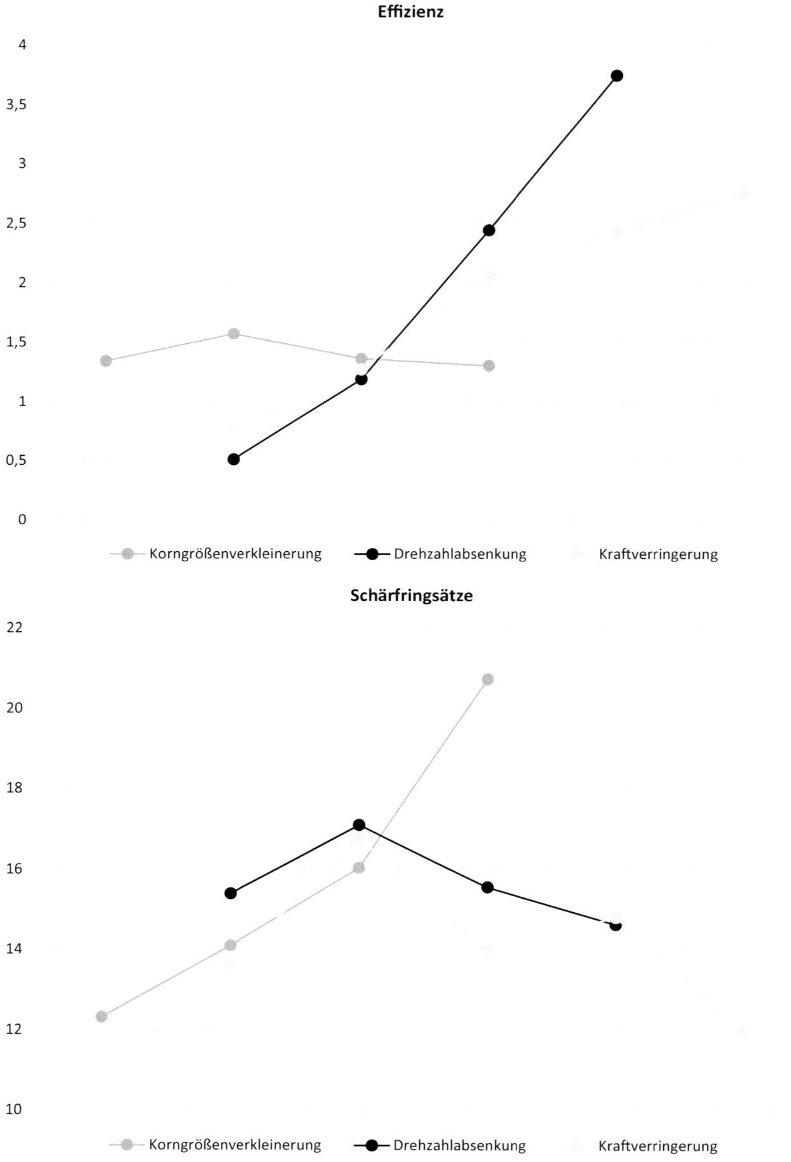

Bild 6: Effizienz über verschiedene Parametervariationen sowie mögliche Ladungszahl und benötigte Schärfringsätze

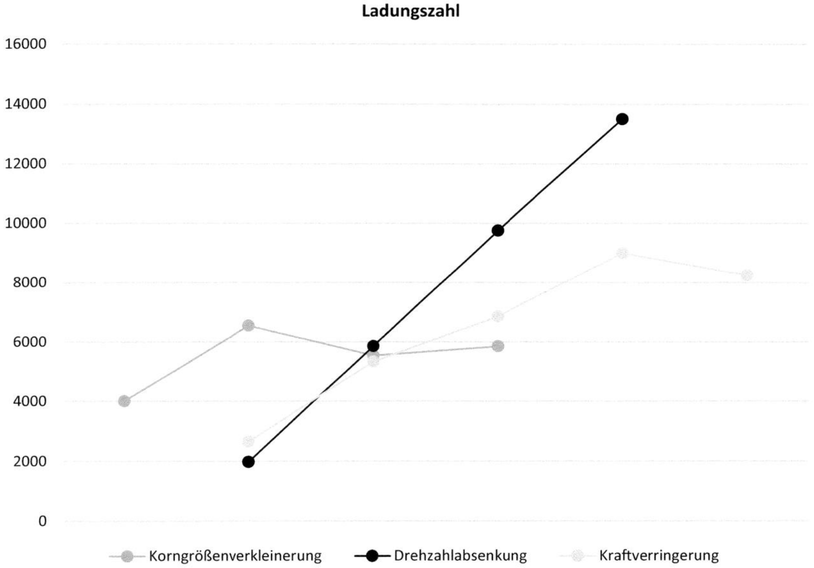

Bild 6 Fortsetzung**:** Effizienz über verschiedene Parametervariationen sowie mögliche Ladungszahl und benötigte Schärfringsätze

ebenso neue Feinkornspezifikationen für das Schleifen großflächiger Oberflächen im Nanometerbereich mit hohen Abtragsraten entwickelt. Das Unternehmen bietet neben der Lieferung von Schleifscheiben auch maßgeschneiderte Schärfringe sowie eine technologische Betreuung weltweit an, um die Effizienz und Lebensdauer der Werkzeuge beim Kunden zu optimieren.

Schleifen von pCBN-Wendeschneidplatten – Innovation durch gemeinsame Entwicklungsarbeit

Stephan Scholze, Jesper Dahlmann, Lutz Gaida, Ronald Hörmann

„Das Ganze ist mehr als die Summe seiner Teile.“ Diese Erkenntnis geht auf den griechischen Philosophen Aristoteles zurück. Sie verdeutlicht, dass mehrere Elemente in ihrer Gesamtheit mehr erreichen können, als die bloße Summe ihrer Einzelbeiträge vermuten lässt. Dieses Prinzip gilt für alle Bereiche menschlichen Strebens – auch für die Fertigungs- und Präzisionsindustrie.

In der Fertigung sind Präzision, Effizienz und kurze Zykluszeiten entscheidend. Um den Schleifprozess für pCBN-Wendeschneidplatten zu optimieren, schlossen sich drei führende Technologieunternehmen – ein Werkzeugmaschinenbauer, ein Hersteller von Schleif- und Abrichtwerkzeugen sowie ein Großhersteller von pCBN-Wendeschneidplatten – zusammen. Gemeinsam erzielten sie Synergieeffekte und Ergebnisse, die weit über das hinausgingen, was ihre individuellen Bemühungen ermöglicht hätten.

Jedes Unternehmen brachte spezifische Stärken in die Kooperation ein und hatte gleichzeitig Anforderungen, die die anderen Partner erfüllen konnten. So zeigte sich, dass eine enge Zusammenarbeit der effektivste Weg ist, um allen Beteiligten den größtmöglichen Nutzen zu verschaffen.

1. Agathon AG

Die schweizerische Agathon AG ist ein Hersteller von Hightech-Schleif- und Laser-Werkzeugmaschinen für die Herstellung von Wendeschneidplatten sowie von Präzisionsteilen für Werkzeugmaschinen, Werkzeuge und den Formenbau. Dank ihrer Expertise kann Agathon den Produktionsprozess simulieren und nachbilden, ohne dabei den laufenden Betrieb des Endkunden – in diesem Fall Seco Tools A/S – zu beeinträchtigen.

In einem firmeneigenen Applikationslabor wurden die vielfältigen Kombinationen aus Schleif- und Abrichtscheibenspezifikationen sowie verschiedene Geschwindigkeits- und Vorschubvarianten beim Schleifen und Abrichten untersucht. Während Seco Tools auf einer Agathon 400 Plus produzierte, konnte Agathon den Kundenprozess auf der hochmodernen Evo-Schleifplattform nachstellen. Dieser Maschinentyp zeichnet sich durch hohe Konsistenz und Reproduzierbarkeit aus, sodass Schleifprogramme mit nur minimalen Anpassungen der Schleif- und Abrichtparameter übertragen werden können.

Darüber hinaus ermöglicht die Agathon-Maschine Echtzeitmessungen von Normal- und Tangentialkräften. Auf Basis dieser Kraftmessungen können datenbasierte Entscheidungen getroffen und der Prozess weiter optimiert werden.

Zusätzlich können die Messdaten zum Schleifscheibenverschleiß über eine OPC-UA-Schnittstelle abgerufen werden. Die Evo-Plattform ermöglicht eine schnelle und transparente Parameteroptimierung und gewährleistet gleichzeitig eine hohe Reproduzierbarkeit. Während Agathon selbst Schleif- und Abrichtwerkzeuge bewertete, oblag es dem Werkzeughersteller Saint-Gobain, die gewonnenen Erkenntnisse in verbesserte Schleif- und Abrichtwerkzeuge umzusetzen. Darüber hinaus benötigte Agathon die datengesteuerte Fertigungserfahrung des Wendeplattenherstellers, um die im Labor erzielten Ergebnisse zu validieren.

2. Norton-Winter

Als Produktmarke von Saint-Gobain, einem Unternehmen für nachhaltige Bau- und Hochleistungswerkstoffe, bietet Norton-Winter ein besonders breites Sortiment an Schleifmitteln zum Trennen, Schleifen, Abrichten, Finishen und Polieren. Damit deckt das Unternehmen zahlreiche Märkte, Materialien und Anwendungsbereiche ab. Dank modernster Spitzentechnologie sind die Schleif- und Abrichtwerkzeuge von Norton-Winter optimal auf den Leistungsumfang der Schleifmaschinen und die Fertigungsanforderungen von pCBN-Wendeschneidplattenherstellern zugeschnitten.

Die Aktivitäten von Norton-Winter basieren auf drei wesentlichen Säulen: umfassendem Entwicklungs-Know-how, der Verwendung hochwertiger Rohstoffe wie Schleifkörnungen, Bindemitteln und Porenbildnern sowie dem fundierten Anwendungswissen der Mitarbeiter*innen. Für die Herstellung von Wendeschneidplatten sind dadurch Schleif- und Abrichtwerkzeuge entstanden, die sowohl außergewöhnliche Oberflächengüten als auch schartenfreie Schneidkanten ermöglichen. In dem gemeinsamen Projekt stand die Wirkungsweise zwischen Schleif- und Abrichttopfscheibe im Fokus. Die genaue Abstimmung des Schleifsystems beeinflusst die Produktionsergebnisse maßgeblich.

Während Norton-Winter erste Tests mit Schleifscheiben und Abrichttöpfen durchführte, waren die neuesten Werkzeugmaschinen von Agathon und die Produktionsumgebung bei Seco Tools von größter Wichtigkeit, um diese Entwicklungen zu validieren und kontinuierlich zu verbessern.

3. Seco Tools A/S (SECO)

Seco Tools A/S, ein Anbieter von Komplettlösungen für die Metallzerspanung, brachte umfangreiche Fachkenntnisse im Bereich des pCBN-Schleifens in das Projekt ein. Das Wissen über die Anforderungen und Herausforderungen in der

Serienproduktion war für die beiden anderen Projektpartner von unschätzbarem Wert. Seco legte die Grundlage für den gesamten Prozess und fungierte als Referenz in puncto Qualität und Produktivität bei der Serienfertigung von pCBN-Produkten.

Darüber hinaus definierte Seco die übergeordneten Projektziele, zu denen u. a. die Reduzierung des Schleifscheibenverschleißes und eine verbesserte Kenntnis der Wechselwirkungen zwischen Schleif- und Abrichtprozess und der Kenngrößen wie Scheibenhärte, Porosität, Korngröße, Vorschübe und Geschwindigkeiten gehörten.

4. Bedeutung des Projekts

Werkzeughersteller stehen im weltweiten Wettbewerb. Für die Zukunft ist es entscheidend, die Rentabilität durch eine Verringerung der Zykluszeit zu steigern, ohne die bereits hohe Qualität zu beeinträchtigen –im besten Fall sollte sie sogar weiter verbessert und sowohl die Produktionsstabilität als auch die Produktionskosten sollten optimiert werden.

Dank der Erfahrung von SECO konnten in der Zusammenarbeit praxisnahe Fragen aus dem Fertigungsalltag aufgegriffen und fundierte, datenbasierte Ergebnisse aus dem Großserienschleifen gewonnen werden.

Die hochproduktive Fertigung erfolgte auf Agathon Evo-Schleifzentren. Die grundlegende Kinematik ist in **Bild 1** dargestellt: Das Werkstück (2) wird zwischen zwei Stößeln entlang der rotierenden B-Achse gehalten, die auf einer C-Achse montiert ist und eine Schwenkbewegung ausführen kann. Die Schleifscheibe (1) befindet sich auf zwei Linearachsen X und Y.

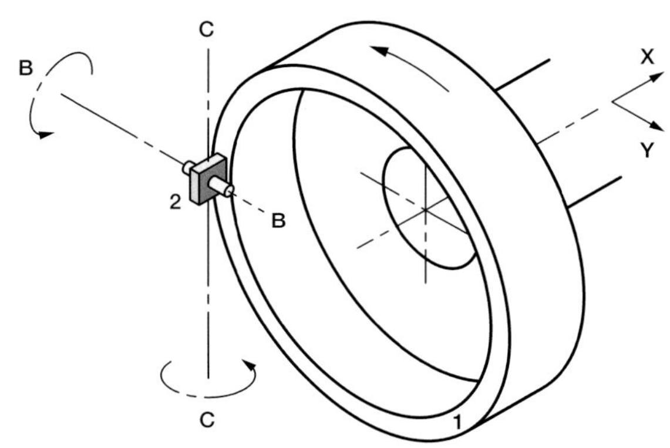

Bild 1:
Umfangschleifen von Wendeschneidplatten: (1): Schleifscheibe, (2): Werkstück

5. Dynamik der Zusammenarbeit

Die intensive Produktionsumgebung von Seco Tools erschwert es, umfangreiche Tests an Werkzeugen und Maschinenparametern durchzuführen und gleichzeitig die Serienproduktion aufrechtzuerhalten – auch wenn dies prinzipiell möglich gewesen wäre. Dank der kooperativen Zusammenarbeit in dem Projekt konnten Norton-Winter und Agathon jedoch genau diese Anforderung erfüllen: Sie stellten verlässliche Schleif- und Abrichtparameter sowie geeignete Werkzeuge bereit, um den Bedürfnissen von SECO gerecht zu werden. So ließen sich die Testphasen in der laufenden Produktion auf ein Minimum reduzieren und gleichzeitig erfolgreich abschließen.

6. Validierung und Umsetzung

SECO validierte die optimierten Ergebnisse durch großangelegte Tests, die parallel auf mehreren Maschinen in Serienproduktion liefen. Vor Ort überwachten und analysierten Techniker die Schleifergebnisse unter realen Produktionsbedingungen, um sicherzustellen, dass die gewonnenen Erkenntnisse effektiv umgesetzt wurden und sich im täglichen Betrieb bewährten.

7. Hintergrund

Die Leistung von Schleifwerkzeugen wird maßgeblich durch die Art des Schleifmittels und der Bindung, die Korngröße sowie die Volumenanteile der einzelnen Komponenten beeinflusst. Diese Faktoren spielen auch bei der Auswahl und Einstellung geeigneter Abrichtwerkzeuge eine entscheidende Rolle.

Die Projektpartner legten Wert darauf, ein tieferes Verständnis für die Wechselwirkungen im Abricht- und Schleifprozess zu erlangen. Dabei sollten gezielte Einflussmöglichkeiten auf die Schleifergebnisse identifiziert und die Möglichkeit der Vorhersage auf die Schleifergebnisse untersucht werden.

Mit der Einführung der neuen keramischen Diamantschleifwerkzeuge „PCX PRIME“ ging es darum, unter realen Produktionsbedingungen das optimale Verhältnis zwischen Schleifkraft und Scheibenverschleiß zu ermitteln. Zu diesem Zweck wurden verschiedene Abrichttopfscheiben mit unterschiedlichen Schleifmitteln, Körnungen und Härten untersucht. Dabei kamen Aluminiumoxid- und SiC-Schleifmittel mit Korngrößen von 240 bis 400 zum Einsatz, die in keramischen Bindungen der Härtegrade J bis M hergestellt wurden.

Nach mehreren Testreihen zeigte sich, dass die härteste Abrichttopfscheibe das beste Verhältnis von Schleifkraft zu Scheibenverschleiß ermöglichte. Daraufhin intensivierten die drei Unternehmen ihre gemeinsame Zusammenarbeit, um die Ergebnisse weiter zu optimieren.

8. Projektablauf

Die Zusammenarbeit der drei Partner begann mit der Festlegung der Ziele und der Planung der ersten Tests. SECO stellte die Benchmark-Wendeschneidplatten zur Verfügung, während Agathon die bei SECO herrschenden Schleifbedingungen erfolgreich im firmeneigenen Anwendungslabor reproduzierte. Saint-Gobain führte daraufhin erste Versuche mit verschiedenen Spezifikationen für Abrichttopfscheiben durch. Die C400M-Spezifikation erzielte vielversprechende Ergebnisse und wurde durch eine entsprechende Anpassung der Abrichtparameter weiter optimiert. Die daraus gewonnenen Erkenntnisse aus dem Agathon-Labor konnten bei SECO erfolgreich umgesetzt werden.

Anschließend wurden weitere Schritte im Agathon-Labor geplant und durchgeführt, u. a. die Prüfung verschiedener Korngrößen, Spezifikationen und Belagsbreiten für die Abrichttopfscheiben. Bei den neuen Abrichttopfscheiben kamen 400er- und 500er-Körnungen aus SiC und Aluminiumoxid in Standard- und reduzierten Eingriffsbreiten zum Einsatz.

Im nächsten Schritt folgten zusätzliche Optimierungen im SECO-Werk. Dazu gehörten Tests unterschiedlicher Abrichttopfscheibenauslegungen sowie eine Feinabstimmung der Prozessparameter. SGA brachte umfassendes Know-how im Bereich gebundener und superabrasiver Schleifscheiben ein und nutzte sein Fachwissen über Prozesswechselwirkungen, um anhand der Testergebnisse und des Feedbacks die Spezifikationen sowohl für die Schleifscheiben als auch für die Abrichttopfscheiben weiter zu verbessern.

9. Abrichtprozess

Die Agathon Evo-Schleifzentren bieten verschiedene Optionen zum Abrichten. Für die vorliegenden Experimente wurde ein In-Prozess-Abrichter mit einer Topfscheibe eingesetzt. Dieser Aufbau ermöglicht eine kontinuierliche Reinigung der Schleifscheibe während des Schleifvorgangs, was bei der Bearbeitung von pCBN-Materialien i. d. R. erforderlich ist. **Bild 2** zeigt die Konfiguration: Das topfförmige Abrichtwerkzeug ist auf der Spindel des In-Prozess-Abrichtgeräts montiert, das wiederum oben auf der Schleifspindel positioniert ist.

Die ursprüngliche Hypothese lautete, dass in erster Linie die Kante der Abrichttopfscheibe die Schleifscheibe abrichtet, während der übrige Belag überwiegend reinigt. Dies könnte zu übermäßigem Verschleiß der Schleifscheibenbindung führen. Eine Abrichttopfscheibe mit schmalerem Rand sollte daher die Reibung reduzieren. Diese Annahme basierte auf der Beobachtung, dass harte und feinkörnige Topfscheiben am besten funktionierten, da sie ihre scharfe Kante am längsten beibehielten.

Die Versuche zeigten, dass Abrichttopfscheiben mit schmaler Belagsbreite bei ähnlichen Kräften weniger Verschleiß aufwiesen. Damit bestätigte sich die Ver-

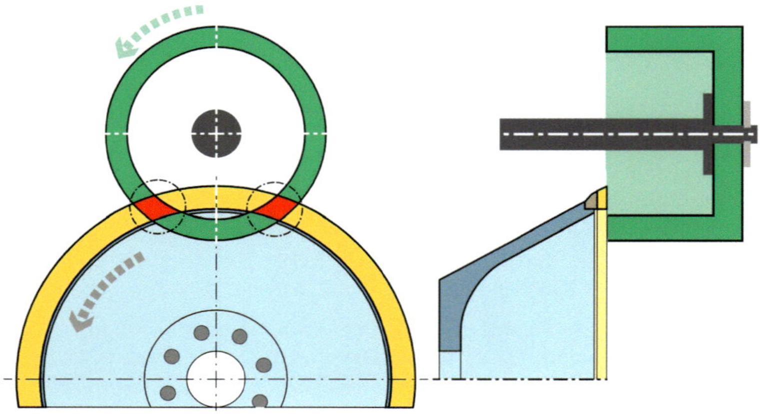

Bild 2: In-Prozess-Abrichtsystem und Kinematik

mutung, dass die Kante des Abrichttopfes die wesentliche Abrichtarbeit leistet und der restliche Belag für Reinigung und Zurücksetzen der Schleifscheibenbindung („Öffnen" der Scheibe) verantwortlich ist. Diese Reinigungswirkung führt zwar zu Verschleiß, doch die Tests ergaben das günstigste Verhältnis beim Schleifen mit geringen Kräften.

Zudem zeigte sich, dass der optimale Abrichttopf für eine D20-Schleifscheibe mit der Diamantkorngröße 20 µm nicht zwangsläufig auch für eine D10- oder D5-Scheibe angewendet werden konnte. Nach weiteren Optimierungsrunden wurden die gewonnenen Erkenntnisse schließlich in der Serienproduktion erfolgreich umgesetzt.

10. Zusammenarbeit und ihre Ergebnisse

Durch die enge Kooperation der drei Unternehmen wurde ein Integrations- und Optimierungsgrad erreicht, der im Alleingang nicht möglich gewesen wäre. Der Werkzeugmaschinenhersteller passte seine Maschinen so an, dass sie optimal mit den Weiterentwicklungen bei den Schleif- und Abrichtscheiben harmonieren und legte damit den Grundstein für mehr Effizienz und Präzision in der Produktionsumgebung. Der Schleifscheibenhersteller entwickelte daraufhin Produkte, die genau auf die Anforderungen der Werkzeugmaschinen und des jeweiligen Produktionsumfelds zugeschnitten waren.

Als Ergebnis konnte der Hersteller von Wendeschneidplatten seine Präzision und Effizienz steigern, die Produktionsgeschwindigkeit erhöhen, den Ausschuss reduzieren und die Produktqualität verbessern – wie auch **Bild 3** und **Bild 4** veranschaulichen. Bild 3 zeigt insbesondere eine deutliche Verringerung des

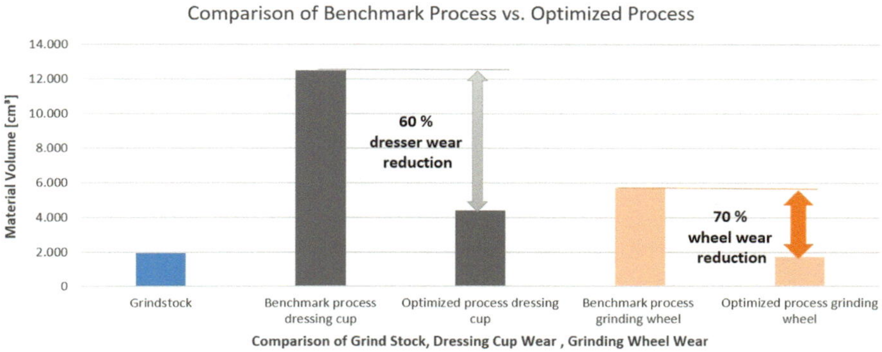

Bild 3: Benchmark-Prozess vs. optimierter Prozess

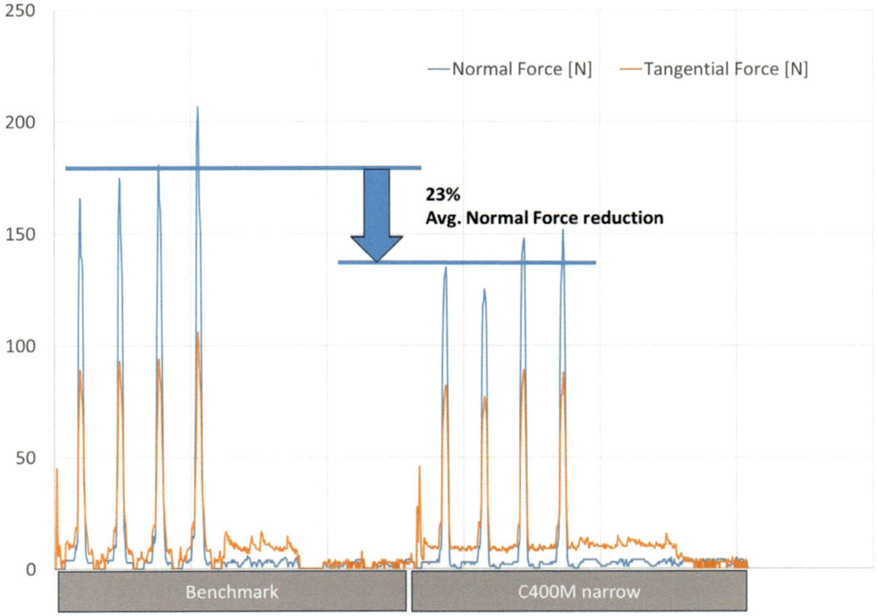

Bild 4: Vergleich der normalen und tangentialen Schleifkräfte zwischen Benchmark und optimaler Konfiguration

Verschleißes – sowohl bei den Abrichttöpfen als auch bei den Schleifscheiben. Bei den Abrichttöpfen konnte der Verschleiß um das Dreifache und bei den Schleifscheiben um das Achtfache gegenüber den Vergleichswerten reduziert werden. Der Vergleich mit wissenschaftlichen Veröffentlichungen zeigt, dass die in dem Projekt erreichte Reduzierung des Schleifwerkzeugverschleißes im Bereich der Spitzenwerte liegt, die bisher untersucht wurden. [1], [2]

Bild 4 zeigt die reduzierte Normal- und Tangentialkraft im Vergleich zum ursprünglichen Benchmark-Prozess sowie bei Verwendung der neu entwickelten Abricht- und Schleifscheibenspezifikationen. In beiden Diagrammen sind vier deutliche Kraftspitzen erkennbar, die jeweils eine der vier Seiten der Wendeschneidplatte repräsentieren. Im Anschluss treten sehr kleine Kraftmesswerte auf, die auf das Anfasen der Schneide zurückzuführen sind.

Die durchschnittliche Normalkraft über alle vier Seiten beträgt im Referenzprozess etwa 180 N, während sie im optimierten Prozess nur noch rund 140 N beträgt, was einer Reduktion um 23 % entspricht. Niedrigere Normalkräfte sind ein Hinweis auf einen freischneidenden Schleifprozess, bei dem die Belastung der pCBN-Schneidkanten verringert und damit deren Qualität verbessert wird. Geringere Tangentialkräfte tragen zudem dazu bei, die thermische Belastung des Werkstücks zu minimieren und damit das Risiko thermischer Schäden zu senken.

11. Schlussfolgerung

Durch die enge Zusammenarbeit gelang es, ein effizienteres Verfahren zum Schleifen von pCBN-Schneideinsätzen zu entwickeln, das sowohl in Präzision als auch in Kosteneffizienz und Nachhaltigkeit überzeugt. Diese Partnerschaft steigerte nicht nur das Leistungsangebot aller beteiligten Unternehmen, sondern setzte zudem neue Maßstäbe in der Branche. Die Kombination der jeweiligen Stärken verdeutlichte eindrucksvoll, wie Teamarbeit Innovationen vorantreiben, Entwicklungszeiten verkürzen und Fertigungsverfahren optimieren kann.

Literatur

[1] Denkena, B.; Grove, T.; Behrens, L.: Wear Mechanisms in Grinding of PCBN. In: Advanced Materials Research, 1.136 (2015), S. 555–560

[2] Denkena, B.; Krödel-Worbes, A.; Müller-Cramm, D.: A Contribution to the Understanding of the Grinding of PcBN – Influence of Diamond Specification on Wear during Peripheral Grinding. In: International Journal of Materials Science and Engineering, 10 (2022) 3, S. 42–56

Metallisch gebundene Schleifscheiben effizient abrichten und profilieren

Vitali Klamm

1. Einleitung

Welcher Zusammenhang besteht zwischen Erodieren und Schleifen? Was bedeutet EDM-DRESS?

Metallisch gebundene Schleifscheiben lassen sich inzwischen durch Drahterodieren abrichten und profilieren. Das erweist sich als herausragende Alternative zum üblichen Abrichtverfahren. Mit Drahterodieren abgerichtete und profilierte Schleifscheiben sind scharf, schnittig und offenporig. Sie können ohne Nachschärfen unverzüglich in der Produktion eingesetzt werden. Mit ihnen lassen sich höhere Abtragraten und längere Standzeiten erreichen. Die präzise Herstellung komplexer Geometrien mit kleinen Eckenradien ist durch den Einsatz von variablen Drahtdurchmessern einfach zu verwirklichen. Abgerichtet wird in einem Wasserbad mit deionisiertem Wasser. Das ist komplett staubfrei und somit auch vorteilhaft für den Arbeits- und Umweltschutz.

2. Funktions- und Bearbeitungsprinzip Drahterodieren

Drahterodieren ist ein Fertigungsverfahren, mit dem elektrisch leitende Werkstoffe durch elektrische Entladung (Funken) abgetragen werden. Die Elektrode (Messingdraht) und das Werkstück werden an eine Gleichstromquelle angeschlossen. Der Draht wird langsam an das Werkstück herangeführt, eine elektrische Spannung baut sich auf. Zunächst fließt kein Strom, das deionisierte Wasser isoliert beide Komponenten voneinander. Im Bereich mit dem kleinsten Abstand zwischen Draht und Werkstück (Funkenspalt) kommt es zu einer fortlaufenden elektrischen Funkenentladung, die Spannung fällt zusammen und der Strom wird in Wärme (etwa 8.000 °C) umgewandelt. Die hohe Temperatur führt zum Schmelzen und Verdampfen kleinster Materialmengen. Die entstandenen Partikel werden durch das Wasser abgeführt.

3. Bearbeiten von Schleifscheiben

Durch die Nutzung elektrischer Funken als Werkzeug wird beim Profilieren von Schleifscheiben ausschließlich der Binder zwischen und hinter den Schleifkörnern (**Bild 1**) entfernt. Die mit Draht arbeitende Abrichttechnologie EDM-DRESS bearbeitet somit nicht das Schleifkorn – es bleibt vom Prozess unbeeinträchtigt und unbeschädigt. Das Verfahren arbeitet berührungslos. Somit wirken keine

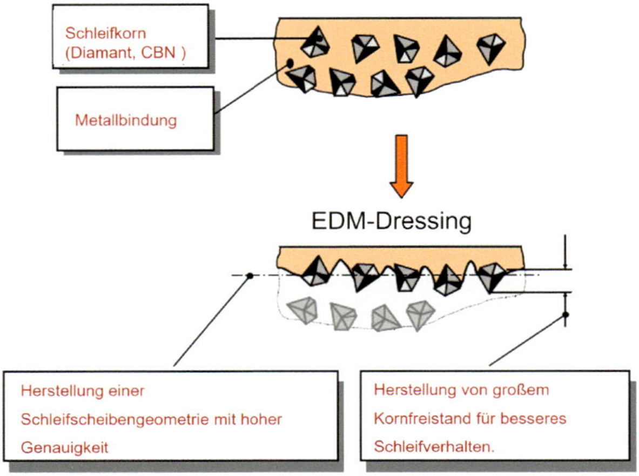

Bild 1: Schematische Darstellung von Schleifkörnern/ Bindung (Quelle: Eidgenössische Technische Hochschule Zürich (ETH))

physikalischen Kräfte auf die Schleifscheibe. Zudem werden Diamantkörner thermisch nicht beeinflusst, lediglich der Binder wird herausgelöst.

Beim Erstellen einer Geometrie an einer Schleifscheibe fällt überschüssiges Schleifkorn aus der Bindung heraus. Die verbleibenden Schleifkörner bleiben scharf, unverletzt und mit offenen Spanräumen auf der Scheibenoberfläche stehen. Durch die offenen Spanräume gelangt mehr Schmiermittel in den Schleifspalt, dadurch werden höhere Abtragsraten möglich und die Wärmeentwicklung im Schleifprozess wird vermindert. Durch Drahterodieren abgerichtete Schleifscheiben müssen nicht mehr nachgeschärft werden, es entsteht sofort eine optimale Schleifscheibenoberfläche. Eine Einlaufzeit wird nicht mehr benötigt und das Produzieren von Ausschussteilen entfällt.

4. Technische Voraussetzungen

Um Schleifscheiben durch Erodieren bearbeiten zu können, müssen einige Voraussetzungen erfüllt werden:

- Die Schleifscheiben müssen mit einer leitfähigen Bindung, beispielsweise Kupfer, Bronze, Messing und in einigen Fällen kupferinfiltrierten Harzen, ausgeführt sein.
- Die Korngrößen müssen zwischen D1 und D126 (in Ausnahmen auch größer) betragen.
- Der maximale Durchmesser der Schleifscheiben beträgt etwa 450 mm Durchmesser. Das ist abhängig von den Abmessungen der Drahterodiermaschine und der Rotationsachse.

- Die Scheibenkonzentration soll bis C125 betragen. Je nach Korngröße kann der Erodierprozess ab der Konzentration C125 kritisch werden.
- Die Leitfähigkeit der Bindung muss unter 20 Ohm sein.

5. Deutlich effizienter

Mit Draht erodierte Schleifscheiben haben eine zum Schleifen wesentlich besser konditionierte Oberfläche. Das zeigen mikroskopische Aufnahmen in **Bild 2.**

In Bild 2 ist links die Oberfläche einer mechanisch (konventionell) profilierten Schleifscheibe wiedergegeben. Sie scheint glatt und homogen zu sein. Sie ist jedoch nicht scharf und muss vor dem Schleifeinsatz konditioniert werden. Das verursacht teilweise Geometriebeeinträchtigungen und kann ungleichmäßige Schärfe erzeugen.

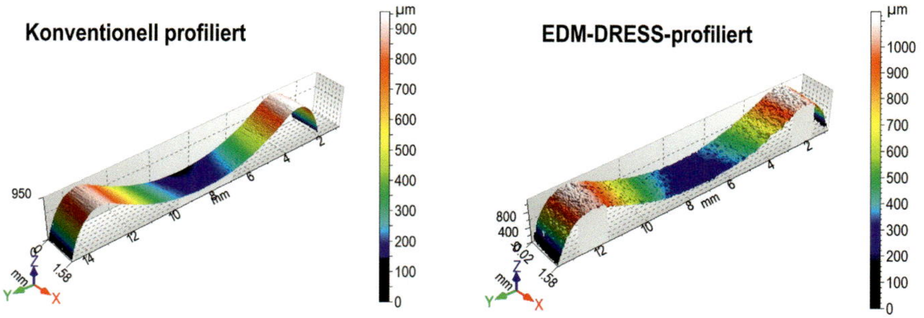

Bild 2: Mikrotopografie eines Schleifscheibenprofils D76 C50
(Quelle: HFU – Hochschule Furtwangen University)

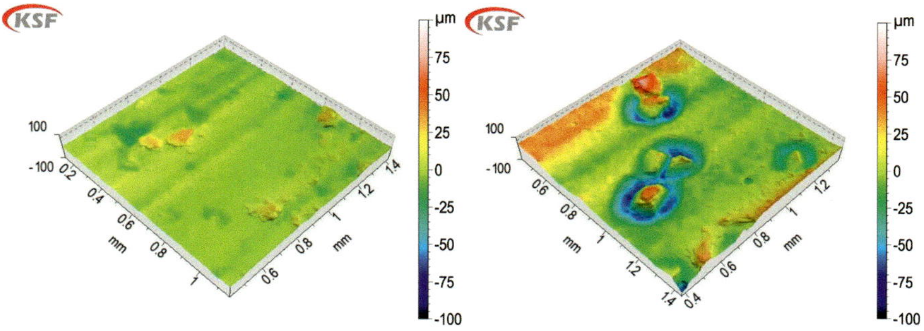

Bild 3: Mikrotopografie einer Schleifscheibe
(Quelle: KSF – Institute for advanced manufacturing)

Die rechte Seite von Bild 2 zeigt die Oberfläche nach dem Profilieren mit dem Verfahren EDM-DRESS. Diese sieht rau aus und ist damit bestens vorbereitet zum effizienten Schleifen. Der Kornfreistand ist perfekt und bereit zum Schleifen bei multipler Effizienz.

Den Vorteil durch Drahterodieren zeigt auch die **Bild 3**.

An der Oberfläche einer metallisch gebundenen Schleifscheibe (B151 C75) sind links vor und rechts nach dem Abrichten im Verfahren EDM-DRESS (vor und nach der EDM-DRESS-Konditionierung) deutlich die hervorstehenden Körner zu sehen. Die einzelnen CBN-Schleifkörner stehen nunmehr sauber aus der Bindung heraus. Zwischen den scharfen Körnern verbleibt ein optimaler Spanraum.

6. Komplexe Profile in einem Arbeitsschritt

Mit Draht lassen sich Profile an Schleifscheiben erzeugen, die bisher nicht oder nur in mehreren Arbeitsschritten herzustellen waren. Das zeigt beispielsweise **Bild 4**.

Die in der Abbildung zu sehende Geometrie auf einer Schleifscheibe lässt sich nach allgemeinem Wissensstand konventionell nicht herstellen. Um eine solche komplexe Schleifgeometrie zu fertigen, wären bei einer konventionellen Abrichtmethode drei Schleifscheiben erforderlich.

Mit dem Verfahren Drahterodieren EDM-Dress dagegen kann die gewünschte Kontur an nur einer Schleifscheibe realisiert werden. Das hat wirtschaftliche Vorteile. Die Durchlaufzeiten beim Schleifen solch komplexer Geometrien sind wesentlich kürzer. Statt mehrerer Schleifbearbeitungen reicht ein Arbeitsprozess aus. Somit verkürzt die mit Drahterodieren abgerichtete Schleifscheibe die

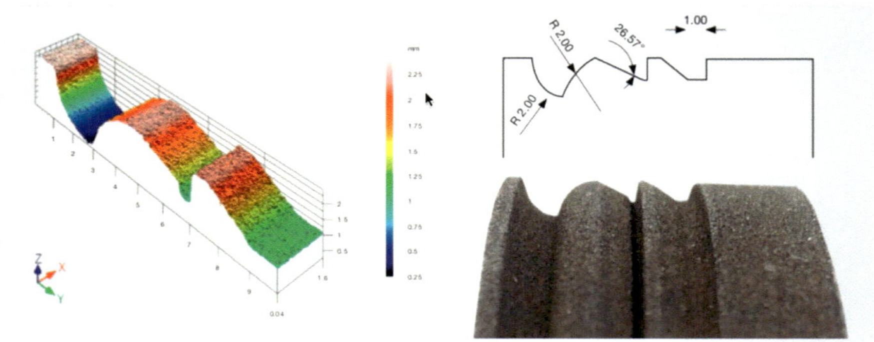

Bild 4: Mikrotopografie eines Schleifscheibenprofils
(Quelle: HFU – Hochschule Furtwangen University)

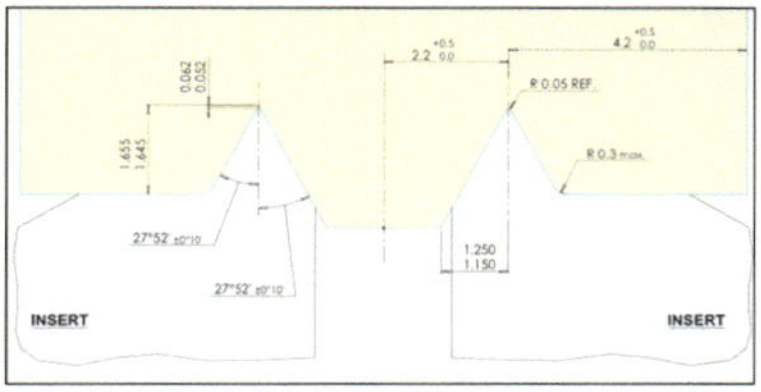

Bild 5: Schleifscheibenprofil (Quelle: ITS-Technologies)

Bearbeitungszeit und es erübrigt sich ein Schleifscheibenwechsel. Es ist nur eine Schleifscheibe erforderlich; damit erübrigen sich die Beschaffung und Vorbereitung mehrerer Schleifscheiben.

Ein sehr komplexes, mit Drahterodieren in einem Abrichtprozess generiertes Schleifscheibenprofil zeigt **Bild 5**.

Das nahezu mikroskopische Profil wird durch Drahterodieren auf 3 µm genau erzeugt. Dabei bleiben die scharfen Körner beim Drahterodieren deutlich sichtbar stehen. Somit erweisen sich solche Schleifscheiben als besonders produktiv und können zum Schleifen hochgenauer, sehr feiner Konturen eingesetzt werden.

7. Verfahrensgrenzen

Wie alle anderen Herstellungsverfahren bietet das Drahterodierverfahren EDM-Dress nicht nur Vorteile. Auch dieses Verfahren hat seine Grenzen. So können z. B. galvanisch beschichtete oder mit Kunstharz gebundene Schleifscheiben teils nicht oder nicht auf hoher Qualität bearbeitet werden. Beide Varianten sind entweder nicht elektrisch leitend oder die Beschichtung ist zu dünn aufgetragen. Daher eignen sie sich nicht oder nur bedingt zum Abrichten und Profilieren durch Drahterodieren.

Darüber hinaus bestehen mehrere Verfahrensgrenzen beim Drahterodieren:

- Die Herstellung von Außenradien ist auf die etwa dreifache Korngröße begrenzt.
- Korngrößen größer als 150 µm lassen sich sehr schlecht bis gar nicht erodieren. Ist die Korngröße größer als der Funkenspalt, kommt der Funke nicht

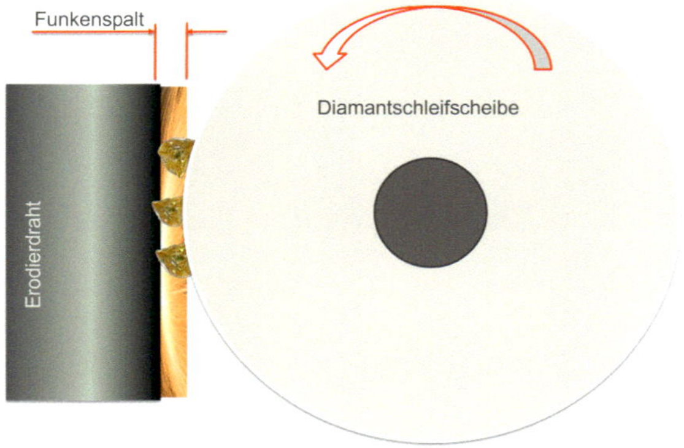

Bild 6: Schematische Darstellung des Funkenspalts (Quelle: Mitsubishi Electric)

mehr an das Bindemittel. Es kommt zu einem physischen Kontakt mit den Schleifkörnern, der Draht reißt und der Abrichtprozess wird unterbrochen. Diesen Zusammenhang zeigt **Bild 6**.

- Schleifscheiben schlechter Qualität (ungleichmäßiges Durchmischen von Diamant und Bindung) oder grobkörnige Schleifscheiben mit einer hohen Konzentration sind zum Abrichten und Profilieren durch Drahterodieren nur bedingt geeignet.

8. Entwicklung und Unterstützung von Spezialisten

Mitsubishi Electric ist ein Hersteller von Erodiermaschinen. Geht es um hohe Genauigkeit im Bereich weniger µm, kleine Eckenradien und eine sehr gute Oberfläche, sind Erodiermaschinen unverzichtbar.

Seit dem Jahr 2012 beschäftigt sich Mitsubishi Electric mit dem erodierenden Abrichten und Profilieren metallisch gebundener Schleifscheiben. In der Kombination aus Erodiermaschinen von Mitsubishi Electric, Rotationsachsen des langjährigen Partners ITS-Technologies und einem für Mitsubishi Electric speziell entwickelten Programmiersystem DRESSCAM X (Hersteller DCAM) bietet der Maschinenhersteller ein komplettes System aus einer Hand.

Nach der Inbetriebnahme kann direkt mit der Produktion begonnen werden. Das Komplettpaket EDM-DRESS beinhaltet die Schulung der Mitarbeiter (spezielle Vorkenntnisse sind nicht erforderlich) sowie Technologien für unterschiedliche Drahtdurchmesser und Korngrößen.

Die intuitive Bedienung von der Software DRESSCAM X führt die Bediener Schritt für Schritt vom Einspielen der gewünschten Geometrie (2D-Kontur, z. B. DXF) bis hin zum Generieren des fertigen NC-Programms. Der Maschinenhersteller bietet

Bild 7: Schleifbetriebe erhalten hochwertige, ausgereifte Drahterodiermaschinen, Rotationsachsen und Automatisierung zum Drahterodieren von Schleifscheiben aus einer Hand.

das System zum Fertigen einzelner Schleifscheiben und auch als vollständig automatisierte Fertigungszelle zum Abrichten und Profilieren in Serien an (**Bild 7**).

9. Zusammenfassung

Als ernst zu nehmende Alternative zum konventionellen Profilieren und Abrichten metallisch gebundener Schleifscheiben erweist sich das mit Drahterodieren arbeitende Verfahren EDM-DRESS.

Mit ihm abgerichtete und profilierte Schleifscheiben erreichen höhere Abtragsraten bei höheren Standzeiten. Sie sind offenporig und scharf. Die Schleifscheiben schonen die Spindeln der Schleifmaschinen, da sie durch hervorstehende Körner sehr „schnittig" sind. Es werden – speziell bei komplexen Geometrien – weniger oder sogar nur eine Schleifscheibe benötigt. Das verkürzt bei Schleifbetrieben deutlich die Durchlaufzeiten. Sie können somit flexibler reagieren und kürzere Lieferfristen verwirklichen.

Da hochgenaue und auch nahezu mikroskopisch kleine Geometrien – Innenradien bis 0,05 mm sind möglich – profiliert werden können, erschließt das Verfahren Drahterodieren zusätzliche Anwendungsmöglichkeiten beim Schleifen.

Drahterodieren arbeitet als Verfahren beim Abrichten und Profilieren wiederholgenau. Somit können in der Serienfertigung gleichbleibende Geometrien und Qualität gewährleistet werden. Das Verfahren lässt sich dank kompletter Systeme vom Hersteller einschließlich der NC-Programmierung einfach installieren und implementieren.

Leistungsfähigkeit und Verschleißverhalten funkenerosiv gefertigter Abrichtrollen beim Abrichten keramisch gebundener Korund-Schleifscheiben

Jahangir Khosravi, Bahman Azarhoushang, Saeed Behjat

Die Herstellung von Diamant-Profilabrichtrollen für die Konditionierung keramisch gebundener Schleifscheiben erfordert hochpräzise Fertigungsverfahren. Sowohl die Bauteilgenauigkeit (oftmals besser als IT6 bekannt) als auch das Verschleißverhalten der Abrichtwerkzeuge sind unmittelbar von dem eingesetzten Herstellungsprozess abhängig. Konventionell werden Diamant-Profilrollen durch Infiltration oder Negativ-Galvanik hergestellt. Diese Verfahren weisen jedoch Nachteile auf, wie z. B. lange Herstellungszeiten und hohe Kosten. In dieser Arbeit wird ein innovativer Ansatz zur Fertigung von Diamant-Profilrollen durch Draht-Elektroerosionsbearbeitung (WEDC – Wire Electrical Discharge Conditioning) vorgestellt, der von den Autoren patentiert wurde. Das WEDC-Verfahren ermöglicht die wirtschaftliche Herstellung von Diamant-Form- und Profilabrichtrollen in deutlich kürzerer Zeit und vergleichbarer Qualität und stellt damit eine effektive Alternative zu konventionellen metallgebundenen, rotierenden Diamant-Abrichtwerkzeugen dar.

Untersucht wurde der Einfluss von Profilrollenspezifikationen und unterschiedlichen WEDC-Strategien auf die erreichbare Profilgenauigkeit und Topografie. Ergänzend wurde das Verschleißverhalten der hergestellten Rollen bei der Langzeitkonditionierung konventioneller Schleifscheiben analysiert. Die Ergebnisse zeigen, dass die gezielte Wahl geeigneter Strategien einen entscheidenden Beitrag zur Profilgenauigkeit leistet und Genauigkeiten auf dem Niveau konventioneller Abrichtrollen ermöglicht. Zudem erweist sich die Korngröße als maßgeblicher Parameter für die erreichbare Genauigkeit. Die gewonnenen Erkenntnisse liefern wertvolle Ansätze zur Optimierung der Fertigung superharter Diamant-Profilrollen und fördern deren breitere Anwendung in der Schleiftechnik.

1. Einleitung

Das Abrichten von Schleifscheiben ist für die Präzision und Leistungsfähigkeit des Schleifprozesses von zentraler Bedeutung, da es die Profilgenauigkeit der Schleifscheibe, das Zeitspanvolumen, die Schleifkräfte, die Temperaturentwicklung, die Werkstückoberfläche und den Werkzeugverschleiß maßgeblich beeinflusst [1], [2]. Ziel ist es, die erforderliche Profilgenauigkeit und Mikrotopografie auf der Schleifscheibe zu erzeugen [2], [3]. Keramisch gebundene Schleifscheiben – sowohl konventionelle aus Korund oder SiC als auch superabrasive aus CBN und Diamant – werden in der Industrie überwiegend mechanisch abgerichtet [4]. Dabei kommen vor allem Diamantwerkzeuge zum Einsatz, da Diamant durch seine Härte, Verschleißfestigkeit und chemische Stabilität besonders gut für hochpräzise Abrichtprozesse geeignet ist [1], [2], [5].

Rotierende Diamantabrichtwerkzeuge wie Form- und Profilrollen ermöglichen eine hohe Profilgenauigkeit der keramisch gebundenen Schleifscheiben und zeichnen sich durch einen besonders geringen Profilverschleiß aus, erfordern jedoch ein optimales Zusammenspiel aus Bindung, Korngröße, Konzentration und Diamanttyp [1], [2], [6]. Übliche Herstellverfahren sind Infiltration oder Negativgalvanik [1], [2], die jedoch zeit- und kostenintensiv sind [2], [6], [7].

Zur Bewältigung der Herausforderungen beim Abrichten metall-, hybrid- und kunstharzgebundener Superabrasiv-Schleifscheiben wurde in den letzten Jahren die Draht-Elektroerosionskonditionierung (WEDC) als vielversprechende Alternative untersucht [4], [8–14]. Studien belegen, dass WEDC im Vergleich zu mechanischen Verfahren eine verbesserte Mikrotopografie erzeugt, die Schleifkräfte reduziert und den Werkzeugverschleiß deutlich senkt. So ließ sich beim Rundschleifen von Hartmetall-Bauteilen mit hybridgebundenen Schleifscheiben der Verschleiß um mehr als 30 % gegenüber mechanisch abgerichteten Schleifscheiben reduzieren [15]. Da die erreichbare Topografie und Profilgenauigkeit des Werkzeugs maßgeblich von der Werkzeugspezifikation, der Prozessparameterwahl und -strategie im WEDC bestimmt werden [10], [15], erscheint dieses Verfahren auch für die Herstellung hochpräziser rotierender Diamantabrichtwerkzeuge mit metallischer Bindung besonders interessant.

Ein Nachteil von WEDC besteht darin, dass bei Schleifscheiben mit großen Korngrößen (> 181 µm) hervorstehende, nichtleitfähige Diamantkörner den Drahtkontakt stören und Drahtbrüche verursachen können. Konventionelle Diamant Form- und Profilrollen enthalten zudem i. d. R. keine Körnungen kleiner als 426 µm [2], [16], da feinere Körnungen zu stumpferen Schleifscheiben sowie zu höheren Abricht- und Schleifkräften und zu einer stärkeren Temperaturbelastung führen. Somit galt die Herstellung von rotierenden Diamantabrichtwerkzeugen mittels WEDC bislang als unrealistisch. Neuere Ergebnisse zeigen jedoch, dass mit WEDC auch bei kleineren Korngrößen vergleichbare Kornüberstände erreicht werden können [11], [15]. Dadurch eröffnen sich erhebliche Potenziale zur Reduktion von Fertigungszeit und -kosten. Ein weiterer Vorteil liegt darin, dass sich aus WEDC hergestellte rotierende Diamantabrichtwerkzeuge reproduzieren lassen.

Die Autoren haben den Einsatz von WEDC zur Herstellung von rotierenden Diamantabrichtwerkzeugen entwickelt und patentiert. Ziel dieser Arbeit ist es daher, ein Verfahren zur wirtschaftlichen Herstellung von Diamant-Profilabrichtrollen mittels WEDC vorzustellen. Dabei wurde der Einfluss von Korngröße und -konzentration auf die Mikrotopografie, die Profilgenauigkeit und die Profilhaltigkeit untersucht. Es zeigte sich, dass feinere Körnungen und geringere Konzentrationen eine höhere Profilgenauigkeit ermöglichen, während größere Körnungen eine Kompensation erfordern können. Zudem sorgt die durch WEDC erzielte Mikrotopografie für eine hohe Profilhaltigkeit und einen geringen Verschleiß der Rollen im Langzeiteinsatz.

2. Experimenteller Aufbau

Für die Versuche wurden metallgebundene Diamantabrichtprofilrollen mit einem Durchmesser von 100 mm eingesetzt, die mittels WEDC hergestellt bzw. profiliert wurden. Verwendet wurden Rollen der Firma Bärhausen mit zwei Korngrößen (46 µm und 91 µm) sowie zwei Konzentrationen (C125 und C150). Die Profilierung erfolgte auf einer wasserbasierten Drahterodiermaschine (Mitsubishi Electric MP2400), die mit einer zusätzlichen Rotationsspindel (ITS Technologies RSI-55) ausgestattet war.

Die WEDC-Parameter richteten sich nach der Korngröße. Mit einem 0,25 mm Messingdraht wurden zwei verschiedene Strategien getestet: Für D46 wurden vier Durchgänge mit abnehmender Funkenerosion umgesetzt, während für D91 ein Durchgang mit hoher Entladeenergie gewählt wurde [10]. **Bild 1** zeigt den

Werkzeug	Messingdraht (Durchmesser: 0,25 mm)
Werkstück	Metallgebundene Diamant-Abrichtrolle Φ = 100 mm D46C125 & C150 M D91C125 & C150 M
Parameter	D46: Vier Durchgänge (von hoher zu niedriger Funkenergie) D91: Zwei Durchgänge (hohe Energie – Schruppen und Schlichten) Pass1: VG=117 v; T_{on}=1,25 µs; T_{off}=60 µs; Versatz=250 µm (Hohe Funkenergie) Pass2: VG=105 v; T_{on}=1,1 µs; T_{off}=45 µs; Versatz=190 µm ⇩ Pass3: VG=95 v; T_{on}=1 µs; T_{off}=20 µs; Versatz=160 µm Pass4: VG=85 v; T_{on}=0,7 µs; T_{off}=10 µs; Versatz=135 µm (Niedrige Funkenergie) Mit zusätzlichen Kompensationsdurchgängen Drehzahl: 400 U/min – Vorschub: Adaptive Steuerung

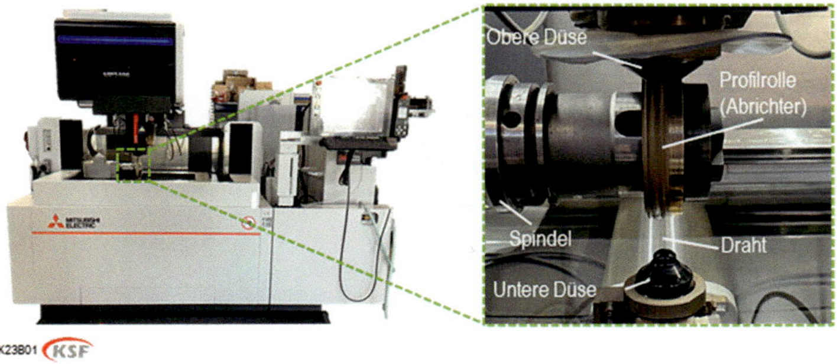

©JK23B01 KSF

Bild 1: Versuchsaufbau (WEDC-Maschine) mit Prozessparametern

Versuchsaufbau und die Prozessparameter. Zur Analyse der Profilgenauigkeit wurde ein Prüfprofil mit verschiedenen Winkeln definiert (**Bild 2**).

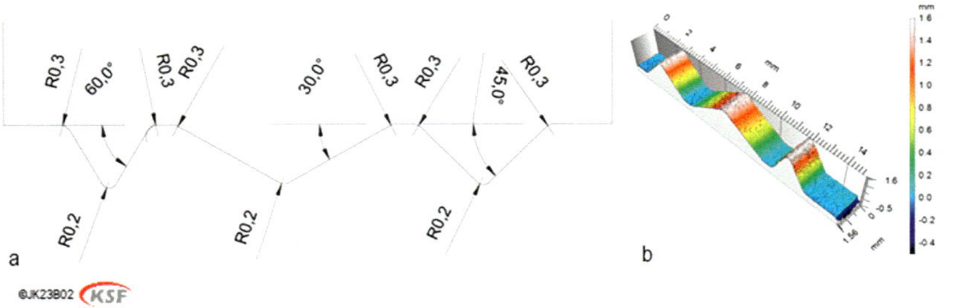

Bild 2: a) Maßspezifikationen des Profils der WEDC-hergestellten Diamant-Profilrollen (Maße in Millimeter), b) Konfokale Aufnahmen einer der hergestellten Diamant-Profilrollen (D91C125M)

Werkzeug	Metallgebundene Diamant-Abrichtrolle Φ = 100 mm D46C125 & C150 M D91C125 & C150 M
Werkstück	Keramisch gebundene Edelkorundschleifscheibe CS33A 150 HH7 PVK3
Parameter	Schnittgeschwindigkeit v_{sd}: 35 m/s Geschwindigkeitsverhältnis (Schleifscheibe/Abrichtrolle – qd): -0,8 (Vorprofilierung), +0,4 (Profilierung) Radialer Vorschub (v_{frd}): 0,2 µm/U Kühlschmierstoff: DiaGrind KSB 1100-B (Oelheld) Abrichttiefe pro Durchgang: 0,3 mm (Langzeit-Materialabtrag nach 60 Durchgängen: 127,000 mm³)

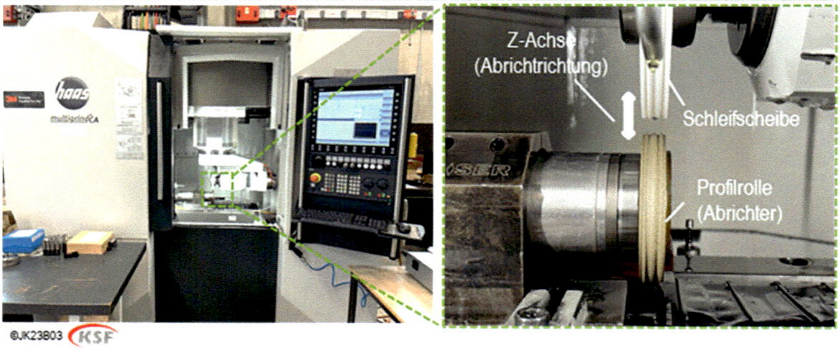

Bild 3: Versuchsaufbau zum Abrichten der keramisch gebundenen Korundschleifscheibe mit einer WEDC-hergestellten Diamant-Profilrolle sowie die verwendeten Prozessparameter

Werkzeug	Keramisch gebundene Edelkorundschleifscheibe CS33A 150 HH7 PVK3
Werkstück	HSS 1.3343 (gehärtet auf 58 HRC)
Parameter	Schnittgeschwindigkeit v_c: 35 m/s Geschwindigkeitsverhältnis (Schleifscheibe/Werkstück- q_s): 70 Radialer Vorschub (v_{fr}): 0,08 mm/min Kühlschmierstoff: DiaGrind KSB 1100-B (Oelheld) Schleiftiefe: 1,6 mm

Bild 4: Versuchsaufbau zum Schleifen von HSS-Werkstücken mit der profilierten keramisch gebundenen Korundschleifscheibe

Zur Leistungsbewertung der hergestellten Diamant-Profilrollen wurde eine keramisch gebundene Korundschleifscheibe (CS33A 150 HH7 PVK3 der Fa. Tyrolit) auf einer 5-Achs-Schleifmaschine (A.HAAS Multigrind CA) mit den WEDC-profilierten Rollen abgerichtet (**Bild 3**). Anschließend erfolgte das Profilschleifen von HSS-1.3343-Werkstücken (Ø 20 mm) im Zustellschleifverfahren (**Bild 4**). Die Topografie der Abrichtrollen wurde nach dem WEDC-Prozess sowie nach dem Abrichten von 127.000 mm³ Schleifscheibenvolumen mittels konfokaler Mikroskopie (µsurf, NanoFocus) und optischer Mikroskopie (KEYENCE VHX 5000) charakterisiert. Die Profilgenauigkeit der Abrichtrollen wurde zusätzlich auf einem Grafitprüfkörper (dreifache Wiederholung) mit einem taktilen Messgerät (Hommel-Etamic T8000, Jenoptik) ermittelt. Darüber hinaus erfolgte die Messung der Profilgenauigkeit direkt am geschliffenen Werkstück mit demselben System.

3. Ergebnisse und Diskussion

3.1 Einfluss von Korngröße und Konzentration auf die Profilgenauigkeit der Profilrollen

Zunächst wurden metallgebundene Diamantabrichtrollen unterschiedlicher Spezifikation (D46/D91, C125/C150) mittels WEDC profiliert. Die Messungen

Werkzeug	Messingdraht (Durchmesser: 0,25 mm)
Werkstück	Metallgebundene Diamant-Abrichtrolle Ø = 100 mm D46C125 & C150 M D91C125 & C150 M
Parameter	D46: Vier Durchgänge (von hoher zu niedriger Funkenergie) D91: Zwei Durchgänge (hohe Energie – Schruppen und Schlichten) Mit zusätzlichen Kompensationsdurchgängen Drehzahl: 400 U/min – Vorschub: Adaptive Steuerung

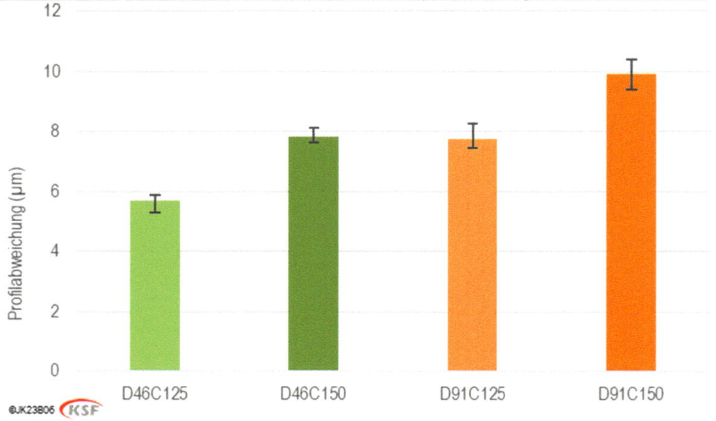

Bild 5: Maximale Profilabweichung von WEDC-profilierten Abrichtrollen nach Kompensation der Formfehler

(**Bild 5**) zeigen, dass mit D46 C125 M eine maximale Profilabweichung von weniger als 6 µm erzielt wurde. Bei größeren Körnungen und höheren Konzentrationen stieg die Abweichung bis auf 10 µm. Die Ursache dafür sind Kontakte zwischen Draht und nichtleitenden Diamantkörnern sowie unterschiedliche Kornüberstände. Insgesamt lag die Abweichung bei D91C125 um 36 % höher als bei D46C125; höhere Konzentrationen führten zu weiteren Abweichungen (+36 % bei D46, +27 % bei D91).

3.2 Profilabweichung zwischen Abrichtrolle und Schleifscheibe

In der Praxis kann das Profil des Werkstücks von dem der Abrichtrolle abweichen. Die Untersuchungen mit HSS-Werkstücken (**Bild 6** und **Bild 7**) zeigen: Bei feiner Körnung der Diamantprofilrolle (D46) blieb die Abweichung unabhängig von der Konzentration bei etwa 19 µm, während sie bei grober Körnung (D91) deutlich zunahm (um 25 % bei C125 bzw. um 120 % bei C150). Diese Unterschiede sind vor allem auf den spröden Abtrag der Schleifscheibe durch die Abrichtrolle zurückzuführen. Dabei brechen Schleifkörner oder werden aus der keramischen Bindung herausgerissen – im Gegensatz zum duktilen Abtrag des

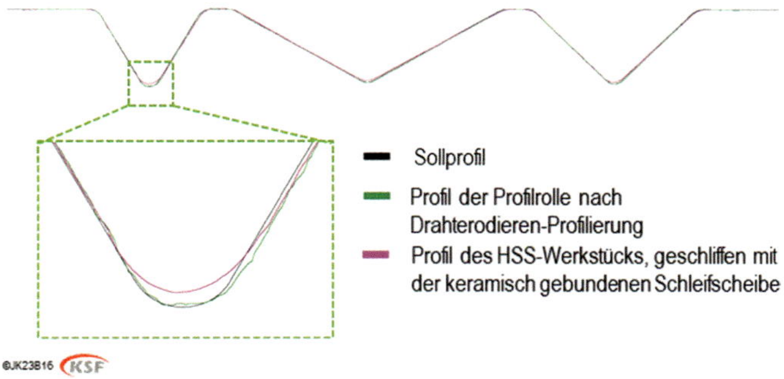

Bild 6: Vergleich der Profilabweichung zwischen D91C150M-Profilrolle und Werkstück

Werkstückmaterials. Hinzu kommen elastische Nachgiebigkeiten von Schleifscheibe und Abrichtrolle während des Abrichtens, die die erzielte Geometrie zusätzlich beeinflussen. Dadurch entsteht eine Abweichung zwischen dem Profil der Schleifscheibe und dem gewünschten Werkstückprofil. Diese Abweichung muss bei der Herstellung von Profilrollen berücksichtigt werden.

Werkzeug	Keramisch gebundene Edelkorundschleifscheibe CS33A 150 HH7 PVK3
Werkstück	HSS 1.3343 (gehärtet auf 58 HRC)
Parameter	Schnittgeschwindigkeit v_c: 35 m/s Geschwindigkeitsverhältnis (Schleifscheibe/Werkstück- q_s): 70 Radialer Vorschub (v_{fr}): 0,08 mm/min Kühlschmierstoff: DiaGrind KSB 1100-B (Oelheld) Schleiftiefe: 1,6 mm

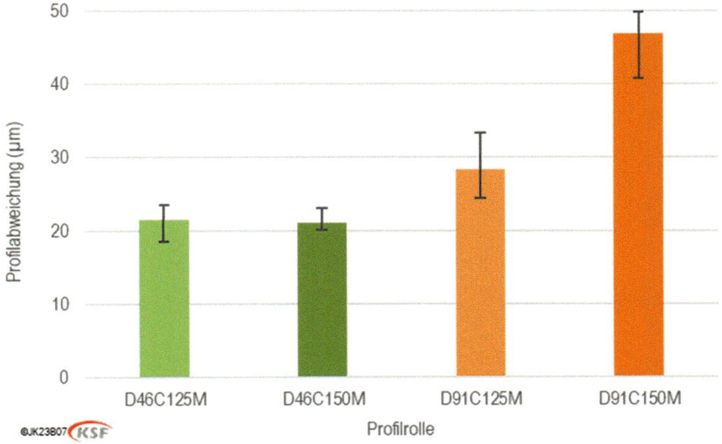

Bild 7: Profilabweichung am geschliffenen HSS-Werkstück

3.3 Mikrotopografie der Diamant-Profilrollen

Optische und konfokale Aufnahmen (**Bild 8**) zeigten eine gleichmäßige Kornverteilung und gute Kornüberstände aus der metallischen Bindung. Größere Körnungen (D91) führten zu einer schärferen Topografie, bestätigt durch einen um 146 % höheren Spk-Wert (**Bild 9**). Im Vergleich mit konventionellen Profilrollen (D426, **Bild 10**) zeigte sich, dass WEDC auch mit deutlich kleineren Körnungen eine ähnliche Topografie erzielen kann. **Bild 11** verdeutlicht die scharfe Mikrotopografie der mit D46C150M und D91C150M abgerichteten Korundschleifscheiben.

Werkzeug	Messingdraht (Durchmesser: 0,25 mm)
Werkstück	Metallgebundene Diamant-Abrichtrolle Ø = 100 mm D46C125 & D91C125
Parameter	D46: Vier Durchgänge (von hoher zu niedriger Funkenergie) D91: Zwei Durchgänge (hohe Energie – Schruppen und Schlichten) Mit zusätzlichen Kompensationsdurchgängen Drehzahl: 400 U/min – Vorschub: Adaptive Steuerung

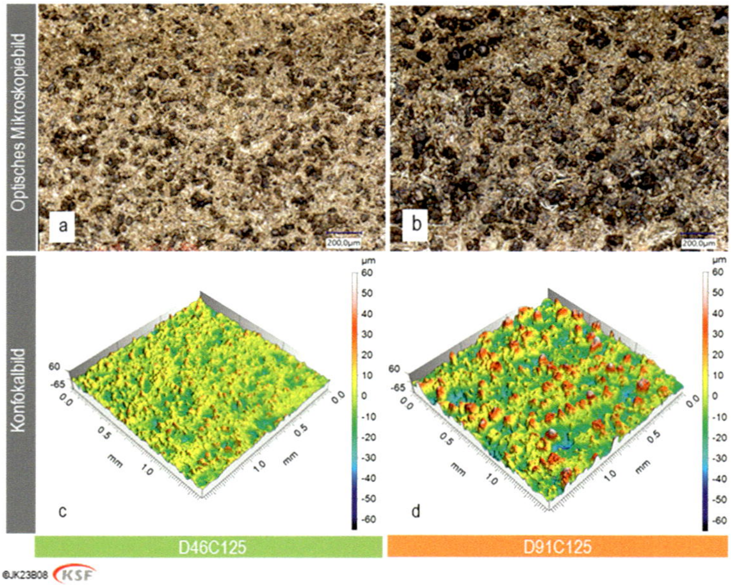

Bild 8: Oberflächenaufnahmen der Abrichtrollen nach WEDC (optisch und konfokal): a, c) D46C125M; b, d) D91C125M

Bild 9: 3D-Oberflächenparameter der D46C125M- und D91C125M-Profilrollen

Werkzeug	Messingdraht (Durchmesser: 0,25 mm)
Werkstück	Metallgebundene Diamant-Abrichtrolle Ø = 100 mm D46C125 & D91C125
Parameter	D46: Vier Durchgänge (von hoher zu niedriger Funkenergie) D91: Zwei Durchgänge (hohe Energie – Schruppen und Schlichten) Mit zusätzlichen Kompensationsdurchgängen Drehzahl: 400 U/min – Vorschub: Adaptive Steuerung

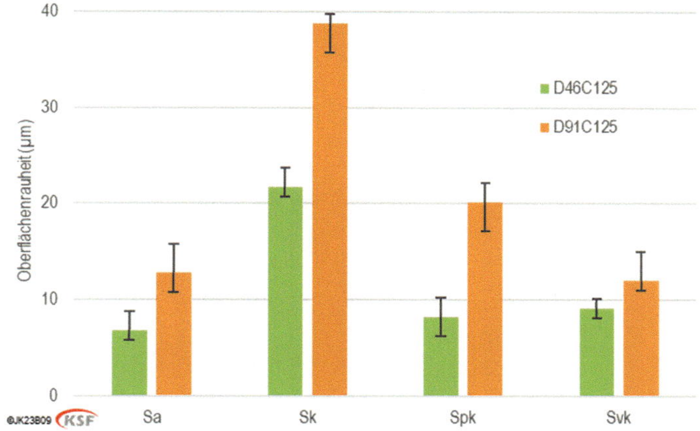

Bild 10: Vergleich zwischen konventioneller (D426) und WEDC-hergestellter Profilrolle (D91C125M)

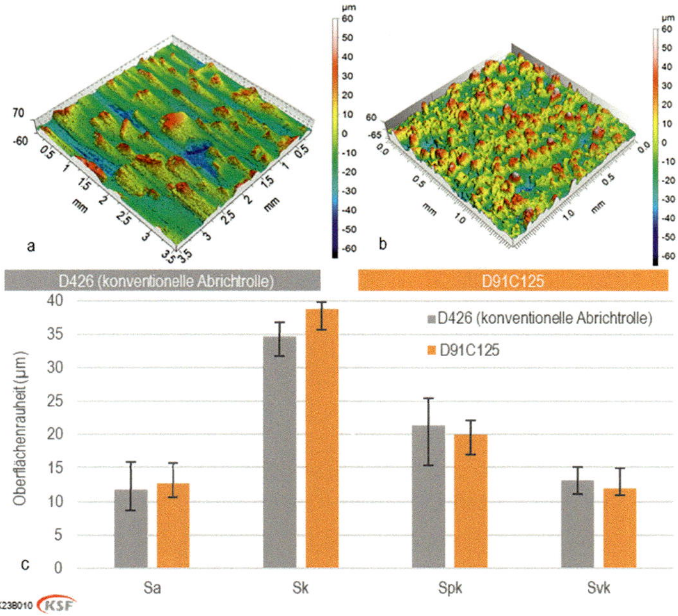

Werkzeug	Metallgebundene Diamant-Abrichtrolle Ø = 100 mm D46C125 & D91C125
Werkstück	Keramisch gebundene Edelkorundschleifscheibe CS33A 150 HH7 PVK3
Parameter	Schnittgeschwindigkeit v_{sd}: 35 m/s Geschwindigkeitsverhältnis (Schleifscheibe/Abrichtrolle - q_d): -0,8 (Vorprofilierung), +0,4 (Profilierung) Radialer Vorschub (v_{frd}): 0,2 µm/U Kühlschmierstoff: DiaGrind KSB 1100-B (Oelheld) Abrichttiefe: 0,3 mm

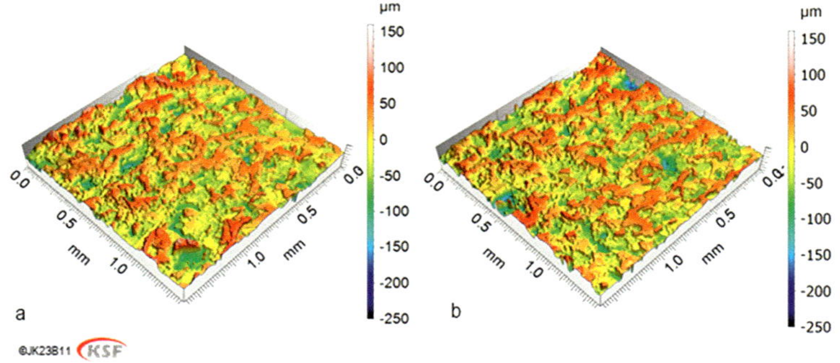

Bild 11: Topografie der keramisch gebundenen Korundschleifscheibe nach dem Abrichten mit WEDC-Profilrollen: a) D46C125M; b) D91C125M

3.4 Verschleißverhalten der Diamant-Profilrollen

Nach dem Abrichten von ca. 127.000 mm³ Schleifscheibenmaterial (**Bild 12** und **Bild 13**) zeigten Diamantprofilrollen Kornverluste und eine flachere Topografie. Bei D46 dominierte Kornausbruch, bei D91 Kornbruch. Entsprechend sank der Spk-Wert bei D46 um 50 % und bei D91 um 63 %. Die Formabweichung (**Bild 14**) blieb bei D46 deutlich geringer (−38 % bei C125, −36 % bei C150). Höhere Konzentrationen reduzierten den Verschleiß um bis zu 18 %.

Die Spindelleistung während Abrichten und Schleifen (**Bild 15** und **Bild 16**) blieb weitgehend konstant, was die gute Standzeit der WEDC-Profilrollen bestätigte. Unterschiede zeigten sich nur durch höhere Belastung einzelner Körner bei grober Körnung (D91).

3.5 WEDC als neuartige Möglichkeit zur Fertigung feinkörniger rotierender Diamantabrichtrollen

Die Untersuchungen haben gezeigt, dass selbst mit sehr feiner Körnung (D46) Diamant-Profilabrichtrollen erfolgreich hergestellt werden können, ohne die Schleifscheiben vollständig zu stumpfen und damit extrem hohe Schleifkräfte

Werkzeug	Metallgebundene Diamant-Abrichtrolle Ø = 100 mm D46C125 & C150 M D91C125 & C150 M
Werkstück	Keramisch gebundene Edelkorundschleifscheibe CS33A 150 HH7 PVK3
Parameter	Schnittgeschwindigkeit v_{sd}: 35 m/s Geschwindigkeitsverhältnis (Schleifscheibe/Abrichtrolle – q_d): -0,8 (Vorprofilierung), +0,4 (Profilierung) Radialer Vorschub (v_{frd}): 0,2 µm/U Kühlschmierstoff: DiaGrind KSB 1100-B (Oelheld) Abrichttiefe pro Durchgang: 0,3 mm (Langzeit-Materialabtrag nach 60 Durchgängen: 127,000 mm³)

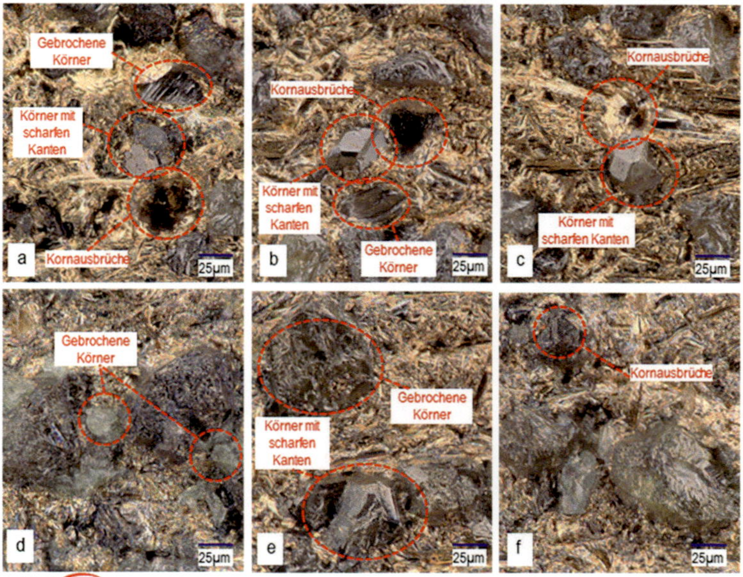

©JK23B13 KSF

Bild 12: Oberflächenbilder der Abrichtrollen nach 127.000 mm³ Abtrag: a), b), c) D46C125M; d), e), f) D91C125M

und -temperaturen zu verursachen. Mit diesen Rollen wurde eine Profilgenauigkeit von kleiner als ±3 µm erreicht. Durch die Optimierung der metallischen Bindung, insbesondere der Kornhaltekraft, ließ sich zudem eine Standzeit von rund 65 % einer konventionell gesinterten Diamant-Profilrolle (D426) erzielen. Die Anzahl der möglichen Wiederprofilierungen hängt lediglich von der Schichtdicke des Abrasivbelags ab. Dadurch werden Diamant-Profilrollen erstmals mehrfach wieder profilierbar. Die Kombination aus hoher Genauigkeit, guter Standzeit, sehr kurzer Lieferzeit und der Möglichkeit zur Wiederprofilierung

Werkzeug	Metallgebundene Diamant-Abrichtrolle Ø = 100 mm D46C125 & C150 M D91C125 & C150 M
Werkstück	Keramisch gebundene Edelkorundschleifscheibe CS33A 150 HH7 PVK3
Parameter	Schnittgeschwindigkeit v_{sd}: 35 m/s Geschwindigkeitsverhältnis (Schleifscheibe/Abrichtrolle – q_d): -0,8 (Vorprofilierung), +0,4 (Profilierung) Radialer Vorschub (v_{frd}): 0,2 µm/U Kühlschmierstoff: DiaGrind KSB 1100-B (Oelheld) Abrichttiefe pro Durchgang: 0,3 mm (Langzeit-Materialabtrag nach 60 Durchgängen: 127,000 mm³)

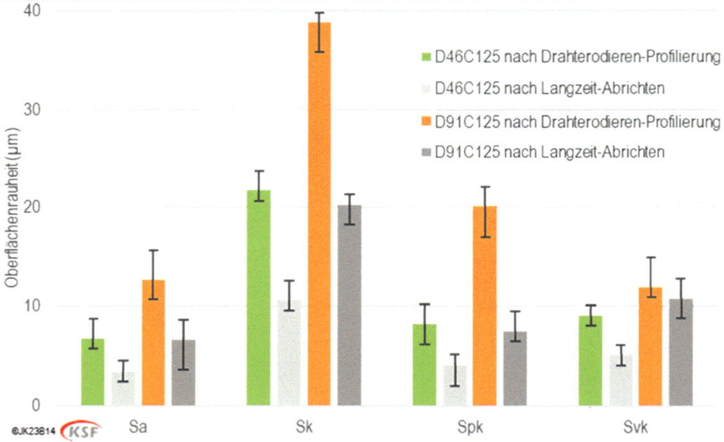

Bild 13: 3D-Oberflächenparameter von Diamantprofilrollen vor und nach dem Abrichten

macht diese Rollen zu einer hochinteressanten Alternative gegenüber konventionell gefertigten, durch Sintern oder Negativ-Galvanik hergestellten rotierenden Diamantabrichtrollen.

4. Schlussfolgerung

In dieser Arbeit wurde ein innovativer Ansatz zur Herstellung von Profilabrichtrollen mittels WEDC vorgestellt, der eine effiziente Fertigung hochpräziser Abrichtrollen ermöglicht. Die Ergebnisse verdeutlichen die zentrale Bedeutung von Korngröße, Konzentration und Abrichtstrategie für die erzielbare Profilgenauigkeit und die Standzeit. Die mit WEDC hergestellten Profilrollen wurden erfolgreich zum Abrichten keramisch gebundener Schleifscheiben eingesetzt. Daraus ergeben sich folgende Schlussfolgerungen:

Bild 14: Verschleiß (Profilabweichung) der Diamantprofilrollen nach 127.000 mm³ Abtrag

Werkzeug	Metallgebundene Diamant-Abrichtrolle Ø = 100 mm D46C125 & C150 M D91C125 & C150 M
Werkstück	Keramisch gebundene Edelkorundschleifscheibe CS33A 150 HH7 PVK3
Parameter	Schnittgeschwindigkeit v_{sd}: 35 m/s Geschwindigkeitsverhältnis (Schleifscheibe/Abrichtrolle - q_d): -0,8 (Vorprofilierung), +0,4 (Profilierung) Radialer Vorschub (v_{frd}): 0,2 µm/U Kühlschmierstoff: DiaGrind KSB 1100-B (Oelheld) Abrichttiefe pro Durchgang: 0,3 mm (Langzeit-Materialabtrag nach 60 Durchgängen: 127,000 mm³)

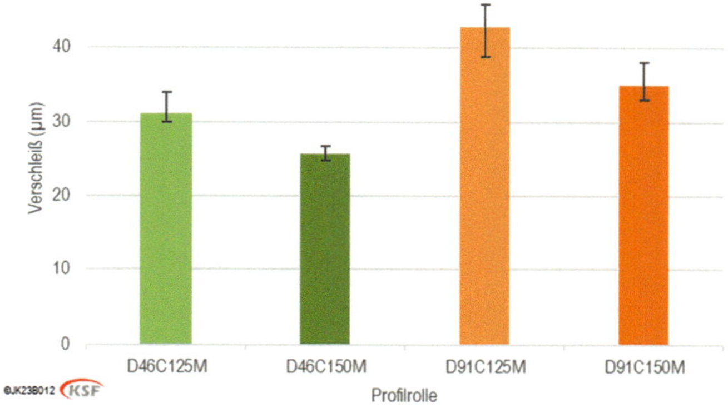

Werkzeug	Metallgebundene Diamant-Abrichtrolle Ø = 100 mm D46C125M & D91C125M
Werkstück	Keramisch gebundene Edelkorundschleifscheibe CS33A 150 HH7 PVK3
Parameter	Schnittgeschwindigkeit v_{sd}: 35 m/s Geschwindigkeitsverhältnis (Schleifscheibe/Abrichtrolle - q_d): -0,8 (Vorprofilierung), +0,4 (Profilierung) Radialer Vorschub (v_{frd}): 0,2 µm/U Kühlschmierstoff: DiaGrind KSB 1100-B (Oelheld) Abrichttiefe pro Durchgang: 0,3 mm (Langzeit-Materialabtrag nach 60 Durchgängen: 127,000 mm³)

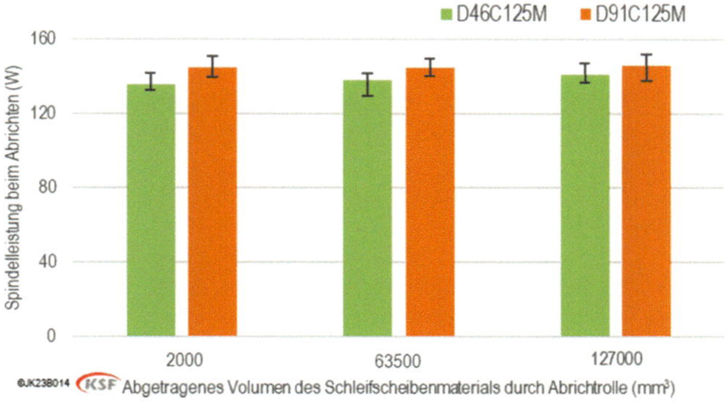

Bild 15: Spindelleistung beim Abrichten der keramisch gebundenen Korundschleifscheibe mit WEDC-hergestellten Profilrollen

Werkzeug	Keramisch gebundene Edelkorundschleifscheibe CS33A 150 HH7 PVK3
Werkstück	HSS 1.3343 (gehärtet auf 58 HRC)
Parameter	Schnittgeschwindigkeit v_c: 35 m/s Geschwindigkeitsverhältnis (Schleifscheibe/Werkstück - q_s): 70 Radialer Vorschub (v_f): 0,08 mm/min Kühlschmierstoff: DiaGrind KSB 1100-B (Oelheld) Schleiftiefe: 1,6 mm

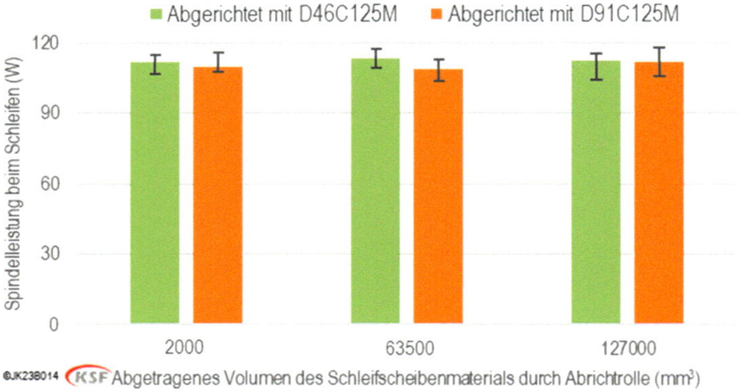

Bild 16: Spindelleistung beim Schleifen von HSS-Werkstücken mit keramisch gebundener Korundschleifscheibe

Im Vergleich zu konventionellen Fertigungsverfahren erlaubt WEDC die schnelle und kostengünstige Herstellung hochwertiger Profilabrichtrollen und überwindet damit die Nachteile langer Lieferzeiten und hoher Kosten.

Die Korngröße und Konzentration haben erheblichen Einfluss auf Genauigkeit und Verschleiß. Feinkörnige Profilrollen (D46) zeigten einen geringeren Verschleiß und eine höhere Profilgenauigkeit als grobkörnige (D91). Eine erhöhte Konzentration führte zudem zu reduziertem Verschleiß und besserer Profilhaltigkeit.

Die Untersuchung der Mikrotopografie belegt, dass WEDC Profilrollen mit exzellenter Oberflächenqualität erzeugt. Damit lassen sich scharfe Topografien erzielen, die mit konventionellen Rollen vergleichbar sind – und dies sogar mit deutlich feineren Körnungen, was den bisherigen Stand der Technik erweitert.

Die Analyse der Verschleißmechanismen zeigt, dass Kornverlust und Kornbruch die dominanten Verschleißformen darstellen, deren Einfluss von Korngröße und Konzentration abhängt. Dieses Wissen ist entscheidend, um die Profilhaltigkeit von Profilrollen im Langzeiteinsatz korrekt zu bewerten.

Diese Erkenntnisse liefern wichtige Ansätze zur Optimierung der Fertigung superharter Diamant-Profilrollen und unterstützen deren breite industrielle Anwendung in der Schleiftechnik.

Danksagung

Die Autoren danken dem Bundesministerium für Wirtschaft und Energie (BMWE) für die Förderung im Rahmen des „Zentralen Innovationsprogramms Mittelstand (ZIM)" im Projekt FastProfile sowie der Firma Bärhausen GmbH & Co. KG und der Mitsubishi Electric Europe B.V. für die wertvolle Zusammenarbeit, die diese Arbeit ermöglicht hat.

Literatur

[1] Azarhoushang, B.: Tribology and Fundamentals of Abrasive Machining Processes. 3. Auflage, Elsevier Science & Technology Books, San Diego, USA, 2022

[2] Azarhoushang, B.: Modern Dressing and Grinding Technologies. Volume 1: Principles, Tools, and Process Fluids. Elsevier, Chantilly, Frankreich, 2025

[3] Wegener, K.; Hoffmeister, H.-W.; Karpuschewski, B., Kuster, F.; Hahmann, W.-C.; Rabiey, M.: Conditioning and monitoring of grinding wheels. In: CIRP Annals – Manufacturing Technology, 60 (2011) 2, S. 757–777

[4] Azarhoushang, B.; Zahedi, A.: Laser conditioning and structuring of grinding tools – a review. In: Adv. Manuf., 5 (2017) 1, S. 35–49

[5] Brinksmeier, E.; Riemer, O.; Rickens, K.; Berger, D.: Application potential of coarse-grained diamond grinding wheels for precision grinding of optical materials. In: Prod. Eng. Res. Devel., 10 (2016) 6, S. 563–573

[6] Klocke, F.: Fertigungsverfahren 2: Zerspanung mit geometrisch unbestimmter Schneide. 6. Auflage, VDI-Buch, Springer Vieweg, Berlin, 2018

[7] Linke, B. S.: Life cycle and sustainability of abrasive tools. RWTHedition. Springer, Schweiz, 2016

[8] Hosokawa, A.; Ueda, T.; Yunoki, T.: Laser Dressing of Metal Bonded Diamond Wheel. In: CIRP Annals, 55 (2006) 1, S. 329–332

[9] Suzuki, K.; Uematsu, T.; Nakagawa, T.: (1987) On-Machine Trueing/Dressing of Metal Bond Grinding Wheels by Electro-Discharge Machining. In: CIRP Annals, 36 (1978) 1, S. 115–118

[10] Khosravi, J.; Azarhoushang, B.; Zahedi, A.; Barmouz, M.: Influence of wire electrical discharge conditioning on the grinding performance of metal-bonded diamond grinding tools. In: Wear, 2023, S. 532–533

[11] Zahedi, A.; Khosravi, J.; Azarhoushang, B.: Grinding efficiency and profile accuracy of diamond grinding wheels dressed with wire electrical discharge conditioning (WEDC). In: The International Journal of Advanced Manufacturing Technology, 117 (2021) 7–8), S. 2.163–2.171

[12] Weingärtner, E.; Roth, R.; Kuster, F.; Boccadoro, M.; Fiebelkorn, F.: Electrical discharge dressing and its influence on metal bonded diamond wheels. In: CIRP Annals, 61 (2012) 1, S. 183–186

[13] Weingärtner, E.: On-machine wire electrical discharge dressing of metal bonded grinding wheels. ETH Zürich, Schweiz, 2013

[14] Uematsu, T.; Iwai, M.; Funazawa, T.; Takeuchi, K.; Suzuki, K.: On Machine fluid-free electrodischarge trueing/dressing method for superabrasive wheels. In: Wang, J. (Hrsg.): Abrasive technology: Current development and applications I. WORLD SCIENTIFIC, Singapur, 1999, S. 258–265

[15] Khosravi, J.; Zahedi, A.; Azarhoushang, B.: Effect of grain size on microtopography of Wire Electrical Discharge profiled and mechanically profiled grinding wheels. 2021

[16] Weise, F.: Abrichten von Schleifkörpern mit Diamantwerkzeugen. Hanser, München, 2021

Maschinen

Maschinen und Prozessstrategien für das Unrundschleifen

Jannik Röttger

1. Einleitung

In vielen schleiftechnischen Anwendungen wird das Erreichen kleinstmöglicher Rundheitsanforderungen angestrebt, z. B. um Laufruhe bei rundgeschliffenen Lagersitzen von Wellenbauteilen im Antriebsstrang zu gewährleisten. Das gezielte Einbringen von Unrundgeometrien, z. B. einer Polygonform auf eine Nockenwelle, stellt ebenfalls eine große technologische und konstruktive Herausforderung dar. Geeignete Schleifmaschinen müssen so ausgestattet sein, dass die Zustellung der Schleifscheibe in Richtung des Werkstücks und in entgegengesetzter Richtung in Abhängigkeit von der Winkellage des Werkstücks möglich ist. Um eine möglichst geringe Formabweichung zu erzielen, sind somit eine hohe Auflösung der Winkellage der Hauptspindel, ein geringes Umkehrspiel der Vorschubachse und die Berücksichtigung des dynamischen Maschinenverhaltens in Hard- und Software nötig. Zur Erzielung geringer Formabweichungen muss darüber hinaus für jede Werkstückgeometrie sichergestellt sein, dass die Relativgeschwindigkeit zwischen Schleifscheibe und Werkstück in jedem Kontaktpunkt gleich ist. Nur wenn die kinematischen Eingriffsverhältnisse konstant sind, wird ein konstanter Abschliff erzielt. Daher wird bei konstanter Schleifscheibenumfangsgeschwindigkeit ein variables Geschwindigkeitsprofil für die Werkstückspindel errechnet und eingestellt. Gemäß diesen technologischen Grundlagen wird im weiteren Verlauf dieses Beitrags in Kapitel 2 die Unrundbearbeitung von Nockenwellen erläutert. In Kapitel 3 werden Maschinen und Prozessstrategien für Futterteile mit Unrundgeometrie aus der Hydraulikindustrie vorgestellt.

2. Schleifbearbeitung von Nockenwellen

Die Nockenwelle ist eine zentrale Komponente in Verbrennungsmotoren, deren Funktionalität maßgeblich die Steuerung von Ventilöffnungs- und -schließzeiten und somit den Wirkungsgrad beeinflusst. Aufgrund der hohen Anforderungen an Maßhaltigkeit, Oberflächenqualität sowie Form- und Lagetoleranzen ist die Schleifbearbeitung der Nockenwellenprofile ein komplexer Fertigungsschritt, der signifikante Auswirkungen auf das Funktionsverhalten hat. Ein optimierter Schleifprozess trägt somit zu einer höheren Effizienz und längeren Lebensdauern von Verbrennungsmotoren bei. Dies gilt neben dem Einsatz von Verbrennungsmotoren in der Automobilindustrie auch für den stark wachsenden Markt von Stationärmotoren, die z. B. als Notstromaggregat in Rechenzentren oder sonstigen Anlagen der kritischen Infrastruktur genutzt werden.

Das Schleifen von Nockenwellen erfordert die Kombination von Rund- und Unrundschleifen, um sowohl die zylindrischen Lagerstellen als auch die komplex geformten Nockenflächen mit hoher Präzision zu fertigen. Um die üblichen Form- und Lagetoleranzen, insbesondere Rundläufe und Konzentrizitäten, zu erreichen, muss die Bearbeitung in einer Aufspannung erfolgen. Typisch sind Oberflächenrauheiten, die unter Ra = 0,2 µm liegen müssen, sowie die Einhaltung von Form- und Lagetoleranzen im Bereich weniger Mikrometer.

Bei der Serienfertigung von Nockenwellen kommt i. d. R. CBN, aufgrund seiner hohen Härte und thermischen Stabilität, zum Einsatz, insbesondere bei gehärteten Werkstoffen. Zur effizienten und hochpräzisen Bearbeitung von Nockenwellen werden spezialisierte Schleifmaschinen eingesetzt, die auf die besonderen Anforderungen der komplexen Geometrie und der hohen Toleranzanforderungen ausgelegt sind. Eine gängige Ausstattung für das Schleifen von Nockenwellen zeigt **Bild 1**. Die Maschine, hier am Beispiel einer EMAG SN204, verfügt über eine horizontale Spindelanordnung mit B-Achse und drei Schleifspindeln.

Diese ermöglicht den Einsatz von Schleifscheibenspezifikationen für die Schrupp- und Schlichtbearbeitung der Nocken- und Lagerdurchmesser. Die Nocken können sowohl eine konvexe als auch eine konkave Form aufweisen. Letzteres begrenzt den Schleifscheibenradius, sodass oft hochdrehende Innenrundschleifpindeln eingesetzt werden, um die für CBN sinnvollen Schleifscheibenumfangsgeschwindigkeiten zu erreichen. Die B-Achse befindet sich in diesem Fall auf einem Kreuzschlitten. Die Vorschubachsen sind mit einem hydrostatischen Kugelgewindetrieb ausgestattet, um Umkehrspiel zu minimieren und die Lebensdauer zu erhöhen. Die Werkstückspindel, ausgeführt als Motorspindel mit C-Achse, die Messeinrichtungen, die Lünetten und der Reitstock sind ortsfest auf dem Maschinenbett. Die Integration von Messsystemen, wie

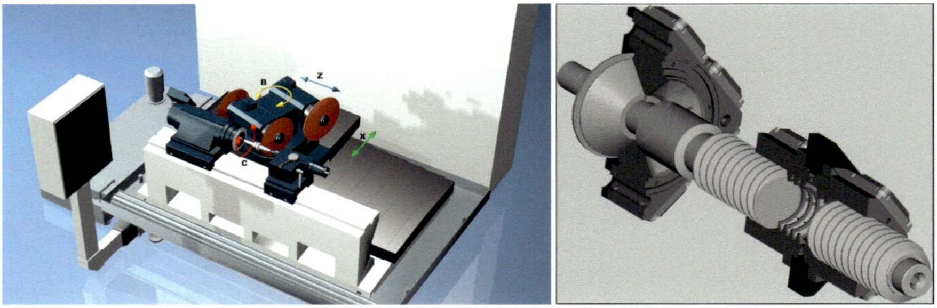

Bild 1: Grundlegender Aufbau einer Nockenwellenschleifmaschine am Beispiel der EMAG SN204

z. B. Längspositionar und Durchmesser-Messzange, erlaubt eine In-Prozess-Überwachung und gegebenenfalls eine adaptive Anpassung der Schleifparameter. Ein zusätzlicher Messtaster kommt zum Einsatz, um die Winkelorientierung der Nockenwelle zu erfassen und die C-Achse dementsprechend auszurichten.

Der Einsatz von Lünetten spielt bei der Schleifbearbeitung von Nockenwellen eine wesentliche Rolle zur Gewährleistung der Werkstückstabilität und -präzision. Lünetten dienen zur Abstützung der biegeschlanken Welle und verhindern mechanische Verformungen während des Schleifprozesses bei hohen Zerspanraten. Insbesondere bei längeren Nockenwellen oder solchen mit dünnerem Wellenquerschnitt ist die Nutzung von einstellbaren oder festen Lünetten essenziell, um Verformungen und Laufabweichungen zu minimieren. Die genaue Positionierung und Abstimmung der Lünetten auf das Werkstück ist entscheidend, um Spannungen und daraus resultierende Fehlerbilder zu vermeiden.

3. Maschinen und Prozessstrategien für das Unrundschleifen von Futterteilen aus der Hydraulikindustrie

In der Automobilindustrie, insbesondere im PKW-Segment, ist infolge des technologischen Strukturwandels von konventionellen Verbrennungsmotoren hin zu elektrischen Antriebssystemen ein signifikanter Rückgang der schleiftechnisch gefertigten Komponenten zu beobachten. Im Gegensatz dazu zeigt der Markt der Pumpenindustrie eine anhaltend positive Entwicklung. Hochpräzise Förderpumpen, wie Innenzahnrad-, Flügelzellen- oder Radialkolbenpumpen, finden in einer Vielzahl industrieller und mobiler Anwendungen Verwendung. Neben dem Einsatz in PKW – unabhängig vom jeweiligen Antriebskonzept – werden sie in Nutzfahrzeugen für Transport-, Land- und Baumaschinen eingesetzt, ebenso wie in stationären Systemen, etwa in Haushaltsgeräten, Klimakompressoren oder Vakuumpumpen.

Die Funktionsflächen der zentralen Baugruppen dieser Pumpensysteme werden durch hochpräzise Rund- und Unrundschleifprozesse gefertigt. Die hierbei erzielten Bauteiloberflächen und Randzoneneigenschaften haben einen maßgeblichen Einfluss auf Wirkungsgrad, Lebensdauer und Betriebssicherheit der gesamten Systeme. Folglich stellt die Hydraulik- und Pumpenindustrie ein wachstumsstarkes und technisch anspruchsvolles Anwendungsfeld für die Schleiftechnik dar.

Im Folgenden wird die spanende Endbearbeitung hochpräziser Pumpenkomponenten am Beispiel von Innenzahnrad-, Flügelzellen- und Radialkolbenpumpen detailliert betrachtet. Darüber hinaus werden geeignete Maschinenkonzepte vorgestellt, die auf die besonderen Anforderungen dieser Bauteilgruppen abgestimmt sind. Im Mittelpunkt stehen hierbei Schleifmaschinen mit vertikaler Spindelanordnung und integrierter Pick-up-Spindel. Diese Bauweise zeichnet sich durch eine kompakte Aufstellfläche, eine hohe ergonomische Zugänglichkeit bei Rüst- und Wartungsarbeiten sowie einen ungehinderten Späneabfall nach unten aus. Die thermischen und mechanischen Wechselwirkungen zwischen erzeugten Spänen und Maschine werden somit auf ein Minimum reduziert. Der integrierte Werkstückwechsel ermöglicht zudem äußerst kurze Span-zu-Span-Zeiten und trägt wesentlich zur Steigerung der Prozessproduktivität bei.

3.1 Innenbearbeitung eines Pumpenrings einer Flügelzellenpumpe

Flügelzellenpumpen zählen zu den rotierenden Verdrängermaschinen, die sowohl zur Förderung von Flüssigkeiten als auch von Gasen in unterschiedlichsten industriellen Anwendungen eingesetzt werden. Eine zentrale Baugruppe dieser Pumpen stellt der sogenannte Pumpenring dar, dessen Geometrie und Oberflächeneigenschaften maßgeblich die Leistungsfähigkeit und die Betriebssicherheit des Gesamtsystems bestimmen. Für die Innenkontur des Pumpenrings sind daher höchste Anforderungen an Formgenauigkeit und Oberflächengüte zu erfüllen, um einen hohen volumetrischen Wirkungsgrad sowie eine vibrationsarme Laufcharakteristik zu gewährleisten. Ein präzise abgestimmter Schleifprozess trägt entscheidend zur Langlebigkeit, Energieeffizienz und Geräuschreduktion der Pumpeneinheit bei.

Bild 2 zeigt den Pumpenring mit der charakteristischen Unrundkontur (rot), die während des Schleifprozesses bearbeitet wird. Das angetriebene Element ist der Rotor (gelb markiert), in dessen Umfang radial angeordnete Nuten eingebracht sind. In diesen Nuten sind die Drehschieber gelagert, die über Federn gegen die Innenfläche des Pumpenrings gedrückt werden. Diese Vorspannung

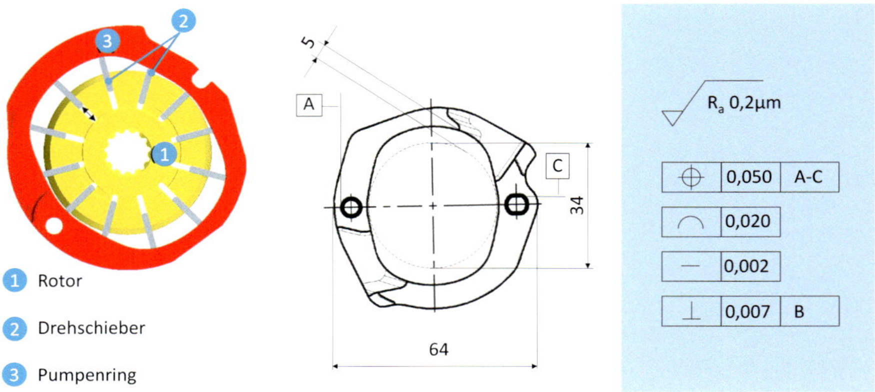

Bild 2: Funktionsprinzip einer Flügelzellenpumpe mit Pumpenring

stellt eine dauerhafte Abdichtung der einzelnen Förderkammern sicher und ermöglicht die Druckerzeugung im Betrieb.

Während der Rotation vergrößert sich auf der Ansaugseite das Volumen zwischen den Drehschiebern, wodurch Fluid in die Kammern eingesogen wird. Auf der gegenüberliegenden Seite führt die Unrundgeometrie des Pumpenrings zu einer Volumenreduktion, die den Druckaufbau bewirkt und das Medium in die Druckleitung fördert.

Der Pumpenring wird üblicherweise aus gehärtetem Wälzlagerstahl 100Cr6 oder alternativ aus sintermetallischem Werkstoff D32 gefertigt. An der Innenkontur verbleibt ein Bearbeitungsaufmaß von etwa 0,8 mm im Durchmesser, das im Schleifprozess abgetragen wird. Die Bearbeitung stellt dabei hohe Anforderungen an die Prozessstabilität: Trotz des großen Materialabtrags muss ein Mittenrauwert von *Ra* < 0,2 µm erreicht werden. Zusätzlich sind eine Positionsgenauigkeit von 5 µm, eine Formgenauigkeit von 20 µm sowie eine Rechtwinkligkeit von 7 µm einzuhalten.

Für die Bearbeitung der Innenkontur des Pumpenrings wurde ein speziell auf diese Anwendung abgestimmtes Maschinenkonzept entwickelt. Die EMAG VG110 (s. **Bild 3**) zeichnet sich durch eine vertikale Anordnung von Werkstück- und Schleifspindel aus, wodurch ein kompakter Aufbau und eine prozessstabile Bearbeitung realisiert werden können.

Die Werkstücke werden in horizontaler Lage auf einem Werkstückshuttle zugeführt, das sowohl Roh- als auch Fertigteile aufnehmen kann. Sämtliche Handhabungs- und Bearbeitungsschritte erfolgen automatisiert innerhalb der Maschine. Das Shuttle übergibt das Werkstück an einen Werkstücklift, der dieses präzise positioniert und der Werkstückspindel zuführt. Diese verfährt in X-Richtung und transportiert das Werkstück in den Arbeitsraum, wo die vertikal angeord-

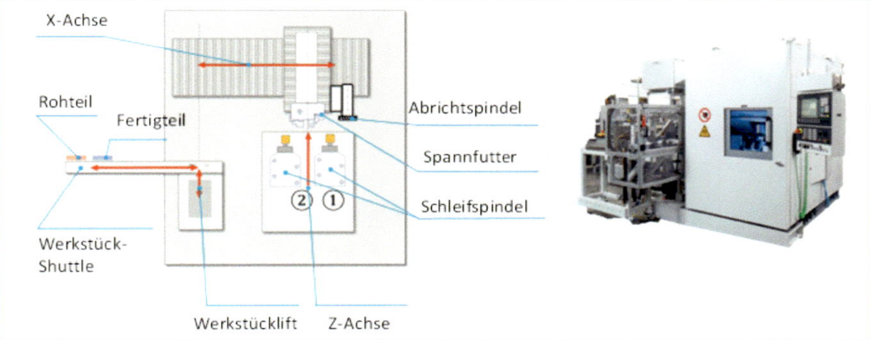

Bild 3: Maschinenkonzept EMAG VG110

neten Schleifspindeln in Z-Richtung über eine Linearachse zugestellt werden. Zur Integration der Abrichtvorgänge ist die Abrichtspindel direkt auf dem Schlitten der Werkstückspindel montiert.

Das Maschinenbett besteht aus Mineralit, einem Polymerbeton mit hervorragenden Dämpfungs- und thermischen Stabilisierungseigenschaften, der die Maßhaltigkeit und Oberflächenqualität der gefertigten Bauteile positiv beeinflusst.

Aufgrund des hohen Materialaufmaßes in Kombination mit den engen Vorgaben an die erzielbare Oberflächenrauheit wurde der Schleifprozess für den Pumpenring zweistufig ausgelegt. Das Schruppschleifen erfolgt auf der ersten Schleifspindel mittels galvanisch gebundener CBN-Schleifscheibe, während das Schlichtschleifen auf der zweiten Schleifspindel mit einer keramisch gebundenen Schleifscheibe durchgeführt wird. Letztere wird über eine Profilrolle abgerichtet, um die erforderliche Form- und Maßgenauigkeit zu gewährleisten.

Die Erzeugung der Unrundkontur erfolgt durch die interpolierte Bewegung der X- und C-Achse, wodurch eine hochpräzise Nachbildung der Geometrie ermöglicht wird. Zum Einsatz kommen Schleifscheiben mit einem Durchmesser von 20 mm und einer Länge von 16 mm, die Bearbeitung erfolgt im Gegenlaufverfahren.

Die Bearbeitung in einer einzigen Aufspannung minimiert Umspannfehler und erlaubt die Einhaltung engster geometrischer Toleranzen, was sich in der erreichten Maßhaltigkeit und Oberflächenqualität der gefertigten Pumpenringe widerspiegelt (s. **Bild 4**).

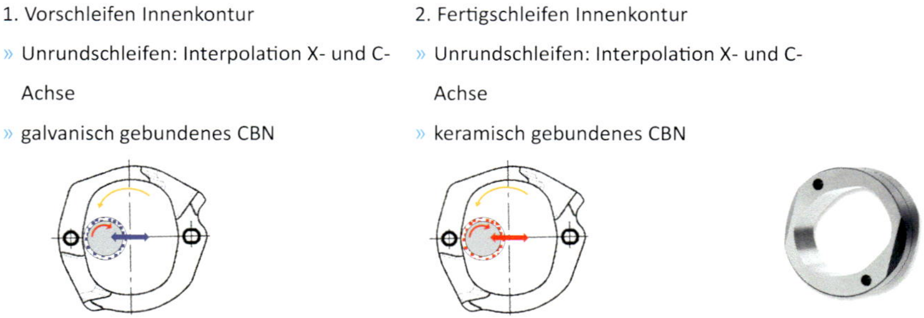

Bild 4: Zweistufige Schleifbearbeitung von Pumpenringen

3.2 Schleifen von Rotor und Stator einer hydraulischen Lenkungspumpe

Als weiteres Fallbeispiel für hochpräzise Schleifprozesse mit Unrundkinematik in der Hydraulikindustrie dient die Fertigung von Komponenten für Innenzahnradpumpen. Diese Pumpentypen werden aufgrund ihres kompakten Aufbaus, ihrer hohen Betriebssicherheit und ihres gleichmäßigen Förderstroms häufig als Hydraulikpumpen in mobilen Arbeitsmaschinen eingesetzt, beispielsweise in Land- und Forstwirtschaft oder im Bauwesen.

Wie bereits bei anderen Förderpumpen stellt auch hier die beim Schleifprozess erzielte Maß- und Formgenauigkeit einen entscheidenden Faktor für den hydraulischen Wirkungsgrad, die Geräuschentwicklung sowie die Gesamtlebensdauer der Pumpe dar. Die durch die spezifische Schleifkinematik resultierende Orientierung der Schleifriefen in Laufrichtung wirkt sich zusätzlich positiv auf die tribologischen Eigenschaften der Funktionsflächen aus und trägt zu einem stabilen hydrodynamischen Schmierfilm sowie einer verbesserten Laufruhe bei. Der grundlegende Aufbau der Innenzahnradpumpe ist in **Bild 5** dargestellt.

Beim Rotor der Innenzahnradpumpe ist die in **Bild 6** rot hervorgehobene Außenkontur das zentrale Funktionsmerkmal, das durch den Schleifprozess gefertigt wird. Hierbei wird ein Bearbeitungsaufmaß von 0,8 mm im Durchmesser abgetragen. Im Vergleich zu den Funktionsflächen der Flügelzellenpumpe stellt

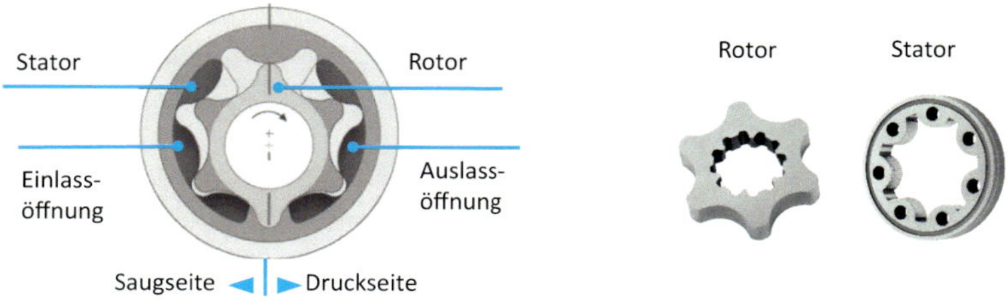

Bild 5: Aufbau und Funktion von Innenzahnradpumpen

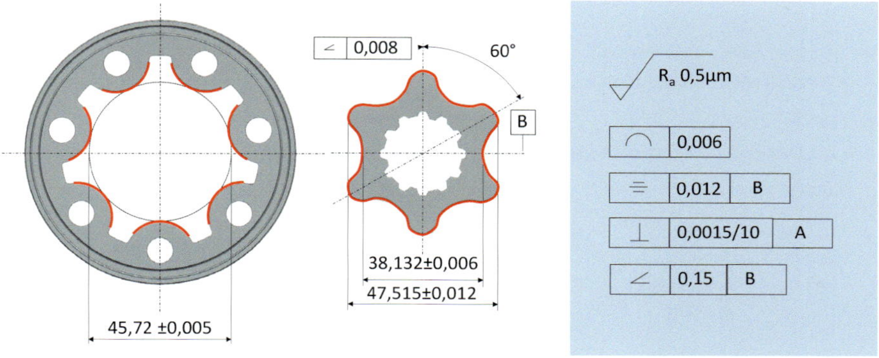

Bild 6: Funktionsflächen von Stator und Rotor einer Innenzahnradpumpe

die Oberflächenrauheit mit einem geforderten Mittenrauwert von *Ra* < 0,5 µm keine primäre Herausforderung dar. Die wesentlichen Anforderungen liegen vielmehr in der Einhaltung engster Form- und Lagetoleranzen, welche die geometrische Präzision der Pumpe maßgeblich bestimmen.

Für den Rotor werden eine Profilgenauigkeit von 6 µm, eine Symmetrieabweichung zur Referenzachse B von maximal 12 µm sowie eine Rechtwinkligkeit von 1,5 µm auf 10 mm spezifiziert. Diese Anforderungen erfordern eine äußerst steife Maschinenstruktur und ein hochpräzises Achsführungssystem, um Formabweichungen während der Bearbeitung zu minimieren.

Ein vergleichbar hoher Präzisionsanspruch besteht beim Stator, dessen Innenkontur geschliffen wird. Hier beträgt das zu entfernende Materialaufmaß etwa 0,5 mm. Die zulässige Profilabweichung ist mit maximal 10 µm festgelegt und erfordert eine prozessstabile Kinematik sowie eine präzise Abrichtstrategie zur Sicherstellung der geforderten Formtreue.

Für die Bearbeitung der Rotor- und Statorbauteile kommt ein keramisch gebundenes CBN-Schleifwerkzeug zum Einsatz, das eine hohe Formhaltigkeit bei gleichzeitig guter Selbstschärfung gewährleistet. Die Winkelpositionierung der Werkstücke erfolgt beim Rotor über die Innenverzahnung und beim Stator über die Innenkontur, um eine präzise Ausrichtung der Funktionsflächen sicherzustellen.

Zur Vermeidung von Spannungs- und Rundlauffehlern werden die Werkstücke in Planspannung fixiert. Diese Spannstrategie erlaubt eine reproduzierbare Ausrichtung und trägt wesentlich zur Einhaltung der geforderten Form- und Lagetoleranzen bei. Die Schleifscheibendurchmesser werden an die jeweilige Geometrie angepasst: Für die Bearbeitung des Rotors kommen Scheiben mit Durchmessern von 11 bis 16 mm zum Einsatz, während beim Stator aufgrund der engeren Radien kleinere Scheiben mit 6 bis 7 mm Durchmesser erforderlich sind. Die unterschiedlichen Bearbeitungsstrategien zur Erzeugung der jeweiligen Konturen sind in **Bild 7** dargestellt.

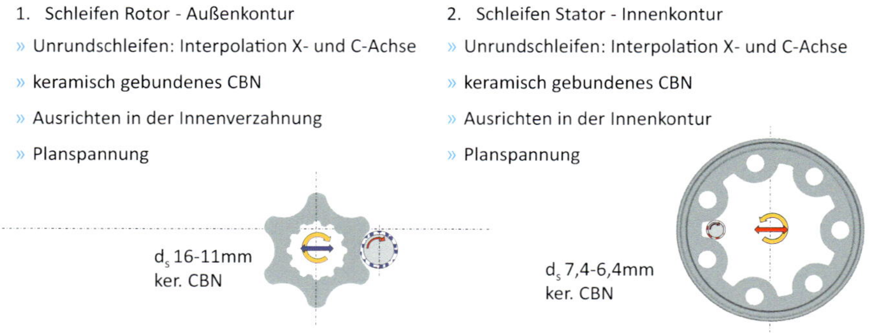

Bild 7: Schleifstrategien für Rotor und Stator

3.3 Komplettbearbeitung eines Kurvenrings einer Radialkolbenpumpe

Als drittes Anwendungsbeispiel wird die Komplettbearbeitung eines Kurvenrings einer Radialkolbenpumpe vorgestellt, bei der sowohl Rund- als auch Unrundschleifoperationen zum Einsatz kommen. Diese Bauteilgruppe stellt aufgrund ihrer komplexen Geometrie und der hohen Funktionsanforderungen besondere Herausforderungen an die Schleifprozessauslegung und Maschinenkinematik.

In **Bild 8** sind das Bauteil sowie die geforderten Qualitätsmerkmale dargestellt. Die rot markierten Flächen kennzeichnen die im Schleifprozess herzustellenden Funktionsflächen, deren Maß- und Formgenauigkeit maßgeblich den volumetrischen Wirkungsgrad und die Lebensdauer der Pumpe beeinflussen.

Um die erforderlichen Bezüge zwischen den einzelnen Funktionsflächen des Kurvenrings sicherzustellen, erfolgt die Bearbeitung der Innen-, Außen- und Planfläche in einer einzigen Aufspannung. Zur Realisierung dieser anspruchsvollen Fertigungsaufgabe wird ein Maschinenkonzept mit drei simultan eingesetzten Schleifspindeln verwendet, exemplarisch umgesetzt an der Maschine EMAG VLC350GT (s. **Bild 9**).

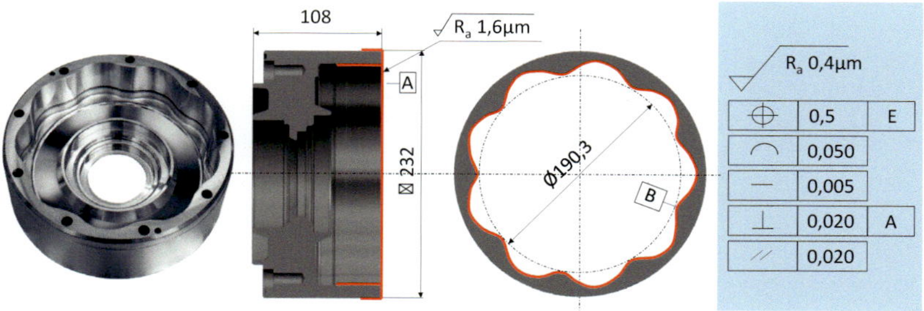

Bild 8: Funktionsflächen eines Kurvenrings

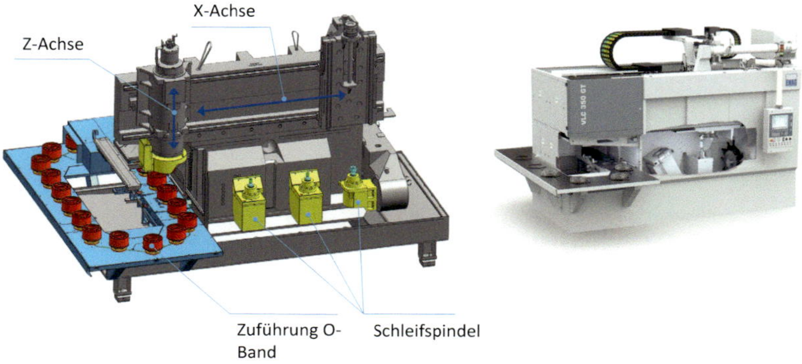

Bild 9: Maschinenkonzept EMAG VLC350GT

Der Vorschub in Achsrichtung wird über die Pick-Up-Spindel realisiert. Die Schleifspindeln für das Innen- und Außenrundschleifen sind jeweils mit 1A1-Scheiben ausgestattet, während die Bearbeitung der Planfläche mittels einer Topfschleifscheibe erfolgt.

Die Innenkontur des Kurvenrings bestimmt den Hub der Radialkolben während der Rotation und erfordert daher die Herstellung einer präzisen Unrundgeometrie. Die verwendete Bearbeitungsstrategie ist in **Bild 10** schematisch dargestellt.

Im ersten Bearbeitungsschritt erfolgt das Schleifen der unrunden Innenkontur durch eine koordinierte Interpolation der X- und C-Achse, um die komplexe Kontur mit hoher Genauigkeit abzubilden. Anschließend wird die Planfläche mittels einer Topfschleifscheibe bearbeitet. Der abschließende Fertigungsschritt besteht im Außenrundschleifen des Bauteils.

Für alle Schleifoperationen wird keramisch gebundenes CBN als Schleifmittel verwendet. Die Schleifscheiben werden kontinuierlich mittels eines rotierenden Abrichters, der an der Hauptspindel montiert ist, profiliert, um die erforderliche Kontur- und Oberflächenqualität sicherzustellen.

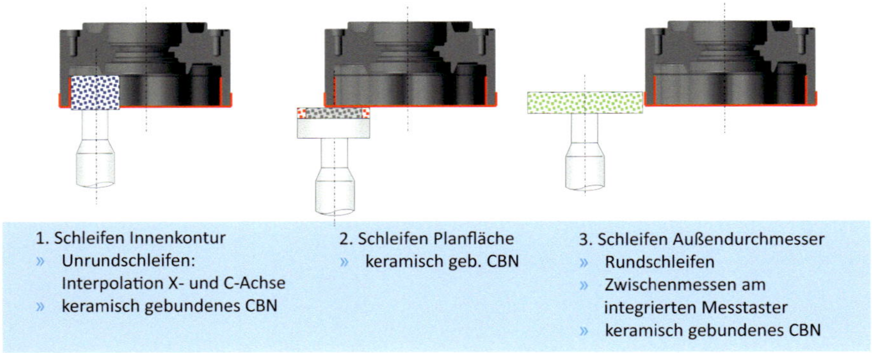

Bild 10: Dreistufige Bearbeitungsstrategie für einen Kurvenring

4. Zusammenfassung

Der Markt für Nockenwellen für stationäre Motoren unterliegt einem überdurchschnittlichen Wachstum. Gleiches gilt für den Bedarf an präzisen Hydraulikkomponenten.

Die Produktion von Nockenwellen als auch von Hydraulikkomponenten, z. B. von Pumpen- und Kurvenringen, erfordert hochpräzise Rund- und Unrundschleifprozesse in einer Aufspannung.

Für die Unrundbearbeitung geeignete Schleifmaschinen müssen über eine C-Achse, hochdynamische und präzise Vorschubantriebe und eine NC-Steuerung zur Kopplung beider Bewegungen verfügen.

Die EMAG SN-, VG- und VLC-Baureihen sind für diese Anwendungen optimierte Fertigungssysteme.

Herstellung von Verzahnungen und Verzahnungswerkzeugen auf einer Fünfachsschleifmaschine

Markus Feldhoff

1. Einleitung

Die Alfred H. Schütte GmbH & Co. KG wurde 1880 als Handelshaus gegründet und stellte früh Werkzeugmaschinen selbst her; neben Mehrspindeldrehautomaten gehören seit über hundert Jahren auch Werkzeugschleifmaschinen zum Angebot. Von entscheidender Bedeutung waren dabei stets auch Werkzeuge für die Herstellung von Verzahnungen, beispielsweise Wälzhobel- und Wälzstoß-Werkzeuge (**Bild 1**). Die Herstellung von Wälzfräsern und insbesondere von Wälzschälwerkzeugen sind dabei aktuelle Herausforderungen, die von den Kunden an das Kölner Stammhaus herangetragen werden. Produktionsteile aus dem Bereich Verzahnung stellen beispielsweise Gewinderollen für Rollengewindetriebe dar. Ein deutlicher Trend ist dabei die Miniaturisierung, z. B. bei Rollengewindetrieben für die Aktorik humanoider Roboter. Aber auch der Trend zu kleineren Verzahnungsgrößen führt im Bereich der Wälzschälwerkzeuge aufgrund der Aspektverhältnisse und Konturgenauigkeit dieser Werkzeuge zur Notwendigkeit, neue schleiftechnische Lösungen zu finden.

Das Wälzschälen stellt sowohl hohe Anforderungen an die Werkzeugtoleranzen als auch an die Prozesskinematik. Um hohe Verzahnungsgüten herzustellen, muss bei der Verzahnungsherstellung das Kopplungsverhältnis zwischen Werkzeug- und Werkstückachse äußerst exakt eingehalten werden, wobei die Spanbildung als durchaus komplex beschrieben werden kann. Die mitunter stark negativen lokalen Spanwinkel sorgen für eine hohe Prozessdynamik und damit

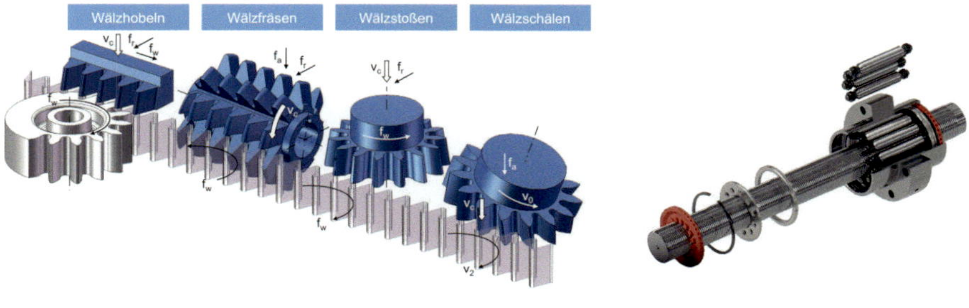

Bild 1: Verzahnungsverfahren [1] und Rollengewindetriebe mit Gewinderollen [2] als Produktionswerkstücke auf einer Werkzeugschleifmaschine

hohe Anforderungen an die Werkzeugmaschine. Die kinematischen und dynamischen Herausforderungen beim Einsatz eines Wälzschälwerkzeuges bedeuten jedoch ebenfalls, dass die Einhaltung der Maßtoleranzen dieses Schneidwerkzeuges bei der Erzeugung der Schneidkanten mitunter eine Herausforderung darstellt.

Der Wälzschälprozess bietet eine ganze Reihe an Vorteilen, verglichen mit den länger etablierten Verfahren Räumen und Wälzfräsen. Es lassen sich beispielsweise hiermit Innenverzahnungen in einer Sacklochbohrung herstellen. Vor allem aber kann die Verzahnung auf kombinierten Dreh-Fräs-Zentren in einer Aufspannung mit den restlichen Werkstückmerkmalen erstellt werden, ohne im Falle von Wälzfräsen und Räumen auf Spezialmaschinen angewiesen zu sein. Insbesondere bei sinkenden Losgrößen ist die Komplettbearbeitung daher häufig interessant.

2. Temperatureinfluss

Beim Werkzeugschleifen von Wälzschälwerkzeugen kommt durch die vergleichsweise geringen Toleranzbreiten der Werkstückmaße den thermischen Einflüssen eine erhebliche Bedeutung zu. Dabei ist es grundsätzlich baureihen- und herstellerübergreifend sinnvoll, in klimatisierter Umgebung zu arbeiten. Die eingängigste und auch gewichtigste Größe ist dabei die Temperaturhysterese des verwendeten Kühlschmierstoffes. Die im Arbeitsraum liegenden Anteile des Kraftflusses zwischen Werkstück und Werkzeug werden diesen Temperaturänderungen ausgesetzt. Abhängig beispielsweise von der Wärmeleitfähigkeit der Materialien und von internen Energiequellen wie Antriebskomponenten reagieren diese unterschiedlich träge durch Formänderungen, die zu Lage- und Orientierungsänderungen zwischen Schleifscheibe und Werkstück führen. Dasselbe gilt für Verlagerungen während eines maschineninternen Abrichtprozesses und hieraus erwachsenden Abweichungen zum Schleifscheiben-Sollprofil. Erfolgt die thermische Verlagerung des Schleifscheiben-Wirkpunktes dann senkrecht zum Konturabschnitt des Werkstückprofils, wirken sich die materialseitigen Ausdehnungskoeffizienten direkt auf das Prozessergebnis aus. In konkreten Zahlen bedeutet dies: Je nach Einflussfaktor wie bspw. der Bauform der Maschine kann ein Mikrometer Konturabweichung am geschliffenen Werkstück bereits durch KSS-Temperaturschwankungen im Bereich 0,1 K verursacht werden.

Hierzu als Beispiel ein kleineres Wälzschälwerkzeug mit einem Teilkreisdurchmesser < 30 mm und m < 0,25: Die Werkzeugtoleranzen liegen mit f_{pt} = 1 µm für die Teilungs-Einzel- bzw. F_p = 2,5 µm für die Teilungs-Gesamtabweichung in anspruchsvollen Regionen. Für eine produktive Schleifbearbeitung in diesen Genauigkeitsbereichen gewinnen neben der Schleiföltemperaturhysterese auch die übrigen Umgebungsbedingungen wie die Lufttemperatur an Bedeutung. Die Wärmekapazität der Luft und auch die Wärmeübergangs-Energien zu Maschinenkomponenten im Kraftfluss mögen erheblich geringer sein als beim Schleiföl, jedoch sind die Beträge der vorhandenen Temperaturschwankungen häufig höher als im Reinöltank der Kühlschmierstoffversorgung. Über gängige Ölnebelabscheider wird dem Maschinenarbeitsraum i. d. R. ein Luftvolumenstrom von 500 bis 2.000 m^3/h entzogen, was dann rechnerisch bedeutet, dass die Luft des Maschinenarbeitsraumes mehrere Male pro Minute ausgetauscht wird. Dieser Volumenstrom strömt aus der Umgebungsluft nach, wodurch auch energetische Änderungen im Arbeitsraum der Werkzeugschleifmaschine entstehen. Zwar vermögen der Ölnebel bzw. die KSS-Versorgung auch den Maschineninnenraum zu temperieren, dennoch werden die Änderungen der Umgebungslufttemperatur zu einem geringen, aber in diesen Genauigkeitsbereichen eben doch relevanten Anteil Auswirkungen auf die Positionsänderung der Maschinenkomponenten haben. Aufgrund der geringen Wärmekapazität der Gase ist dies jedoch ein im zeitlichen Verlauf eher träger Prozess, der im Verhältnis zur Gesamt-Prozesslaufzeit der Schneidwerkzeuge betrachtet werden muss. Die Wellenlänge der Temperaturänderungen ist hierbei ein entscheidendes Kriterium. Die Einflüsse langwelliger Anteile, beispielsweise unterschiedliche Temperaturen im Tagesmittel in den Sommer- und Winterperioden, sind mit einer erneuten automatischen Maschinenvermessung oder einer einfachen automatischen Messung leicht kompensierbar. Gleiches gilt für kurzwellige Anteile, beispielsweise Temperaturhysteresen in klimatisierter Umgebung, die im zeitlichen Verlauf im Abstand von mitunter weniger als zehn Minuten zwischen dem oberen und unteren Grenzwert schwanken und in dieser Frequenz zumindest bei Amplitudenänderungen im Bereich bis ~3 K kaum Einfluss auf die sich langsam an Lufttemperaturänderungen anpassende Maschinenstruktur haben. Weil gerade komplexere Wälzschälwerkzeuge eine Gesamt-Bearbeitungsdauer von mehreren Stunden haben können, haben die Wellenlängenanteile im Stundenbereich teilweise einen Einfluss auf die Werkstückqualität.

In **Bild 2** ist ein Produktionsprozess am Tagesbeginn am Beispiel einer Werkzeugschleifmaschine 335*linear* dargestellt. Nach dem Einschalten der Maschine wird das Schleiföl im Reintank temperiert und bleibt nach rund 15 Minuten recht konstant. Der Prozess wird ohne Warmlauf gegen 08:45 Uhr gestartet. Nach etwa 15 Minuten ist der Werkstückachsenmittelpunkt der Maschinenvermessung erreicht. Dem Öffnen des Hallentores um ca. 10:05 Uhr folgt eine Lufttemperaturänderung von ca. 2,3 K. Diese drückt sich durch den Volumenaustausch über den Ölnebelabscheider in Form einer Verlagerung des Schleifpunktes von 0,7 µm aus. Das ist wenig, bei einer Einzelteilungs-Toleranz von 1 µm unter Umständen aber durchaus relevant.

Aus diesen Gründen ist für das Schleifergebnis entscheidend, wie die Prozessgestaltung erfolgt und dabei in besonderem Maße, in welcher zeitlichen Abfolge die oberflächen-/schneidkantenbildenden letzten Schlichthübe und die Leer-/

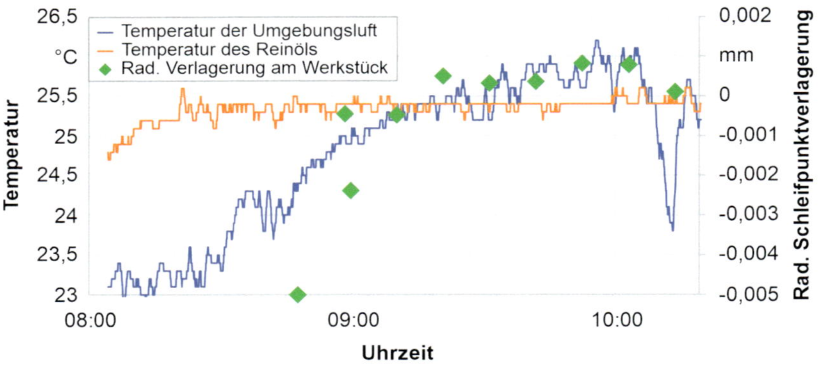

Bild 2: Temperaturänderungen und resultierende Verlagerungen am Schleifpunkt

Ausfeuerhübe erfolgen und über welche Zeitspanne die Gesamtzahl der Inkremente der Schneiden entstanden ist.

3. Prozessverfahren und -gestaltung

Die verschiedenen Schleifverfahren für Wälzschälwerkzeuge sind in **Bild 3** dargestellt. Das Profilschleifen zeichnet sich durch eine hohe Produktivität aus. Das Schleifscheibenprofil ist jedoch werkstückspezifisch auszulegen, wodurch die Flexibilität im Hinblick auf die Nutzung für andere Werkstücke gering ist. Im Falle eines Wälzschälwerkzeuges mit einem Kopffreiwinkel von ϑ_K = 0° kann mit einer Schleifscheibe gearbeitet werden, die beide Flanken erzeugt. Für Kopffreiwinkel <> 0° können für die linke und rechte Flanke auch jeweils separate Schleifscheiben verwendet werden. Der Profilschliff mit einer Schleifscheibe findet darüber hinaus für das Vorprofilieren oder das Schruppen der Wälzschälwerkzeugkontur Verwendung. Hohe Anforderungen in Bezug auf das Werkzeugprofil führen dazu, dass beim Schleifen zyklisch abgerichtet werden muss. Beim Abrichten sind die Schleifscheibenprofilsegmente, welche den Übergang zwischen Kopf- und Flankenfreifläche des Schälwerkzeuges bilden, häufig prozessbestimmend, weil zumindest im Falle der Verwendung von Diamantformrollen für das zyklische Abrichten in der Maschine Formrollen mit vergleichsweise kleinen Eckenradien gewählt werden müssen. Bei konischen Wälzschälwerkzeugen variiert die Profilverschiebung entlang der Werkstückachse, sodass dieses Verfahren nur im Ausgangszustand zu mathematisch exakten Schleifergebnissen führt. Dennoch sind die hiermit erzeugten Werkzeuge in der Praxis mehrfach nachschärfbar, weil die tatsächlichen Abweichungen zunächst gering sind. Zylindrische Wälzschälwerkzeuge hingegen, bei denen im späteren Einsatz aufgrund der Maschinenkinematik ein Kopffreiwinkel programmiert werden kann, werden häufig mit Profilschleifscheiben erzeugt.

Start einer NC-Bahn **Ende einer NC-Bahn**

Schleifverfahren

Profilschleifen mit Einzelscheibe oder mit Tandemscheibe
(Kopffreiwinkel >0°: separate Schleifscheiben)
Haupt-Vorschubrichtung:
Richtung der Flankenlinie
Haupt-Zustellrichtung:
Senkrecht zum Werkzeugprofil
Vorteil: Hohe Produktivität

Abdrehen
Haupt-Vorschubrichtung:
Entlang des Werkzeugprofils
Haupt-Zustellrichtung:
Richtung der Flankenlinie
Vorteil: Hohe Flexibilität

Abzeilen
Haupt-Vorschubrichtung:
Richtung der Flankenlinie
Haupt-Zustellrichtung:
Entlang des Werkzeugprofils
Vorteil: Hohe Flexibilität

Teilwälzschleifen
Haupt-Vorschubrichtung:
Richtung der Flankenlinie
Haupt-Zustellrichtung:
Entlang des Werkzeugprofils / Erzeugunswälzkreises
Vorteil: Hohe Genauigkeit hinter der Schneide: WZ häufiger nachschleifbar

Bild 3: Schleifverfahren für das Profil eines Wälzschälwerkzeuges im Vergleich

Beim Abdrehschliff erfolgt die Hauptschleifbewegung nicht in Nut-/Drallrichtung wie beim Profilschliff, sondern in einer bezogen auf das Werkstück vornehmlich tangentialen Rollbewegung. Das Wälzschälwerkzeugprofil wird an einem Punkt entlang der Flankenlinie erzeugt. Für die Annäherung der gesamten Flankenfreifläche sind mehrere Rollschnitte notwendig. Die Wahl der Diskretisierungsschritte entlang der Flankenlinie bestimmt dabei den entstehenden Formfehler zur berechneten Flankenfreifläche. Die Flexibilität des Verfahrens ist recht hoch, da mit formstabilen metallisch gebundenen Standardschleifscheiben, z. B. der Form 14EE1, gearbeitet werden kann (**Bild 4**). Das konvexe Schleifscheibenprofil lässt sowohl für HSS- als auch Hartmetall-Wälzschälwerkzeuge, d. h. alle Kornarten und auch für alle Bindungssysteme, regelmäßige Abrichtvorgänge während der Werkstückprofilerzeugung zu. Die Zykluszeit ist im Vergleich zum ein- und beidseitigen Profilschleifen höher.

Das Abzeilen oder der Topologieschliff werden ebenfalls mit Standard-Schleifscheibenformen durchgeführt. Die Hauptschleifrichtung erfolgt entlang der Werkstückflanke und ausgehend von einem Berührpunkt mit dem Werkzeugprofil. Für das Abrichten ergeben sich damit die gleichen Vorteile wie beim Schleifen in der Abdrehbewegung. Kopf- und Fußmodifikationen sowie Übergangsradien sind recht einfach abzubilden. Der Nachteil dieser Flexibilität ist die hohe Zykluszeit. Der kleinste Radius der konkaven Bogensegmente des Werkstückprofils bestimmt den Schleifscheiben-Eckenradius und dieser bestimmt wiederum die notwendige Schrittweite entlang des Werkstückprofils für die Einzelhübe und damit sowohl die Profilgenauigkeit als auch die Prozesszeit.

Beim Teilwälzschleifen hat die Schleifscheibe das Bezugsprofil der Verzahnung, die das Wälzschälwerkzeug im späteren Einsatz erzeugen wird. Die einzelnen Wälzinkremente stellen ein Abrollen auf dem Erzeugungswälzkreis dar. Zwischen den Schleifhüben werden die Schleifscheibe und das Werkstück für

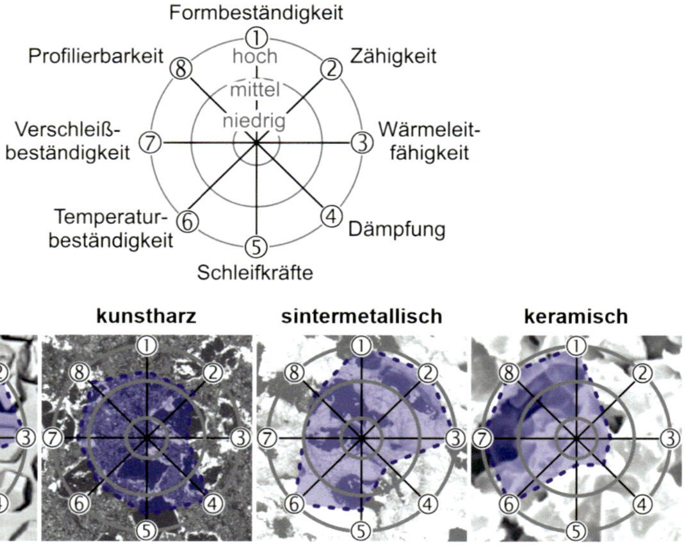

Bild 4: Schleifscheiben-Bindungssysteme im Vergleich ihrer wesentlichen Eigenschaften (nach [3])

den nächsten Wälzschritt neu positioniert. Die Gesamtheit der Arbeitshübe ergibt das Zahn- bzw. Wälzschälwerkzeug-Profil und wird anhand der zulässigen Hüllschnittabweichung oder entsprechend des gewünschten Wälzwinkelinkrements berechnet. Im Bereich hinter der Schneidkante weist das Wälzschälwerkzeug eine hohe Profilgenauigkeit auf. Auch bei diesem Verfahren muss je nach Genauigkeitsanforderungen und Werkstück-Werkstoff einem Schleifscheibenverschleiß durch regelmäßige Abrichtvorgänge während des Schleifens begegnet werden.

Möglich ist schließlich auch der überlagerte Wälzschliff (Maag-Verfahren), bei dem die Axialbewegung (Arbeitshübe des Teilwälzschleifens) und die Wälzbewegung (Arbeitshübe des Abdrehschliffs) kombiniert werden. Die beiden relevanten Vorschubgeschwindigkeiten sind dabei unabhängig voneinander vorgebbar.

Die Programmierung ist für alle Schleifmethoden weitestgehend identisch. Für die Definition des Zahnprofils des Wälzschälwerkzeuges kann in der Schütte-Programmiersoftware SIGSpro entweder ein extern berechnetes Profil importiert werden oder parameterbasiert eine bestmögliche evolventische Approximation definiert werden, die der Profilverzerrung insbesondere durch den Achskreuzwinkel Rechnung trägt. Hierfür werden die Evolventen-Grunddaten, u. a. das Modul m, der Eingriffswinkel α, der Schrägungswinkel am Teilkreis β, Kopf- und Fußkreisdurchmesser d_a und d_f und die Profilverschiebung x sowie Profil- und Flankenmodifikationen und -korrekturen, darunter Kopfrücknahmen und Profilballigkeiten, eingegeben. Diese Parameterwerte werden in ein Evolventenprofil überführt und hieraus wird das notwendige Schleifscheibenprofil ermittelt. Für das Wälzschälwerkzeug wird weiterhin die Gestalt der Spanfläche (Treppen- oder Kegelmantelschliff) beschrieben. Anschließend erfolgen die Berechnung der Schleifbahnen, die Erzeugung von NC-Programmen entsprechend der Maschinenkinematik und eine 3D-Abtragssimulation mit einer Kollisionsüberwachung der Komponenten im Maschinenarbeitsraum.

Durch die mitunter recht kleinen konkaven Bereiche des Werkstückprofils müssen entweder Standardschleifscheiben mit vergleichsweise kleinen Profilradien verwendet werden oder Profilschleifscheiben, die diese Merkmale enthalten. Die Schleifkontaktzone ist gerade bei Standardschleifscheiben entlang des Schleifscheibenprofils damit jedoch häufig auf einen kleinen Bereich des Schleifscheibenprofils konzentriert, durch den das Zerspanungsvolumen abgetragen wird, wodurch Profilierungsvorgänge im Schleifprozess notwendig werden. Insbesondere konkave Schleifscheibenprofilbereiche erfordern im Fall von rotierenden Abrichtverfahren Formrollen mit kleineren lokalen Profilradien; folglich reduzieren sich auch hier mitunter die verschleißbestimmenden Wirkbereiche auf vergleichsweise geringe Bereiche der Formrolle.

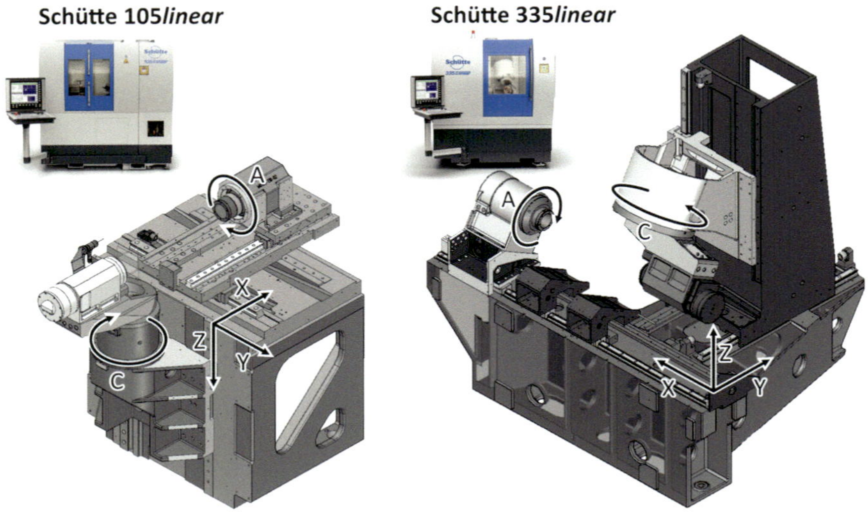

Bild 5: Baureihenvergleich Schütte 105*linear* und 335*linear* – Kraftflusslänge, Hebelarme, thermisch wirkende Längen und dynamisch bewegte Massen beeinflussen den Schleifprozess

Im Hinblick auf die Prozessdynamik kann die Maschinenkinematik von entscheidender Bedeutung sein [5]. In **Bild 5** sind die Baureihen 105*linear* und 335*linear* im direkten Vergleich dargestellt.

Bei der Baureihe 335 kann das Werkstück mit einem Reitstock zwischen Spitzen geschliffen werden. Bei frei fliegend bearbeitbaren Werkstücken führt der kurze Kraftfluss der 105 zu einer hohen statischen Steifigkeit, vor allem aber zu äußerst geringen thermisch wirkenden Längenänderungen und hohen Dynamikreserven. Im direkten Vergleich bedeutet dies beispielsweise, dass die geringeren in Y-Richtung, also radial zum Werkstück, bewegten Massen der 105*linear* zu einer dreifach geringeren Konturabweichung führen, bei gleichzeitig dreifach höheren Ruckwerten der Antriebe. Dadurch sind höhere Vorschubwerte innerhalb der Werkstücktoleranzen möglich, was z. B. beim Abzeilen zu einer erheblich geringeren Prozesszeit führt und den Verfahrensvergleich beeinflusst.

4. Abrichtprozess

Vielfach werden für die Hartmetallbearbeitung kunstharz- oder metall-hybridgebundene Schleifscheiben verwendet, die wiederum im Regelfall mit Korund- oder Siliziumkarbid-Abrichtscheiben abgerichtet werden, um im Wesentlichen durch ein Zurücksetzen der Bindung neue Schneidkörner in der Schleifscheibe

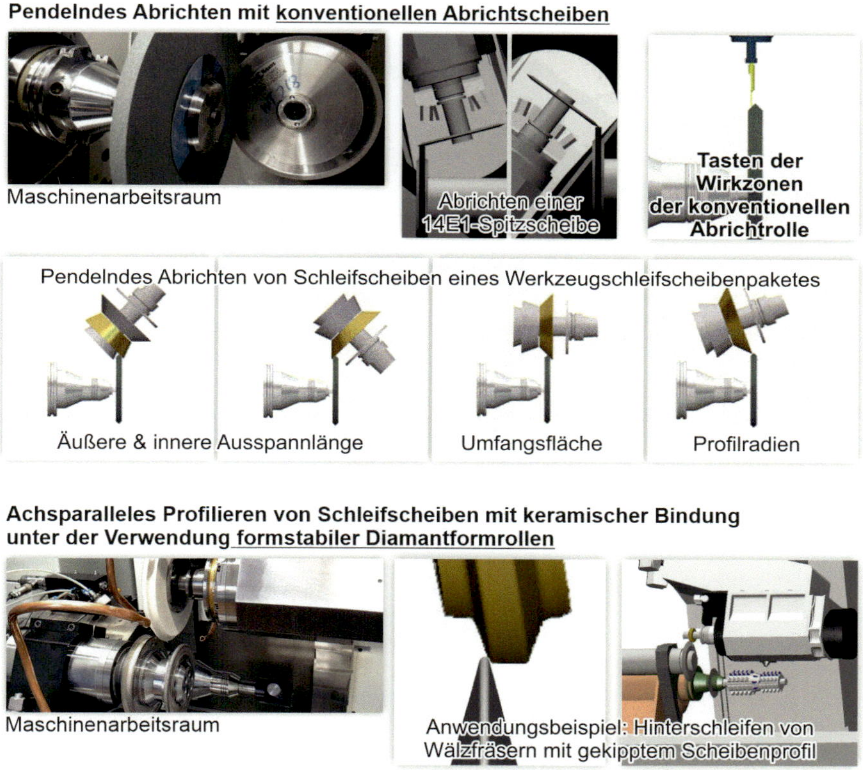

Bild 6: Abrichten mit konventionellen Abrichtscheiben und Diamantformrollen auf der Werkzeugschleifmaschine

freizustellen und die Schleifscheibe zu reprofilieren. Durch den hohen Abrichtrollenverschleiß wird, soweit möglich, versucht, mit flächigen Elementen des Abrichtrollenprofils und in einer überlagerten Pendelbewegung eine Profilierung der Schleifscheibe zu erwirken. Daraus ergeben sich unterschiedliche Anstellungen zwischen den beiden Rotationsachsen und ein entsprechender Raumbedarf, um Kollisionen zu vermeiden. Dennoch können auch die im Falle des Werkzeugschleifens üblichen Schleifscheibenpakete, bestehend aus einer oder mehreren Standardschleifscheibenformen (bspw. 1A1, 1V1, 12V9, 11V9, 6A2), auf den Fünfachs-Werkzeugschleifmaschinen komplett abgerichtet werden (**Bild 6**).

Anders als beim Abrichten keramisch gebundener Schleifscheiben-Bindungssysteme mit Diamantformrollen, die häufig für die HSS-Bearbeitung eingesetzt werden, sind die konventionellen Abrichtscheiben nicht formstabil, wodurch nach der Durchdringung von Schleifscheibe und Abrichtscheibe am Ende eines jeden Abrichthubes nicht exakt vorhersagbar ist, an welchem der Wirkpartner ein höherer Abtrag stattgefunden hat. Daher ist es ein immanenter Bestandteil des Abrichtzyklus', die tatsächlichen Formänderungen schleifscheiben- und/ oder abrichtscheibenseitig zu ermitteln. Mit dem Abrichtzyklus kann für jede einzelne Schleifscheibe der Schleifscheibenbelag mit seinen ebenen, zylindrischen oder konischen Belagflächen und Profilradien abgerichtet werden.

Abrichtvorgänge direkt auf der Werkzeugschleifmaschine und nicht extern durchzuführen bindet Produktionskapazität; allerdings hat diese Vorgehensweise erhebliche Vorteile. Gerade bei kleineren Kunden kann damit auf die Anschaffung einer Abrichtmaschine verzichtet werden. Zudem werden Profilformfehler vermieden, die durch Umspannvorgänge und unterschiedliche dynamische Maschinensysteme verursacht werden. Es kann zudem unter Einsatz von Kühlschmierstoff abgerichtet werden, was durch die Temperaturminderung und den Abtransport der Reaktionsprodukte letztendlich auch der Genauigkeit des Abrichtergebnisses zweckdienlich ist. Das Abrichten erfolgt im Regelfall in einer Pendelbewegung entlang des Abrichtscheibenprofils.

Für Wälzschälwerkzeugen in den höchsten Genauigkeitsklassen ist es aufgrund des Schleifscheibenverschleißes für großmodulige Werkstücke unabdingbar, innerhalb des Schleifprozesses eine Reprofilierung der Schleifscheibe durchzuführen. Alternativ ist die Verwendung von Schwesterwerkzeugen mit erodierten Profilen möglich. Neben der notwendigen Profilgenauigkeit ergeben sich aus dem zu bearbeitenden Werkstoff Herausforderungen. Bei Werkstücken aus HSS wird auch das Schleifen mit Sinterkorund oberhalb von Härtewerten im Bereich 65 HRC / 850 HV häufig unwirtschaftlich. Der folgenden Wechsel auf keramisch gebundene CBN-Werkzeugsysteme führt zu einem höheren Verschleiß an den Diamantformrollen.

Analog zu den restlichen spanenden Bearbeitungsverfahren ergeben sich auch für das Wälzschälen erhebliche Vorteile bei der Bearbeitung mit Hartmetall-Werkzeugen. Dies betrifft nicht nur direkt die Werkzeugstandzeit, sondern eröffnet technologisch auch die Möglichkeit, mit den Wälzschälwerkzeugen wärmebehandelte Werkstücke bearbeiten zu können [6].

Für die Schleifbearbeitung eines Hartmetall-Wälzschälwerkzeuges mit profilierten Schleifscheiben bedeutet dies wiederum im Regelfall die Empfehlung zur Verwendung von keramisch gebundenen Diamantkornsystemen. Das Profilieren dieser Systeme mit Diamantformrollen erfordert dabei eine wesentlich intensivere Auseinandersetzung mit dem Abrichtprozess, um den Verschleiß der Diamantformrollen in den wirtschaftlich akzeptablen Grenzen zu halten.

5. Zusammenfassung

Die Schleifbearbeitung von Verzahnungswerkstücken und -werkzeugen führt auch heutzutage durch Miniaturisierung und geringere Maßtoleranzen fortwährend zu neuen Herausforderungen. Komplexe Werkzeuge wie Wälzschälwerkzeuge aus Hartmetall zu schleifen erfordert dabei eine umfassende Auseinandersetzung mit prozessbegleitenden und einsatzvorbereitenden Themenkomplexen wie dem Abrichten und der zeitlichen Entwicklung von Temperaturänderungen im Maschinenumfeld.

Literatur

[1] Klocke, F.; Brecher, C.: Zahnrad- und Getriebetechnik. Hanser, München, 2016

[2] Firmenvideo LTK Lineartechnik Korb GmbH. Online, [https://ltk.de/loesungen/rollengewindetriebe/], zuletzt abgerufen am 17.06.2025

[3] Schulz, A.: Das Abrichten von keramisch gebundenen CBN-Schleifscheiben mit Formrollen. Dissertation, RWTH Aachen, 1996

[4] Klocke, F.; König, W.: Fertigungsverfahren. Band 2: Schleifen, Honen, Läppen. Springer, Berlin; Heidelberg, 2005

[5] Weck, M.; Brecher, C.: Werkzeugmaschinen 5: Messtechnische Untersuchung und Beurteilung, dynamische Stabilität. Springer, Berlin; Heidelberg, 2006

[6] Firmenschrift MMC HARTMETALL GmbH: Innovation der Verzahnungswälzschältechnologie. Online, [https://www.mmc-carbide.com/de/download/magazine/vol08/cut_vol08], zuletzt abgerufen am 03.08.2025

Hybride Bearbeitung aus Schleifen und Erodieren für Werkzeuge aus Hartmetall und PKD in einer Aufspannung

Arndt Hauger, Alexander Schmid, Sebastian Brodbeck, Fulko Scheffold

1. Einleitung

Das Schleifen von Zerspanungswerkzeugen wie Bohrer, Fräser oder Reibahle kommt immer dort an seine Grenzen, wo Schleifscheiben nicht mehr in der Lage sind, ultraharte Schneidstoffe effizient abzutragen. Je härter ein Schneidstoff wird, desto mehr Abtrag gibt es auf der Schleifscheibe und desto höher werden die Drücke, die beim Schleifprozess auf ein Werkstück wirken. Das härteste Material mit einer Knoop-Härte-Zahl von mehr als 8.000 (Mohs-Härte 10) ist bekanntlich Diamant und wird als synthetisch hergestellter polykristalliner Diamant (PKD) für die Werkzeugherstellung eingesetzt (**Bild 1**). Gegenüber anderen Schneidstoffen zeichnen sich PKD-Werkzeuge durch eine hohe Verschleißfestigkeit, Schnittgeschwindigkeit, Präzision und Oberflächengüte aus, die vor allem bei der Zerspanung hochabrasiver Materialien zum Tragen kommt. Im Vergleich zu Vollhartmetallwerkzeugen erzielen PKD-Werkzeuge eine bis zu 20-fache höhere Standzeit [1].

PKD-Werkzeuge werden vor allem für die Fertigung komplexer Bauteile in der Luft- und Raumfahrt sowie der Elektronik- und Automobilindustrie genutzt. In diesen Branchen werden verstärkt Materialien wie CFRP (carbonfaserverstärk-

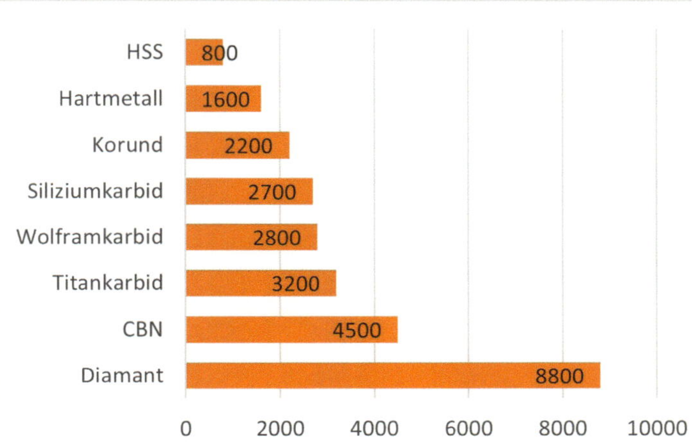

Bild 1: Vergleich verschiedener Werkstoffe in Knoop-Härte

ter Kunststoff), Verbundwerkstoffe, Aluminium oder auch Titan verarbeitet. Allein ein Flugzeugrumpf besteht aktuell zu rund 50 % aus Verbundwerkstoffen und vor kurzem gelang es dem IFAM (Fraunhofer-Institut für Fertigungstechnik und Angewandte Materialforschung), ein Rumpfsegment in Originalgröße aus thermoplastischem CFK herzustellen [2]. Auch beim Bau von Elektrofahrzeugen setzt die Automobilindustrie auf leichte Materialien wie CFRP oder Aluminium und bei der Herstellung von Leiterplatten sind PKD-Werkzeuge mit Durchmessern von weniger als 0,5 mm Durchmesser gefragt. Darüber hinaus nutzen Anwender PKD-bestückte Werkzeuge für die Zerspanung von weiteren Nichteisenmetallen wie Magnesium oder Messing; zudem kommen sie bei der Verarbeitung von Keramiken und Hartmetallen, aber auch von Holz und Holzwerkstoffen wie Spanplatten, Faserplatten, Sperrholz oder Hartholz zum Einsatz.

2. PKD mit Funkenerodieren bearbeiten

PKD-bestückte Zerspanungswerkzeuge lassen sich aufgrund ihrer Härte nicht mehr sinnvoll über Schleifprozesse bearbeiten. Deshalb wird bei PKD-Werkzeugen seit den 1980er-Jahren verstärkt das berührungslose Funkenerodieren als Verfahren eingesetzt. Erodieren ist grundsätzlich eine Methode, um Material abzutragen und Oberflächen mit einer geringen Rauigkeit zu erzeugen [3]. Je nach Anwendung und Elektrodenform unterscheidet man drei Verfahren: Senk-, Draht- und Scheibenerodieren (**Bild 2**).

Das Senkerodieren kommt vor allem im Werkzeug- und Formenbau zum Einsatz und wird zur Herstellung von Gießformen, Gesenken oder Biegestempeln verwendet. Für die Bearbeitung von PKD-Schneidkanten haben sich das Draht- und das Scheibenerodieren etabliert. Physikalisch basiert das Funkenerodieren auf der spontanen Entladung zwischen Anode und Kathode, die unter einer

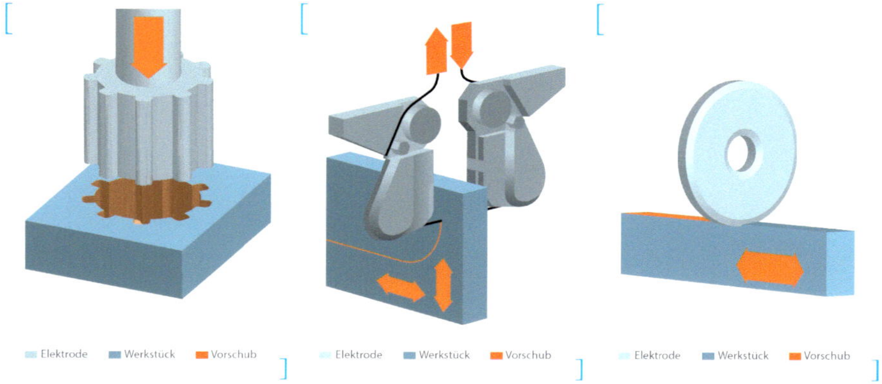

Bild 2: Darstellung der drei Verfahren Senk-, Draht- und Scheibenerodieren

Bild 3: Schematische Darstellung des Funkenerodierens

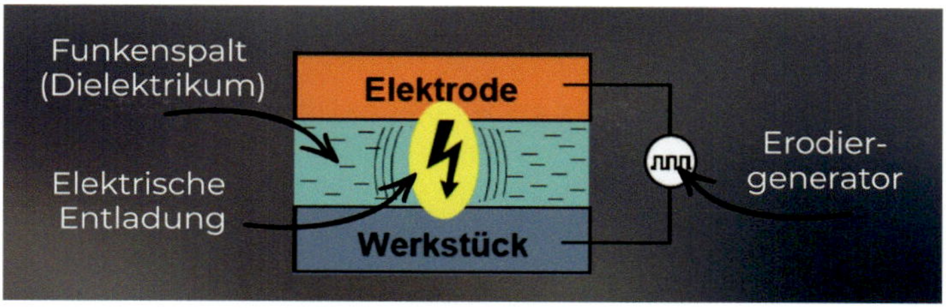

definierten Spannung stehen. Voraussetzung dafür ist, dass das Werkstück aus einem leitenden Material besteht, wobei Diamant und somit auch PKD nichtleitend sind. Deshalb wird PKD in unterschiedlichen Korngrößen mit einem metallischen Binder (Kobalt) unter hohem Druck und hoher Temperatur mit einem leitenden Hartmetallträger zusammengesintert und zu PKD-Ronden (Rundplatten) mit verschiedenen Durchmessern und Korngrößen gefertigt.

Beim Erodieren wird das Elektrodenwerkzeug auf Distanzen von 0,004 bis 0,5 mm an das PKD-Werkstück herangeführt, bis sich die elektrische Ladung über einen Lichtbogen entlädt. Durch die entstehenden Temperaturen von 8.000 bis 12.000 °C kommt es an der PKD-Oberfläche durch Verschmelzen oder Verdampfen zum gewünschten Abtrag. Zwischen Anode und Kathode befindet sich ein dielektrisches Medium, das meist aus Öl oder Wasser besteht. Dieses Medium isoliert die Elektroden und dient gleichzeitig als Kühlmittel sowie zum Abtransport von abgetragenem Material. Die Abtragmenge wird von Intensität, Frequenz, Dauer, Länge, Spaltbreite und Polung der Entladungen beeinflusst. Während bei Drahterodiermaschinen die Elektrode ein Erodierdraht ist, der über zwei Prismen entsprechend der Schneiden am Werkzeug entlanggeführt wird, setzen Maschinenbauer bei Scheibenerodiermaschinen eine Scheibenelektrode ein, die aus einer Kupfer-Wolfram-Legierung besteht. Dabei führt die Elektrode eine rotierende Bewegung aus, um den Abbrand am Umfang der Scheibenelektrode gleichmäßig zu verteilen.

Herzstück einer jeden Erodiermaschine ist der Erodiergenerator, der die elektrische Entladung zwischen Werkstück und Elektrode steuert. Er regelt verschiedene Parameter wie Spannung, Stromstärke, Frequenz, Impulsdauer und Impulspause. Für wechselnde Abtragleistungen und Bearbeitungsqualitäten sind im Generator Erodierprogramme mit unterschiedlichen Parametersätzen hinterlegt. Um den Erodierprozess und damit den Funkenspalt zwischen Werkstück und Elektrode zu regeln, überwacht der Generator den Stromfluss und gibt die Information an die Generatorsteuerung weiter. Seine Leistung entscheidet über Präzision, Oberflächengüte und die Geschwindigkeit des Erodierprozesses (**Bild 3**).

3. Schleifen und Erodieren in einer Aufspannung

Die Fertigung von PKD-Werkzeugen stellt auch erfahrene Hersteller immer wieder vor große Hürden. Vor allem, wenn bei PKD-Werkzeugen vor und nach der erosiven Bearbeitung unterschiedliche Schleif- und Polierprozesse notwendig sind, um beispielsweise Konturen im Hartmetall zu gestalten oder nach dem Erodieren noch an diversen Funktionsflächen geschliffen oder poliert werden muss. Hierzu sind meist zusätzliche Arbeitsschritte in unterschiedlichen Maschinen vor- beziehungsweise nachgelagert, die eine anspruchsvolle Prozessführung mit sich bringen.

Um den Maschinenwechsel zu vermeiden, haben sich seit rund 20 Jahren hybride Bearbeitungsmaschinen etabliert, die PKD-Werkzeuge in einer Aufspannung sowohl schleifen als auch erodieren können. In einer Aufspannung bedeutet, dass das Werkstück nur einmal in die dafür vorgesehene Aufnahme eingespannt wird. Die Anforderung hierbei ist, für beide Verfahren entsprechende Hardware und Software in einer Maschine bereitzustellen und zu kombinieren. Umgesetzt hat dies unter anderem der Schärfspezialist Vollmer aus Biberach in seiner Schleif- und Erodiermaschine VHybrid 260.

Die Maschine verfügt über eine robuste Kinematik mit einer Fünf-Achs-Steuerung sowie zwei vertikal angeordnete Spindeln, die eine Mehr-Ebenen-Bearbeitung ermöglichen. Beide Spindeln sind vertikal im Drehpunkt der C-Achse angebracht, was eine hohe Profilgenauigkeit gewährleistet und exakte Schleif- und Erodierprozesse ermöglicht. Die Schleifspindelleistung beträgt 11 kW, wo-

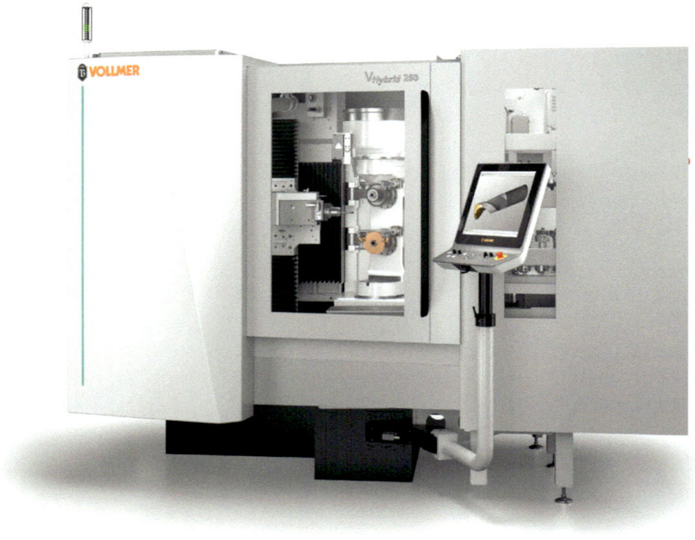

Bild 4: Außenansicht der Vollmer Schleif- und Erodiermaschine VHybrid 260

Bild 5: Mikro-Werkzeuge mit einem PKD-Kopf mit einem Durchmesser von 1,0 mm (unten) und einem Durchmesser von 0,45 mm (oben) im Vergleich zu einem Streichholz

bei die Schleifspindeldrehzahl von 0 bis 8.500 U/min eingestellt werden kann. Der Arbeitsraum der Maschine hat in X-, Y- und Z-Richtung eine Ausdehnung von 350 auf 450 auf 500 mm. Die Antriebsart wird über Kugelgewindetriebe realisiert. Mit der Maschine lassen sich Werkstücke mit Außendurchmessern von bis zu 150 mm und Werkzeuglängen von bis zu 360 mm bearbeiten (**Bild 4**).

In der Maschine steuert der Vollmer Vpulse EDM (Electrical Discharge Machining) Generator die elektrische Entladung zwischen Erodierscheibe und Werkstück. Für die Stabilität bei langen Werkzeugen sorgt eine optional verfügbare Stützlünette. Um eine optimale Rundlaufgenauigkeit von maximal 2 µm bei der Fertigung von Mikrowerkzeugen zu gewährleisten, ist die Maschine mit einer isolierten Schaftlünette ausgestattet. Des Weiteren lassen sich aufgrund des integrierten Messsystems bei der vollautomatischen Rundbearbeitung im Closed-Loop-Verfahren geforderte Toleranzen von ± 2 µm erzielen. Aufgrund ihres Lünettensystems ermöglicht die Maschine die Herstellung von Mikro-PKD-Werkzeugen ab einem Durchmesser von 0,2 mm (**Bild 5**).

Die Kinematik basiert auf jener, die bereits in der Vollmer Schleifmaschine VGrind eingesetzt wird, mit der Vollhartmetallwerkzeuge und PCBN-Werkzeuge bearbeitet werden können. Damit verfügt die Maschine über eine hohe Steifigkeit für Schleifprozesse und bringt auch für das berührungslose Erodieren eine hohe Stabilität mit sich. Während in der reinen Schleifmaschine beide Spindeln für die Schleifprozesse vorgesehen sind, wird in der hybriden Schleif- und Erodiermaschine die untere Spindel sowohl zum Schleifen als auch zum Erodieren genutzt. Dadurch ist es möglich, in einer Aufspannung sowohl die Hartmetall- als auch PKD-Anteile eines Werkstückes zu jeweils 100 % zu schleifen beziehungsweise zu erodieren. Bis zu acht Schleif- und Erodierscheiben inklusive Kühlmittelzufuhr lassen sich vollautomatisiert wechseln; darüber hinaus gibt es verschiedene Automatisierungsmöglichkeiten, die einen mannlosen Betrieb rund um die Uhr ermöglichen.

4. Unterschiedliche Werkzeugtypen mit PKD

Hybride Schleif- und Erodiermaschinen eignen sich für die Bearbeitung von unterschiedlichen PKD-Werkzeugtypen. Zu diesen gehören gelötete PKD-Werkzeuge, bei denen das PKD aus einer gesinterten PKD-Ronde geschnitten wird, um sie dann in einen Hartmetallrohling einzusetzen. Ein weiterer Werkzeugtyp sind PKD-Vein-Werkzeuge. Diese bestehen aus Hartmetallrohlingen mit vorgefertigten Auskerbungen, die mit PKD-Pulver gefüllt und unter hohem Druck und hoher Temperatur gesintert werden. Größte Flexibilität bei der Geometriegestaltung bringen Vollkopf-PKD-Rohlinge mit sich. Bei diesem Werkzeugtyp wird ein gesinterter PKD-Kopf auf einen Hartmetallrohling aufgelötet, der als komplette Einheit bearbeitet wird. Bei Vollkopf-PKD-Werkzeugen lassen sich flexibel spiralisierte Geometrien anfertigen, wobei in der Bearbeitung die Konturen im Hartmetall geschliffen werden, während der PKD-Kopf erodiert wird. Bei der Werkzeugfertigung besteht die Schwierigkeit, den Übergang zwischen PKD-Kopf und Hartmetallrohling möglichst nahtlos zu gestalten – ohne Unebenheiten oder Stufen (**Bild 6**).

5. Vollkopf-PKD-Werkzeuge hybrid bearbeiten

Je nach verwendetem PKD-Rohling werden die Fertigungssequenzen für das Werkstück festgelegt. Für einen Vollkopf-PKD-Bohrer sind folgende Prozessschritte abzuarbeiten: Zunächst muss der Rohling auf den Zieldurchmesser gebracht werden. Dazu wird im vorderen PKD-bestückten Bereich des Werkstücks das Runderodieren eingesetzt. Analog zum Außenrund-Umfangs-Querschleifen erfolgt die Zustellung in radialer Richtung. Innerhalb eines definierten Winkelbereichs der Rotationsachse wird auf den Zieldurchmesser zugestellt. Anschließend dreht sich die Rotationsachse um etwas mehr als 360°, um den

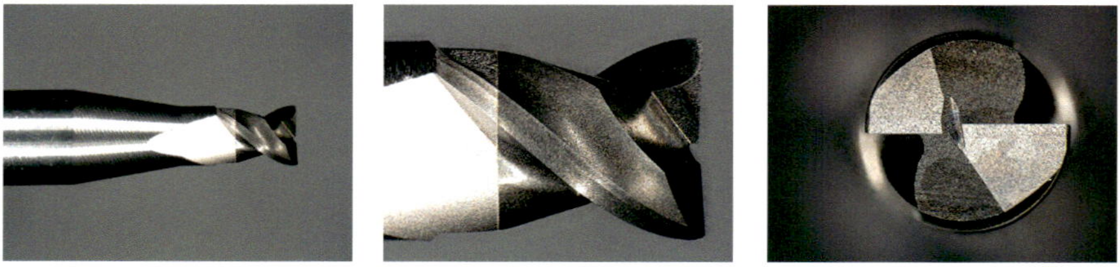

Bild 6: Erodierter Vollkopf-PKD-Fräser mit einem Durchmesser von 1 mm als Seitenansicht und Stirnansicht

gesamten Umfang des Werkstücks zu bearbeiten. Eine hohe Genauigkeit beim Runderodieren lässt sich durch den Einsatz einer Lasermessbrücke im Prozess erreichen. Dies ermöglicht ein Closed-Loop-Verfahren, bei dem der Durchmesser zu definierten Zeitpunkten gemessen wird, um Abweichungen zum Solldurchmesser zu bestimmen, die dann für die weitere Bearbeitung durch die Maschinensteuerung kompensiert werden. Der hintere Bereich des Werkstücks, in dem nur Hartmetall bearbeitet werden muss, und der Übergang zum Schaftdurchmesser werden anschließend rundgeschliffen.

Auf das Runderodieren und -schleifen folgt die Nutbearbeitung. Je nach Länge der Nut kann eine reine erosive Bearbeitung sinnvoll sein oder eine Kombination aus Erodieren im Bereich des PKDs und Schleifen im Bereich des Hartmetalls. Bei kombinierter Bearbeitung müssen Erodier- und Schleifscheiben eine möglichst gleiche Geometrie haben, um Unstetigkeiten am Übergang zu vermeiden. Aktuelle Entwicklungen beschäftigen sich als Alternative mit einem Schleifprozess, der in einem Durchgang ein Polieren des PKD mit wenigen Mikrometern Abtrag mit einem regulären Nutenschleifen im Hartmetall kombinieren kann. Dadurch wird die finale Geometrie entlang der gesamten Nut mit derselben Schleifscheibe bearbeitet. Dies soll zu einem bestmöglichen Übergang führen und zu einer einheitlichen Qualität entlang der Nut.

Im Anschluss an die Bearbeitung der Spannut folgt die der Stirngeometrie. Hierbei werden die Freiflächen der Hauptschneiden und die Ausspitzung erodiert. Durch die Ausspitzung wird die Querschneide verkleinert, was die Reibkräfte verringert und eine geringere Vorschubkraft ermöglicht. Nach der Stirngeometrie wird die Nebenfreifläche (Rücken) bearbeitet. Wie bei der Nutbearbeitung kann eine Kombination aus Erodieren im PKD und Schleifen im Hartmetall sinnvoll sein. Da beim Schleifen deutlich höhere Abtragsraten möglich sind als beim Erodieren, gilt generell folgendes Vorgehen: Erodieren, wo nötig und Schleifen, wo möglich (**Bild 7**).

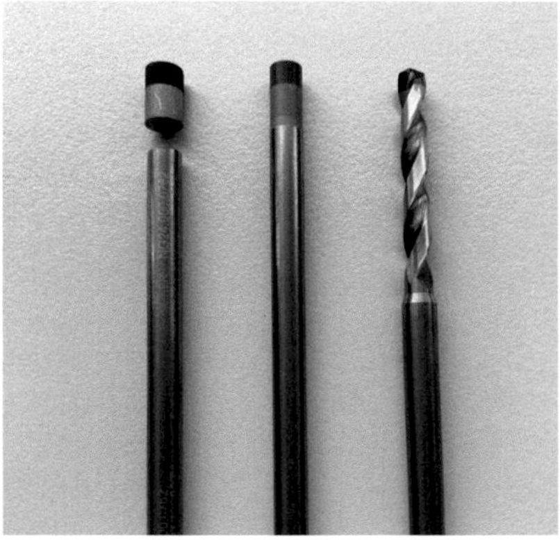

Bild 7: Aufbau eines gelöteten Vollkopf-PKD-Rohlings mit fertigem Bohrer

Mit einer Schleif- und Erodiermaschine wird die Fertigung des Vollkopf-PKD-Bohrers nicht nur in einer Aufspannung erledigt, sondern auch mit der konkreten Arbeitsplanung und einer dreidimensionalen Simulation verknüpft. Bereits vor den eigentlichen Schleif- und Erodierprozessen lässt sich über eine 3D-Simulation die komplette Werkstückbearbeitung bis hin zum virtuellen PKD-Werkzeug darstellen. Die Geometrieeigenschaften wie Freiwinkel, Nutform, Stirngeometrie und Lage der Ausspitzung zur Hauptschneide lassen sich so vor der ersten Bearbeitung in der Simulation kontrollieren. Zusätzlich zu den Bearbeitungsschritten können An- und Abfahrstrategien festgelegt werden, um Beschädigungen an Werkstück oder Schleif- und Erodierscheiben zu vermeiden.

In der Simulation werden Geometrien von Schleif- und Erodierscheibe berücksichtigt. Bei definierten Scheibenformen wie 1A1 werden die Geometrien durch Parametereingaben bestimmt. Komplexe Profile, die etwa für manche Nutgeometrien notwendig sind, können außerdem durch eine 2D-Zeichnung im DXF-Format definiert werden. Für Erodierscheiben lässt sich das Profil durch einen integrierten Abrichtstahl direkt in der Maschine aufbringen. Da beim Erodieren, insbesondere beim Schruppen, ein hoher Verschleiß an der Scheibe auftritt, ist ein regelmäßiges Abrichten auch bei einfachen Scheibenformen sinnvoll. Dadurch wird eine gleichbleibende Qualität der Geometrie (Durchmesser, Rundlauf) und der Scheibenoberfläche sichergestellt. Nach jedem Abrichtzyklus ist eine neue Berechnung der Bahndaten mit den aktualisierten Werten der Erodierscheibe notwendig. Außerdem geht das Abrichten zu Lasten der Prozesszeit, weshalb die Häufigkeit entsprechend des abzutragenden Volumens angepasst werden sollte.

6. Schruppen bis Feinstschlichten beim Schleifen und Erodieren

Beim Schleifen wird die Werkstückoberfläche maßgeblich durch die Körnung der Schleifscheibe und die Schnittparameter bestimmt [4]. Die Bearbeitung einer PKD-Fläche wird als Folge von Erodierstufen ausgeführt. Mit jeder weiteren Stufe wird der Energieeintrag verringert und die Qualität der Fläche verbessert. Was beim Schleifen die Korngröße ist, ist beim Erodieren die Pulsenergie der Entladung sowie die Impuls- und Pausenzeiten, die durch den Generator gesteuert werden. Beim Schruppen beträgt die Energie pro Entladung rund 30 Millijoule (mJ) und endet beim Feinstschlichten bei etwa 0,04 mJ. Die Impulszeiten liegen zwischen 900 und 3.000 Nanosekunden (ns) und die Pausenzeiten variieren von einigen 10.000 bis hin zu 1.000 ns. Daraus ergeben sich Pulsfrequenzen der Entladungen zwischen 20 Kilohertz (kHz) beim Schruppen und 300 kHz beim Feinstschlichten. Die Anzahl der Stufen orientiert sich an dem abzutragenden Volumen. Bei kleinen Durchmessern ist wegen zu hohem Wärmeeintrag kein Schruppen möglich.

7. Einfluss der Erodierstufe und PKD-Korngröße auf Oberflächenrauheit

Der Fortschritt in Bereichen wie medizinischen Implantaten und Wearables führt dazu, dass elektronische Komponenten zunehmend feiner und filigraner werden. Aus diesem Grund kommen in der Medizintechnik und Elektronikindustrie immer kleinere Werkzeuge in den Fertigungsprozessen zum Einsatz. Mikro-PKD-Vollkopf-Werkzeuge mit Durchmessern kleiner 1 mm werden i. d. R. komplett erodiert, da beim Schleifen zu große Prozessbelastungen auf das Werkstück wirken. Dabei soll aber durch Erodieren eine zum Schleifen vergleichbare Oberflächenqualität erreicht werden. Um diese Anforderung zu erfüllen, müssen einerseits die Erodierstellgrößen optimiert werden, andererseits muss auf die PKD-Spezifikation geachtet werden. Dabei spielt vor allem die Korngröße eine Rolle.

Um diese Einflüsse zu untersuchen, wurden vier gängige PKD-Sorten mit den Erodierstufen Schruppen, Schlichten, Fein- und Feinstschlichten bearbeitet. Das Schlichten beinhaltet dabei eine Vorbearbeitung per Schruppen. Bei Fein- und Feinstschlichten besteht die Vorbearbeitung aus den beiden Stufen Schruppen und Schlichten. Neben den Korngrößen 10 µm, 5 µm und 1 µm wurde eine Mischkörnung mit 2 µm und 30 µm großen Körnern betrachtet. Die bearbeiteten Flächen wurden per Fokusvariation gemessen (Bruker Alicona Infinite Focus). Für die Messungen wurde ein Objektiv mit fünfzigfacher Vergrößerung gewählt und es wurden jeweils 500 Linienprofile ausgewertet, um die gemittelten Größen arithmetischer Mittelrauwert (*mean Ra / mRa*) und Rautiefe (*mean Rz / mRz*) zu bestimmen. Die Grenzwellenlänge λ_C wurde für alle Messungen auf 250 µm eingestellt.

Für alle betrachteten Korngrößen sinken die Rauheitskenngrößen *mRa* und *mRz* mit abnehmender Pulsenergie vom Schruppen (30 mJ) über Schlichten (2 mJ), Feinschlichten (0,1 mJ) zum Feinstschlichten (0,04 mJ) (**Bild 8**). In der halblogarithmischen Auftragung der Rauheiten *mRa* und *mRz* gegenüber der Pulsenergie zeigt sich ein näherungsweise linearer Zusammenhang. Für die Korngröße 10 µm nimmt *mRa* von 0,75 µm beim Schruppen auf 0,10 µm beim Feinstschlichten ab, während *mRz* von 4,09 µm auf 0,53 µm sinkt. Für die Korngrößen 5 µm und 1 µm lassen sich durch Feinstschlichten minimale Rauheiten *mRa* von 0,07 µm und 0,06 µm erzielen beziehungsweise *mRz* von 0,40 µm und 0,31 µm. Für die Mischkörnung 30 µm / 2 µm betragen die minimalen Rauheitswerte 0,15 µm (*mRa*) und 0,76 µm (*mRz*). Die Rauheit der erodierten Oberfläche wird wesentlich durch die Tiefe der Krater bestimmt, die sich bei den einzelnen Entladungen ausbilden. Hier hat eine Reduzierung der Pulsenergie durch Senken des Entladestroms einen größeren Einfluss als die durch Verkürzung der Pulsdauer erreichte Verringerung [3]. Aus diesem Grund nimmt der Entladestrom von 90 Ampere (A) beim Schruppen nach 0,4 A beim Feinst-

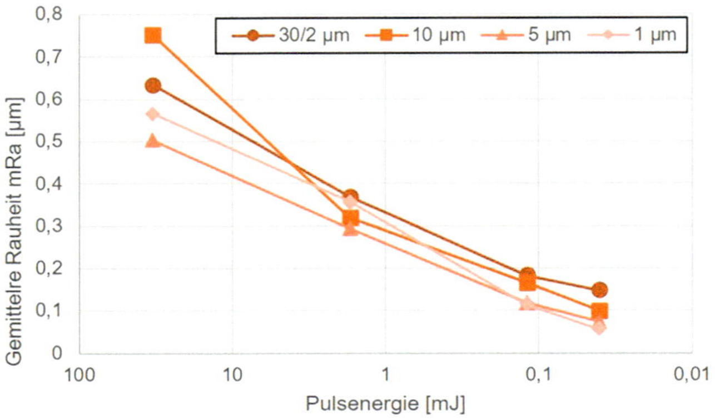

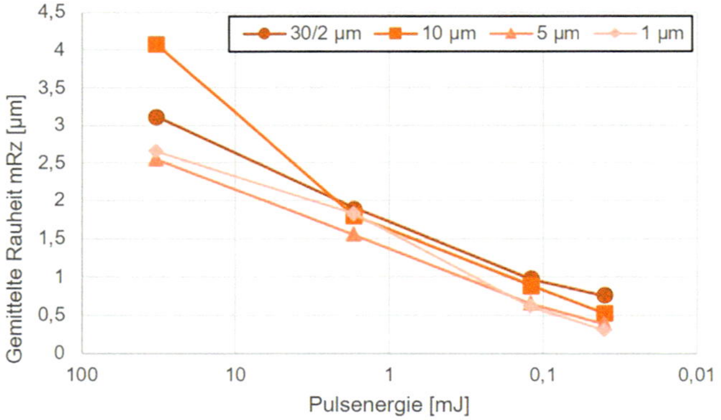

Bild 8: Gemittelte Oberflächenrauheit *mRa* (links) und *mRz* (rechts) als Funktion der Pulsenergie der einzelnen Erodierstufen für die untersuchten PKD-Korngrößen

schlichten um mehr als zwei Größenordnungen ab, während die Pulsdauer nur um etwa den Faktor 3 zwischen 3.000 ns und 900 ns variiert.

Bei der Auftragung der gemessenen Rauheiten als Funktion der Korngröße lassen sich unterschiedliche Abhängigkeiten für die verschiedenen Erodierstufen erkennen (**Bild 9**). Beim Schruppen zeigt die mittlere Korngröße von 10 µm die höchste Rauheit. Bei den feineren Körnungen liegt außerdem 1 µm Korngröße über den Werten der Korngröße 5 µm. Betrachtet man die zweite Stufe des Schlichtens, liegt die feinste Korngröße von 1 µm sogar über der mittleren Körnung von 10 µm und nur knapp unterhalb der Mischkörnung 30 µm / 2 µm. Dies liegt vermutlich daran, dass die ersten beiden Stufen Schruppen und Schlichten meist nur als Vorbearbeitungen für Fein- oder Feinstschlichten genutzt werden. Entsprechend sind die Parameter dieser Erodierstufen für eine

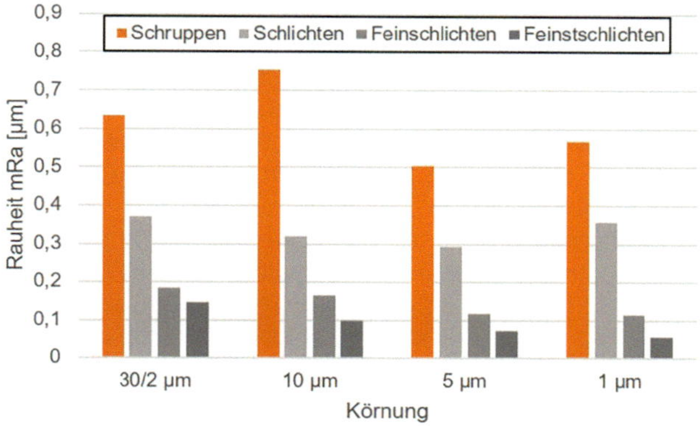

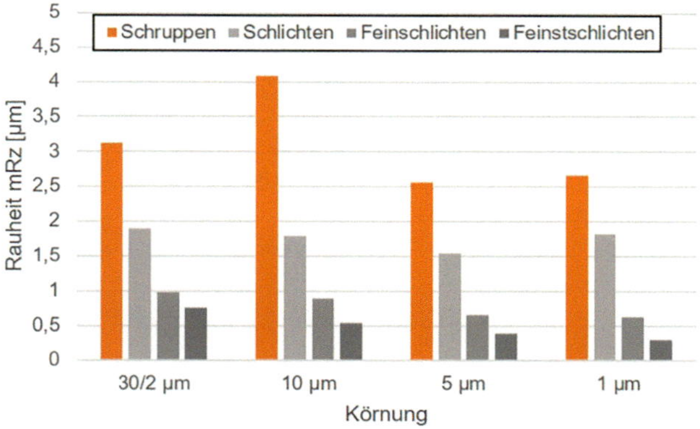

Bild 9: Gemittelte Oberflächenrauheit *mRa* (links) und *mRz* (rechts) als Funktion der PKD-Körnung für die eingesetzten Erodierstufen

hohe Abtragsleistung optimiert. Die letzten beiden Stufen Fein- und Feinstschlichten sind dagegen für geringe Rauheiten optimiert. Dort zeigt sich ein klarer Trend, dass mit geringerer Korngröße eine geringere Rauheit erreicht wird. Für Rauheitswerte von *mRa* kleiner 0,1 µm und *mRz* kleiner 0,5 µm sollte deshalb eine Körnung von 5 µm oder kleiner verwendet werden.

8. Zusammenfassung und Ausblick

Aufgrund der hohen Härte und Verschleißfestigkeit von PKD erzielen Diamantwerkzeuge lange Standzeiten und hohe Schnittgeschwindigkeiten, was sich vor allem bei großen Stückzahlen sowie hochabrasiven Zerspanungsprozessen positiv auf die Wirtschaftlichkeit auswirkt. Herstellen lassen sich PKD-Werkzeuge in einer Aufspannung mit hybriden Schleif- und Erodiermaschinen. Der Vorteil gegenüber dem Einsatz mehrerer Maschinen liegt darin, dass sich mit dem hybriden Verfahren die Oberflächengüte verbessern und die Bearbeitungszeiten reduzieren lassen. Grundsätzlich können alle PKD-Werkzeugtypen über das hybride Verfahren gefertigt werden, wobei die größtmögliche Flexibilität der Geometriegestaltung bei Vollkopf-PKD-Rohlingen gegeben ist. Das Ziel bei Vollkopf-PKD-Rohlingen ist es, den Übergang zwischen dem Vollhartmetall und PKD möglichst nahtlos zu gestalten. Bei PKD-Werkzeugen mit Durchmessern von weniger als 1 mm wird deshalb auch der Hartmetallanteil erodiert, trotz der dadurch längeren Bearbeitungszeit. Bei PKD-Werkzeugen mit größeren Durchmessern erfolgen die Erodier- und Schleifprozesse für die Nut- oder Rückenbearbeitung abwechselnd. Aktuell laufen bei Vollmer unterschiedliche Tests, um die PKD-Hartmetall-Grenze in einem Finishing komplett zu schleifen. Dadurch lassen sich an den Übergängen mögliche Unebenheiten oder Stufen ausgleichen, was insgesamt die Oberflächengüte steigern könnte. Herausforderung ist hierbei der Schleifprozess an der PKD-gesinterten Oberfläche, denn beim Schleifen von PKD entstehen enorme Drücke und Kräfte, die von der Schleifscheibe auf das Werkstück ausgeübt werden.

Literatur

[1] Dahlhaus, P.: Polykristalliner Diamant PKD.

[2] Siebel, T.: Flugzeugrumpf aus Thermoplast-CFK automatisiert gefertigt. Online, [springerprofessional.de]

[3] Bergs, T.; Klocke, F.: Fertigungsverfahren 3. Online, [https://doi.org/10.1007/978-3-662-69390-2]

[4] Klocke, F.: Fertigungsverfahren 2. Online, [https://doi.org/10.1007/978-3-662-58092-9]

Maschinenintegriertes drahterosives Abrichten speziell für Innenrund-Schleifprozesse

Lennard Vorwerk-Handing

1. Einleitung

Bereits in der Vergangenheit etablierte sich in der Schleiftechnik die Verwendung von hochharten Schleifstoffen – sogenannten Superabrasives – wie Diamant und kubischem Bornitrid (CBN). Insbesondere durch die Verwendung immer anspruchsvoller zu bearbeitender Werkstoffe in vielen Teilen der Industrie, wie Hartmetallen oder Keramiken, schreitet die Verwendung von Superabrasives voran.

Die Bindung dieser Schleifmittel erfolgt in der aktuellen industriellen Praxis vornehmlich mit Keramik- oder Kunstharzbindungen. Darüber hinaus existieren galvanisch gebundenen Schleifscheiben, die i. d. R. nur eine Schleifkornlage besitzen und nicht abgerichtet werden können. Eine schleiftechnologisch interessante Alternative dazu sind sintermetallisch-gebundene Schleifscheiben. Hier werden die Schleifkörnern eingebettet in einer metallischen Matrix auf den Scheiben-Grundkörper gesintert. Hieraus resultieren entscheidende Vorteile: Schleifscheiben mit Sintermetall-Bindung weisen eine exzellente Formstabilität, Haltbarkeit, Wärmeleitfähigkeit und Temperaturbeständigkeit auf. Allerdings bringen diese in der industriellen Praxis auch einige Schwierigkeiten mit sich. Ursächlich hierfür ist vor allem die Festigkeit der Bindung. Sie verhindert ein präzises Abrichten mit konventionellen mechanischen Methoden, insbesondere innerhalb der Schleifmaschine. Das Abrichtwerkzeug verschleißt beim mechanischen Kontakt mit dem Superabrasiv-Schleifkorn. Daher sind hochfest (metallisch) gebundene Schleifscheiben häufig nur in Operationen mit einfachen, geraden Scheibenprofilen im Einsatz. Komplexe Profile werden vermieden. Aber gerade hier spielt die hochfeste Bindung ihre Stärken aus.

Eine Lösung dieses Problems bietet das im Jahr 2014 von dem Schweizer Schleifmaschinen-Hersteller Fritz Studer AG auf den Markt gebrachte maschinenintegrierte Abrichtsystem STUDER WireDress®. Mit diesem System können elektrisch leitfähig gebundene Außenschleifscheiben innerhalb der Schleifmaschine mittels Draht-Funkenerosion hochpräzise und performant abgerichtet werden. Nach zehn Jahren im industriellen Einsatz wurde die Technologie weiterentwickelt und ist nun auch für Innenschleifanwendungen voll nutzbar. Im Folgenden werden die Funktion, Vorzüge gegenüber anderen Abrichtstrategien sowie Applikationsbeispiele für die neue Technologie dargestellt.

2. Funktionsprinzip des maschinenintegrierten drahterosiven Abrichtsystems WireDress®

Der schematische Aufbau des WireDress®-Systems ist in **Bild 1** dargestellt. Der Materialabtrag an der abzurichtenden Schleifscheibe erfolgt mittels Draht-Funkenerosion. Hierfür wir der Erodierdraht von einer Vorratsrolle mittels eines kontinuierlichen Vorschubsystems zur WireDress®-Abrichteinheit gefördert, die sehr kompakt und verschiebbar auf dem Maschinen-Z-Schlitten montiert ist. Innerhalb der Erodiereinheit wird der Draht zur Drahtführung geleitet. Diese speziell für das Abrichten von Schleifscheiben optimierte Drahtführung aus Keramik weist eine kreisförmige Außenkontur auf, die entlang des Umfangs mit einer V-Nut zur Führung des Drahts versehen ist. An der Erodierstelle ist die kreisförmige Außenkontur der Drahtführung für wenige Millimeter unterbrochen, sodass hier der Draht frei gespannt verläuft. Nach dem Durchlaufen der Funkenerosionszone wird der Draht zurück zur Versorgungseinheit geführt, wo dieser dann in kurze Stücke geschnitten wird und in einem Auffangbehälter gesammelt wird. Der Draht wird also nur einmalig verwendet, sodass an der Entladungsstelle immer frischer Draht und somit ein präzises Abrichtwerkzeug vorliegt.

Zum Abrichten wird die Schleifscheibe mittels der Maschinenachsen bis unmittelbar vor den Erodierdraht positioniert. Die Schleifscheibe rotiert dabei mit

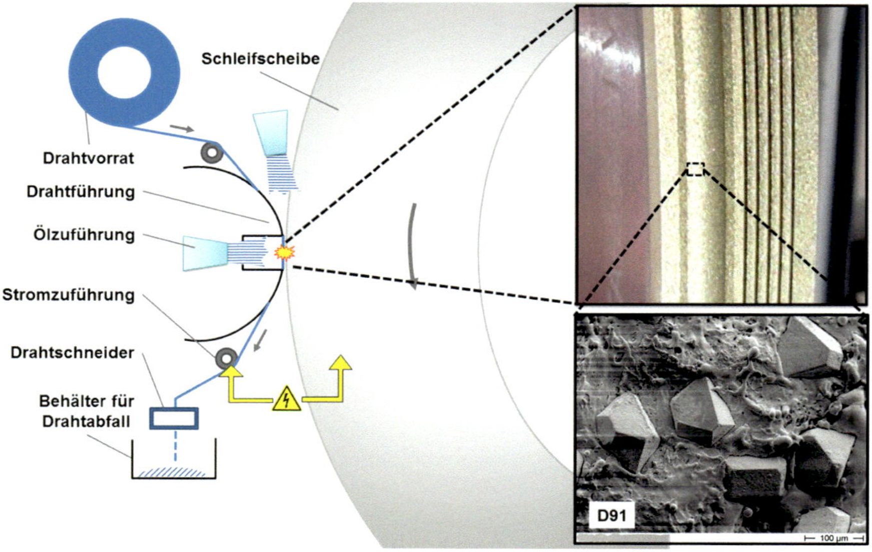

Bild 1: Schematische Darstellung des WireDress®-Prozesses und Detailansicht einer so abgerichteten Schleifscheibe [1]

regulärer Schleif-Schnittgeschwindigkeit (bis 140 m/s bei Außenschleifanwendungen). Fliehkraftbedingte Ausdehnungen der Schleifscheibe aufgrund hoher Schleifdrehzahlen werden somit kompensiert. Die Erodierstelle wird intensiv mit Schleiföl gespült. Die ordnungsgemäße Spülung der Erodier-Prozesszone ist unerlässlich, da das Schleiföl hier die Funktion eines Dielektrikums einnimmt. Als geeignetes Dielektrikum haben sich eine Vielzahl gängiger Schleiföle, unabhängig vom Basisöl (Mineral, PAO, GTL...) bewiesen, sodass hier kein Kompromiss zwischen Erodierfähigkeit und Schleifprozess eingegangen werden muss.

Ein Hochfrequenz-Generator liefert den für den Erodierprozess benötigten gepulsten Strom. Da typische Schleifkörner (Diamant, CBN) elektrisch nicht leitfähig sind, wird durch den Erodierprozess nur die Bindung abgetragen. Wenn ein Großteil der Bindung um ein Schleifkorn herum abgetragen ist, fällt dieses aus. **Bild 2** zeigt eine schematische Gegenüberstellung des Materialabtrags bei einer Schleifscheibe mit kleinem sowie mit großem Korn. Ausgiebige Versuchsreihen haben gezeigt, dass beim Abrichten von Schleifscheiben mit sehr großem Korn (> B181 µm) die Körner weiter herausstehen, als der Entladungsspalt groß ist. In diesem Fall kommt es zu einem mechanischen Anschleifen des Erodierdrahts durch die Schleifkörner. Ein prozesssicherer Ablauf ist dann nicht mehr gewährleistet, da das Risiko eines Drahtrisses steigt. Anhand der jahrelangen Erfahrung konnten als Prozessgrenzen für Diamantkörnungen 151 µm (D151) und für CBN-Körnungen 181 µm (B181) ermittelt werden.

Es ist gut zu erkennen, dass der selektive Abtrag der Bindung zu einem hohen Kornfreistand und damit zu einer exzellenten Schnittigkeit der Schleifscheibe führt. Ist ein größerer Materialabtrag an der Schleifscheibe nötig, z. B. beim (Um-)Profilieren, erfolgt der Abrichtvorgang in mehreren Hüben. Auf diese Weise lassen sich alle elektrisch leitfähig gebundenen Schleifscheiben abrichten. Weitreichende Untersuchungen zum Mechanismus des Materialabtrags wurden von Weingärtner [2] durchgeführt.

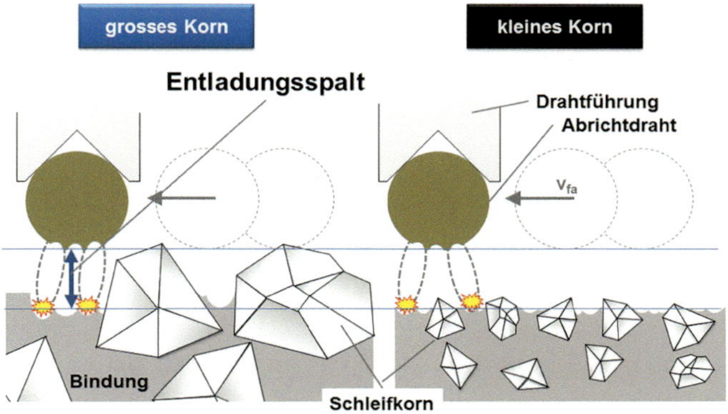

Bild 2: Materialabtrag beim funkenerosiven Abrichten [1]

3. Funktionsweise des Abrichtsystems für Innenschleif-Anwendungen

Das im vorherigen Kapitel beschriebene maschinenintegrierte drahterosive Abrichtsystem WireDress® hat sich in den vergangenen Jahren für Außenschleifanwendungen bewährt. Eine wesentliche Weiterentwicklung des Systems umfasst die Erweiterung auf Innenschleifanwendungen. Mit dem nun geschaffenen System können Innen- und Außenschleifscheiben in derselben Maschine ohne Umrüstarbeiten am gleichen Abrichtgerät drahterosiv abgerichtet werden.

Die zentrale Herausforderung bei der Erweiterung des WireDress®-Systems auf Innenschleifanwendungen ist die Gestaltung einer effizienten Stromführung. Im Sinne eines performanten Erodierprozesses ist beim verwendeten Generatortyp eine möglichst kleine Spaltschleife anzustreben. Die Spaltschleife beschreibt die Fläche, die der Stromfluss nach Aufteilung der Pole bis zur Entladungsstelle umschließt. Der Aufbau des Systems ist in **Bild 3** dargestellt. Das grundlegende Funktionsprinzip ist identisch mit dem Beschrieb im vorangegangenen Kapitel: Die rotierende Innenschleifscheibe wird unmittelbar vor dem Erodierdraht positioniert und die Prozesszone mit Schleiföl gespült.

Sobald eine Entladung startet, fließt Strom vom Erodierdraht durch einen sich bildenden Plasmakanal in die elektrisch leitfähige Schleifscheibenbindung und trägt hier Material ab. Von dort aus wird der Strom durch den Innenschleifdorn

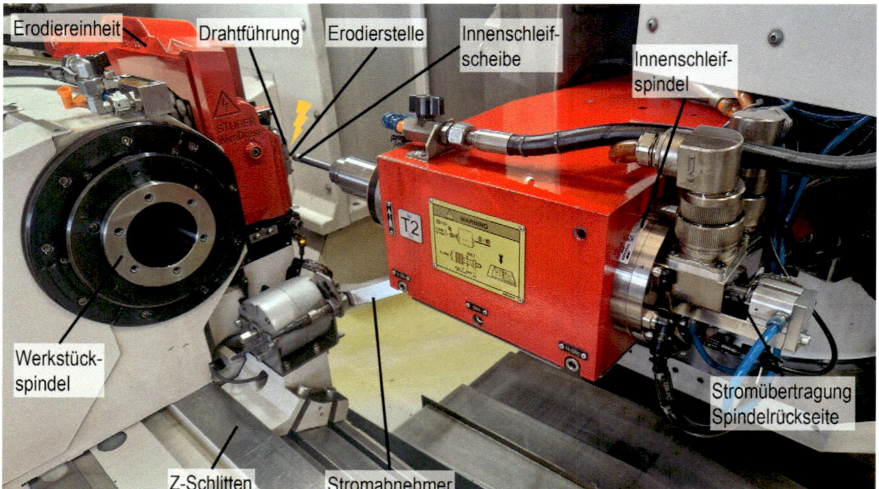

Bild 3: Aufbau des drahterosiven Abrichtsystems WireDress® für Innenschleifanwendungen

in die rotierende Spindelwelle geleitet. An der Rückseite der Schleifspindel befindet sich eine neu entwickelte Schnittstelle, mit deren Hilfe der Strom von der rotierenden Spindelwelle auf eine stehende Kontakteinheit übertragen wird. Eine wesentliche Schwierigkeit besteht hier aus der Kombination von hohen Drehzahlen (aktuell bis 60.000 min^{-1}) und dem Leistungsspektrum des zu übertragenden Hochfrequenzstroms (450 A, 100 kHz) sowie der gleichzeitigen Sicherstellung einer hohen Lebensdauer unter rauen Umgebungsbedingungen im Maschineninnenraum. Herkömmliche Strom-Drehdurchführungen können diese Kombination nicht abdecken.

Eine Reduktion der Abrichtdrehzahl würde die Lösungsfindung hier erheblich vereinfachen; allerdings ist dies aus schleiftechnologischer Sicht nachteilig. Durch eine Absenkung der Abrichtdrehzahl gegenüber der Schleifdrehzahl wird das thermische Gleichgewicht der Spindel gestört. Beim anschließenden Schleifen erwärmt sich die Spindel erneut, was eine unerwünschte Verlagerung des Schleifwerkzeugs in Längsrichtung verursachen kann.

Von der Stromübertragung an der Spindelrückseite wird der Strom zu einem schwenkbaren Stromabnehmer weitergeleitet, welcher unmittelbar neben der Abrichteinheit auf dem Z-Schlitten angeordnet ist. Dieser Abnehmer wird verwendet um, wie eingangs erwähnt, die Spaltschleife möglichst kurz zu halten und den Strom auf möglichst direktem Wege zurück zur Erodiereinheit zu leiten. Würde der Erodierstrom von der Spindelrückseite aus mit den bereits für andere Medien verlegten Energieführungsketten zurück zur Erodiereinheit geleitet, würde eine sehr große Spaltschleife entstehen, mit der kein performanter Erodierprozess möglich wäre. Die hochfrequenten Impulse des Erodierstroms würden übermäßig stark abgeflacht. Ferner wäre mit größeren elektro-magnetischen Störanregungen zu rechnen (EMV-Probleme). Der Stromabnehmer erlaubt eine relative Bewegung zur Schleifspindel in horizontaler Raumrichtung, sodass Schleifscheiben mit unterschiedlichem Durchmesser und Dornlängen ohne Umrüsten abgerichtet werden können.

4. Leistungsmerkmale und Anwendungsbeispiele

Aktuell ist das System für Maschinenkonfigurationen mit bis zu zwei Innenschleifspindeln sowie gleichzeitig ein bis zwei Außenschleifspindeln konzipiert. Das drahterosive Abrichten der verschiedenen Innen- und Außenschleifwerkzeuge ist dabei ohne Umrüsten des Abrichtgeräts möglich. **Bild 4** zeigt beispielhafte Profile von Innenschleifscheiben, die mit dem WireDress®-System abgerichtet wurden. Ein essenzieller Vorteil des draht-erosiven Abrichtens ist, dass mit einem universellen Abrichtwerkzeug (Draht) eine sehr große Vielfalt an Scheibenprofilen erzeugt werden kann. Insbesondere zeichnet sich das System durch die hohen zu erreichenden Aspektverhältnisse aus (Bild 4, links). An der Schleifscheibe können Innenradien bis minimal R = 0,15 mm erzielt werden.

Bild 4: Beispielhafte Innenschleifscheiben; profiliert mit dem WireDress®-Verfahren

Innenschleifscheiben bis 80 mm Außendurchmesser können problemlos abgerichtet werden. Größe Außendurchmesser sind nach Prüfung und Einhaltung der zulässigen Schleifscheiben-Umfangsgeschwindigkeit ebenfalls möglich. Nach unten gibt es keine Durchmessergrenze der Schleifstifte (vergleiche Bild 4, Mitte). Es können Innenschleifdorne mit Längen zwischen 20 und 230 mm in einem Aufbau abgerichtet werden. Darüber hinaus ist die Verwendung von noch längeren Schleifdornen durch Verschieben des Stromabnehmers möglich. Das System wird aktuell bis zu einer Abrichtdrehzahl von 42.000 min^{-1} eingesetzt. Die Erweiterung auf 60.000 min^{-1} (perspektivisch 90.000 min^{-1}) ist in Umsetzung. Zu beachten ist, dass die Drehzahl auch beim Abrichten stets durch die zulässige Grenzdrehzahl des Innenschleifdorns limitiert ist. Eine weitere Randbedingung besteht darin, dass das Verfahren nur mit elektrisch leitfähigen Scheibenbindungen und Schleifdornmaterialien funktionsfähig ist. In vielfältigen Schleifprozessen konnte belegt werden, dass Metallokeramik-Bindungen sowie Kunstharzbindungen unter Zusatz von leitfähigen Partikeln mit den gleichen Parametern abgerichtet werden können.

Ein elementarer Vorteil des Verfahrens gegenüber dem mechanischen Abrichten, insbesondere bei Innenschleifapplikationen, ist die Tatsache, dass das WireDress®-Verfahren berührungslos arbeitet und damit während des Abrichtens keine Krafteinwirkung auf den Innenschleifdorn erfolgt. Dieser Vorteil eröffnet neue technologische Möglichkeiten beim Innenschleifen hinsichtlich der Verwendung von langen und schlanken Innenschleifdornen. Eine exemplarische Schleifanwendung, die diesen Vorteil verdeutlicht, ist das Innenschleifen von Verdichterwellen beziehungsweise ihrer Lagerhülse im Bereich der Wasserstoff-Nutzung (Brennstoffzelle) (s. **Bild 5**). Diese Lagerhülsen bestehen häufig aus schwer zerspanbaren Werkstoffen wie Hartmetall oder Si_3N_4-Keramiken. In dem hier gezeigten Beispiel wird ein schlanker Schleifdorn (Ø = 10 mm, 130 mm lang) verwendet, um die Bohrung über die gesamte Tiefe von einer

Bild 5: Beispiel-Applikation 1: Innenschleifen einer Vollhartmetall-Lagerhülse

Seite aus auszuschleifen. Ein mechanisches Abrichten erweist sich aufgrund der nicht beherrschbar großen Abdrängung des Schleifdorns durch Prozesskräfte während des Abrichtens als unmöglich. Die Schleifversuche mit einer mit dem WireDress®-Verfahren abgerichteten Schleifscheibe waren hingegen erfolgreich. Die Schleifscheibe konnte ohne Abdrängung abgerichtet werden und die geforderten geometrischen Toleranzen sowie Oberflächentoleranzen eingehalten werden. Durch die Bearbeitung mittels Innenschleifen kann das sonst übliche und zeitaufwändige Drahterodieren mit anschließendem Honen ersetzt werden.

Neben dem kraftfreien Abrichten zeichnet sich das WireDress®-Verfahren ferner durch die Reduktion der Schleifkräfte aus. Aufgrund des großen Kornfreistandes, der an der Schleifscheibe erzielt wird, verbessern sich die Kühlung und die Schmierung und der Späneabtransport wird erleichtert. Infolgedessen reduzieren sich die Abdrängung filigraner Werkstücke sowie die der Innenschleifwerkzeuge während des Schleifprozesses. [3]

Eine weitere Beispiel-Applikation, die das Leistungsvermögen der WireDress®-Technologie bei Innenschleif-Anwendungen unterstreicht, ist die hochproduktive Hartfeinbearbeitung von Präzisions-Kugelgewindemuttern. **Bild 6** zeigt einen Aufbau zum Schleifen einer solchen Mutter für eine Automobil-Servolenkung. Aufgrund der hohen Stückzahlen im Automobilbereich und den damit verbundenen hohen Ansprüchen an die Produktivität bietet sich hier der Einsatz von

Bild 6: Beispiel-Applikation 2: Innengewindeschleifen einer Kugelgewindemutter (Schnittmodell)

metallisch-gebundenen Schleifscheiben besonders an. Zur Erfüllung dieser Anforderungen wurde ein zweistufiger Schrupp-Schlicht-Prozess gewählt. Ein signifikanter Vorteil des WireDress®-Verfahrens bei dieser Anwendung ist, dass das Abrichten in der Schleifmaschine bei Schleifdrehzahl erfolgt und die Spindel somit stets in einem thermischen Gleichgewicht betrieben werden kann. Beim Schleifen von Gewinden ist dieses Gleichgewicht der Innenschleifspindel entscheidend für die Prozessstabilität, da sich eine thermisch bedingte Längsdehnung der Spindel direkt in der Steigungstreue des geschliffenen Gewindes

Tabelle 1: Übersicht der vorgestellten Schleifapplikationen

	Applikation 1: Lagerhülse-Verdichterwelle	**Applikation 2: Kugelgewindemutter**
Werkstoff	WC-Hartmetall	Gehärteter Stahl
Schleifscheibe Schruppen Schlichten	 D91 M (Ø = 12 x 10) D30 M (Ø = 12 x 10)	 B91 M (Ø = 18 x 6) B22 M (Ø = 18 x 6)
Schleifdorn	Stahl Ø = 10 x 130	Stahl: Ø = 18 x 112
Oberflächengüte	*Ra* = 0,1 µm	*Ra* = 0,05 µm
KSM	Schleiföl (GTL)	Schleiföl (GTL)

abbildet. Ein Wechsel des Schleifwerkzeugs, wie es bei der Verwendung von externen Abrichtmaschinen nötig ist, stört dieses thermische Gleichgewicht und wirkt sich demzufolge spürbar negativ auf die Prozessstabilität aus. Eine Übersicht der wichtigsten Daten der beiden vorgestellten Schleifapplikationen ist **Tabelle 1** zu entnehmen.

Wie beschrieben, können am gleichen Abrichtgerät Außen- und Innenschleifscheiben abgerichtet werden. Dies eröffnet die Möglichkeit, das Leistungsvermögen von metallgebundenen Diamantscheiben bei kombinierter Innen- und Außenbearbeitung auszunutzen. Ein Beispiel hierfür ist die Schleifbearbeitung von Hochleistungslagerringen aus Si_3N_4-Keramik. In einer Aufspannung ist das Schruppen und Schlichten von Innen- und Außendurchmesser möglich.

5. Vergleich mit bisherigen vorhandenen Bearbeitungsstrategien

Aus den beschriebenen Merkmalen der WireDress®-Technologie lassen sich diverse Vorteile im Vergleich zu bisherigen Schleif- und Abrichtstrategien ableiten.

Da die WireDress®-Technologie für das Abrichten aller elektrisch-leitfähigen Bindungssysteme geeignet ist, können grundsätzlich die schleiftechnologischen Vorzüge metallisch-gebundener Schleifscheiben voll ausgeschöpft werden. Dazu zählen u. a. die exzellente Formstabilität, eine hohe Kornhaltekraft und die Wärmeleitfähigkeit sowie die Temperaturbeständigkeit. [4]

Gegenüber dem mechanischen Abrichten metallisch-gebundener Schleifscheiben, beispielsweise mit einer SiC-Schleifscheibe, bietet das drahterosive Abrichten zahlreiche signifikante Vorteile:

- Großer Kornfreistand; daraus resultierend exzellent schnittige Schleifscheibe
- Erheblich größere Materialabtragsleistung beim Abrichten
- Komplexe Scheibenprofile mit großen Aspektverhältnissen realisierbar
- Ein universelles Abrichtwerkzeug für alle Schleifscheibenprofile
- Keine Genauigkeitseinbußen durch Verschleiß am Abrichtwerkzeug
- Querkraftfreies Abrichten; insbesondere bei schlanken Innenschleifdornen sehr relevant.

Die oben gennannten Vorteile sind allgemein gültig für drahterosiv abgerichtete Schleifscheiben, unabhängig davon, ob das Abrichten maschinenintegriert oder in einer externen Abrichtmaschine erfolgt. Gegenüber dem erosiven Abrichten in einer externen Abrichtmaschine bietet die maschinenintegrierte WireDress®-Technologie weitere entscheidende Vorteile: In üblichen externen Abrichtmaschinen wird der Erodierdraht über eine relativ lange Distanz (> 100 mm) frei gespannt. Dies ist dem Umstand geschuldet, dass die meisten Abrichtmaschinen auf Basis von Universal-Drahterosionsmaschinen konzipiert werden und die Drahtführung nicht an die speziellen Anforderungen beim Abrichten von Schleifscheiben angepasst werden. Demgegenüber ist die Drahtführung des WireDress®-Systems speziell auf die Gegebenheiten beim Abrichten von Schleifscheiben optimiert. Die frei gespannte Länge des Erodierdrahts beträgt hier nur wenige Millimeter. Durch die bessere Führung werden die Abdrängung des Drahts und damit die Genauigkeit und Profiltreue an der abzurichtenden Schleifscheibe erheblich verbessert. Bei Vergleichsmessungen am Beispiel einer Innenschleifscheibe für die Bearbeitung gotischer Gewindeprofile wurde mit dem WireDress®-Verfahren im Mittel eine dreifach bessere Profiltreue erreicht als mit einer externen Abrichtmaschine [5].

Die Vergleichsversuche mit einer externen drahterosiven Abrichtmaschine haben neben der verbesserten Präzision auch eine deutlich gesteigerte Produktivität gezeigt. Die Prozesszeit zum Erstprofilieren einer Gewindeschleifscheibe (Ø = 150 x 6 mm) konnte mit dem WireDress®-System um 70 % reduziert werden. Beim Nachprofilieren konnte sogar 90 % Abrichtzeit eingespart werden (vgl. **Bild 7**). Wesentliche Voraussetzungen für die hohe Abtragsleistung sind die hohe Stromstärke, der verhältnismäßig dicke Draht und die hohe Abrichtdrehzahl, welche die Spülung der Funkenzone deutlich verbessert.

In externen drahterosiven Abrichtmaschinen befindet sich die Schleifscheibe in einem Bad aus Dielektrikum. U. a. aufgrund der sonst auftretenden Fluid-Turbulenzen ist die Abrichtdrehzahl deutlich geringer als die Schleifdrehzahl. Insbesondere bei Innenschleifanwendungen resultiert hieraus eine große Drehzahl-Differenz, die einen limitierenden Faktor für die erreichbare Genauigkeit darstellt.

Mit der Verwendung einer externen Abrichtmaschine gehen unumgänglich einige praktische Nachteile einher: So ist stets ein Werkzeugwechsel zwischen

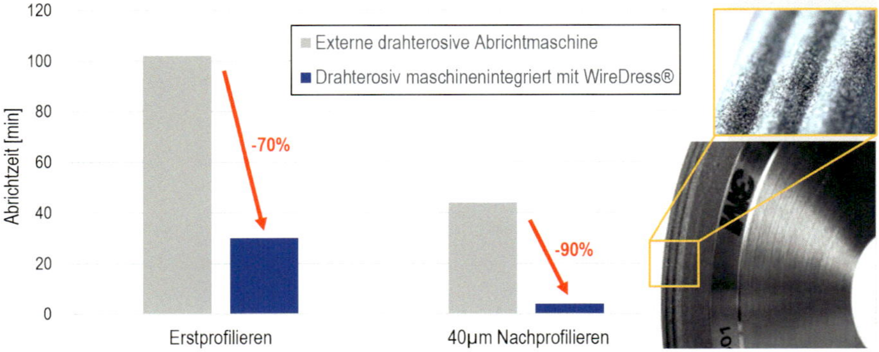

Bild 7: Produktivitätssteigerung durch WireDress®-Technologie gegenüber konventionellem drahterosivem Abrichten; Schleifscheibe: Ø = 150 x 6 mm D46, Foto rechts nach [6]

Abrichten und Schleifen notwendig, der trotz guter Wiederholgenauigkeit der Werkzeugschnittstelle bei Hochpräzisionsanwendungen zu unzulässig großen Abweichungen führen kann. Der Werkzeugwechsel bringt darüber hinaus zusätzlichen logistischen Aufwand und Rüstzeiten mit sich. Während des Werkzeugwechsels steht die Schleifmaschine still, sodass das thermische Gleichgewicht gestört ist, was die Prozessstabilität weiter negativ beeinflusst.

6. Zusammenfassung und Ausblick

Die maschinenintegrierte drahterosive Abrichttechnologie WireDress® bietet die Möglichkeit, das umfangreiche Leistungsvermögen von elektrisch leitfähigen, hochfestgebundenen Schleifscheiben voll auszunutzen. Durch das berührungslose und damit verschleiß- und querkraftfreie Abrichten können vor allem bei Innenschleifanwendungen bisher nicht machbare Aufgaben gelöst werden. In Kombination mit der Möglichkeit, komplexeste Profile mit Schleifdrehzahl präzise innerhalb der Maschine abzurichten, bietet die Technologie die Möglichkeit, Werkstücke, die heute nicht mittels Innenschleifen bearbeitet werden können, in Zukunft prozesssicher herzustellen.

Für die Zukunft wird eine weitere Steigerung der möglichen Abrichtdrehzahl auf bis zu 90.000 min^{-1} angestrebt. Des Weiteren bietet die gewachsene Erfahrung mit abrichtbaren Bindungstypen interessante technologische Möglichkeiten. Neben reinen Sinter-Metallbindungen können keramische Bindungen und Kunstharzbindungen durch den Zusatz von elektrisch leitfähigen Partikeln nutzbar gemacht werden.

Literatur

[1] Klotz, M.: Elektroerosives Draht-Abrichten von metallisch gebundenen Schleifscheiben. In: Hoffmeister, H.-W.; Denkena, B.: Jahrbuch Schleifen, Honen, Läppen und Polieren. 68. Ausgabe, Vulkan-Verlag GmbH, Essen, 2018

[2] Weingärtner, E.: On-machine wire electrical discharge dressing of metal bonded grinding wheels. Dissertation, ETH Zürich, Schweiz, 2013

[3] Weingärtner, E.; Wegener, K.; Kuster, F.: Applying wire electrical discharge dressing (WEDD) to improve grinding performance of metal bounded diamond wheels. In: CIRP Annals – Manufacturing Technology, 2012

[4] Noichl, H.: Hochleistungsschleifen von Hartmetall. Neue Generation von metallisch gebundenen Diamantschleifscheiben. In: 9. Moderne Schleiftechnologie und Feinstbearbeitung, Stuttgart, 2012

[5] Fiebelkorn, F.: Schleiftechnologie als Schlüssel für die Zukunftsbranchen. Tagungsbeitrag, Schleiftagung Fellbach, 2025

[6] Mitsubishi Electric Europe B.V. (Hrsg.): CBN- und Diamantschleifscheiben erosiv abrichten. Broschüre, 2019

Entwicklung von miniaturisierten Messsystemen zur Erfassung der Kontaktkraft und Werkstückbeschleunigung beim ungeführten Vibrationsgleitschleifen

Fabian Brüssel, Peter Breuer, Sebastian Prinz, Thomas Bergs

Die zunehmende Nachfrage nach flexiblen und resilienten Produktionssystemen – beispielsweise infolge des Wandels zur Elektromobilität – stellt Hersteller von Präzisionswerkzeugen aus Hartmetall vor neue Herausforderungen. Um langfristig wirtschaftlich konkurrenzfähig zu bleiben, ist eine wissensbasierte Auslegung der Fertigungsprozesse zunehmend unerlässlich. Ein etabliertes Fertigungsverfahren zur Oberflächenbearbeitung solcher Präzisionswerkzeuge ist das ungeführte Vibrationsgleitschleifen (VGS). Die wissensbasierte Prozessauslegung erfordert jedoch ein detailliertes Verständnis der Ursache-Wirkungs-Zusammenhänge zwischen Prozesseingangsgrößen, wie der Drehzahl des Unwuchtmotors, den Unwuchtmassen, Werkstoff- und Schleifkörperspezifikationen, sowie den angestrebten Prozessergebnisgrößen, beispielsweise Kantenverrundung und Oberflächengüte. Eine fundierte Erklärung der genannten Ursache-Wirkungs-Zusammenhänge ist nur unter Einbeziehung sogenannter Prozesszustandsgrößen wie der Kontaktkraft und der Werkstückbeschleunigung möglich. Um diese während der Bearbeitung zu erfassen, werden die Messsysteme zusammen mit dem Werkstück in den Arbeitsbehälter eingetaucht und ungeführt bearbeitet. Bisher verfügbare Messsysteme sind jedoch meist größer und schwerer als viele der im VGS eingesetzten Werkstücke, was die Bewegung im Schleifkörpermedium verändert und zu verfälschten Messergebnissen führt. Zudem fehlt häufig die Integration werkstoffspezifischer Schnittstellen, wodurch die werkstoffabhängigen Wechselwirkungen an der Bauteiloberfläche nicht adäquat erfasst werden können. Deswegen wurden in dieser Arbeit zwei miniaturisierte Messsysteme entwickelt, die dazu dienen, die Kontaktkraft zwischen Schleifkörpern und Werkstück sowie die Werkstückbeschleunigung und -lage während des Prozesses für industrieübliche Werkstückgrößen zu erfassen. Das hier vorgestellte Kraftmesssystem integriert daher eine Kontaktplatte aus dem zu bearbeitenden Werkstoff, um eine prozessnahe Kraftübertragung und Einflüsse der Prozesszustandsgrößen auf den Werkstoff berücksichtigen zu können. Die entwickelten Messsysteme bilden eine Grundlage für die wissensbasierte Prozessauslegung und tragen zur Reduzierung des experimentellen Aufwands sowie folglich der Kosten bei.

1. Einleitung

Zu den Industriezweigen, in denen Vibrationsgleitschleifmaschinen zum Einsatz kommen, gehören u. a. die Automobilindustrie, die Medizintechnik sowie die Luft- und Raumfahrtbranche [1]. In diesen Bereichen werden insbesondere Schneidwerkzeuge bearbeitet, um Grate zu entfernen, Oberflächen zu reinigen und Kanten gezielt zu verrunden [2]. Als bevorzugter Schneid- und Werkzeugwerkstoff kommen dabei Hartmetalle zum Einsatz. Typische Hartmetallbauteile, die mittels ungeführtem Vibrationsgleitschleifen (VGS) nachbearbeitet werden, sind Wendeschneidplatten sowie Stanz- und Umformwerkzeuge [3]. Ein besonderes Potenzial zeigt das Verfahren im Bereich Umformtechnik, wo zunehmend Feinschneidstempel aus Hartmetall entwickelt werden, um das Feinschneiden hochfester Bleche durch verlängerte Werkzeugstandzeiten wirtschaftlich zu gestalten [4]. Die Anforderungen an die Schneidkante werden dabei insbesondere über die Kantenverrundung oder Oberflächenqualität definiert, doch blieb die gezielte Einstellung dieser Mikrogeometrie bislang weitgehend unerforscht [1]. Insgesamt ist eine deutliche Zunahme der Nachfrage nach diesem Verfahren zu verzeichnen [5]. Ein wesentlicher Vorteil des Vibrationsgleitschleifens liegt in der Möglichkeit zur simultanen Bearbeitung mehrerer Werkstücke. Darüber hinaus weist das Verfahren eine hohe Reproduzierbarkeit der erzielten Prozessergebnisse auf [6]. Zudem stellen die vergleichsweise geringen Investitionskosten für die erforderlichen Maschinen einen ökonomischen Vorteil dar [7]. Ein wesentlicher Nachteil des Vibrationsgleitschleifens liegt in der Notwendigkeit kosten- und zeitintensiver Vorversuche zur Prozessauslegung. Diese Versuche sind erforderlich, um die geeigneten Prozessparameter für spezifische Werkstückgeometrien und Anforderungen zu ermitteln. Diese kosten- und zeitintensiven Vorversuche zur Auslegung des Vibrationsgleitschleifprozesses können durch eine wissensbasierte Prozessauslegung weitgehend entfallen. Voraussetzung dafür ist jedoch ein tiefgehendes Verständnis der wesentlichen Einflussgrößen und ihrer Ursache-Wirkungs-Zusammenhänge. Entscheidend sind hierbei die Prozesszustandsgrößen, insbesondere die Kontaktkraft F_k zwischen Schleifkörper und Werkstück sowie die Werkstückbeschleunigung a_w während der Bearbeitung. Dies demonstrierte bereits Brocker mithilfe eines speziell entwickelten Messsystems [8]. Lachenmaier untersuchte in seiner Arbeit ebenfalls den ungeführten Vibrationsgleitschleifprozess anhand der Prozesszustandsgrößen Kontaktkraft F_k und Werkstückbeschleunigung a_w. Diese nutzte er zur modellbasierten Prognose und Optimierung von Prozess- und Ergebnisgrößen im ungeführten Vibrationsgleitschleifen, indem er Korrelationen zwischen den Prozesszuständen und den resultierenden Werkstückkennwerten ableitete [9]. Neuere Ansätze von Wang et al. zeigten darüber hinaus die Validierung eines dreiachsigen kabellosen Kraftmesssystems für Vibrationsgleitschleifmessungen [10]. Zur Bestimmung der kinematischen Zustandsgrößen – Geschwindigkeit und Beschleunigung von Werkstück und Schleifmittel – wurden auch Bildverfolgungs- und Laser-CCD-Methoden eingesetzt [11]. Uhlmann et al. wendeten kleine, kugelförmige Schleifkörper an und erfassten ebenfalls die Prozesszustandsgrößen Kontaktkraft F_k und Werkstückbeschleunigung a_w. Hier wurde aber ein robotergeführter Schleppschleifprozess verwendet [12]. Insgesamt basieren alle vorangegangenen Arbeiten zur messtechnischen Erfassung der Prozesszustandsgrößen im Vibrationsgleitschleifen überwiegend auf groß dimensionierten Messsystemen und Versuchskörpern. Diese großvolumigen Aufbauten ermöglichen zwar eine grundlegende Untersuchung der physikalischen Wechselwirkungen, bilden jedoch die realen industriellen Einsatzbedingungen, insbesondere bei der Schneidkantenpräparation kleiner Hartmetallpräzisionswerkzeuge mit komplexer Geometrie, nicht adäquat ab. Die Einleitung und die Übertragung der Kraft sind zudem abhängig von dem verwendeten Werkstoff. Hier fehlt in bisherigen Ansätzen die systematische Integration der Werkstoffeigenschaften als zentrale Schnittstelle. Gerade die Berücksichtigung der spezifischen Werkstoffparameter ist jedoch entscheidend, um die erfassten Prozesszustandsgrößen – wie Kontaktkraft F_k und Bewegungsgrößen – mit den resultierenden Prozessergebnisgrößen, etwa der Kantenverrundung oder Oberflächenqualität, kausal verknüpfen und erklären zu können. Für die Erfassung dieser Prozesszustandsgrößen unter realen Bearbeitungsbedingungen, insbesondere bei kleinen Hartmetallpräzisionswerkzeugen, sind robuste, modulare Messsysteme unerlässlich. Daher wurden in dieser Arbeit zwei modulare Messsysteme entwickelt, um die Ursache-Wirkungs-Zusammenhänge zwischen Prozesseingangsgrößen, insbesondere der Werkstückgeometrie, und den Prozessergebnisgrößen beim ungeführten Vibrationsgleitschleifen von Hartmetall zu erklären.

2. Entwicklung und Konzeption der Messsysteme

Die gezielte Auslegung und Optimierung des ungeführten Vibrationsgleitschleifens bei der Schneidkantenpräparation von Hartmetallpräzisionswerkzeugen setzt ein detailliertes Verständnis der Prozesszustandsgrößen voraus. Insbesondere die Kontaktkraft F_k zwischen Schleifkörpern und Werkstück sowie die Werkstückbeschleunigung a_w während der Bearbeitung sind entscheidende Einflussgrößen, die direkt auf die Prozessergebnisgrößen Kantenverrundung und Oberflächenqualität wirken. In der Fachliteratur wurde zwar die Relevanz dieser Zustandsgrößen bereits mehrfach betont, doch die messtechnische Erfassung unter realen Prozessbedingungen, insbesondere bei kleinen Werkstücken mit Abmessungen von wenigen Millimetern, ist bislang nur unzureichend realisiert worden. Vorliegende Messsysteme zur Erfassung der Kontaktkraft F_k und der Werkstückbeschleunigung a_w weisen im Vergleich zu den typischen VGS-Werkstücken häufig deutlich größere Abmessungen und höhere Massen auf. Dies führt zu verfälschten Messergebnissen, da die Gesamt-Systemdynamik beeinflusst wird [13]. Darüber hinaus wird in den meisten Messsystemen die

Kraft über einen einphasigen Werkstoff in den Kraftmesssensoren eingeleitet. Hingegen erzeugt WC-Co-Hartmetall als zweiphasiger Verbundwerkstoff aufgrund seiner Mikrostruktur heterogene Spannungsfelder und wechselnde Krafteinleitungen. Finite-Elemente-Analysen belegen, dass die Krafteinleitung in WC-Co entscheidend von der Verteilung und der Form der Kobalt- und Karbidphase abhängt und nur durch eine entsprechende sensorbauteilspezifische Kontaktplatte repräsentativ erfasst werden kann [14]. Deshalb wurde ein piezoelektrisches Kraftmesssystem zur Erfassung der Kontaktkraft F_k sowie ein kabelloses Beschleunigungsmesssystem zur Messung der Werkstückbeschleunigung a_w und -lage entwickelt. Die Entwicklung der Messsysteme erfolgte unter Berücksichtigung strenger Anforderungen bezüglich Größe und Messgenauigkeit, die in den folgenden Abschnitten detailliert erläutert werden.

2.1 Spezifikation und Anforderungen an das Kraftmesssystem

Die Kontaktkraft F_k zwischen Schleifkörpern und Werkstück ist eine wesentliche Prozesszustandsgröße, die direkten Einfluss auf die Werkstoffzerspanung und die resultierende Oberflächenqualität nimmt. Aus vorangegangenen Studien ist bekannt, dass die maximalen Kräfte auf das Werkstück im ungeführten VGS im niedrigen zweistelligen Newtonbereich liegen [15]. Um diese Kräfte mit hoher Genauigkeit erfassen zu können, muss das Messsystem entsprechend empfindlich und gleichzeitig robust gegenüber den rauen Prozessbedingungen sein. Dazu wird der Kraftsensor mit einer Vorspannkraft beaufschlagt, die mindestens das Dreifache der maximal zu erwartenden Prozesskraft beträgt. Dies stellt sicher, dass der Sensor unter allen Betriebsbedingungen in einem druckbelasteten und damit linearen Arbeitsbereich verbleibt und die Kraftübertragung von der Kontaktplatte zum Sensor jederzeit gewährleistet ist. Für eine angenommene maximale Prozesskraft von $F_{k,max}$ = 100 N resultiert eine empfohlene minimale Vorspannkraft von $F_{spann,min}$ = 300 N. Unter Berücksichtigung dieser minimalen Vorspannung $F_{spann,min}$ und der maximalen Prozesskraft $F_{k,max}$ folgt ein erforderlicher minimaler Messbereich von $F_{mess,min}$ = 400 N. Zur Bearbeitung von wenigen Millimeter großen Geometrieelementen wie den Kanten von Hartmetall-Wendeplatte oder Stanz- und Umformwerkzeugen im VGS [3] stellt die Miniaturisierung des Messsystems eine besondere Herausforderung dar. Die Gehäuseabmessungen sollen näherungsweise Analogiebauteilen, wie einer Wendeschneidplatte, einem Schneidstempel oder einer Schneidbuchse, entsprechen, um den Einbau in die reale Prozessumgebung zu ermöglichen. Das Kraftmesssystem muss möglichst kompakt und leicht sein, um die dynamischen Prozessbedingungen nicht zu verändern. Ferner ist eine dem untersuchten Werkstückwerkstoff entsprechende, austauschbare Schnittstelle zwischen Messsystem und Schleifkörpern erforderlich, die die Übertragung der Kontaktkraft F_k realitätsnah abbildet und damit den Einfluss verschiedener Hartmetallspezifikationen darstellen kann.

2.2 Konstruktion und Realisierung des piezoelektrischen Kraftmesssystems

Basierend auf diesen Anforderungen wurde ein miniaturisiertes piezoelektrisches Messsystem konzipiert (**Bild 1**), welches in ein Aluminiumgehäuse mit einer Länge von $L = 40$ mm, einer Höhe von $H = 17$ mm und einer Breite von $B = 30$ mm integriert ist. Den Mittelpunkt des Messsystems bildet ein SlimLine-Kraftsensor vom Typ 9130B der Firma Kistler, welcher in ein kompaktes Messgehäuse eingebettet wurde. Der eingesetzte Sensor weist einen Nennmessbereich von $F_{mess} = 3$ kN auf und erfüllt damit die Anforderungen in ausreichendem Maße. Gleichzeitig ermöglicht er eine flexible Nutzung für mögliche zukünftige Anwendungen mit höheren Kraftbelastungen. Die gewählte Vorspannkraft von $F_{spann} = 600$ N gewährleistet eine stabile Druckvorbelastung und verhindert Messfehler infolge von Zugkräften oder einem Nullpunktdrift. Durch das Gehäuse verliert das Messsystem die Möglichkeit der drahtlosen Datenübertragung per Bluetooth. Gleichzeitig war eine lokal integrierte Datenerfassung (Sensor, Logger, Batterie, Datenspeicher, Messverstärker) aufgrund der erforderlichen Größe des miniaturisierten Messsystems nicht umsetzbar. Daher wurde ein kabelgebundener Kraftsensor zur Signalübertragung verwendet. Damit das Kabel aufgrund möglicher Belastungen der Schleifkörper nicht reißt, wurden zusätzlich Halteseile angebracht, um Zugspannungen vom Kabel zu entfernen. Zusätzlich wurde eine weitere Ummantelung um das Kabel als Schutz hinzugefügt. Die austauschbare Kontaktplatte für die Krafteinleitung hatte einen Durchmesser von $d_K = 10$ mm und wurde direkt auf das Vorspannelement des Piezosensors geklebt. Die Kontaktplatte wurde so gestaltet, dass sie bündig mit der Gehäusewand abschließt. Über die Kontaktplatte wird die Kontaktkraft F_k auf einen Piezoquarz übertragen. Dieser erzeugt eine elektrische Ladung, die proportional zur einwirkenden Kraft ist. Die Ladung wird über das fest integrierte

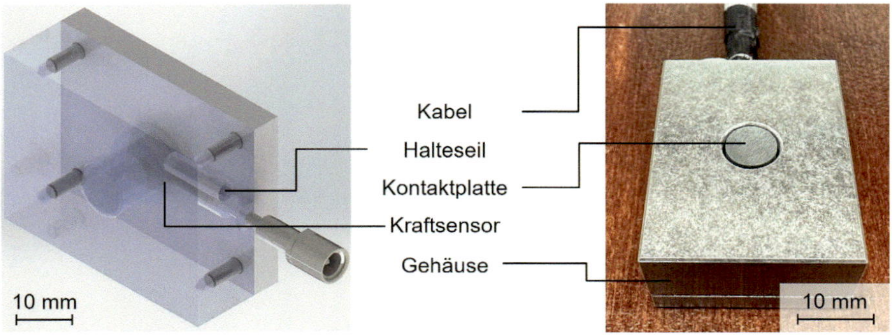

Bild 1: Kraftmesssystem

Kabel an einen Ladungsverstärker weitergeleitet und schließlich durch einen angeschlossenen Messrechner ausgewertet.

2.3 Spezifikation und Anforderungen an das Beschleunigungsmesssystem

Neben der Kontaktkraft F_k sind die Werkstückbeschleunigung a_w und die Winkelgeschwindigkeit ω weitere Prozesszustandsgrößen, die Rückschlüsse auf die Orientierung der Werkstücke im Schleifmedium und somit auf die Materialzerspanung und Oberflächenqualität zulassen. Um die Orientierung und Beschleunigung der Werkstücke im Prozess erfassen zu können, müssen im Beschleunigungsmesssystem mehrere Sensoren integriert sein. Dies entspricht einer inertialen Messeinheit. Eine inertiale Messeinheit umfasst einen Beschleunigungssensor, ein Gyroskop und einen geomagnetischen Sensor. Dadurch wurden folgende Anforderungen an das Beschleunigungsmesssystem abgeleitet: Analog zum Kraftmesssystem muss das Beschleunigungsmesssystem eine Länge von L = 40 mm, eine Höhe von H = 17 mm und eine Breite von B = 30 mm aufweisen, um Größeneinflüsse auszuschließen und einen direkten Vergleich der Prozesszustandsgrößen zu ermöglichen. Durch das Gehäuse verliert das Messsystem ebenfalls die Möglichkeit der drahtlosen Datenübertragung per Bluetooth. Dadurch muss der Sensor die Möglichkeit aufweisen, datenintegriert zu loggen.

2.4 Konstruktion und Realisierung des Beschleunigungsmesssystems

Zur Erfassung der dreidimensionalen Werkstückbewegung wurde ein miniaturisiertes Beschleunigungsmesssystem entwickelt (**Bild 2**). Für die sensorische Erfassung der Beschleunigungsdaten wurde die inertiale Messeinheit vom Typ Meta Motion S der Firma MbientLab eingesetzt. Diese integriert einen BMI270 6-Achsen-Beschleunigungs- und Gyroskopsensor der Firma Bosch, der sowohl

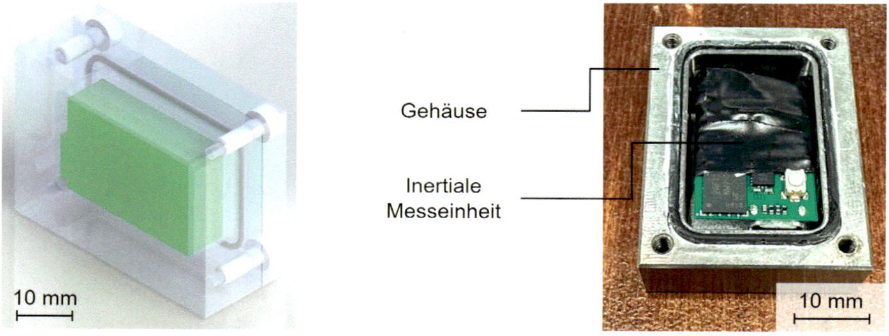

Bild 2: Beschleunigungsmesssystem

die lineare Werkstückbeschleunigung a_w als auch Winkelgeschwindigkeit ω erfassen kann. Zusätzlich ist ein BMM150-3-Achsen-Magnetometer der Firma Bosch integriert, das zur Bestimmung der Orientierung sowie zur Kompensation magnetischer Störungen genutzt wird. Neben den Rohdaten der einzelnen Sensoren steht auch ein 9-Achsen-Sensordatenfusionsalgorithmus der Firma Bosch zur Verfügung, der aus den Beschleunigungs-, Gyroskop- und Magnetfeldmessungen orientierungsbezogene Größen wie die Eulerwinkel oder Quaternionen ableitet. Eulerwinkel und Quaternionen sind mathematische Beschreibungsformen zur Darstellung von Rotationen und Orientierungen im dreidimensionalen Raum; während Eulerwinkel eine anschauliche, auf aufeinanderfolgenden Achsrotationen basierende Darstellung ermöglichen, bieten Quaternionen eine kompaktere, recheneffiziente und singularitätsfreie Alternative [16]. Die maximal mögliche Abtastfrequenz bei der Aufnahme der Eulerwinkel oder Quaternionen liegt bei f_{EQ} = Hz.

3. Methodik zur Auswertung der Messergebnisse

Zur Erläuterung der Methodik zur Auswertung der Messergebnisse wurde ein Test mit den beiden Messsystemen auf einer Vibrationsgleitschleifmaschine vom Typ Rundvibrator R125 der Firma Rösler Oberflächentechnik GmbH durchgeführt. Als Schleifmittel wurden keramisch gebundene Schleifkörper vom Typ RMB/D1 8 G, ebenfalls von der Firma Rösler Oberflächentechnik GmbH, verwendet. Dieser kugelförmige Schleifmitteltyp hat einen Durchmesser von d_{sk} = 8 mm und ist für das Vibrationsgleitschleifen geeignet. Als Versuchspunkt wurden eine Unwuchtmotordrehzahl von N_u = 1.800 U/min, eine obere Unwuchtmasse von m_o = 4,25 kg, eine untere Unwuchtmasse von m_u = 4,25 kg und ein Unwuchtversatzwinkel von α = 90 gewählt. Die Versuchszeit betrug t_V = 240 s. In Voruntersuchungen wurde festgestellt, dass das Messsystem innerhalb von t_V = 25 s mindestens einen Umlauf um den Mitteldom des Arbeitsbehälters vollzieht. Beim Kraftmesssystem lag die Abtastfrequenz bei f_K = 10 kHz und beim Beschleunigungsmesssystem bei f_B = 100 Hz.

3.1 Kraftmesssystem

Für die Auswertung der Messergebnisse der Kontaktkraft zwischen Schleifkörpern und Werkstück wurde das werkstückintegrierte Kraftmesssystem vor dem Versuchsbeginn zunächst ausgerichtet, sodass die Kontaktplatte in Axialrichtung, d. h. in Richtung der Welle des Unwuchtmotors, zeigte. Im Anschluss wurde die Datenaufzeichnung gestartet und das Messsystem im Arbeitsbehälter platziert. Der Arbeitsbehälter der Vibrationsgleitschleifmaschine befand sich zu diesem Zeitpunkt im eingeschwungenen Zustand. Nach Beendigung eines Versuchs wurde das Messsystem in die Ausgangsposition gebracht und die Messung beendet. Anhand des Ausrichtens und der damit einhergehenden Leerlaufwerte wurden bei der Versuchsauswertung der Kraftmessschriebe ein Offset und ein temperaturbedingter Drift in Normalrichtung korrigiert. Temperaturbedingte Drifts traten aufgrund des Temperaturunterschieds zwischen der Umgebungsluft und der Schüttung sowie der Abwärme der elektronischen Komponenten des Messsystems auf. Beim ungeführten Vibrationsgleitschleifen traten im Kontakt zwischen Schleifkörpern und Werkstück keine Zugkräfte auf. Jedoch wurden neben den zu erwarteten Druckkräften mit dem Kraftmesssystem auch Zugkräfte gemessen. Brocker stellte diese Zugkräfte in seinen Untersuchungen ebenfalls fest. Während die Druckkräfte auf die Einschläge der Schleifkörper auf die Kontaktplatte zurückgeführt wurden, begründete er die Zugkräfte mit einer periodischen Anregung einzelner Komponenten infolge von deren Massenträgheit [8]. Aus diesem Grund wurden die Zugkraftanteile in dieser Arbeit bei der Auswertung nicht berücksichtigt. Die aufgezeichneten Kraftmessschriebe wurden dann hinsichtlich des 95. Perzentils ausgewertet. Perzentile sind statistische Maßzahlen, die eine Datenmenge in 100 gleich große Teile aufteilen. Sie zeigen, welcher Prozentsatz der Werte einer Verteilung unterhalb eines bestimmten Wertes liegt. Der Grund für die Auswertung des 95. Perzentils waren zufällige, vereinzelt auftretende Kraftspitzen in den Messschrieben, die nicht auf den Prozess selbst zurückzuführen waren. Diese wurden bereits in den Untersuchungen von Klocke et al. [15] und Lachenmaier nachgewiesen [9]. Für die Auswertung der Kraftmessschriebe wurde die Datenverarbeitungssoftware Diadem der Firma National Instruments verwendet. Für den Betrag des Druckkraftanteils der Kontaktnormalkraft ist in **Bild 3** exemplarisch ein Kraftmessschrieb über der Versuchszeit dargestellt. Das 95. Perzentil entspricht hier einem Wert von F_k = 0,41 N.

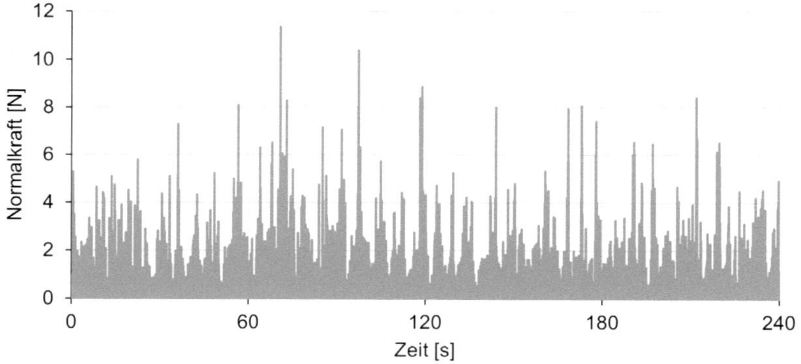

Bild 3: Druckkraftanteil der Kontaktnormalkraft

3.2 Beschleunigungsmesssystem

Für die Auswertung der Messergebnisse der Werkstückbeschleunigung wurden zunächst die Messung und das Loggen auf dem Messsensor gestartet und dieser im Messsystem verbaut. Anschließend wurde das sensorintegrierte Werkstück ausgerichtet, um eine gewisse Orientierung des Sensorsystems vor dem Prozessstart zu gewährleisten und in der Auswertung den Start des eigentlichen Schleifprozesses erfassen zu können. Im Anschluss wurde das Messsystem auf die bewegte Schüttung innerhalb des eingeschwungenen Arbeitsbehälters platziert. Die Orientierung des Sensorsystems zu Beginn eines jeden Versuchs war eine notwendige Voraussetzung für die Transformation des lokalen Koordinatensystems des sensorintegrierten Schleifkörpers auf das globale Koordinatensystem der Versuchsmaschine. Für den Versuchspunkt wurde die Beschleunigung des Messsystems in *x*-, *y*-, und *z*-Richtung bezogen auf das lokale Koordinatensystem des Sensorsystems aufgenommen. In **Bild 4** ist exemplarisch die Beschleunigung des Messsystems in *x*-Richtung dargestellt. Das Gleiche wurde auch für die Winkelgeschwindigkeit aufgenommen. Für eine einheitliche Auswertung der Untersuchung wurde das lokale Koordinatensystem auf ein globales Bezugssystem transformiert (**Bild 5**). Die Transformation zwischen dem lokalen und dem globalen kartesischen Koordinatensystem in *x*-, *y*-, und *z*-Richtung erfolgte für jeden Messwert über eine Rotationsmatrix, die gemäß Formel (1) über die Multiplikation der Rotationsmatrizen R_x, R_y und R_z berechnet wurde. Für die Berechnung der Transformation über die Rotationsmatrix wurden die Euler-Winkel θ_x, θ_y *und* θ_z verwendet. Die Euler-Winkel dienten der Beschreibung der Rotation des sensorintegrierten Schleifkörpers um die entsprechende Achse und wurden vom Sensorsystem zu jedem Messzeitpunkt ausgegeben. In **Bild 6** ist exemplarisch die auf das globale Koordina-

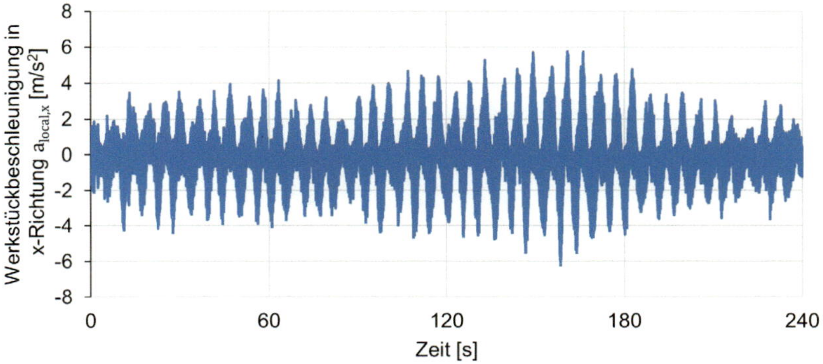

Bild 4: Beschleunigungen in *x*-Richtung im lokalen Koordinatensystem

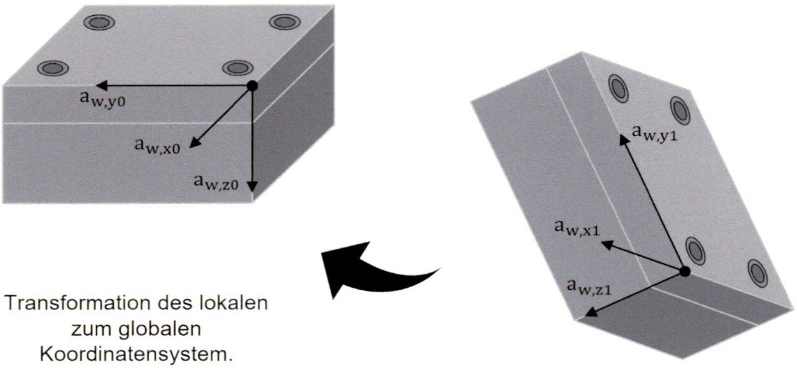

Bild 5: Veränderung des Koordinatensystems während des Gleitschleifens

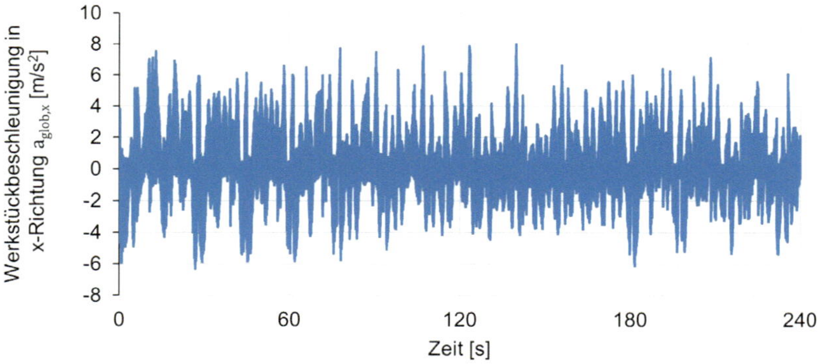

Bild 6: Beschleunigungen in *x*-Richtung im globalen Koordinatensystem

tensystem transformierte Beschleunigung des Messsystems in *x*-Richtung aufgetragen.

$$R = R_z \cdot R_y \cdot R_x \tag{1}$$

mit

$$R_x = \begin{pmatrix} 1 & 0 & 0 \\ 0 & cos(\theta_x) & -sin(\theta_x) \\ 0 & sin(\theta_x) & cos(\theta_x) \end{pmatrix} \tag{2}$$

$$R_y = \begin{pmatrix} cos(\theta_y) & 0 & -sin(\theta_y) \\ 0 & 1 & 0 \\ sin(\theta_y) & 0 & cos(\theta_y) \end{pmatrix} \quad (3)$$

$$R_z = \begin{pmatrix} cos(\theta_z) & -sin(\theta_z) & 0 \\ sin(\theta_z) & cos(\theta_z) & 0 \\ 0 & 0 & 1 \end{pmatrix} \quad (4)$$

Für die Beschleunigung in x-, y- und z-Richtung kann der betragsmäßige Mittelwert herangezogen werden, um sowohl die Beschleunigung in positiver als auch negativer Richtung zu berücksichtigen. Diese betragen $a_{glob,x}$ = 6,53 m/s², $a_{glob,y}$ = 8,07 m/s² und $a_{glob,z}$ = 6,82 m/s².

4. Zusammenfassung und Ausblick

In dieser Arbeit wurden zwei verschiedene Messsysteme für die Kontaktkraft F_k und die Werkstückbeschleunigung a_w beim ungeführten Vibrationsgleitschleifen entwickelt. Folgende Zusammenfassungen können aus dieser Arbeit gezogen werden:

- Beide Messsysteme wurden miniaturisiert entwickelt, um die Ergebnisse auf industrielle Anwendungen direkt übertragen zu können.
- Die entwickelten Messsysteme können in weiteren Untersuchungen zum ungeführten Vibrationsgleitschleifen von WC-Co-Hartmetallwerkstücken eingesetzt werden, um den Einfluss der Messsystemgröße auf die Prozesszustandsgrößen zu ermitteln.
- Die austauschbare Kontaktplatte ermöglicht eine Schnittstelle zur Erklärung der Ursache-Wirkungs-Zusammenhänge zwischen den Prozesseingangsgrößen und den Prozessergebnisgrößen.

Zukünftig können die Sensoren folgendermaßen weiterentwickelt werden:

- Kraft- und Beschleunigungsmessung können in einem Messsystem zur direkten Korrelation der Messergebnisse integriert werden.
- Durch eine Anpassung der Sensoren an andere Werkstückgeometrien können gezielt Prozesse für andere Werkstücke aus der Industrie angepasst werden.

Literatur

[1] Brocker, R.; Klocke, F.: Das Fertigungsverfahren Gleitschleifen – Potentiale in der Oberflächenbearbeitung. In: wt Werkstattstechnik online, 101 (2011), S. 385–389

[2] Bergs, T.; Müller, U.; Barth, S.; Ohlert, M.: Experimental analysis on vibratory finishing of cemented carbides. In: Manufacturing Letters, 28 (2021) 4, S. 21–24
[3] Walther Trowal GmbH & Co.KG: Werkzeuge. Online, [https://www.walther-trowal.com/de/industrien/werkzeuge], Stand: 07.07.2025
[4] Feuerhack, A.; Shirobokov, A.; Mattfeld, P.; Klocke, F.: Wissensbasierte Auswahl und Auslegung von Hartmetall-Feinschneidstempeln in Abhängigkeit zur Schneidaufgabe und Blechgüte. Prozesstechnik in der Blechverarbeitung. 2016, S. 239–247
[5] Hashimoto, F.; Johnson, S. P.; Chaudhari, R. G.: Modeling of material removal mechanism in vibratory finishing process. In: CIRP Annals, 65 (2016) 1, S. 325–328
[6] Prüller, H.: Praxiswissen Gleitschleifen. Leitfaden für die Produktionsplanung und Prozessoptimierung. 3. Aufl. Springer Vieweg, Wiesbaden, 2018
[7] Klocke, F.; Lachenmaier, M.; Brocker, R.; Mattfeld, P.: Einfluss der Relativgeschwindigkeit und Kontaktkraft auf das Zerspanverhalten beim ungeführten Vibrationsgleitschleifen. In: Hoffmeister, H.-W.; Denkena, B. (Hrsg.): Jahrbuch Schleifen, Honen, Läppen, 67. Aufl., 2016, S. 102–115
[8] Brocker, R.: Relativgeschwindigkeiten und Kontaktkräfte beim ungeführten Vibrationsgleitschleifen. Dissertation, RWTH Aachen, 2015
[9] Lachenmaier, M.: Beschleunigungsbasierte Prozessauslegung des ungeführten Vibrationsgleitschleifprozesses. Dissertation, RWTH Aachen, 2020
[10] Wang, S.; Chen, J.; Liu, Z.; Morgan, M.; Liu, H.: Novel Contact Force Measurement in Vibratory Finishing. In: Powder Technology, 415, 118.158, 2023
[11] Li, X.; Wu, F.; Li, W.; Yang, S.; Chen, Y.: Kinematic Characteristics of Mass Finishing Process with the Parallel Spindle: Velocity Measurement and Analysis of the Media. In: Journal of Mechanical Engineering Science, 231 (2017) 4, S. 640–654
[12] Uhlmann, E.; Kopp, M.: Measurement and Modeling of Contact Forces during Robot-guided Drag Finishing. In: Procedia CIRP, 102 (2021) 6, S. 518–523
[13] Woodall, Z. A.; Honegger, D.; Haeberle, J.; Marumo, J.; Wegener, K.: Development of a new test stand for structural dynamic investigations on turbine blades. In: Procedia CIRP, 72 (2018), S. 552–557
[14] Ogierman, W.; Grzegorzek, W.: The influence of the WC-Co composite microstructure model on stress field heterogeneity at the microstructure level: FEM based study. In: Science and Engineering of Composite Materials, 2018
[15] Klocke, F.; Brocker, R.; Vits, F.; Mattfeld, P.: Kontaktkräfte beim ungeführten Vibrationsgleitschleifen. Entwicklung und Anwendung eines kabellosen Messsystems. In: wt Werkstattstechnik online, 105 (2015) 6, S. 377–383
[16] Wertz, J. R.: Spacecraft Attitude Determination and Control. Astrophysics and Space Science Library

Verfahren

Einflüsse von System- und Stellgrößen auf thermische Prozessgrenzen

Nikolai Guba, Tobias Hüsemann, Carsten Heinzel, Bernhard Karpuschewski

1. Einleitung

Die Hartfeinbearbeitung durch Schleifen ist i. d. R. der letzte Bearbeitungsschritt in der Prozesskette von gehärteten Bauteilen wie Wellen oder Zahnrädern. Aufgrund der bereits hohen Wertschöpfung gilt es, Beschädigungen an diesen Bauteilen zu vermeiden. Beim Schleifen werden die Werkstücke thermomechanisch belastet, wobei die thermische Belastung meist dominiert [1], [2]. Durch die thermische Belastung kann es zur thermischen Beeinflussung der Randschicht des Werkstücks kommen [3]. Thermische Einflüsse, allgemein als Schleifbrand bezeichnet, führen zur Entstehung von Zugeigenspannungen, zu einem Härteabfall durch Anlassen oder sogar zu einem Härteanstieg durch Phasenumwandlungen und Neuhärtung in der Randschicht des Werkstücks [4–7], was zu einer deutlichen Verschlechterung der Funktionseigenschaften wie z. B. dem Verschleißwiderstand [8] und zu einem vorzeitigen Versagen der Bauteile im Einsatz führen kann [9]. In der industriellen Praxis erfolgt die Identifizierung von thermischen Einflüssen auf der Oberfläche sowie in der Werkstückrandzone überwiegend nach dem Schleifprozess. Gängige Methoden sind dabei Barkhausenrausch- und Eigenspannungsmessungen, die Erstellung von metallographischen Schliffbildern oder das Nitalätzen, welches bis jetzt das in der Industrie am häufigsten angewendete Verfahren ist [10]. Trotz der hohen Aussagekraft dieser Methoden sind diese oft zeit- und kostenintensiv. Des Weiteren können die meisten der genannten Methoden nicht für eine In-Prozess-Identifikation von thermischen Einflüssen genutzt werden.

Analytisch-empirische Prozessmodelle bieten dagegen die Möglichkeit, das Auftreten thermischer Effekte bereits während des Schleifprozesses zu bestimmen. Malkin entwickelte hierzu einen analytischen Ansatz für die Abschätzung, ob es beim Außenrund- und Planschleifen zur Ausbildung von thermischen Schäden gekommen ist [11], [12]. Wie in **Bild 1a** zu sehen ist, nutzte er hierzu die spezifische Schleifenergie *u* und das sich aus den System- und Stellgrößen des Schleifprozesses ergebende Produkt $d_s^{1/4} \cdot a_e^{-3/4} \cdot v_{ft}^{-1/2}$ (d_s: Schleifscheibendurchmesser / a_e: Zustellung / v_{ft}: tangentiale Vorschubgeschwindigkeit) für das Planschleifen bzw. $d_{eq}^{1/4} \cdot f_r^{-3/4} \cdot v_w^{-1/2}$ (d_{eq}: äquivalenter Schleifscheibendurchmesser / f_r: radialer Vorschub pro Werkstückumdrehung / v_w: Werkstückumfangsgeschwindigkeit) für das Außenrundschleifen. Wie in [13] beispielhaft gezeigt, kann mit seinem Model beurteilt werden, ob es während des Schleifprozesses zu einer thermischen Schädigung gekommen ist (Über-

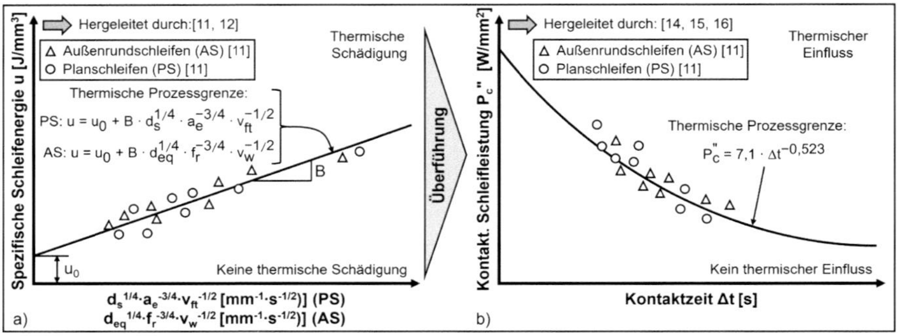

Bild 1: Anwendung thermischer Prozessgrenzen in unterschiedlichen Modellansätzen

schreitung der Geraden in Bild 1a). Das von Malkin entwickelte Modell ist jedoch nur begrenzt im industriellen Umfeld anwendbar, da die Bestimmung der spezifischen Schleifenergie u und insbesondere des Produkts $d_s^{1/4} \cdot a_e^{-3/4} \cdot v_{ft}^{-1/2}$ bzw. $d_{eq}^{1/4} \cdot f_r^{-3/4} \cdot v_w^{-1/2}$ bei Schleifprozessen mit komplexerer Kinematik wie dem Verzahnungsschleifen nicht möglich ist. Aus diesem Grund haben Guba et al. [14] und Heinzel et al. [15], [16] die experimentellen Daten von Malkin in ein Randzonendiagramm vom Typ P_c"-Δt übertragen (**Bild 1b**).

Die kontaktflächenbezogene Schleifleistung P_c", die die Intensität der Wärmequelle charakterisiert, kann anhand der folgenden Gleichung berechnet werden.

$$P_c'' = \frac{P_c}{a_p \cdot l_g} = \frac{F_t \cdot v_c}{a_p \cdot l_g} \quad (1)$$

Bei Verwendung einer Kraftmessplatte wird die Schleifleistung P_c mit der Tangentialkraft F_t und der Schnittgeschwindigkeit v_c berechnet, a_p gibt die Schnittbreite und l_g die geometrische Kontaktlänge an, die für das Planschleifen mit dem Schleifscheibendurchmesser d_s und der Zustellung a_e wie folgt bestimmt wird:

$$l_g = \sqrt{a_e \cdot d_s} \quad (2)$$

Die Kontaktzeit Δt, die die Zeit darstellt, in der ein Punkt der neu erzeugten Oberfläche der Wärmequelle ausgesetzt ist, wird als Quotient aus der geometrischen Kontaktlänge l_g und der tangentialen Vorschubgeschwindigkeit v_{ft} berechnet:

$$\Delta t = \frac{l_g}{v_{ft}} \quad (3)$$

Durch Übertragung der experimentellen Datenpunkte von Malkin in ein P_c"-Δt-Diagramm konnte Heinzel [16] eine thermische Prozessgrenze für das Schleifen verschiedener gehärteter Einsatzstähle (16MnCr5, 20MnCr5, 18CrNiMo7-6) bestimmen (Bild 1b):

$$P_c'' = 7{,}1 \cdot \Delta t^{-0{,}523} \qquad (4)$$

Die Anwendbarkeit dieser Prozessgrenze ist analog zu der von Malkin bestimmten thermischen Prozessgrenze. Bei Überschreitung der Prozessgrenze wird angenommen, dass das Werkstück in Form von Anlasszonen thermisch beeinflusst wurde. Die Anwendbarkeit der thermischen Prozessgrenze wurde für konventionelle Schleifprozesse wie Außenrund- und Planschleifen, aber auch für das Verzahnungsschleifen mittels diskontinuierlichem Profilschleifen und kontinuierlichem Wälzschleifen nachgewiesen [16]. Da in modernen Schleifmaschinen die Schleifleistung P_c erfasst werden kann, bietet die thermische Prozessgrenze im P_c"-Δt-Diagramm somit einen einfach zu implementierenden Ansatz zur Schleifbranderkennung während des Schleifprozesses und zur Realisierung eines Schleifassistenzsystems.

Interessanterweise hat sich auch gezeigt, dass die thermische Prozessgrenze nicht nur unabhängig von dem Schleifverfahren ist, sondern scheinbar auch von den System- und Stellgrößen des Schleifprozesses wie z. B. der verwendeten Schleifscheibe und der Kühlschmierstoffzufuhr. Bei allen in [16] aufgeführten Schleifuntersuchungen wurden Öle als Kühlschmierstoff und Korundschleifscheiben von jeweils verschiedenen Herstellern verwendet. Der Kühlschmierstoff wurde unter verschiedenen Bedingungen (Volumenstrom, Düsenposition) zugeführt und die Schleifscheiben wurden unterschiedlich abgerichtet. Gemäß bestehender Literatur, wie z. B. [17], [18], [19], würde eine Änderung der genannten System- und Stellgrößen zu einer Änderung der Wärmeaufteilung in der Kontaktzone und damit zu einer Verlagerung der thermischen Prozessgrenze führen. Obwohl die Wärmeaufteilung in [16] nicht berücksichtigt wurde, konnte dennoch eine gemeinsame thermische Prozessgrenze im P_c"-Δt-Diagramm gefunden werden. Es ist daher fraglich, ob eine Änderung von System- und Stellgrößen wie z. B. der Kühlschmierstoffzufuhr oder der Schleifscheibenspezifikation zwangsweise zu einer veränderten Wärmeaufteilung führt oder ob diese nahezu konstant bleibt. Im Rahmen dieser Untersuchung soll nun geklärt werden, inwiefern sich eine Änderung der KSS-Zufuhrbedingungen, der Abrichtbedingungen und der Schleifscheibenspezifikation auf die Wärmeaufteilung in der Kontaktzone und damit auf die Lage der thermischen Prozessgrenze im P_c"-Δt-Diagramm auswirkt.

2. Experimentelle Vorgehensweise

Die Versuche wurden auf den Flach- und Profilschleifmaschinen ELB MicroCut A8 Unicon und Blohm Profimat 412 HSG durchgeführt. Wie in **Bild 2a** dargestellt, wurde die KSS-Zufuhr durch Veränderung des Volumenstroms Q_{KSS}, des Düsenwinkels α und des Auftreffpunktes P des Freistrahls auf der Schleifscheibenoberfläche variiert.

Als KSS wurde ein Öl verwendet und die KSS-Zufuhr erfolgte mit einer Freistrahldüse. Die untersuchten KSS-Zufuhrbedingungen sind in **Tabelle 1** zusammengetragen.

Die Auswahl der KSS-Zufuhrbedingungen erfolgte anhand der Ergebnisse aus [20]. In diesen Arbeiten wurde bereits nachgewiesen, dass die in Tabelle 1 zusammengefassten Zufuhrbedingungen sowohl zu einer günstigen, aber auch ungünstigen KSS-Zufuhr führen. Bei einer günstigen KSS-Zufuhr ist eine ausreichende Menge an KSS in der Kontaktzone vorhanden, was u. a. zu geringeren Tangentialkräften F_t und zur Ausbildung eines thermischen Einflusses bei höheren bezogenen Zeitspanungsvolumen Q'_w führt. Bei einer ungünstigen KSS-Zufuhr ist dies nicht der Fall.

Als Werkzeuge wurden keramisch gebundene Korundschleifscheiben (Durchmesser x Breite = 400 mm x 30 mm) mit den Spezifikationen 9A60H16VCF2,

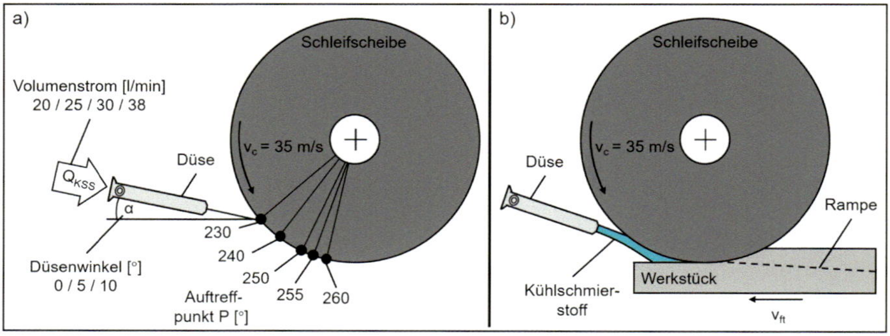

Bild 2: a) Variation der KSS-Zufuhrbedingungen und b) Vorgehen bei den Rampenschleifversuchen

Tabelle 1: Gewählte KSS-Zufuhrbedingungen für die Schleifversuche

P [°]	260	255						250	240	230					
α [°]	5	0	5				10	5		0	5				10
Q_{KSS} [l/min]	30		20	25	30	38	30				20	25	30	38	30

EWR80G12V09GP44 und EWR80G12V09GP74 verwendet. Wie in **Bild 2b** dargestellt, wurden sogenannte Rampenschleifversuche durchgeführt. Dabei wurde die Zustellung a_e kontinuierlich von 0 bis 150 µm erhöht, während die tangentiale Vorschubgeschwindigkeit v_{ft} (v_{ft} = 4.000 mm/min bzw. 6.000 mm/min) konstant gehalten wurde. So wurden bezogene Zeitspanungsvolumen Q'_w von bis zu 15 mm³ / (mm · s) und unterschiedliche thermomechanische Belastungen in einem Schleifvorgang erreicht. Es wurden Werkstücke (Höhe x Breite x Tiefe = 30 mm x 80 mm x 20 mm) aus 20MnCr5 mit einer Härte von 60 HRC verwendet. Alle Schleifversuche wurden zur statistischen Absicherung dreimal durchgeführt. Vor jedem Versuch wurden die Werkstücke vorgeschliffen (a_e = 2 x 50 µm, v_{ft} = 500 mm/min), um einen gleichmäßigen Materialabtrag zu gewährleisten. Die Schleifscheiben wurde mit einem stehenden Diamantabrichter (a_{ed} = 3 x 30 µm) abgerichtet. Die Tangentialkräfte F_t wurden während der Versuche mit einer Kraftmessplatte der Fa. Kistler (Typ 9255B) aufgezeichnet. Nach den Schleifversuchen wurden metallographische Schliffbilder (35 Sekunden in dreiprozentiger alkoholischer HNO_3) angefertigt, um das Auftreten von Anlasszonen und damit einen thermischen Einfluss zu identifizieren.

3. Versuchsergebnisse und Diskussion

3.1 Einfluss der KSS-Zufuhrbedingungen auf thermische Prozessgrenzen

Im Folgenden wird der Einfluss der in Tabelle 1 dargestellten KSS-Zufuhrbedingungen auf die Lage der thermischen Prozessgrenze im P_c“-Δt-Diagramm untersucht. Dazu wurden die Kontaktzeiten Δt (s. Formel (3)) und die kontaktflächenbezogenen Schleifleistungen P_c“ (s. Formel (1)) für die bezogenen Zeitspanungsvolumina Q'_w von 2,5 mm³ / (mm · s) bis 15 mm³ / (mm · s) in 2,5 mm³ / (mm · s)-Schritten für die verschiedenen Zufuhrbedingungen berechnet. **Bild 3** zeigt die berechneten Datenpunkte im P_c“-Δt-Diagramm. Rote Datenpunkte zeigen an, dass ein thermischer Einfluss (Anlasszonen) aufgetreten ist. Grüne Datenpunkte indizieren dagegen, dass ein thermischer Einfluss nicht festgestellt werden konnte. Die Anwendbarkeit der in [16] vorgestellten thermischen Prozessgrenze ist auch bei veränderten KSS-Zufuhrbedingungen weiterhin gegeben. Alle Datenpunkte, bei denen ein thermischer Einfluss bzw. kein thermischer Einfluss auftrat, liegen oberhalb bzw. unterhalb der thermischen Prozessgrenze. Jedoch lässt sich feststellen, dass die gewählten KSS-Zufuhrbedingungen einen erheblichen Einfluss auf die resultierende kontaktflächenbezogene Schleifleistung P_c“ bzw. die Lage des Datenpunktes in dem P_c“-Δt-Diagramm haben.

Bei der Berechnung der kontaktflächenbezogenen Schleifleistung P_c“ (Formel (1)) wird nur die Schmierwirkung berücksichtigt, da diese sich auf die Tangentialkraft F_t auswirkt. Die Wärmeaufteilung wird nicht berücksichtigt. Es wird also implizit im Sinne eines Worst-Case-Szenarios davon ausgegangen, dass

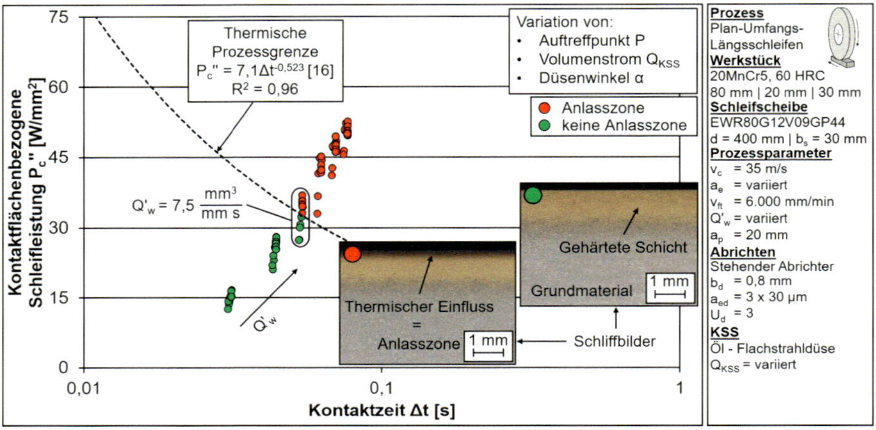

Bild 3: Einfluss unterschiedlicher KSS-Zufuhrbedingungen auf die Lage der thermischen Prozessgrenze im P_c"-Δt-Diagramm nach [21]

die gesamte in der Kontaktzone erzeugte Wärme (abgeschätzt durch P_c") durch das Werkstück abgeführt wird, was die thermische Beeinflussung der Oberfläche sowie der Randzone und die daraus resultierende Materialveränderung verursacht. Da die Lage der thermischen Prozessgrenze unverändert bleibt, auch wenn sich die KSS-Zufuhrbedingungen erheblich ändern, scheint die Kühlwirkung des KSS in der Kontaktzone für die thermische Beanspruchung der Oberfläche und der Randzone nicht von Bedeutung zu sein. Basierend auf diesen Ergebnissen scheint die Schmierwirkung des KSS beim Schleifen mit Öl und einer Korundschleifscheibe dominant zu sein. Der Kühleffekt bzw. eine mögliche Änderung des Kühleffekts und damit der Wärmeaufteilung infolge einer Änderung der KSS-Zufuhr scheint vernachlässigbar zu sein. Diese Annahme steht in guter Übereinstimmung mit Erkenntnissen von Osman, Malkin und Guo [16], [17], [22] sowie DesRuisseaux [23] und Howes [24]. Übereinstimmend haben die genannten Autoren gezeigt, dass die Schmierwirkung der dominierende Mechanismus von Ölen als KSS beim Schleifen ist. Einen signifikanten Einfluss der Kühlwirkung des KSS in der Kontaktzone auf die thermisch induzierte Materialmodifikation konnten diese ebenfalls nicht nachweisen.

Wie in Bild 3 zu sehen ist, ergeben sich in Abhängigkeit von den KSS-Zufuhrbedingungen bei einem definierten bezogenen Zeitspanungsvolumen Q'_w unterschiedliche kontaktflächenbezogene Schleifleistungen P_c". Da die Zufuhrbedingungen und damit die resultierende Schmierwirkung die kontaktflächenbezogene Schleifleistung beeinflussen, wird angenommen, dass mithilfe von P_c"-Δt-Diagrammen nicht nur thermisch beeinflusste Werkstücke, sondern auch günstige und ungünstige KSS-Zufuhrbedingungen identifiziert werden können.

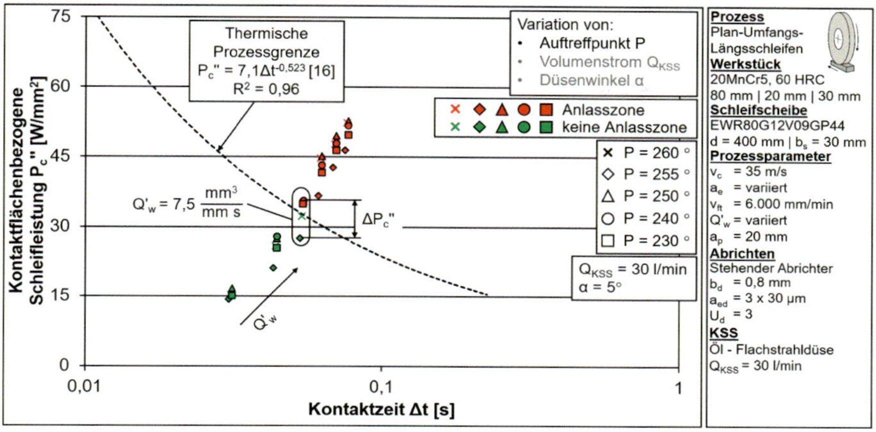

Bild 4: Isolierte Betrachtung des Einflusses des Auftreffpunktes *P* im P_c"-Δt-Diagramm nach [21]

Um dies zu untersuchen, sind in **Bild 4** nur die bei Variation des Auftreffpunktes *P* erzeugten Datenpunkte für einen konstanten Düsenwinkel $\alpha = 5°$ und den Volumenstrom Q_{KSS} = 30 l/min aufgetragen.

Wie erwartet, beeinflusst die Veränderung des Auftreffpunktes *P* auch die resultierende kontaktflächenbezogene Schleifleistung P_c" bzw. die Lage des Datenpunktes in dem P_c"-Δt-Diagramm. Für ein bezogenes Zeitspanungsvolumen Q'_w von 7,5 mm³ / (mm · s) variiert die Schleifleistung zwischen 27 W/mm² und 36 W/mm² (ΔP_c"), wobei die niedrigste Schleifleistung bei dem Auftreffpunkt *P* = 255° liegt. Auch in [20] wurde gezeigt, dass es sich bei diesem Auftreffpunkt sowie einem Düsenwinkel von $\alpha = 5°$ und einem Volumenstrom Q_{KSS} = 30 l/min um die günstigste KSS-Zufuhrbedingung handelt. Ebenso ist festzustellen, dass bei konstanter Produktivität (Q'_w = 7,5 mm³ / (mm · s)) ein thermischer Einfluss vermieden werden kann, indem der Auftreffpunkt verändert und damit die kontaktflächenbezogene Schleifleistung unter die thermische Prozessgrenze verschoben wird. Generell bestätigt sich damit die Annahme, dass mithilfe von P_c"-Δt-Diagrammen auch im industriellen Umfeld schnell und einfach günstige und ungünstige KSS-Zufuhrbedingungen identifiziert werden können. Dies bietet auch Möglichkeiten, um die Produktivität von Schleifprozessen zu erhöhen.

3.2 Einfluss der Abrichtbedingungen und der Schleifscheibenspezifikation auf thermische Prozessgrenzen

In weiteren Versuchen soll ergänzend der Einfluss der Abrichtbedingungen und der Schleifscheibenspezifikation näher untersucht werden. Die Abrichtbedin-

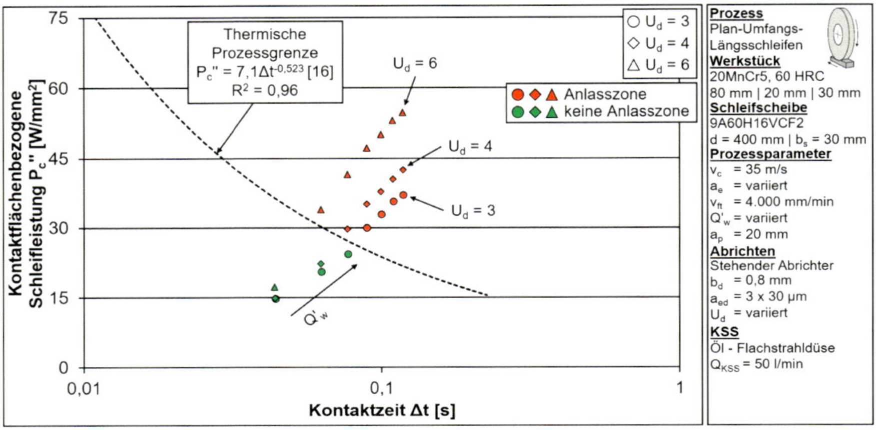

Bild 5: Einfluss unterschiedlicher Überdeckungsgrade U_d auf die Lage der thermischen Prozessgrenze im P_c“-Δt-Diagramm nach [21]

gungen wurden anhand einer Variation des Überdeckungsgrades U_d (U_d = 3, 4 und 6) variiert. Die Ergebnisse hierzu sind in **Bild 5** dargestellt.

Verglichen mit den Ergebnissen zur Variation der KSS-Zufuhrbedingungen kann auch bei einer Veränderung der Abrichtbedingungen kein Einfluss auf die Lage der thermischen Prozessgrenze im P_c“-Δt-Diagramm festgestellt werden.

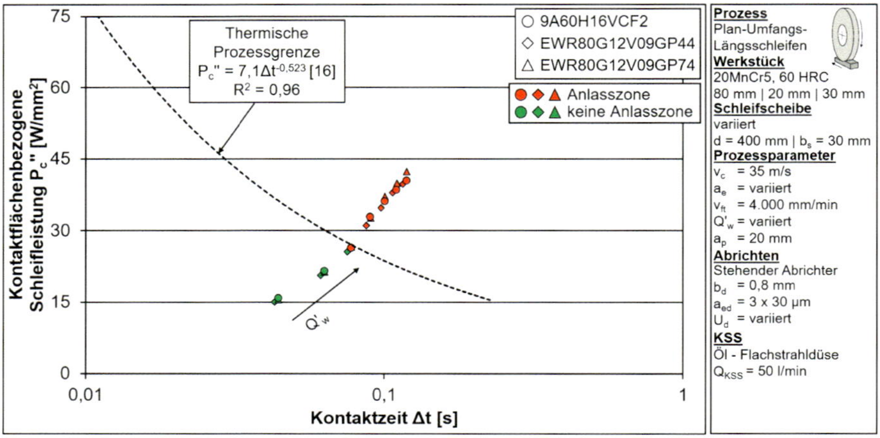

Bild 6: Einfluss unterschiedlicher Schleifscheibenspezifikationen auf die Lage der thermischen Prozessgrenze im P_c“-Δt-Diagramm nach [21]

Die gleiche Beobachtung ergibt sich ebenfalls bei einer Variation der Schleifscheibenspezifikation (**Bild 6**).

Auch im Falle eines Werkzeugwechsels bleibt die Lage der thermischen Prozessgrenze unverändert. Erneut ist jedoch zu sehen, dass die gewählten System- und Stellgrößen sich auf die resultierende kontaktflächenbezogene Schleifleistung P_c“ bzw. die Lage des Datenpunktes in dem P_c“-Δt-Diagramm auswirken.

4. Zusammenfassung und Ausblick

Zusammenfassend können zwei wesentliche Erkenntnisse hervorgehoben werden:

1. Die in dieser Ausarbeitung variierten System- und Stellgrößen (KSS-Zufuhrbedingungen, Abrichtbedingungen und Schleifscheibenspezifikation) haben keinen signifikanten Einfluss auf die Wärmeaufteilung in der Kontaktzone und damit auf die Lage der thermischen Prozessgrenze im P_c“-Δt-Diagramm.
2. Die System- und Stellgrößen haben aber einen erheblichen Einfluss auf die resultierende kontaktflächenbezogene Schleifleistung P_c“ bzw. die Lage des Datenpunktes in dem P_c“-Δt-Diagramm. Somit sind die System- und Stellgrößen entscheidend dafür, ob ein thermischer Einfluss (Datenpunkt oberhalb der thermischen Prozessgrenze) vorliegt oder nicht (Datenpunkt unterhalb der thermischen Prozessgrenze). Dies bietet jedoch die Möglichkeit, das P_c“-Δt-Diagramm dafür zu nutzen, geeignete System- und Stellgrößenkombinationen zu identifizieren.

Vor allem die Erkenntnis, dass eine Änderung der System- und Stellgrößen nicht zwangsläufig zu einer Verschiebung der thermischen Prozessgrenze führt, unterstreicht das Potenzial thermischer Prozessgrenzen in P_c“-Δt-Diagrammen als geeigneten Ansatz für die Realisierung eines Schleifassistenzsystems. Für einen verbreiteten Einsatz eines solchen Systems muss jedoch der Einfluss weiterer relevanter System- und Stellgrößen des Schleifprozesses auf die thermische Prozessgrenze untersucht werden. In zukünftigen Arbeiten sollte der Einfluss von Emulsionen im Vergleich zu Ölen und damit völlig anderen Eigenschaften hinsichtlich der Schmier- und Kühlwirkung untersucht werden. Des Weiteren sollten auch CBN-Schleifscheiben zum Einsatz kommen. Diese haben eine deutlich höhere Wärmeleitfähigkeit, wodurch mit einer höheren Wärmeabfuhr über die Schleifscheibe und folglich einer veränderten Wärmeaufteilung zu rechnen ist. In dieser Untersuchung wurden sogenannte Rampenschleifversuche durchgeführt, um eine große Datenmenge im Verhältnis zum Versuchsaufwand zu generieren. Die mit dieser Schleifstrategie erzielten Ergebnisse sollen in weiteren Versuchen beim einstufigen Schleifen mit konstanter Zustellung a_e verifiziert werden.

Danksagung

Die dargestellten Arbeiten wurde von der Deutschen Forschungsgemeinschaft (DFG) – Projekt-ID 223500200 – im Rahmen des transregionalen Sonderforschungsbereichs SFB/TRR 136 „Prozesssignaturen“, Transferprojekt T05 gefördert. Die Autoren bedanken sich herzlich bei der DFG und dem kooperierenden Transferpartner Blohm Jung GmbH in Hamburg, Deutschland.

Literatur

[1] Kohls, E.; Heinzel, C.; Eich, M.: Evaluation of Hardness and Residual Stress Changes of AISI 4140 Steel Due to Thermal Load during Surface Grinding. In: Journal of Manufacturing and Materials Processing, 2021

[2] Srivastava, A.; Awale, A.; Vashista, M.; Yusufzai, M. Z. K.: Monitoring of thermal damages upon grinding of hardened steel using Barkhausen noise analysis. In: Journal of Mechanical Science and Technology, 34 (2020), S. 2.145–2.151

[3] Brinksmeier, E.; Brockhoff, T.: Utilization of Grinding Heat as a New Heat Treatment Process. In: CIRP Annals – Manufacturing Technology, 45 (1996) 1, S. 283–286

[4] Brinksmeier, E.: Prozess- und Werkstückqualität in der Feinbearbeitung. Fortschritt-Bericht VDI Nr.234, 1991

[5] Meyer, D.; Wagner, A.: Influence of metalworking fluid additives on the thermal conditions in grinding. In: CIRP Annals – Manufacturing Technology, 65 (2016), S. 313–316

[6] Rowe, W. B.; Black, S. C. E.; Mills, B.; Qi, H. S.; Morgan, M. N.: Experimental Investigation of Heat Transfer in Grinding. In: CIRP Annals – Manufacturing Technology, 44 (2018) 1, S. 329–332

[7] Schwienbacher, S.: Einfluss von Schleifbrand auf die Flankentragfähigkeit einsatzgehärteter Zahnräder. Dr.-Ing. Dissertation, Technische Universität München, 2008

[8] Jawahir, I. S.; Brinksmeier, E.; M'Saoubi, R.; Aspinwall, A. K.; Outeiro, J. C.; Meyer, D.; Umbrello, D.; Jayal, A. D.: Surface integrity in material removal processes: Recent advances. In: CIRP Annals – Manufacturing Technology, 60 (2011) 2, S. 603–626

[9] Field, M.; Koster, W.: Optimizing grinding parameters to combine high productivity with high surface integrity. In: Annals – Manufacturing Technology, 27 (1978) 1

[10] He, B.; Wei, C.; Ding, S.; Shi, Z.: A survey of methods for detecting metallic grinding burn. In: Measurement, 134 (2019), S. 426–439

[11] Malkin, S.: Burning Limit for Surface and Cylindrical Grinding of Steels. In: CIRP Annals – Manufacturing Technology, 27 (1978) 1, S. 233–236

[12] Malkin, S.; Guo, C.: Thermal Analysis of Grinding. In: CIRP Annals – Manufacturing Technology, 56 (2007) 2, S. 760–782

[13] Heinzel, J.; Sackmann, D.; Karpuschewski, B.: Micromagnetic Analysis of Thermally Induced Influences on Surface Integrity Using the Burning Limit Approach, Journal of Manufacturing and Material Processing, 3 (2019) 4, Artikel 93

[14] Guba, N.; Heinzel, J.; Heinzel, C.; Karpuschewski, B.: 2020, Grinding burn limits: Generation of surface layer modification charts for discontinuous profile grinding with analogy trials. In: CIRP Journal of manufacturing Science and Technology, 31 (2020), S. 99–107

[15] Heinzel, C.; Heinzel, J.; Guba, N.; Hüsemann, T.: Comprehensive analysis of the thermal impact and its depth effect in grinding. In: CIRP Annals – Manufacturing Technology, 70 (2021) 1, S. 289–292

[16] Heinzel, J.: Thermische Prozessgrenzen beim Schleifen erkennen. Dr.-Ing. Dissertation, Universität Bremen, 2022

[17] Rowe, W. B.; Morgan, M. N.; Black, S. C. E.: Mills, B.: A Simplified Approach to Control of Thermal Damage in Grinding. In: CIRP Annals – Manufacturing Technology, 45 (1996) 1, S. 299–302

[18] Stephenson, D. J.; Jin, T.: Physical Basics in Grinding. In: First European Conference on Grinding, 2 (2023) 642, S. 13-01–13-21

[19] Jin, T.; Stephenson, D. J.: Heat flux distributions and convective heat transfer in deep grinding. In: International Journal of Machine Tools and Manufacturing, 46 (2006) 14, S. 1.862–1.868

[20] Meyer, D.; Schumski, L.; Guba, N.; Espenhahn, B.; Hüsemann, T.: Relevance of the region of interaction between the tool and the metalworking fluid for the cooling effect in grinding. In: CIRP Annals – Manufacturing Technology, 71 (2022) 1, S. 301–304

[21] Guba, N.: Einflüsse auf thermische Prozessgrenzen beim Schleifen gehärteter Stähle. Dr.-Ing. Dissertation, Universität Bremen, 2025

[22] Osman, M.; Malkin, S.: Lubrication by Grinding Fluids at Normal and High Wheel Speeds. In: ASLE Transactions, 15 (1972), S. 261–268

[23] DesRuisseaux, N. R.; Zerkle, R. D.: Temperature in Semi-infinite and Cylindrical Bodies Subjected to Moving Heat Sources and Surface Cooling. In: Journal of Heat Transfer, 92 (1970), S. 456–464

[24] Howes, T. D.; Neailey, K.; Harrison, J.: Fluid Film Boiling in Shallow Cut Grinding. In: CIRP Annals – Manufacturing Technology, 39 (1990) 1, S. 313–316

Prävention und Detektion thermisch bedingter Randzonenbeeinflussung in Fertigungsprozessen der Hartfeinbearbeitung

Jonas Heinzel, Nikolai Guba, Lars Langenhorst, Gerrit Kuhlmann, Andreas Hertreiter, Carsten Heinzel, Bernhard Karpuschewski

Dieser Beitrag befasst sich mit der Prävention und Detektion thermisch bedingter Randzonenbeeinflussung in Fertigungsprozessen der Hartfeinbearbeitung. Einleitend wird die Bedeutung einer einwandfreien Bearbeitung von Werkstücken in der Antriebstechnik und Windkraft herausgearbeitet, die insbesondere vor dem Hintergrund thermomechanischer Beeinflussungen während spanender Prozesse in der Herstellungskette gewährleistet werden muss. In diesem Zusammenhang wird diskutiert, wie insbesondere thermische Effekte durch Prozessmodelle während der Bearbeitung in-process bzw. in-situ erkannt werden können. Der hierzu vorgestellte Forschungsansatz zielt darauf ab, eine einheitliche Betrachtung von Fertigungsprozessen mit geometrisch unbestimmter und bestimmter Schneide zu ermöglichen. Dabei wird ein Ansatz zur Identifikation thermischer Prozessgrenzen beim Schleifen auf ein anderes Bearbeitungsverfahren, das Hartdrehen, übertragen und untersucht. Erste Ergebnisse zeigen, dass bei sehr kurzen Kontaktzeiten, wie beim Hartdrehen üblich, hohe lokale Temperaturgradienten in Tiefenrichtung vorliegen, was zu dünnen Anlass- und Neuhärtungszonen führen kann. Bei – im Vergleich dazu – längeren Kontaktzeiten, wie beim Rundschleifen, können dagegen dickere Anlasszonen entstehen. Ferner wird die Bedeutung von Messmethoden, die auf die entstehenden Randzonenveränderungen abgestimmt sind, herausgearbeitet und es wird die Nutzung von gezielt thermomechanisch beeinflussten Referenzwerkstücken zur Sicherung der Qualität in Aussicht gestellt.

1. Einleitung

In der Antriebstechnik und in der Windkraft ist eine einwandfreie Bereitstellung von spanend bearbeiteten Werkstücken von besonderer Bedeutung. Für eine wirtschaftliche Produktion werden zerspanende Fertigungsprozesse oftmals orientiert an den empirisch ermittelten Grenzen des Prozesses ausgelegt. Werkstück- und werkstofforientiert wird die Prozessgrenze neben Aspekten der Maß- und Formgebung nach den resultierenden Randzoneneigenschaften des Werkstücks bestimmt. Diese können allgemein durch thermomechanische Lasten infolge spanender Prozesse negativ beeinflusst werden und damit die Funktionsfähigkeit des späteren Bauteils beeinträchtigen. Bei der geometrisch unbestimmten Bearbeitung durch Schleifen können thermische Lasten dazu führen, dass Anlasszonen oder sogar Neuhärtungszonen entstehen. Auch Risse durch die Beeinflussung des Eigenspannungs- und Gefügezustands können bei einer unsachgemäßen Bearbeitung auftreten. Bei der geometrisch bestimmten Hartfeinbearbeitung kann es zu ähnlichen Phänomenen kommen. Über die bspw. nach dem Hartdrehen unter einem Lichtmikroskop identifizierbare weiße Schicht (engl.: white layer) wird in diesem Kontext diskutiert, ob ihr Ursprung auf eine dominierend thermische oder mechanische Wirkung zurückzuführen ist.

Vor dem Hintergrund jahrzehntelanger Forschungsaktivitäten verschiedener internationaler Arbeitsgruppen wurde ein Ansatz zur Identifikation thermischer Prozessgrenzen beim Schleifen entwickelt, mit dem auf Basis von an der Werkzeugmaschine messbaren Prozessgrößen und den Stellgrößen des Schleifprozesses verfahrensübergreifend in der geometrisch unbestimmten Bearbeitung eine einheitliche untere Prozessgrenze ermittelt werden kann [1]. Die Grundlage dieser Prozessgrenze stellt das Modell der bewegten Wärmequelle dar, wobei prozessspezifisch ein Maß für die Wärmeintensität bzw. Wärmestromdichte und ein Maß für die Wärmeeinwirkdauer der Wärmequelle bestimmt werden müssen.

Während die Bestimmung der quantitativ korrekten Wärmeintensität maschinenspezifisch erfolgen muss und hier ggf. nur eine Abschätzung der Größenordnung möglich ist, ist die Berechnung der Einwirkdauer im Wesentlichen von der Prozesskinematik und den zugehörigen Stellgrößen abhängig. Sofern die Wirkung des Prozesses auf das Werkstück als eine bewegte Oberflächenwärmequelle abstrahiert werden darf, kann die jeweilige Kontaktzeit Δt als ein Maß für die Einwirkdauer berechnet werden.

Prinzipiell bietet diese modellhafte Vorstellung von Zerspanprozessen die Möglichkeit, sowohl für Prozesse mit geometrisch unbestimmter als auch geometrisch bestimmter Schneide eine werkstofforientierte thermische Prozessgrenze zu ermitteln, auf deren Basis zukünftig eine optimale Auswahl und Einstellung von Fertigungsprozessen erfolgen kann.

2. Stand der Kenntnisse zur unteren thermischen Prozessgrenze in der geometrisch unbestimmten Hartbearbeitung

Die Hartfeinbearbeitung durch Schleifen oder Zerspanen mit geometrisch bestimmter Schneide ist oftmals der letzte Bearbeitungsschritt in der Prozesskette von gehärteten Bauteilen wie Wellen oder Zahnrädern. Aufgrund der bereits hohen erfahrenen Wertschöpfung müssen Beeinträchtigungen an diesen Teilen bei der abschließenden Hartfeinbearbeitung vermieden werden. Während der Bearbeitung werden die Werkstücke thermomechanisch beansprucht, wobei nach [2], [3] und [4] davon auszugehen ist, dass die thermische Beanspruchung dominiert. Durch die thermische Belastung kann es zu thermisch bedingten Effekten bis hin zur Schädigung der Randschicht des Werkstücks kommen,

z. B. in Form von Anlasszonen oder Neuhärtungszonen. Thermische Effekte oder Schädigungen, beim Schleifen allgemein als „Schleifbrand“ bezeichnet, können zur Entstehung von Zugeigenspannungen, zu einem Härteabfall durch Anlasswirkung oder sogar zu einem Härteanstieg durch Phasenumwandlungen und Neuhärtung des oberflächennahen Bereichs des Werkstücks führen [5–8]. Dies wiederum kann zu einer deutlichen Verschlechterung der funktionellen Eigenschaften, wie z. B. des Verschleißwiderstandes [9], und zu einem vorzeitigen Ausfall der Baueile im Betrieb führen [10]. Nach der derzeitigen Praxis in der Industrie werden thermische Effekte an der Oberfläche und unter der Oberfläche des Werkstücks hauptsächlich nach dem Bearbeitungsprozess ermittelt. Gängige Methoden zur Identifizierung von thermischen Effekten sind die Barkhausenrauschen- oder Wirbelstromanalyse, Eigenspannungsmessungen, die Erstellung von metallographischen Schliffbildern oder das Nitalätzen, das in der Industrie am häufigsten verwendet wird [11]. Trotz der hohen Aussagekraft dieser Methoden sind sie oft zeit- und kostenaufwändig. Die meisten dieser Methoden sind nicht unmittelbar geeignet, um thermische Effekte während des Bearbeitungsprozesses (d. h. in-situ oder in-process) zu ermitteln.

Prozessmodelle bieten die Möglichkeit, das Auftreten von thermischen Effekten bereits während des Prozesses zu bestimmen. Im Allgemeinen werden numerische, analytische, empirische und hybride Modelltypen unterschieden [12–14]. Im Vergleich zu empirischen und analytischen Modellen bilden numerische Modelle den realen Prozess mit wenigen Einschränkungen sehr genau ab. Ein Nachteil ist der hohe Zeitaufwand für die Modellierung und Simulation der Ergebnisse [15], sodass sich numerische im Vergleich zu analytischen und empirischen Prozessmodellen für die Identifizierung thermischer Effekte während der Bearbeitung nicht oder nur eingeschränkt eignen. Die Berechnung der Temperaturverteilung unter der Werkstückoberfläche mithilfe der Wärmeleitungsdifferentialgleichung für eine gleichmäßig bewegte Wärmequelle ist die Grundlage analytischer Prozessmodelle, die vor allem für Schleifprozesse eingesetzt werden [16]. Eine analytische Lösung der Wärmeleitungsgleichung und damit die Möglichkeit zur Berechnung einer zweidimensionalen Temperaturverteilung wurde von Jaeger und Carslaw unter vereinfachenden Randbedingungen und Vernachlässigung der Wärmeabfuhr aus dem Werkstück entwickelt [17], [18]. Darauf aufbauend entwickelte Malkin einen analytischen Ansatz zur Abschätzung der thermischen Schädigung während des Schleifprozesses beim Außenrund- und Flachschleifen anhand der spezifischen Schleifenergie und weiterer Schleifparameter [19–21]. Das von Malkin entwickelte Modell ist jedoch nur begrenzt industriell anwendbar, da komplexe Prozesskinematiken wie beim Verzahnungsschleifen die Bestimmung der notwendigen Parameter erschweren. Demgegenüber haben Guba et al. [22] und Heinzel et al. [1], [23] die experimentellen Daten von Malkin in ein Randzonendiagramm vom Typ P_c'' (spezifische Leistung) versus Δt (Kontaktzeit) übertragen. Die Entwicklung von Randzonendiagrammen basiert auf der Betrachtung des Bearbeitungsprozesses als Kurzzeitwärmebehandlung [24]. Für die Anwendbarkeit der P_c“-Δt-Diagramme wird die Leistung P_c benötigt, die mithilfe von Signalausgängen moderner Werkzeugmaschinensteuerungen näherungsweise ermittelt oder abgeschätzt werden kann. Die spezifische Leistung P_c“ ist eine charakteristische Größe für die Intensität der Wärmequelle, Δt charakterisiert die Dauer der Wärmeeinwirkung.

3. Forschungsansatz und methodisches Vorgehen zur einheitlichen Betrachtung von Hartbearbeitungsprozessen mit geometrisch unbestimmter und geometrisch bestimmter Schneide

Auf der Basis des in [1] und [23] veröffentlichten Ansatzes zum verfahrensübergreifenden Beschreiben thermischer Prozessgrenzen bei der Schleifbearbeitung soll im Nachfolgenden die geometrisch bestimmte Hartfeinbearbeitung am Beispiel des Hartdrehens mit dem oben genannten Ansatz der bewegten Wärmequelle betrachtet und bereits vorliegende Ergebnisse aus der Literatur vor dem Hintergrund der bestehenden einheitlichen unteren thermischen Schleifprozessgrenze analysiert werden. Ziel ist es, über diese Art der Analyse zu prüfen, inwieweit die in [1] erarbeiteten Erkenntnisse übertragbar sind auf das Hartfeinbearbeitungsverfahren des Hartdrehens. Dies würde die Bewertung einer primär thermisch verursachten Gefügebeeinflussung, welche sichtbar im Gefügeschliff ist, zulassen. Ein entsprechender Beitrag zu diesem Thema wurde bereits 2024 auf dem Schweizer Schleifsymposium vorgestellt [34].

Um das Hartdrehen mit dem Gedankenmodell der bewegten Wärmequelle zu betrachten, bedarf es zunächst einiger Vorüberlegungen. Der Schneidteil des Drehwerkzeugs, der über seine Hauptschneide und die Schnitttiefe a_p mit einer bestimmten Vorschubgeschwindigkeit v_f und einer Schnittgeschwindigkeit v_c das Material entfernt, bildet je nach Eckenradius r_ε und aktueller Verschleißmarkenbreite *VB* eine zu bestimmende Kontaktzone an der Freifläche des Werkzeugs mit dem Werkstück aus (**Bild 1**). Dabei definiert sich die Länge des Kontaktbogens l_k über den Eckenradius und die Zustellung. Als ein Maß für die Wärmeintensität des Eingriffs werden nach [25] und [26] die gemessenen Prozesskräfte (Passivkraft F_p, Vorschubkraft F_f) herangezogen, um die Reibleistung P_α an der Freifläche berechnen zu können. Die flächenbezogene Reibleistung an der Freifläche kann nach Brandt gemäß Formel (1) mit dem Gleitreibungskoeffizienten μ berechnet werden [27]. *VB* ist außerdem auch die in der Literatur [25] zur Ermittlung der Kontaktzeit diskutierte Größe (s. Formel (2)). Diese Zeit kann als Einwirkdauer bei einer möglichen thermischen Beeinflussung angesehen werden. Es ist festzuhalten, dass der Verschleißbeherrschung beim Hartdrehen eine besondere Bedeutung zukommt.

$$P_\alpha'' = \frac{P\alpha}{l_k \cdot VB} = \frac{\mu \cdot \sqrt{F_P^2 + F_f^2} \cdot \upsilon_c}{l_k \cdot VB} \qquad (1)$$

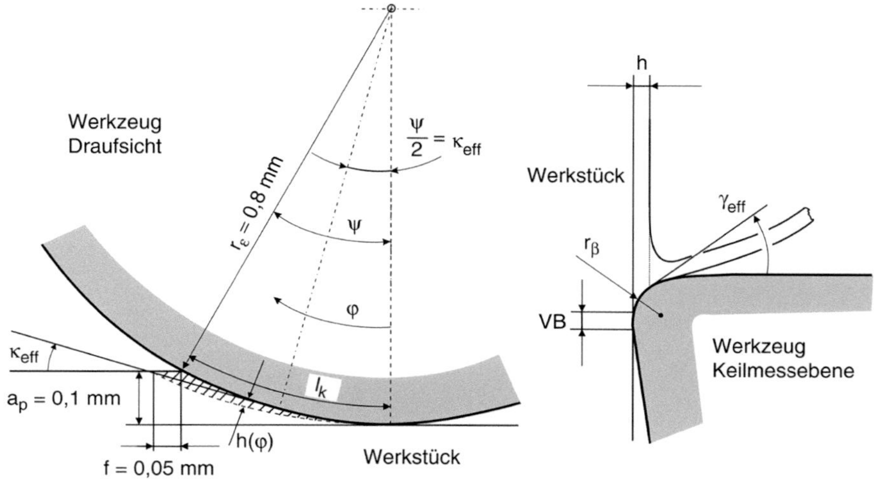

Bild 1: Eingriffsverhältnisse beim Hartdrehen

$$\Delta t = \frac{VB}{\upsilon_c} \quad (2)$$

Nachfolgend wird die kontaktflächenbezogene Reibleistung an der Freifläche P_α", die nach Schmidt [29] mit der maximalen Werkstücktemperatur an der Oberfläche korreliert, als äquivalent zur kontaktflächenbezogenen Schleifleistung betrachtet. Im Rahmen dieser Arbeit wird hinsichtlich des Wärmeaufteilungsfaktors der Reibwärme zwischen Werkstück und Werkzeug davon ausgegangen, dass 100 % in das Werkstück gehen. Es handelt sich bei den nachfolgenden Auswertungen also um eine Worst-Case-Betrachtung. Die vorhandenen Datenpunkte zum Hartdrehen sollen entsprechend gemeinsam mit den Schleifdaten in einem P"-Δt-Diagramm ausgewertet werden.

4. Ergebnisse

Bei der Analyse von Ergebnissen aus der Hartdrehbearbeitung aus [25] und [26] ergibt sich **Tabelle 1**, in der entsprechend der o. g. Vorüberlegungen die Wärmeintensität und die Wärmeeinwirkdauer (Kontaktzeit) berechnet wurden. In der Vergangenheit wurde für eine lediglich auf die Länge bezogene Leistung ein Wert von 150 W/mm als Grenze für die Ausbildung von weißen Schichten angegeben [25], [26]. Daher ist in der Tabelle dieses Kriterium zur Bildung von White Layers, neben dem Bewertungskriterium des Schliffbilds, mit aufgeführt.

Tabelle 1: Berechnete Wärmeintensitäten und Kontaktzeiten beim Hartdrehen auf Basis der Daten in [25] und [26]

Quelle	P' [W/mm]	μ [-]	l_k [mm]	a_p [mm]	v_c [m/min]	VB [mm]	Δt [s]	P'' [W/mm²]	Kriterium thermische Beeinflussung (t.B.) Kriterium 1*	Kriterium 2**
									Bewertung t.B. nach Kriterium	
[26]	109,1	0,26	0,578	0,2	90	0,08	0,000053	1364	nein	nein
[26]	131,1	0,26	0,578	0,2	90	0,08	0,000053	1639	nein	nein
[26]	149,5	0,26	0,578	0,2	90	0,08	0,000053	1869	nein	nein
[26]	128,3	0,26	0,578	0,2	120	0,08	0,000040	1604	nein	nein
[26]	173,7	0,26	0,578	0,2	120	0,08	0,000040	2171	ja	ja
[26]	168,8	0,26	0,578	0,2	120	0,08	0,000040	2110	ja	ja
[26]	168,4	0,26	0,578	0,2	120	0,08	0,000040	2105	ja	ja
[26]	135,1	0,26	0,578	0,2	90	0,08	0,000053	1689	nein	nein
[26]	126,8	0,26	0,716	0,3	90	0,08	0,000053	1585	nein	nein
[26]	128,9	0,26	0,837	0,4	90	0,08	0,000053	1611	nein	nein
[26]	125	0,26	0,949	0,5	90	0,08	0,000053	1563	nein	nein
[26]	176,5	0,26	0,404	0,1	120	0,1	0,000050	1765	ja	ja
[26]	168,5	0,26	0,578	0,2	120	0,1	0,000050	1685	ja	ja
[26]	162,7	0,26	0,716	0,3	120	0,1	0,000050	1627	ja	ja
[26]	158,8	0,26	0,837	0,4	120	0,1	0,000050	1588	ja	ja
[25]	80	k.A.	k.A.	k.A.	145	0,025	0,000010	3200	k.A.	nein
[25]	120	k.A.	k.A.	k.A.	145	0,055	0,000023	2150	k.A.	nein
[25]	160	k.A.	k.A.	k.A.	145	0,08	0,000033	1800	k.A.	ja
[25]	200	k.A.	k.A.	k.A.	145	0,12	0,000050	1600	k.A.	ja
[25]	240	k.A.	k.A.	k.A.	145	0,155	0,000064	1550	k.A.	ja
[25]	280	k.A.	k.A.	k.A.	145	0,185	0,000077	1450	k.A.	ja
[25]	320	k.A.	k.A.	k.A.	145	0,225	0,000093	1400	k.A.	ja

☐ berechnet ▨ aus Diagramm in entsprechender Quelle abgelesen

k.A.: keine Angabe

P' [W/mm]: Leistung bezogen auf Breite des Eingriffs l_k
μ [-]: Gleitreibungskoeffizient
a_p [mm]: Zustellung
v_c [m/min]: Schnittgeschwindigkeit
VB [mm]: Verschleißmarkenbreite
Δt [s]: Kontaktzeit
P'' [W/mm²]: kontaktflächenbezogene Leistung bezogen auf l_k und VB

*Kriterium 1: Schliffbild (mind. Anlasszone sichtbar)
**Kriterium 2: Leistungsgrenzwert (P'>150 W/mm)

Die Rahmenbedingungen zu den schleiftechnischen Daten können [1] entnommen werden. Generell soll hier festgehalten werden, dass die Daten aus unterschiedlichen Schleifprozesskinematiken, von unterschiedlichen Schleifmaschinen (ausgerüstet mit unterschiedlichen Schleifscheiben und verschiedenen Abrichtern sowie unterschiedlichen Ölen als Kühlschmierstoff) stammen. Zudem wurden verschiedene einsatzgehärtete Stähle bearbeitet. In **Bild 2** sind alle Versuchspunkte aus der Hartdrehbearbeitung und die Daten aus der Schleifbearbeitung aufgetragen.

Werden die Kenngrößen aus Tabelle 1 zum Hartdrehen in das in [1] veröffentlichte Diagramm eingetragen, ist zu erkennen, dass die Punkte zum Hartdrehen im Diagramm erwartungsgemäß durch kleine Kontaktzeiten und hohe spezifische Leistungen charakterisiert sind (Bild 2). Die Grenze für beginnenden Schleifbrand wurde anhand des Kriteriums einer sichtbaren Anlasszone im Gefügeschliff ermittelt (gepunktete schwarze Linie). Es ist zu sehen, dass alle Punkte zum Hartdrehen knapp oberhalb der identifizierten Grenze beim Schleifen liegen. Grundsätzlich ging es in [26] darum, Versuche im Grenzbereich durchzuführen, wobei nur an einigen der Punkte eine Anlasszone oder ein White Layer festgestellt werden konnte. Dennoch zeigt die Lage der Punkte, dass hier ein sehr ähnlicher physikalischer Zusammenhang vorliegen könnte, welcher

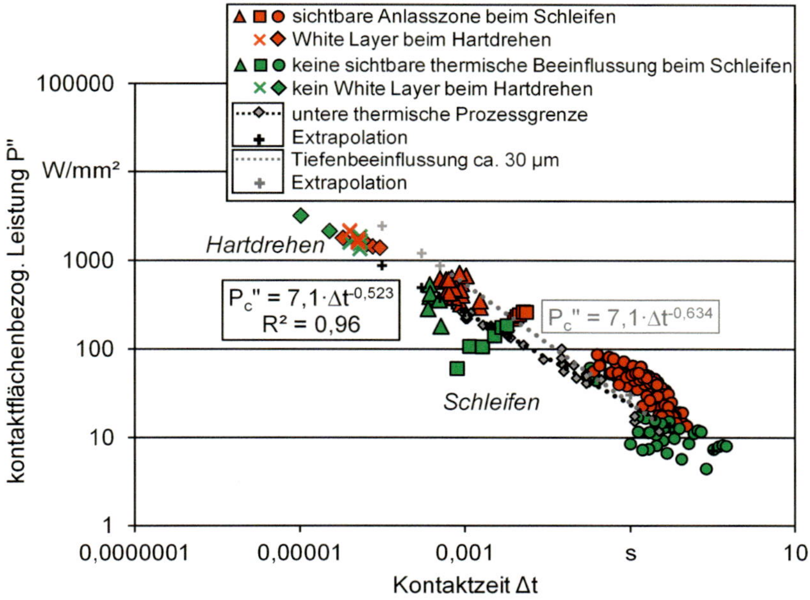

Bild 2: *P"-Δt*-Diagramm zum Schleifen und Hartdrehen

eine thermische Wirkung des Fertigungsprozesses als Ursache der Veränderungen im Gefügeschliff auch beim Hartdrehen nahelegt. Es ist, wie erwähnt, festzustellen, dass die Versuchspunkte zu den hartgedrehten Werkstücken in einem wesentlich kürzeren Kontaktzeitbereich liegen als die Versuchspunkte zum Schleifen. Die Größenordnung der Kontaktzeit passt zu den Kontaktzeiten, die auch in [30] berechnet wurden. Ein weiteres Indiz dafür, dass hier die dominante thermische Wirkung zur Ausbildung der weißen Schichten mit teilweise darunterliegender Anlasszone geführt hat, ist die in Summe geringe Tiefenbeeinflussung (i. d. R. $\ll$ 15 µm). In [1] konnte nachvollzogen werden, dass anhand eines Temperaturmodells der lokale Temperaturgradient in Werkstücktiefenrichtung hin zu kurzen Kontaktzeiten betragsmäßig wesentlich steiler ausfällt.

Unter Berücksichtigung dieses Wissens wirken die in Tabelle 1 berechneten hohen Wärmeintensitäten nur für einen sehr kurzen Moment und führen hier nicht zur Erwärmung eines größeren Randzonenbereichs. Die Positionen der Punkte zum Hartdrehen liegen unterhalb der grau gepunkteten Linie im Diagramm (Bild 2). Diese Linie wurde in [1] anhand von Gefügeschliffen abgeschätzt. Sie beschreibt eine Tiefenbeeinflussung $<$ 30 µm, festgemacht an der sichtbaren Anlasszone im Gefügeschliff. Auch in Bezug auf diese Linie erscheint die Lage der Punkte im Diagramm plausibel.

5. Diskussion und vorläufige Überlegungen zur Anwendbarkeit aus prozesstechnologischer Sicht

Die Berechnung und das Messen von Wärmeintensitäten erfolgt prozess- und/oder kinematikbedingt bisher auf Grundlage von Kenntnissen aus der akademischen Laborumgebung. Allerdings ist es möglich, entsprechende Messsignale auch in der industriellen Praxis auszuwerten. Hier gibt es zudem das Potenzial, durch eine wissensbasierte Auswertung von Leistungen im Antriebsstrang der Werkzeugmaschine kostengünstiger an entsprechende Messgrößen heranzukommen, als es in Forschungseinrichtungen bislang der Fall ist. In Bild 2 ist allerdings zu sehen, dass sich die Auswertungen von unterschiedlichen Versuchen zum Schleifen an einem Forschungsinstitut mit mehreren Schleifmaschinen unterschiedlicher Hersteller zu einer beginnenden Verfärbung im Gefügeschliff entsprechend dem Gedankenmodell einer bewegten Wärmequelle an einer unteren Grenze orientieren. Zudem ist zu sehen, dass sich Experimente aus dem Bereich des Hartdrehens, die mindestens 10 bis 20 Jahre alt sind und an anderen Forschungseinrichtungen durchgeführt wurden, ebenfalls an dieser Grenze orientieren – nur eben bei viel kürzeren Kontaktzeiten.

Genau diese definierte Kontaktzeit bietet aus Sicht der Autoren einen sehr großen Vorteil des hier vorgestellten Ansatzes. Diese kann i. d. R. rein analytisch in Abhängigkeit von Prozess und Kinematik berechnet oder zumindest abgeschätzt werden. **Bild 3** zeigt die hier ausgewerteten und beschriebenen Ergeb-

Bild 3: Wärmeintensitäten, lokale Temperaturgradienten in Tiefenrichtung und Tiefenbeeinflussung in Abhängigkeit prozesstypischer Kontaktzeitbereiche

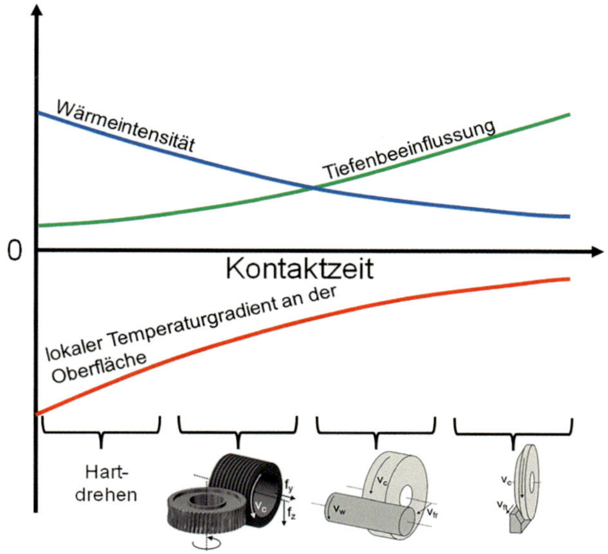

nisse qualitativ im Zusammenhang. Es können folgende Aussagen hinsichtlich der thermischen Beeinflussung abgeleitet werden:

Aus dem Diagramm geht hervor, dass bei kurzen Kontaktzeiten, wie sie beim Hartdrehen und zum Teil auch beim Wälzschleifen typisch sind, hohe lokale Temperaturgradienten in Werkstücktiefenrichtung vorliegen. Aus dieser thermischen Beeinflussung resultiert zum einen eine eher geringe Tiefenbeeinflussung und zum anderen das Auftreten dünner weißer Schichten bzw. Neuhärtungszonen mit vergleichsweise dünner darunter liegender Anlasszone.

Bei langen Kontaktzeiten dagegen ist ein Anlassen und Erweichen des Gefüges bis zu größeren Tiefen möglich, da die lokalen Temperaturgradienten wesentlich geringer ausfallen. Auch das Risiko einer eher dicken Neuhärtungszone bei Einwirkung einer vergleichsweise geringen Wärmeintensität fällt bei Prozessen des Flachschleifens und Profilschleifens wesentlich höher aus.

Trotz der Zusammenhänge, die aus dem *P"-Δt*-Diagramm oder dem abgeleiteten qualitativen Diagramm (Bild 3) hervorgehen, bleibt eine bedarfsgerechte weiterführende Analyse von Werkstücken unerlässlich, u. a. aufgrund von fehlenden oder zu unpräzisen Informationen über die kontaktflächenbezogene Leistung. Jedoch sollte das Wissen über potenzielle thermisch bedingte Tiefenwirkungen und die Art der Veränderungen in der Randzone vor allem bei zerstörungsfreien Prüfmethoden unbedingt berücksichtigt werden. Prüfmethoden wie bspw. die Wirbelstromprüfung oder auch das Barkhausenrauschen sind i. d. R.

Verfahren, die mit einer Referenz arbeiten. D. h., es wird entweder ein bekannter Fehler oder eine bekannte Abweichung, der/die einer zu hohen thermischen Beeinflussung aus dem Prozess entsprechen soll, in ein Referenzbauteil eingebracht und anschließend werden mit der entsprechenden Prüfmethode Werkstücke eines Fertigungsloses vergleichend zu diesem Bauteil gemessen oder es wird ein sog. Gutteil erzeugt, bei dem davon ausgegangen wird, dass es einem einwandfreien Zustand entspricht. Egal wie vorgegangen wird, müssen ein tiefgehendes Verständnis möglicherweise auftretender Abweichungen in der Fertigung und fundierte Kenntnisse bzgl. der jeweilig angewendeten Prüfmethode vorliegen. In Bezug auf das Erzeugen von Referenzbauteilen muss neben möglicherweise typischen Phänomenen aus dem Fertigungsprozess heraus, die sich an der Oberfläche des Werkstückes abspielen, auch die Tiefenausdehnung berücksichtigt werden. So ist es eine enorme Herausforderung, die beiden oben genannten Verfahren nur auf die Analyse der Werkstückoberfläche zu beschränken. I. d. R. analysieren beide Verfahren die Werkstückrandzone und die entsprechenden Messgrößen hängen neben dem Auftreten von Anlass- oder Neuhärtungszonen zusätzlich vom Eigenspannungszustand ab. Genau diese Abhängigkeiten können zu Missinterpretationen führen – insbesondere dann, wenn der Eingangszustand des zu fertigenden Bauteils nicht vollumfänglich bekannt ist. Zumindest an der Oberfläche und im oberflächennahen Bereich lassen sich Eigenspannungen heute auch in der Prozesskette mithilfe von mobilen Röntgendiffraktometern messen, die unter bestimmten Voraussetzungen

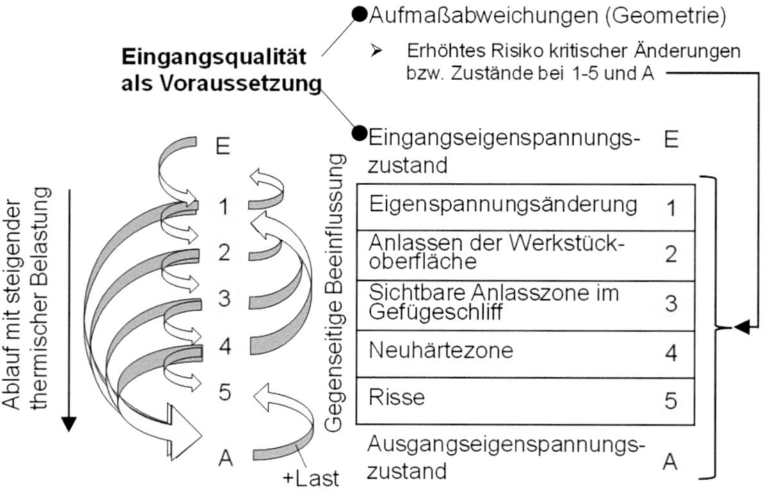

Bild 4: Randzonenzustände und Randzonenveränderungen in Abhängigkeit einer steigenden thermischen Belastung

in der Fertigungslinie zum Einsatz kommen können. Allgemein lässt sich die thermische Randzonenbeeinflussung in die Zustände und Änderungen in **Bild 4** gliedern, die sich gegenseitig beeinflussen können.

Durch eine systematische Betrachtung der Kontaktzeiten und die Zuordnung typischer fehlerhaft bearbeiteter Werkstücke in den entsprechenden Kontaktzeiten könnten kontaktzeitabhängig Referenzfehler definiert und ggf. in Referenzwerkstücke eingebracht werden, nach denen die Prüfung erfolgen sollte. Sofern mit Sicherheit eine zu hohe thermische Prozesswirkung als Hauptrisiko einer fehlerhaften Bearbeitung identifiziert werden kann, sollte diese thermische Beeinflussung möglichst identisch in ein Referenzwerkstück eingebracht werden.

Insbesondere wenn aufgrund von Unsicherheiten bei zerstörungsfreien Prüfmethoden eine zerstörende Prüfung veranlasst wird, ist bei der visuellen Bewertung des Gefügeschliffs zu berücksichtigen, dass auch bei mechanisch dominanter Prozesswirkung oberflächennahe Bereiche punktuell oder durchgehend eine weiße Schicht aufweisen können. Bei Schleifversuchen mit einem neuartigen Schleifscheibenkonzept, wo es darauf ankam, mit einer Schleifanwendung bewusst einen mechanischen Einfluss auf die Randzone auszuüben, wurde dies ersichtlich [31]. Auch in gängigen Schleifprozessen kann trotz der dominanten thermischen Prozesswirkung in den produktiven, Material abhebenden Schruppstufen bspw. am Ende durch das Ausfeuern ein mechanischer Einfluss auf die äußere Randschicht mit sehr geringer Tiefenwirkung erfolgen [32], [33]. Dies ist insbesondere bei Schleifverfahren mit sehr kurzen Kontaktzeiten und aufgrund der hier analysierten Kontaktzeiten beim Hartdrehen mit zu berücksichtigen. Des Weiteren muss die mechanische Beeinflussung bei analysierenden Messungen zur Beurteilung des Gefüges mitberücksichtigt werden.

Die Betrachtungen zeigen, dass das Überschreiten einer thermischen Prozessgrenze verfahrensübergreifend auch zwischen geometrisch unbestimmten und bestimmten Prozessen analysiert werden kann. Auf Basis des Ansatzes der Modellbetrachtung als bewegte Wärmequelle lässt sich die thermische Randzonenbeeinflussung in einer einheitlichen Form darstellen. So sind zu hohe thermische Beeinflussungen beim Hartdrehen vom thermischen Belastungskollektiv her am ehesten vergleichbar mit denen des Wälzschleifens. Es resultieren i. d. R. dünne Anlass- und ggf. dünne Neuhärtezonen. Über das konventionelle Rundschleifen zum Profil- und Flachschleifen ist mit nennenswert höheren Tiefenbeeinflussungen zu rechnen. Dabei entstehen i. d. R. tiefreichende Anlasszonen und in Ausnahmefällen auch Neuhärtezonen. Die Auswirkungen einer zu hohen thermischen Belastung sind damit unterschiedlich, was auch eine Berücksichtigung bei der messtechnischen Erfassung erfordert. In Zukunft könnten kontaktzeitabhängige Messvorschriften bei bestehenden Messmethoden mit entsprechenden Referenzwerkstücken die Sicherheit bei der Detektion noch weiter erhöhen.

Durch Analysieren der Kontaktzeiten bei Fertigungsverfahren, deren Kinematik die Modellbetrachtung zulässt, kann präventiv das Erscheinungsbild einer fehlerbehafteten Bearbeitung eingeschätzt werden. Somit entsteht eine genauere Erwartungshaltung bei der Detektion und dem Kreieren von Referenzteilen. Dies bezieht sich sowohl auf die Wirktiefe unerwünschter Randzonenveränderungen als auch auf die bereits o. g. zu erfassenden Randzonenveränderungen selbst. So ist es z. B. wahrscheinlich, dass bei Prozessen mit vergleichsweise langen Kontaktzeiten Eigenspannungsverschiebungen in Richtung Zug als sensitivste Messgröße als erstes bei steigender thermischer Beanspruchung auftreten, ggf. zunächst gefolgt von Anlasszonen und schließlich von Neuhärtungszonen im oberflächennahen Bereich mit darunterliegenden Anlasszonen und Eigenspannungsverschiebungen in den Zugbereich. Sollen also erste auftretende Eigenspannungsverschiebungen in Richtung Zug erfasst werden, wäre es naheliegend, eine spannungssensitive Methode wie das Barkhausenrauschen zu verwenden, die ggf. kombiniert wird mit einer Methode, die Änderungen in den Gefügephasen auszuschließen hilft oder bei stärkerer thermischer Wirkung diese auch erfasst. Bei Prozessen mit kurzen Kontaktzeiten besteht wenig bis keine Zeit für die Wärmeeinwirkung in eine hohe Tiefe. D. h., dass alle Arten von Randzonenveränderungen vergleichsweise nah an der Oberfläche auftreten werden und Methoden verwendet werden sollten, die sowohl auf Spannungsänderungen wie auch auf Änderungen von Gefügephasen im oberflächennahen, dünnen Bereich der Randzone reagieren.

Trotz der Annahme eines Worst-Case-Szenarios (100 % der Reibwärme zwischen Werkstück und Werkzeug gehen in das Werkstück) sind durch Erfassen der Intensität der bewegten Wärmequelle bei Fertigungsprozessen Grenzbereiche definierbar, wodurch schon während der laufenden Bearbeitung eine Einschätzung über die thermische Beeinflussung im Werkstück getroffen werden kann. Die Adaption des Fertigungsprozesses ist aus Sicht der Autoren das höchste erreichbare Maß an Prävention, die der aktuelle Stand des Wissens zur thermischen Prozesswirkung erlaubt. So ließe sich z. B. ableiten, ob durch einen nachfolgenden Bearbeitungsschritt die Schicht der unerwünschten Randzonenbeeinflussung noch abgetragen werden kann, da sie weniger tief in das Material reicht, als es den ausstehenden Schnitttiefen bzw. dem noch zur Verfügung stehenden lokalen Aufmaß entspricht. Ferner könnte geschlussfolgert werden, wie die Prozessführung bezüglich der Stellgrößen so angepasst werden kann, dass beim nachfolgenden Werkstück eine zu tiefe Randzonenbeeinflussung ausgeschlossen wird.

6. Zusammenfassung

Dieser Beitrag befasst sich mit der Prävention und Detektion thermisch bedingter Randzonenbeeinflussung in Fertigungsprozessen der Hartfeinbearbeitung. Einleitend wurde die Bedeutung einer einwandfreien Bearbeitung von Werkstücken in der Antriebstechnik und Windkraft herausgearbeitet, die insbesondere vor dem Hintergrund thermomechanischer Beeinflussungen während spanender Prozesse in der Herstellungskette gewährleistet werden muss. In diesem Zusammenhang wurde diskutiert, wie insbesondere thermische Effekte durch Prozessmodelle während der Bearbeitung in-process bzw. in-situ erkannt werden können. Der hierzu vorgestellte Forschungsansatz zielt darauf ab, eine einheitliche Betrachtung von Fertigungsprozessen mit geometrisch unbestimmter und bestimmter Schneide zu ermöglichen. Dabei wird ein Ansatz zur Identifikation thermischer Prozessgrenzen beim Schleifen auf ein anderes Bearbeitungsverfahren, das Hartdrehen, übertragen und untersucht, ob die thermische Wirkung auch hier als Ursache von Gefügeveränderungen betrachtet werden kann. Erste Ergebnisse zeigen, dass bei sehr kurzen Kontaktzeiten, wie beim Hartdrehen, hohe lokale Temperaturgradienten in Tiefenrichtung vorliegen, was zu dünnen Anlass- und Neuhärtungszonen führen kann. Bei – im Vergleich dazu – längeren Kontaktzeiten, wie beim Rundschleifen, können dagegen dickere Anlasszonen entstehen. Ferner wurde die Bedeutung von Messmethoden, die auf die entstehenden Randzonenveränderungen abgestimmt sind, herausgearbeitet und es wurde die Nutzung von gezielt thermomechanisch beeinflussten Referenzwerkstücken zur Sicherung der Qualität in Aussicht gestellt.

Das Überschreiten thermischer Prozessgrenzen kann mit diesem Forschungsansatz analysiert und präventiv berücksichtigt werden. Durch das Erfassen der Prozessleistung als Maß für die einwirkende Wärmeintensität während der Bearbeitung können Grenzbereiche definiert und die Prozessführung unter Berücksichtigung der Kontaktzeit entsprechend angepasst werden, um künftig unerwünschte Randzonenbeeinflussung zu vermeiden.

Danksagung

Die Arbeiten zu diesem Beitrag wurden in wesentlichen Teilen gefördert durch die Deutsche Forschungsgemeinschaft (DFG) – Projektnummer 223500200 – TRR136. Die Autoren danken der DFG für diese Förderung.

Literatur

[1] Heinzel, J.: Thermische Prozessgrenzen beim Schleifen erkennen. Dr.-Ing. Dissertation, Universität Bremen, 2022

[2] Kohls, E.; Heinzel, C.; Eich, M.: Evaluation of Hardness and Residual Stress Changes of AISI 4140 Steel Due to Thermal Load during Surface Grinding. In: Journal of Manufacturing and Materials Processing, 2021

[3] Srivastava, A.; Awale, A.; Vashista, M.; Yusufzai, M. Z. K.: Monitoring of thermal damages upon grinding of hardened steel using Barkhausen noise analysis. In: Journal of Mechanical Science and Technology, 34 (2020), S. 2.145–2.151

[4] Brinksmeier, E.; Brockhoff, T.: Utilization of Grinding Heat as a New Heat Treatment Process. In: CIRP Annals – Manufacturing Technology, 45 (1996) 1, S. 283–286

[5] Brinksmeier, E.: Prozess- und Werkstückqualität in der Feinbearbeitung. Fortschritt-Bericht VDI Nr. 234, 1991

[6] Meyer, D.; Wagner, A.: Influence of metalworking fluid additives on the thermal conditions in grinding. In: CIRP Annals – Manufacturing Technology, 65 (2016) 1, S. 313–316

[7] Rowe, W. B.; Black, S. C. E.; Mills, B.; Qi, H. S.; Morgan, M. N.: Experimental Investigation of Heat Transfer in Grinding. In: CIRP Annals – Manufacturing Technology, 44 (2018) 1, S. 329–332

[8] Schwienbacher, S.: Einfluss von Schleifbrand auf die Flankentragfähigkeit einsatzgehärteter Zahnräder. Dr.-Ing. Dissertation, Technische Universität München, 2008

[9] Jawahir, I. S.; Brinksmeier, E.; M'Saoubi, R.; Aspinwall, A. K.; Outeiro, J. C.; Meyer, D.; Umbrello, D.; Jayal, A. D.: Surface integrity in material removal processes: Recent advances. In: CIRP Annals – Manufacturing Technology, 60 (2011) 2, S. 603–626

[10] Field, M.; Koster, W.: Optimizing grinding parameters to combine high productivity with high surface integrity. In: Annals – Manufacturing Technology, 27 (1978) 1

[11] He, B.; Wei, C.; Ding, S.; Shi, Z.: A survey of methods for detecting metallic grinding burn. In: Measurement, 134 (2019), S. 426–439

[12] van Luttervelt, C. A.; Childs, T. H. C.; Jawahir, I. S.; Klocke, F.; Venuvinod, P. K.; Altintas, Y.; Armarego, E.; Dornfeld, D.; Grabec, I.; Leopold, J.; Lindstrom, B.; Lucca, D.; Obikawa, T.; Shirakashi, T.; Sato, H.: Present Situation and Future Trends in Modelling of Machining Operations. Progress Report of the CIRP Working Group 'Modelling of Machining Operations'. In: Annals – Manufacturing Technology, 47 (1998) 2, S. 587–626

[13] Brinksmeier, E.; Aurich, J. C.; Govekar, E.; Heinzel, C.; Hoffmeister, H.-W.; Klocke, F.; Peters, J.; Rentsch, R.; Stephenson, D. J.; Uhlmann, E.; Weinert, K.; Wittmann, M.: Advances in Modeling and Simulation of Grinding Processes. In: CIRP Annals – Manufacturing Technology, 55 (2006) 2, S. 667–696

[14] Heinzel, C.: Schleifprozesse verstehen: Zum Stand der Modellbildung und Simulation sowie unterstützender experimenteller Methoden. Habilitationsschrift, Universität Bremen, Forschungsberichte aus der Stiftung Institut für Werkstofftechnik, Band 47, Shaker, Aachen, 2009

[15] Sölter, J.: Ursachen und Wirkmechanismen der Entstehung von Verzug infolge spanender Bearbeitung. Dr.-Ing. Dissertation, Universität Bremen, 2010

[16] DesRuisseaux, N. R.: Thermal Aspects of Grinding Processes. Ph.D., University of Cincinnati, 1968

[17] Jaeger, J. C.: Moving Sources of Heat and the Temperature at Sliding Contacts. In: Proceedings of the Royal Society of New South Wales, 76 (1942) 3, S. 203–224

[18] Carslaw, H. S.; Jaeger, J. C.: Conduction of Heat in Solids. In: Oxford Science Publications, Oxford University Press, 1959

[19] Malkin, S.: Burning Limit for Surface and Cylindrical Grinding of Steels. In: CIRP Annals – Manufacturing Technology, 27 (1978) 1, S. 233–236

[20] Malkin, S.; Guo, C.: Thermal Analysis of Grinding. In: CIRP Annals – Manufacturing Technology, 56 (2007) 2, S. 760–782

[21] Heinzel, J.; Sackmann, D.; Karpuschewski, B.: Micromagnetic Analysis of Thermally Induced Influences on Surface Integrity Using the Burning Limit Approach. In: Journal of Manufacturing and Material Processing, 3/4 (2019)

[22] Guba, N.; Heinzel, J.; Heinzel, C.; Karpuschewski, B.: Grinding burn limits: Generation of surface layer modification charts for discontinuous profile grinding with analogy trials. In: CIRP Journal of manufacturing Science and Technology, 31 (2020), S. 99–107

[23] Heinzel, C.; Heinzel, J.; Guba, N.; Hüsemann, T.: Comprehensive analysis of the thermal impact and its depth effect in grinding. In: CIRP Annals – Manufacturing Technology, 70 (2021) 1, S. 289–292

[24] Heinzel, C.; Sölter, J.; Jermolajev, S.; Kolkwitz, B.; Brinksmeier, E.: A versatile method to determine thermal limits in grinding. In: Procedia CIRP, 2nd CIRP Conference on Surface Integrity (CSI) 13, 2014, S. 131–136

[25] Tönshoff, H. K.; Arendt, C.; Ben Amor, R.: Cutting of Hardened Steel. In: CIRP Annals-Manufacturing Technology, 49 (2000) 2, S. 547–566

[26] Kundrak, J.; Gacsi, Z.; Bana, V.: X-Ray diffraction investigation of white layer development in hard-turned surfaces. In: International Journal of Advanced Manufacturing Technology, 62 (2012), S. 457–469

[27] Brandt, D.: Randzonenbeeinflussung beim Hartdrehen. Dr.-Ing. Dissertation, Universität Hannover, Fortschr.-Ber. VDI-Reihe 2, Nr. 391, VDI-Verlag, Düsseldorf, 1996

[28] Denkena, B.; Tönshoff, H. K.: Spanen Grundlagen. 3. bearbeitete und erweiterte Auflage, Springer-Verlag, 2011

[29] Schmidt, J.: Mechanische und thermische Wirkungen beim Drehen gehärteter Stähle. Dr.-Ing. Dissertation, Universität Hannover, 1999

[30] Klocke, F.; Brinksmeier, E.; Weinert, K.: Capability Profile of Hard Cutting and Grinding Processes. In: CIRP Annals – Manufacturing Technology, 54 (2002) 2, S. 22–45

[31] Eich, M.; Meyer, D.; Heinzel, C.: Utilisation Potential of Mechanical Material Loads during Grinding by Means of a Novel Tool Concept. In: Journal of Manufacturing and Materials Processing, 7 (2023) 167

[32] Heinzel, C.: Methoden zur Untersuchung und Optimierung der Kühlschmierung beim Schleifen. Dr.-Ing. Dissertation, Universität Bremen, Forschungsberichte aus der Stiftung Institut für Werkstofftechnik, Band 2, Shaker, Aachen, 1999

[33] Czenkusch, C.: Technologische Untersuchungen und Prozeßmodelle zum Rundschleifen. Dr.-Ing. Dissertation, Leibniz Universität Hannover, 2000

[34] Heinzel, J.; Guba, N.; Langenhorst, L.; Hertreiter, A.; Heinzel, C.; Karpuschewski, B.: Prävention und Detektion thermisch bedingter Randzonenbeeinflussung mittels analytisch-empirischer Prozessgrenze in Fertigungsprozessen der Hartfeinbearbeitung. Schweizer Schleifsymposium, 09/2024, Zürich, Schweiz

Schleifen mit kryogener Kühlung – Potenziale und Beschränkungen

Benjamin Kirsch, Daniel Weber, Adrian Scheitza, Jan C. Aurich

1. Einleitung und Stand der Technik

Beim Schleifen kommt der Kühlschmierstoff-Zufuhr eine bedeutende Rolle zu. Aufgrund des hohen Maßes an Reibung und plastischer Verformung im Prozess ist die Wärmeentwicklung viel stärker ausgeprägt als bei der Zerspanung mit geometrisch bestimmter Schneide. Während beim Drehen, Fräsen und Bohren bei einigen Materialien auf Kühlschmierstoff (KSS) verzichtet werden kann, ist dies beim Schleifen nicht der Fall. Daher ist die KSS-Zufuhr beim Schleifen ein intensiv beforschter Bereich und es existieren Handreichungen, wie die KSS-Zufuhr ausgelegt sein muss [1].

Obwohl die erkenntnisbasierte KSS-Zufuhr zur effizienten Nutzung von KSS führt, sind die notwendigen Mengen an KSS beim Schleifen sehr hoch, womit entsprechend hohe Kosten für die Beschaffung, Zirkulation (Pumpen), Reinigung und Entsorgung des KSS anfallen. Daraus resultiert das Bestreben, die KSS-Zufuhr beim Schleifen noch effizienter zu gestalten oder alternative Konzepte zu entwickeln.

Ein solches alternatives Konzept ist die Kühlung mit kryogenen Medien. Diese bieten den Vorteil, dass sie generell bei sehr niedrigen Temperaturen zugeführt werden, woraus eine hohe Kühlwirkung resultieren kann. Weiterhin fallen keine Kosten für deren Zirkulation oder Entsorgung an, da sich die kryogenen Medien im Maschinenraum verflüchtigen. Die am häufigsten genutzten kryogenen Medien sind CO_2-Schnee und flüssiger Stickstoff LN_2.

Während die Anwendung von kryogenen Medien in der Zerspanung mit geometrisch bestimmter Schneide ein fest etabliertes Forschungsthema ist [2], finden sich beim Schleifen wenige Untersuchungen. Die ersten Arbeiten finden sich in den 80er- und 90er-Jahren von Chattopdhyay und Co-Autoren [3], [4], [5], [6].

In [3] wurde konstatiert, dass bei sachgemäßer Anwendung von LN_2 eine Verbesserung im Vergleich zu konventioneller Kühlung erreicht werden kann, der Erfolg jedoch auch abhängig von den Schnittbedingungen und der Duktilität des Werkstoffs ist. Der Nutzen der kryogenen Kühlung steigt mit der Duktilität des Stahls. Dies wurde auch in den späteren Arbeiten bestätigt und der positive Effekt der kryogenen Kühlung mit steigender Duktilität auf das Spanformungs- und Spanbruchverhalten bezogen, welches sich bei kryogener Kühlung ändert [5], [6]; es muss jedoch erwähnt werden, dass die Temperaturen und Kräfte bei der konventionellen Ölkühlung höher waren als beim Trockenschliff, was auf eine unsachgemäße Auslegung der KSS-Zufuhr zurückgeführt werden muss.

Die nächsten Arbeiten finden sich in [7], in welchen LN_2 mit Trockenschleifen und konventioneller Kühlung (ohne jegliche Spezifikation) verglichen wurde. Im Ergebnis schnitt die LN_2-Kühlung hinsichtlich Werkstücktemperaturen, Werkstückrauheit und geringeren Zugeigenspannungen besser ab, die Kräfte waren in etwa gleich. Alle geschliffenen Werkstückoberflächen zeigten erhebliche Rissbildungen, was erneut auf eine unzureichende Auslegung der konventionellen Zufuhr hindeutet.

In [8] wurde berichtet, dass die Spindelleistung beim Kühlen mit LN_2 zwar mehr als zweimal so hoch war wie beim Trockenschliff und wie bei der konventionellen Kühlung, dafür aber deutliche Steigerungen in der Lebensdauer der Schleifscheiben erreicht werden konnten. Die aufgefangenen Späne zeigten die bessere Kühlwirkung des LN_2, da es zu keinen Aufschmelzungen kam. Nachteilig erwiesen sich jedoch neben der Spindelleistung längere Ausfunkzeiten und eine schlechte Maßhaltigkeit bei LN_2. In [9] attestierten die Autoren schließlich, dass zwar höhere Standzeiten mit LN_2 erreicht werden, alle anderen Aspekte jedoch negativ seien, insbesondere hinsichtlich der Werkstückqualität.

In [10] wurde ebenfalls LN_2 mit konventioneller Flutungskühlung (7,2 l/min) und dem Trockenschliff beim Schleifen eines CrNi-Stahles verglichen. LN_2 schnitt hinsichtlich der Prozesskräfte, den Werkstückrauheiten und den Temperaturen (es wurde nicht spezifiziert, wo die Temperaturen gemessen wurden) besser ab.

In [11] und [12] wurde ein Vergleich zwischen kryogener Luft, Nanofluid-Minimalmengenschmierung und kryogener Luft mit Nanofluid-Minimalmengenschmierung beim Schleifen einer Titanlegierung durchgeführt. Temperaturen und Rauheiten waren bei der kryogener Luft mit Nanofluid-Minimalmengenschmierung am geringsten. Ein Vergleich mit konventioneller Kühlung wurde nicht vorgenommen. Auch in [13] wurde kryogene Luft mit kombinierter Minimalmengenschmierung untersucht, in diesem Falle im Vergleich zu konventioneller Kühlung mit Emulsion, zu der jedoch keine Angaben gemacht wurden. Während die Werkstücktemperaturen bei der konventionellen Kühlung geringer waren, konnten Vorteile hinsichtlich der Eigenspannungen und der Werkstückrauheit mit kryogener Luft erreicht werden; jedoch nur bei geringen Abtragraten; bei höheren sei die kryogene Luft nicht zu empfehlen [13].

In [14] wurde Getriebestahl 27MnCr5 geschliffen, unter Verwendung von LN_2, LN_2 mit Minimalmengenschmierung und einer 7,5 % Emulsion. Angaben zu Düsenkonfigurationen oder der Zufuhrmenge bei der konventionellen Kühlung wurden nicht gemacht. Hinsichtlich der Oberflächenrauheit und der Mikrostruktur wurden vergleichbare Ergebnisse zwischen den drei Konfigurationen erzielt, wobei mit LN_2 und LN_2 mit Minimalmengenschmierung weniger Defekte vorlagen als bei der konventionellen Kühlung. Weiterhin konnten mit den beiden kryogenen Zufuhrmethoden etwas höhere Druckeigenspannungen erzielt werden. In einer angeschlossenen Untersuchung wurden Ermüdungsproben aus dem gleichen Stahl geschliffen [15]. Verglichen wurde dabei erneut die konventionelle Kühlung mit einer 7,5% Emulsion und die kryogene Kühlung mit LN_2, wobei nur der finale Schliff kryogen gefertigt wurde; die Restgeometrie wurde ebenfalls mit konventioneller Kühlung geschliffen. Auch hier wurden keine weiteren Angaben zur konventionellen Kühlung gemacht. Die Oberflächenrauheit der kryogen geschliffenen Proben war höher als bei der konventionellen Kühlung. Die induzierten Druckeigenspannungen waren etwas geringer, was auch zu einer etwas geringeren Ermüdungsfestigkeit führte.

Die einzige Untersuchung zum Schleifen mit CO_2-Schnee findet sich in einem preprint [16]. Der Fokus lag hierbei auf der Untersuchung der Spanbildung bei 20MnCrS5 mithilfe eines Quick-Stop-Devices. Im Vergleich zu Öl wurden größere Spanungsdicken und damit ein effizienterer Materialabtrag detektiert, was auf die fehlende Schmierwirkung zurückgeführt wurde.

Oliveira et al. [17] verfolgten einen anderen Ansatz zur kryogenen Kühlung beim Schleifen: Anstelle der Zufuhr eines kryogenen Mediums im Prozess tauchten Sie das Werkstück in LN_2 und kühlten es damit herunter, spannten es dann in die Maschine und schliffen es trocken. Die Idee war hier, das Werkstück vor dem Schleifen so weit herunterzukühlen, dass es nach dem Schleifen Raumtemperatur hat. Somit sollte die Prozesswärme vollständig durch das Werkstück aufgenommen werden, ohne dass es überhitzt. Simulationsgestützt konnte gezeigt werden, dass diese Methode für gewisse Werkstückvolumina und Abtragsraten hinsichtlich der Temperaturbeherrschung funktioniert.

Viel mehr Literatur findet sich aktuell zum Thema kryogenes Schleifen in internationalen Journalen nicht. In der Mehrheit der Veröffentlichungen wird der kryogenen Kühlung ein positiver Effekt bescheinigt. Bei genauerer Betrachtung zeigt sich jedoch, dass entweder keine Referenz mit konventioneller Kühlung vorgenommen wurde oder die Angaben zu Düsenkonfigurationen und/oder den Zufuhrmengen fehlen. Wie allgemeint bekannt [1], ist eine sachgemäße Auslegung der KSS-Zufuhr unabdingbar bzw. eine schlecht ausgelegte KSS-Zufuhr kann zu erheblichen Problemen im Prozess und bei der Werkstückqualität führen. Somit gibt es aktuell keine Untersuchung, die das kryogene Schleifen mit einer sachgemäßen konventionellen Zufuhr vergleicht.

In diesem Beitrag werden verschiedene Kühlstrategien miteinander verglichen und hinsichtlich Prozesskräften, Schleiftemperaturen, Werkstückrauheit, Mikrohärteverläufen und Eigenspannungen bewertet. Die kryogenen Kühlstrategien beinhalten die Vorkühlung in LN_2, die partielle Vorkühlung mit LN_2 und eine In-Prozess-Kühlung sowohl mit LN_2 als auch mit CO_2. Als Referenz dient eine konventionelle Kühlung mit Schleiföl und weiterhin wurde trocken geschliffen (**Bild 1**).

2. Versuchsaufbau

Alle Versuche wurden auf der Hochleistungsschleifmaschine CAM-Master I/1 FR der Firma ELB[1] vorgenommen. Die Experimente wurden beim Flachschleifen im Gegenlauf durchgeführt. Geschliffen wurde vergüteter 42CrMo4V (732 ± 34 HV 0,3; ermittelt im Kernbereich zweier Werkstücke anhand von je zehn Messungen) mit den Maßen 127 x 30 x 19,1 mm^3. Bei der eingesetzten Schleifscheibe handelte es sich um eine keramisch gebundene Korrundschleifscheibe mit den Maßen 400 x 22 x 127 mm (Lapport[1] EKSP/EKW 60/1I6 V5900). Bei einer Schleifscheibenumfangsgeschwindigkeit von 30 m/s und einer Zustellung von 25 µm wurde die Vorschubgeschwindigkeit mit 1.000 mm/min, 2.000 mm/min und 6.000 mm/min variiert. Mit jeder Kühlstrategie wurden zwei Werkstücke geschliffen, pro Werkstück wurden drei Überschliffe mit einer Schnitttiefe a_e von 25 µm durchgeführt. Vor und zwischen diesen Schliffen wurde die Oberfläche der Werkstücke plan geschliffen (v_w = 3.000 mm/min, a_e = 10 µm, trocken). Die Versuche wurden randomisiert durchgeführt, um mögliche Verschleißeinflüsse zu minimieren. Außerdem wurde die Schleifscheibe nach je drei Werkstücken abgerichtet, um einen gleichmäßigen Zustand und eine gleichmäßige Mikrotopografie der Schleifscheibe zu gewährleisten (U_d = 4,7, v_d = 258 mm/min, a_{ed} = 15 µm).

Bei der Vorkühlung mit LN_2 wurde das Werkstück zehn Minuten lang in flüssigen Stickstoff getaucht, wodurch eine Werkstücktemperatur von -196 °C erreicht wurde. Das Werkstück wurde dann eingespannt und trocken geschliffen. Aufgrund der Zeit, die zwischen der Entnahme des Werkstücks aus dem

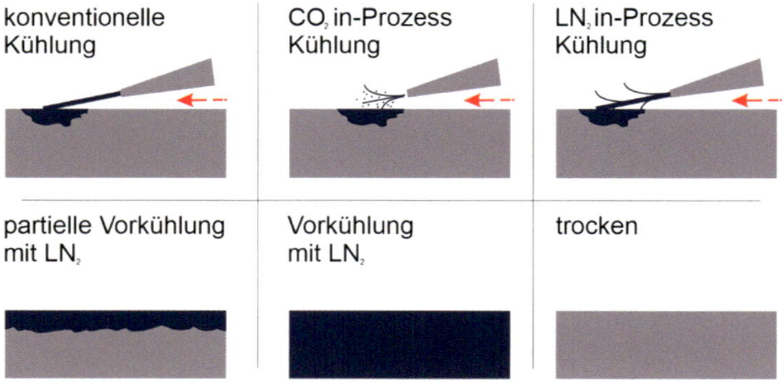

Bild 1: Untersuchte Kühlstrategien

LN_2-Behälter und für das Einspannen notwendig ist, hat sich das Werkstück bis zum Beginn des Schleifens wieder auf -80° C erwärmt. Für die Einspannungen wurden Spannmittel aus Polyurethan (PUR) verwendet, um eine Wärmeableitung in den Schraubstock zu vermeiden. Der Einfluss der Spannstrategie auf die Wärmeabfuhr unter Verwendung verschiedener Spannmittel wurde in [18] untersucht.

Für die partielle Vorkühlung mit LN_2 und die In-Prozess-Kühlung mit LN_2 wurde der gleiche Aufbau verwendet: Das LN_2 wurde in einem Tank vorgehalten und bei einem Versorgungsdruck von ca. 2 bar mit einem Massenstrom von 0,025 kg/s über vakuumisolierte Schläuche zu einer Düse mit einem Durchmesser von 6 mm flüssig zugeführt. Dabei wurde ein Entgaser zur Maximierung des Austrags von flüssigem LN_2 verwendet. Der Unterschied in den beiden Zufuhrstrategien lag in der Anwendung des LN_2. Bei der In-Prozess-Kühlung wurde das LN_2 während des Schleifprozesses auf das Werkstück gefördert. Bei der partiellen Vorkühlung wurde die Werkstückoberfläche vor dem eigentlichen Schleifen durch den flüssigen LN_2-Strahl vorgekühlt, während der Schleifprozess ohne Zufuhr von LN_2 trocken durchgeführt wurde. Zur Vorkühlung wurde die Düse mit einer Geschwindigkeit von 500 mm/min über das Werkstück geführt. Die Zeit zwischen dem Abkühlen und dem Schleifen betrug ca. 30 s.

Für die In-Prozess-Kühlung mit CO_2 wurde eine Steigrohrflasche mit einem Druck von 57 bar verwendet. Die Kühlung erfolgte über eine kommerzielle Düse mit fünf Öffnungen von je 0,5 mm Durchmesser, die zu einem Massendurchfluss von 0,035 kg/s führten.

Für die konventionelle Kühlung wurden Mineralöl (Petrofer Isocut R10H[1]) und ein Volumenstrom von 50 l/min gewählt, um die Schnittgeschwindigkeit zu erreichen (die Austrittsfläche der Düse betrug 28,6 mm^2). Zusätzlich wurde eine Reinigungsdüse mit 50 l/min verwendet, um ein Zusetzen der Scheibe zu verhindern.

Bei der trockenen Bearbeitung wurden keinerlei Kühlung oder Schmierung verwendet.

3. Messtechnik

Kraft

Die Prozesskräfte wurden mit einer Kraftmessplattform Kistler 9255B1 bei einer Abtastrate von 1 kHz aufgezeichnet. Die Signale wurden gemittelt, wobei Ein- und Auslauf nicht mit in die Berechnung aufgenommen wurden (**Bild 2a**). Die aus der KSS-Zufuhr resultierenden Kräfte wurden nach der gleichen Methode bei Überschliffen mit 0 mm Zustellung ermittelt und deren Betrag von den Prozesskräften abgezogen.

Temperatur

Die Temperaturen im Werkstück beim Schleifen wurden mithilfe von Thermoelementen bei einer Abtastrate von 100 Hz gemessen. Die Thermoelemente mit einem Durchmesser von 1 mm wurden in erodierten Bohrungen mit einem Durchmesser von 1,3 mm in das Werkstück eingebracht; die Kontaktierung wurde mit Wärmeleitpaste sichergestellt. Ein Thermoelement wurde in dem oberflächennahen Bereich des Werkstücks positioniert, das andere in größerer Entfernung von der Oberfläche (s. Skizze **Bild 2b**). Somit detektiert das eine Thermoelement die unmittelbare Erwärmung durch den Prozess, das andere die Wirkung der längeren Exposition zu Prozesserwärmung und -kühlung (bulk-Temperatur). Das Maximum der Temperaturen $T_{s,\,max}$ und $T_{b,max}$ wurde für jeden einzelnen Schnitt bestimmt.

Oberflächenrauheit

Die Oberflächenrauheit wurde in-line mithilfe eines mobilen Tastschnittgeräts Marsurf RD 18[1] quer zur Vorschubrichtung ermittelt. Die Messungen wurden dreimal durchgeführt und die Parameter arithmetisches Mittel der Rauheit R_a und die maximale Rautiefe R_{max} nach DIN EN ISO 4287 entsprechend gemittelt.

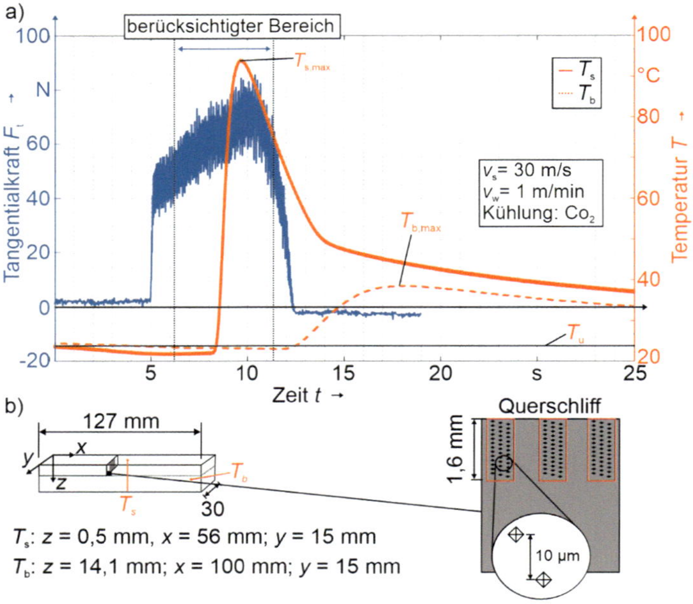

Bild 2: Messmethodik

Mikrohärte und -struktur

Für jede Kühlstrategie wurde ein Werkstück, welches mit der Vorschubgeschwindigkeit von 1.000 mm/min geschliffen wurde, hinsichtlich Mikrohärte und -struktur analysiert. Hierzu wurden Querschliffe der Werkstücke angefertigt. Die Proben wurden mit einer Bandsäge und einer Präzisionsschneidemaschine in einem Abstand von 50 mm zur linken Werkstückkante entnommen (Bild 2b) und anschließend schrittweise poliert. Die Mikrohärtemessungen wurden mit einem Mikrohärtegerät (DuraScan 70 G5[1]) durchgeführt. Die Mikrohärte wurde in 10-µm-Schritten ab einer Tiefe von 20 µm bis 1.600 µm mit einer Prüfkraft von 10 gf (HV 0,01) nach DIN EN ISO 6507-1 gemessen. Pro Probe wurden drei Messungen durchgeführt, die gleichmäßig in *y*-Richtung in der Mitte der Probe verteilt waren. Zur Analyse des Mikrogefüges wurden die Proben 15 Sekunden lang mit Nital (3 % alkoholische Salpetersäure HNO_3) geätzt.

Eigenspannungen

Für die Ermittlung der Eigenspannungen wurde ebenfalls je ein Werkstück pro Kühlstrategie vermessen, welches mit einer Vorschubgeschwindigkeit von jeweils 1.000 mm/min geschliffen wurde. Die schleifinduzierten Eigenspannungen wurden in der Ebene in Vorschubrichtung σ_f und der Ebene senkrecht zur Vorschubrichtung σ_{fn} mittels des Bohrlochverfahrens mit einem Stresstech-PRISM[1]-System ermittelt. Dabei wurde inkrementell ein Loch in die Oberfläche der geschliffenen Werkstücke gebohrt und optisch nach der elektronischen Specklemuster-Interferometrie (ESPI) die Änderungen der Oberfläche durch das Freisetzen der Eigenspannungen ermittelt. Die Eigenspannungsberechnung in der PRISM-Software basierte auf der Integral-Methode, wie in [19] beschrieben. Die Tikhonov-Regularisierung (Faktor 0,01) wurde eingesetzt, um das Messrauschen in den Spannungstiefenprofilen gemäß den Empfehlungen der Norm ASTM E837-13a [20] zu verringern.

Ein beschichteter Hartmetallfräser mit einem Durchmesser von 0,8 mm Zecha 474P[1] wurde zum Bohren des Lochs in inkrementellen Schritten verwendet. Die jeweilige Bohrtiefe betrug 20 µm in der Nähe der Oberfläche und wurde auf 50 µm in der Nähe der Endtiefe von 500 µm erhöht. Pro Werkstück wurden drei Messreihen an den Positionen x_1 = 46 mm, x_2 = 63,5 mm und x_3 = 81 mm in der Mitte der Probenbreite y = 15 mm durchgeführt (s. Koordinatensystem in Bild 2). Für jede Tiefe wurden die durchschnittliche Spannung und die jeweilige Standardabweichung über die drei Messungen berechnet.

4. Ergebnisse

Kraft

Die spezifischen Tangentialkräfte sind in **Bild 3** dargestellt, die Normalkräfte verhalten sich qualitativ identisch. Generell führt die Steigerung der Vorschubgeschwindigkeit aufgrund steigender Abtragsraten zu steigenden Kräften. Die geringsten Prozesskräfte wurden bei der konventionellen Kühlung erreicht, gefolgt von partieller Vorkühlung mit LN_2, Trockenschleifen, Vorkühlung mit LN_2, CO_2-In-Prozess-Kühlung und schließlich mit weitem Abstand der LN_2-In-Prozess-Kühlung.

Bei der Vorkühlung mit LN_2 traten Probleme mit thermischen Volumenänderungen auf. Es konnte nicht sichergestellt werden, dass die Schnitttiefe von 25 µm eingehalten wurde. Aufgrund der kryogenen Temperaturen und der anschließenden Erwärmung durch die Umgebung und den Prozess kam es zu

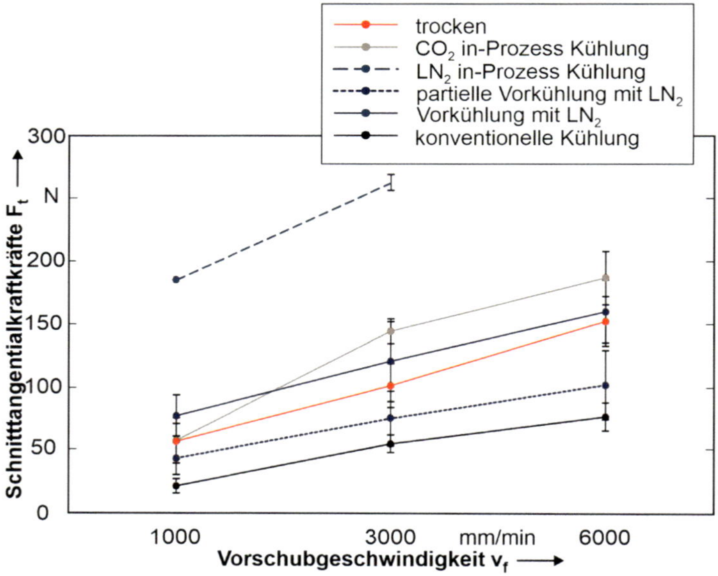

Maschine: CAM-Master I/1 FR (Fa. Elb)
Werkstück: 127x30x19,1 mm (LxBxH); 42CrMo4
Schleifscheibe: Edelkorund-Schleifscheibe (Fa. Lapport)
Körnung: 80; Ø 400 mm; Schleifscheibenbreite: 42 mm; keramische Bindung
Abrichtparameter: v_c = 30 m/s; a_d = 15 µm; v_d = 258 mm/min; u_d = 4,7
Schleifverfahren: Längs-Umfangs-Planschleifen im Gegenlauf
Prozessparameter: v_c = 30 m/s; a_e = 25 µm

Bild 3: Schnitttangentialkräfte in Abhängigkeit von der Kühlstrategie

Bild 4: Maximaltemperaturen in Abhängigkeit von der Messposition und der Kühlstrategie

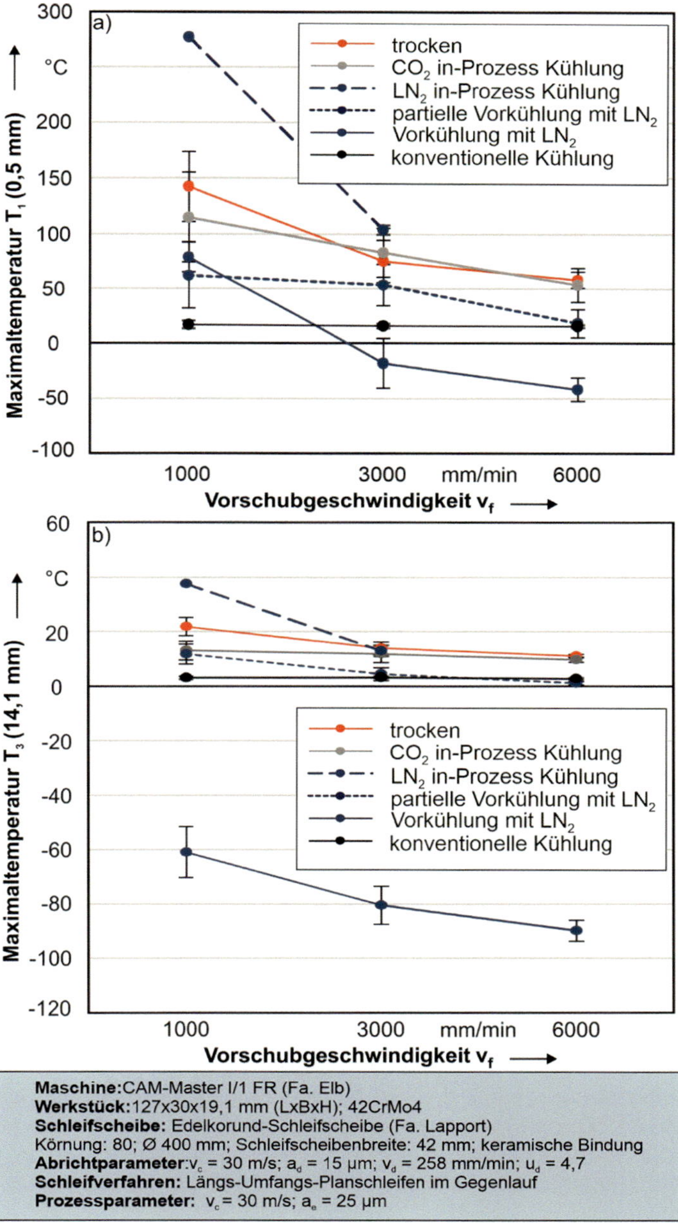

Maschine: CAM-Master I/1 FR (Fa. Elb)
Werkstück: 127x30x19,1 mm (LxBxH); 42CrMo4
Schleifscheibe: Edelkorund-Schleifscheibe (Fa. Lapport)
Körnung: 80; Ø 400 mm; Schleifscheibenbreite: 42 mm; keramische Bindung
Abrichtparameter: v_c = 30 m/s; a_d = 15 µm; v_d = 258 mm/min; u_d = 4,7
Schleifverfahren: Längs-Umfangs-Planschleifen im Gegenlauf
Prozessparameter: v_c = 30 m/s; a_e = 25 µm

Volumen bzw. Längenänderungen, die im Vergleich zur geringen Schnitttiefe a_e signifikant waren (s. [21]). Weitere Phänomene werden im Abschnitt „Temperaturanalyse“ diskutiert.

Werkstücktemperatur

Die LN_2-In-Prozess-Kühlung führte mit Abstand zu den höchsten Temperaturen (**Bild 4**). Dies ist wahrscheinlich auf die schlechte Wärmeübertragung zwischen dem Kühlmedium, der Schleifscheibe und dem Werkstück zurückzuführen. Aufgrund der hohen Temperaturdifferenz kann es zum Filmsieden kommen, d. h. Verdampfung im Kontakt mit heißen Oberflächen, was zu einem Dampfpolster führt [2]. Dies reduziert die Wärmeleitfähigkeit erheblich. Erhöhte Kräfte, Temperaturen und Schleifbrand sind die Folge.

Die Temperaturen für die CO_2-In-Prozess-Kühlung lagen etwa auf dem Niveau der Trockenbearbeitung. Die konventionelle Kühlung führte zu deutlich geringeren Temperaturen und konnte das niedrige Niveau unabhängig von der Vorschubgeschwindigkeit halten.

Die Vorkühlung mit LN_2 und die partielle Vorkühlung mit LN_2 führten ebenfalls zu niedrigeren Temperaturen im Vergleich zum Trockenschleifen. Das Niveau für die partielle Vorkühlung mit LN_2 lag dabei über dem der konventionellen. Die geringsten Temperaturen über alle betrachteten Methoden wurde bei der Vorkühlung mit LN_2 erreicht. Die sehr geringen Temperaturen bei der Vorkühlung mit LN_2 sind auf die geringen Starttemperaturen zu Beginn der Überschliffe von ca. -80 °C zurückzuführen. Es zeigte sich dabei auch ein deutlicher Einfluss der Vorschubgeschwindigkeit, da sich bei geringen Vorschubgeschwindigkeiten das Werkstück weiter erwärmte, zusätzlich zum Einfluss der Prozesswärme.

Das sehr gute Abschneiden der konventionellen Kühlung bei den Werkstücktemperaturen und auch bei den Prozesskräften, trotz der vergleichsweise hohen Temperaturen des Kühlmediums, zeigt, dass das Fehlen von Schmierung bei allen kryogenen Kühlstrategien einen größeren Einfluss auf die Werkstücktemperaturen hat als der eigentliche Kühleffekt selbst.

Oberflächenrauheit

Auch bezüglich der Werkstückrauheit schnitt die LN_2-In-Prozess-Kühlung am schlechtesten ab, mit Werten deutlich über denen der anderen Kühlstrategien (**Bild 5**). Dies ist sicherlich auf die hohen Kräfte und Temperaturen bei dieser Methode zurückzuführen; außerdem kam es bei dieser Kühlmethode zu starken Zusetzungen der Schleifscheibe, was ebenfalls die Werkstückqualität negativ beeinflusst.

Die geringsten Rauheiten wurden bei der konventionellen Kühlung erreicht. Dies deckt sich mit den erzielten geringsten Prozesskräften und den geringen Prozesstemperaturen und bestätigt die positive Wirkung der Schmierung.

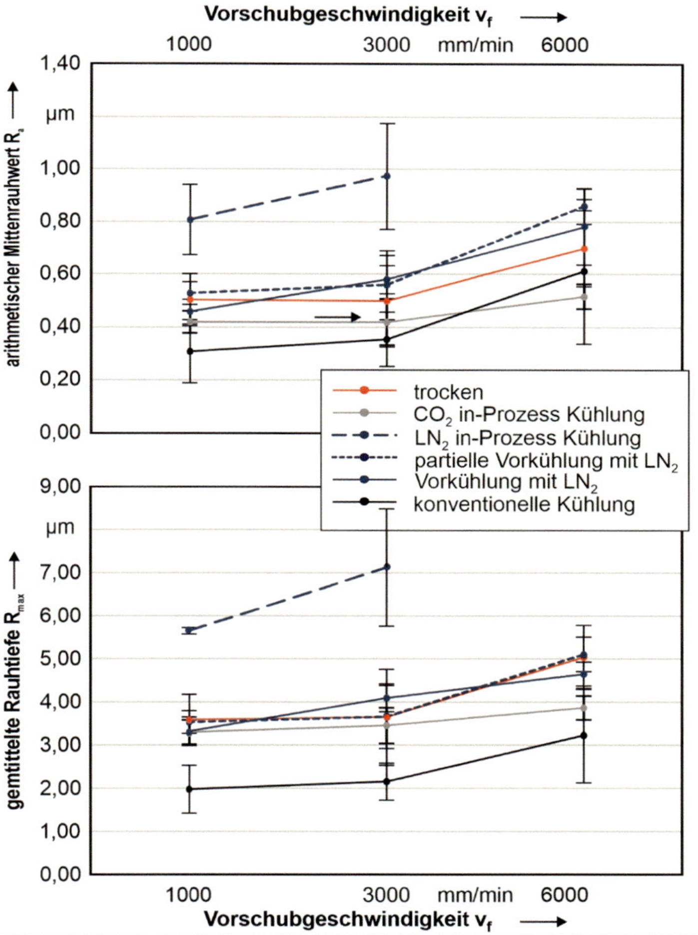

Bild 5: Werkstückrauheiten in Abhängigkeit von der Kühlstrategie

Maschine: CAM-Master I/1 FR (Fa. Elb)
Werkstück: 127x30x19,1 mm (LxBxH); 42CrMo4
Schleifscheibe: Edelkorund-Schleifscheibe (Fa. Lapport)
Körnung: 80; Ø 400 mm; Schleifscheibenbreite: 42 mm; keramische Bindung
Abrichtparameter: v_c = 30 m/s; a_d = 15 µm; v_d = 258 mm/min; u_d = 4,7
Schleifverfahren: Längs-Umfangs-Planschleifen im Gegenlauf
Prozessparameter: v_c = 30 m/s; a_e = 25 µm

Die CO_2-In-Prozess-Kühlung führte zu leicht schlechteren Oberflächen als die konventionelle Kühlung, obwohl höhere Kräfte und Temperaturen gemessen wurden. Die Rauheitswerte der Vorkühlung mit LN_2 und der partiellen Vorkühlung mit LN_2 lagen etwas über denen des Trockenschliffs.

Außerdem wurden bei allen Werkstücken unabhängig von der verwendeten Kühlstrategie Rattermarken unbekannter Ursache festgestellt.

Mikrohärte und -struktur

Für die konventionelle Kühlung lagen die Werte der Mikrohärte bis auf die unmittelbarste Nähe zur Oberfläche im Bereich der Kernhärte – es ergaben sich somit fast keine Veränderungen der Randzone (**Bild 6a**). Die partielle Vorkühlung mit LN_2 lag in den ersten 200 µm leicht unter der Kernhärte und ging dann

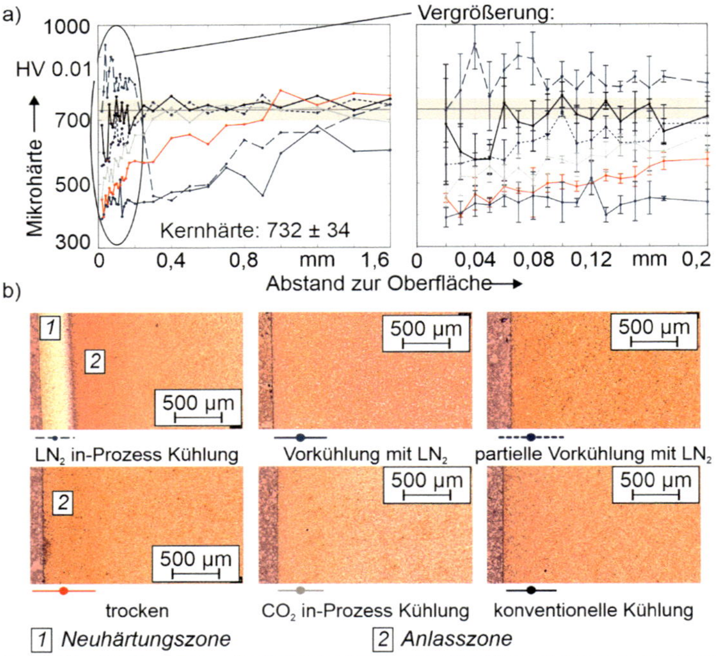

Maschine: CAM-Master I/1 FR (Fa. Elb)
Werkstück: 127x30x19,1 mm (LxBxH); 42CrMo4
Schleifscheibe: Edelkorund-Schleifscheibe (Fa. Lapport)
Körnung: 80; Ø 400 mm; Schleifscheibenbreite: 42 mm; keramische Bindung
Abrichtparameter: v_c = 30 m/s; a_d = 15 µm; v_d = 258 mm/min; u_d = 4,7
Schleifverfahren: Längs-Umfangs-Planschleifen im Gegenlauf
Prozessparameter: v_c = 30 m/s; a_e = 25 µm; v_f = 1000 mm/min

Bild 6: Mikrohärteverläufe und Gefügeschliffe in Abhängigkeit von der Kühlstrategie in die Kernhärte über. Dies deutet auf Anlasszonen im oberflächennahen Bereich hin. Noch etwas unterhalb der Werte der partiellen Vorkühlung mit LN_2 lag die CO_2-In-Prozess-Kühlung, die nach ca. 350–400 µm die Kernhärte erreichte. Noch deutlichere Anlasszonen ergaben sich beim Trockenschliff, der erst nach ca. 1 mm wieder die Kernhärte erreichte. Der deutlichste Abfall der Mikrohärte zeigte sich bei der Vorkühlung mit LN_2, die im betrachteten Bereich von 1,6 mm nicht wieder die Kernhärte erreichte.

Ein signifikanter Einfluss der Kühlstrategie zeigte sich bei der LN_2-In-Prozess-Kühlung. Anhand der hohen Mikrohärte zeigte sich eine Neuhärtungszone bis in eine Tiefe von ca. 200 µm, gefolgt von einer Anlasszone mit sehr geringen Mikrohärten, die erst bei einer Tiefe von ca. 1,5 mm wieder die Kernhärte erreichte. Dies deckt sich mit den sehr hohen gemessenen Kräften und Temperaturen, die zu einer hohen thermomechanischen Belastung führten. Die Neuhärtungszone war dabei eine Folge ausreichend hoher Abkühlraten an der Luft, wie beim Schleifen mit hohen Prozesstemperaturen häufig zu beobachten.

Die Gefügeschliffe in **Bild 6b** bestätigen weitgehen den Trend der Mikrohärteverläufe. Insbesondere der Gefügeschliff der LN_2-In-Prozess-Kühlung zeigt deutlich die Neuhärtung mit folgender Anlasszone. Insgesamt ist die Kontrastierung der Anlasszone jedoch nur schwer zu erkennen.

Eigenspannungen

Die Eigenspannungen sowohl in Vorschubrichtung (σxx) als auch quer dazu (σyy) sind in **Bild 7** dargestellt; die Eigenspannungen beider Richtungen decken sich qualitativ und fast auch quantitativ. Bei der konventionellen Kühlung wurden geringe Zugeigenspannungen gemessen. Der Trockenschliff führte zu den höchsten Zugeigenspannungen mit der größten Eindringtiefe. Die anderen Kühlstrategien, bis auf die LN_2-In-Prozess-Kühlung, lagen zwischen den Verläufen der konventionellen Kühlung und dem Trockenschliff.

Bei der LN_2-In-Prozess-Kühlung sind deutliche Druckeigenspannungen bis in Tiefen von 300 µm zu erkennen. Dies kann durch die wesentlich höheren mechanischen Belastungen und die hohen Temperaturen erklärt werden, die zu einer Neuhärtung führten.

5. Zusammenfassende Bewertung

Alle betrachteten Ergebnisgrößen, die Prozesskräfte, die Werkstücktemperaturen, die Oberflächenrauheit, die Mikrohärte und -struktur und auch die Eigenspannungen, zeigen, dass die konventionelle Kühlung zu den günstigsten Prozessbedingungen führt. Auf der anderen Seite führt die LN_2-In-Prozess-Kühlung zu den ungünstigsten Bedingungen, mit extrem hohen Prozesskräften und schlechter Werkstückqualität.

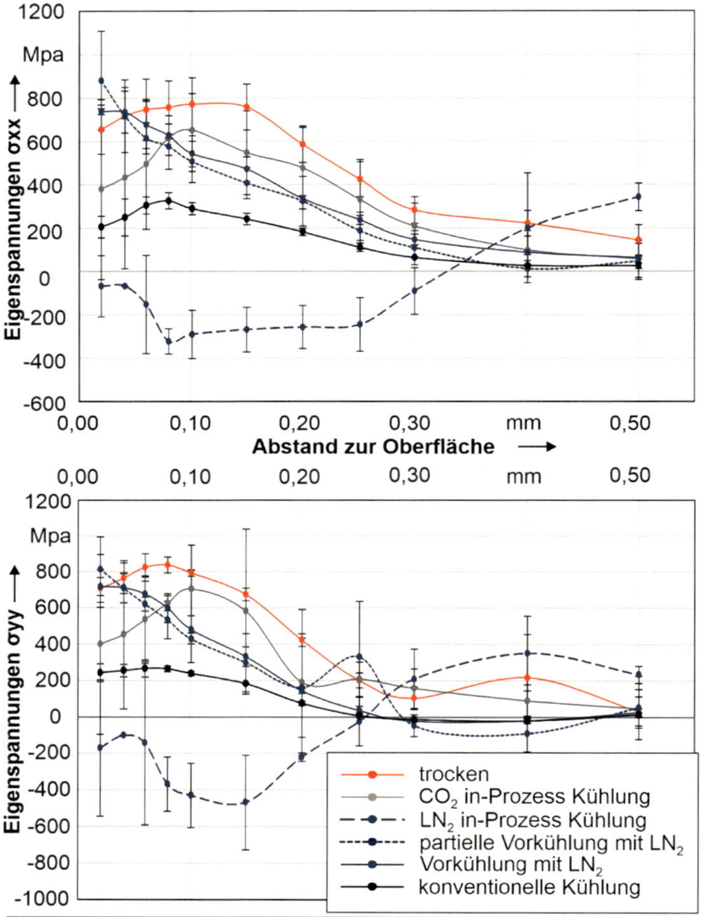

Bild 7: Eigenspannungsverläufe in Abhängigkeit von den Prozessparametern

Maschine: CAM-Master I/1 FR (Fa. Elb)
Werkstück: 127x30x19,1 mm (LxBxH); 42CrMo4
Schleifscheibe: Edelkorund-Schleifscheibe (Fa. Lapport)
Körnung: 80; Ø 400 mm; Schleifscheibenbreite: 42 mm; keramische Bindung
Abrichtparameter: v_c = 30 m/s; a_d = 15 µm; v_d = 258 mm/min; u_d = 4,7
Schleifverfahren: Längs-Umfangs-Planschleifen im Gegenlauf
Prozessparameter: v_c = 30 m/s; a_e = 25 µm; v_f = 1000 mm/min

Die drei anderen Kühlstrategien, also die CO_2-In-Prozess-Kühlung, die Vorkühlung mit LN_2 und die partielle Vorkühlung mit LN_2, führten zu schlechteren Prozessbedingungen als die konventionelle Kühlung, aber zu Verbesserungen im Vergleich zum Trockenschliff.

Die Überlegenheit der konventionellen Kühlung zeigt, dass die Schmierwirkung beim Schleifen wichtiger ist als die Kühlwirkung. Obwohl die Zufuhrtemperatur des Öls deutlich über denen der CO_2- oder der LN_2-Kühlmethoden lag, konnten die Werkstücktemperaturen sehr geringgehalten werden, was auf die Schmierwirkung zurückgeführt werden kann. Darüber hinaus wurde ein Zusetzen durch eine bessere Spanabfuhr aus der Kontaktzone und den Einsatz einer zusätzlichen Reinigungsdüse bei der konventionellen Kühlung verhindert, was zu einer besseren Oberfläche führte. Bei allen anderen Strategien kam es zu mehr oder weniger ausgeprägtem Zusetzen der Schleifscheibe.

Das besonders schlechte Abschneiden der LN_2-In-Prozess-Kühlung kann auf eine unzureichende Auslegung der Zufuhr zurückgeführt werden. Es kam zu Schleifbrand und außerdem zum starken Zusetzen der Schleifscheibe. Bei der Verwendung von LN_2 kann es zum Leidenfrost-Effekt kommen, der die Wärmeabfuhr weitgehend verhindert [2]. Da die LN_2-In-Prozess-Kühlung in diesen Untersuchungen noch schlechter als das Trockenschleifen abschnitt, sind offensichtlich weitere Effekte aufgetreten. Neben der Bildung eines Dampfpolsters könnten z. B. das Vorhandensein einer gasförmigen Phase trotz Entgaser oder die Vereisung des Düsenauslasses eine Begründung sein. Offenbar kam es durch das LN_2 zu einer negativen Beeinflussung der Schleifscheibe und ihrer Schnittfreudigkeit. Letztlich konnten die genauen Phänomene basierend auf den ausgewerteten Größen jedoch nicht aufgedeckt werden.

6. Zusammenfassung und Ausblick

In diesem Beitrag wurden verschiedene Strategien der kryogenen Kühlung beim Flachschleifen untersucht. Diese Strategien führten zu deutlichen Unterschieden bezüglich Oberflächenrauheiten, Eigenspannungen sowie Mikrostrukturen und -härten der geschliffenen Werkstücke. Während frühere Untersuchungen in der Literatur zum kryogenen Schleifen eine verbesserte Leistungsfähigkeit gezeigt haben, ergab diese Studie, dass die Verwendung eines herkömmlichen Kühlschmierstoffs auf Ölbasis in allen Belangen überlegen ist.

Bei den kryogenen Kühlmethoden fehlt der Schmiereffekt und auch die Spanabfuhr ist schlechter oder gar nicht vorhanden, was sich in den Untersuchungen in Form des Zusetzens der Schleifscheibe gezeigt hat.

Es muss jedoch gesagt werden, dass die hier untersuchten kryogenen Kühlmethoden nicht optimiert waren. Wie aus der Zerspanung mit definierter Schneide bekannt, ist auch z. B. bei einer LN_2-In-Prozess-Zufuhr die Auslegung (Düsengestaltung, Volumenstrom) entscheidend [22].

Bei den indirekten Kühlmethoden, also der Vorkühlung mit LN_2 und der partiellen Vorkühlung mit LN_2, besteht Verbesserungspotenzial bei der Verkürzung der Zeit zwischen dem Abkühlen des Werkstücks und dem Schleifen. Die CO_2-

In-Prozess-Kühlung zeigte gute Werkstückqualitäten. Hier wären eine Untersuchung der Variation bzw. eine Optimierung der Düsengestaltung und -position von Interesse, um die Potenziale grundlegender zu erforschen.

Dem fehlenden Schmiereffekt könnte durch eine Kombination aus kryogener Zufuhr und Minimalmengenschmierung begegnet werden, was ebenfalls im Bereich der definierten Schneide bereits gute Ergebnisse lieferte [23] und auch schon beim Schleifen in ersten Ansätzen vielversprechend untersucht wurde [24].

Schließlich zeigen die Untersuchungen von Chattopadhyay et al. [3], dass der Erfolg der kryogenen Kühlung auch vom Werkstoff abhängt und insbesondere duktilere Stähle von der kryogenen Kühlung profitieren. Da in diesem Beitrag vergüteter Stahl untersucht wurde, könnten bessere Ergebnisse bei anderen Stahlsorten erzielt werden, was weiter untersucht werden sollte.

Danksagung

Gefördert durch die Deutsche Forschungsgemeinschaft (DFG) – Projektnummer 440394762

Literatur

[1] Heinzel, C.; Kirsch, B.; Meyer, D.; Webster, J.: Interactions of Grinding Tool and Supplied Fluid. In: CIRP Annals – Manufacturing Technology, 69 (2020) 2, S. 624–645

[2] Jawahir, I. S.; Attia, H.; Biermann, D.; Duflou, J.; Klocke, F.; Meyer, D.; Newman, S. T.; Pusavec, F.; Putz, M.; Rech, J.; Schulze, V.; Umbrello, D.: Cryogenic manufacturing processes. In: CIRP annals, 65 (2016) 2, S. 713–736

[3] Chattopadhyay, A. B.; Bose, A.; Chattopdhyay, A. K.: Improvements in grinding steels by cryogenic cooling. In: Precision Engineering, 7 (1985) 2, S. 93–98

[4] Paul, S.; Chattopadhyay, A. B.: A study of effects of cryo-cooling in grinding. In: International Journal of Machine Tools and Manufacture, 35 (1995) 1, S. 109–117

[5] Paul, S.; Chattopadhyay, A. B.: Effects of cryogenic cooling by liquid nitrogen jet on forces, temperature and surface residual stresses in grinding steels. In: Cryogenics, 35 (1995), S. 515–523

[6] Paul, S.; Chattopadhyay, A. B.: The effect of cryogenic cooling on grinding forces. In: International Journal of Machine Tools and Manufacture, 36 (1996) 1, S. 63–72

[7] Fredj, N. B.; Sidhom, H.; Braham, C.: Ground surface improvement of the austenitic stainless steel AISI 304 using cryogenic cooling. In: Surface & Coating Technology, 200 (2006), S. 4.846–4.860

[8] Reddy, P. P.; Ghosh, A.: effect of cryogenic cooling on spindle power and G-ratio in grinding of hardened bearing steel. In: Proceedia Materials Science, 5 (2014), S. 2.622–2.628

[9] Reddy, P. P.; Ghosh, A.: Some critical issues in cryo-grinding by a vitrified bonded alumina wheel using liquid nitrogen jet. In: Journal of Materials Processing Technology, 229 (2016), S. 329–337

[10] Manimaran, G.; Kumar, M. P.; Venkatasamy, R.: Influence of cryogenic cooling on surface grinding of stainless steel 316. In. Cryogenics, 59 (2014), S. 76–83

[11] Zhang, J.; Li, C.; Zhang, Y.; Yang, M.; Jia, D.; Liu, G.; Hou, Y.; Li, R.; Zhang, N.; Wu, Q.; Cao, H.: Experimental assessment of an environmentally friendly grinding process using nanofluid minimum quantity lubrication with cryogenic air. In: Journal of Cleaner Production, 193 (2018), S. 236–248

[12] Cui, X.; Li, C.; Zhang, Y.; Said, Z.; Debnath, S.; Sharma, S.; Muhammad, H. M.; Yang, M.; Gao, T.; Li, R.: Grindability of titanium alloy using cryogenic nanolubricant minimum quantity lubrication. In: Journal of Manufacturing Processes, 80 (2022), S. 273–286

[13] Ramesh, K.; Yeo, A. H.; Zhong, Z. W.; Huang, H.: Ecological grinding with chilled air as coolant. In.: Proceedings of The Institution of Mechanical Engineers, 217 (2003) (B), S. 409–419

[14] Abedrabbo, F.; Soriano, D.; Madariaga, A.; Fernandez, R.; Abolghasem, S.; Arrazola, P. J.: Experimental evaluation and surface integrity analysis of cryogenic coolants approaches in the cylindrical plunge grinding. In: Scientific Reports, 11 (2021), S. 20.952

[15] Abedrabbo, F.; Madariaga, A.; Soriano, D.; Perez, M.; Butano, E.; Fernandez, R.; Abolghasem, S.; Arrazola, P. J.: Influence of cryogenic grinding surface on fatigue performance of carburised 27MnCr5. In: Journal of Materials Research and Technology, 23 (2023), S. 1.792–1.804

[16] Breidenstein, B.; Bergmann, B.; Puls, L.: Study of material separation mechanisms under cryogenic cooling. Preprint, 2023

[17] Oliveira, J. F. G.; Silva, E. J.; Coelho, R. T.; Brozek, L.; Bottene, A. C.; Marcos, G. P.: Dry grinding process with workpiece precooling. In: CIRP Annals – Manufacturing Technology, 64 (2015), S. 329–332

[18] Weber, D.; Kirsch, B.; Silva, J. S.; da Silva, E. J.; Aurich, J. C.: 3D FEM heat transfer simulation of surface grinding of cryogenic pre-cooled parts. In: Procedia CIRP, Proceedings of the 19th CIRP Conference on Modeling of Machining Operations, 117 (2023), S. 205–210

[19] Schajer, G. S.; Steinzig, M.: Full-Field Calculation of Hole-Drilling Residual Stresses from ESPI Data. In: Experimental Mechanics, 45 (2005) 6, S. 526–532

[20] ASTM International: E837-13a Standard Test Method for Determining Residual Stresses by the Hole-Drilling Strain-Gage Method. West Conshohocken, USA, 2013

[21] Weber, D.; Kirsch, B.; da Silva, E. J.; Aurich, J. C.: 3D-FEM-Wärmeübertragungssimulation des Schleifens. In: ZWF – Zeitschrift für wirtschaftlichen Fabrikbetrieb, 117 (2022) 7-8, S. 484–488

[22] Pušavec, F.; Grguraš, D.; Koch, M.; Krajnik, P.: Cooling capability of liquid nitrogen and carbon dioxide in cryogenic milling. In: CIRP Annals – Manufacturing Technology, 68 (2019) 1, S. 73–76

[23] Schoop, J.; Sales, W. F.; Jawahir, I. S.: High speed cryogenic finish machining of Ti-6Al4V with polycrystalline diamond tools. In: Journal of Materials Processing Technology, 250 (2017), 1–8

[24] Sharma, A.; Chaudhari, A.; Diwakar, V.; Awale, A. S.; Khan, Z. K.; Yusufzai, M. Z. K.; Vashita, M.: Implementation of hybrid CryoMQL sustainable lubri-cooling to enhance the grindability and surface integrity of tool steel. In: Journal of Manufacturing Processes, 119 (2024), S. 16–31

Analyse der Randzonenmodifikation beim Schleifen mit Korund und CBN

Gerrit Kuhlmann, Nikolai Guba, Tobias Hüsemann, Carsten Heinzel, Bernhard Karpuschewski

1. Zusammenfassung

Kubisches Bornitrid (CBN) zählt zu den hochharten Schleifmitteln und zeichnet sich gegenüber konventionellen Kornwerkstoffen wie Korund durch eine höhere Verschleißbeständigkeit und Wärmeleitfähigkeit aus. Der effizientere Wärmeabtransport reduziert die in das Werkstück eingebrachte Wärmemenge und führt zu geringerer thermischer Belastung der Randzone. In diesem Beitrag werden Anlasszonenbildung und Randzonentiefenmodifikation beim Außenrundeinstech- und Planschleifen mit CBN- und Korund-Schleifscheiben unter konstanten Versuchsbedingungen verglichen. Die Detektion von Anlasszonen erfolgt über metallographische Schliffbilder und deren Einordnung im Randzonendiagramm.

Bei beiden Kinematiken zeigen sich Anlasszonen bei CBN erst bei höheren spezifischen Zeitspanvolumina als bei Korund. So treten beim Außenrundschleifen mit CBN Anlasszonen erst ab $Q'_w = 16\,mm^3 / (mm{\cdot}s)$ auf, während sie bei Korund bereits ab $Q'_w = 6\,mm^3 / (mm{\cdot}s)$ entstehen. Dies weist auf eine Verschiebung der thermischen Prozessgrenze hin, erkennbar im Randzonendiagramm anhand der kontaktflächenbezogenen Schleifleistung (Wärmeintensität) und der Kontaktzeit (Einwirkdauer). Die vergleichende Analyse zeigt, dass CBN-Schleifscheiben infolge ihrer höheren Wärmeleitfähigkeit eine geringere thermische, aber eine stärkere mechanisch bedingte Beeinflussung der Werkstückrandzone bewirken, was sich in verschobenen Schleifbrandgrenzen und ausgeprägten Druckeigenspannungsprofilen gegenüber Korund äußert. Die Analyse der Randzonentiefe zeigt das Potenzial, thermische Prozessgrenzen im Schruppvorgang bewusst zu überschreiten, solange die beeinflusste Tiefe im verbleibenden Aufmaß durch den Schlichtvorgang wieder entfernt werden kann.

2. Einleitung

Eine zentrale Herausforderung in der modernen Fertigung ist die effiziente Herstellung komplexer Bauteile bei gleichzeitiger Sicherstellung von Qualität und Funktion [1]. Um Produktivität und Qualität zu vereinen, müssen Fertigungsprozesse bis an ihre Grenzen optimiert werden [2]. In der Hartfeinbearbeitung bedeutet dies, Prozesszyklen nahe an den thermischen Grenzen auszulegen. Beim Schleifen gehärteter Stähle kann deren Überschreitung zur Bildung von

Anlasszonen führen, der sich millimetertief in die Randzone ausbreitet, da ein Großteil der Schleifenergie als Wärme in das Werkstück eingebracht wird (thermische Belastung) [3], [4]. Dies verändert Ausgangshärte, Eigenspannungszustände sowie vorliegende Gefüge [3], [5], [6]. Fehlerhafte Prozessauslegung kann zu Ausschuss führen, weshalb das Wissen um thermische Prozessgrenzen essenziell für eine sichere Prozessgestaltung ist [7].

Die Detektion der Schleifbrandgrenze zur Vermeidung thermischer Schädigungen ist seit Jahrzehnten ein zentrales Forschungsthema in der Fertigungstechnik. Malkin [8], [9] entwickelte auf Basis der Theorie der bewegten Wärmequelle nach Carslaw und Jaeger [10] ein analytisch-empirisches Modell zur Vorhersage von Schleifbrand bei gehärteten Einsatzstählen. Dabei nahm er an, dass Schleifbrand ab einer kritischen Oberflächentemperatur entsteht und leitete eine lineare Funktion der spezifischen Schleifenergie *u* in Abhängigkeit schleiftechnischer Größen ab.

Guba et al. [11] überführten Malkins Daten in das P_c''-Δt-Diagramm (Randzonendiagramm) und zeigten eine thermische Prozessgrenze (Anlasszonen im Gefügeschliff) für Analogieprozesse des diskontinuierlichen Zahnflankenschleifens auf. Diese Diagramme basieren auf der Annahme, dass der Schleifprozess als kurzzeitige Wärmebehandlung betrachtet werden kann [12]. Mittels der Tangentialkraft F_t, der Schnittgeschwindigkeit v_c, der Eingriffsbreite a_p und der geometrischen Kontaktlänge l_g lässt sich die kontaktflächenbezogene Schleifleistung P_c'' berechnen (s. Gl. (1)). Zur Berechnung der Kontaktzeit Δt wird zusätzlich die tangentiale Vorschubgeschwindigkeit v_{ft} benötigt (s. Gl. (2)). Die kontaktflächenbezogene Schleifleistung P_c'' kann mit der Wärmeintensität und die Kontaktzeit Δt mit der Einwirkdauer analog zur Wärmebehandlung gleichgestellt werden.

$$P_C'' = \frac{F_t \cdot v_c}{a_p \cdot l_g} \quad (1)$$

$$\Delta t = \frac{l_g}{v_{ft}} \quad (2)$$

Heinzel [13] zeigte eine einheitliche untere thermische Prozessgrenze, die den Beginn von Schleifbrand (sichtbar als Anlasszone im metallografischen Gefügeschliff) für die Kinematiken des Außenrund-, Plan- und Wälzschleifens mit Korund-Schleifscheiben auf. In [14] wird die Anwendbarkeit von Randzonendiagrammen beim Außenunrundschleifen von Nocken dargestellt. Die Detektion von Anlasszonen erfordert jedoch eine winkelaufgelöste Analyse der Prozessgrößen aufgrund der kontur- und drehzahlbedingten Variation der Kontaktverhältnisse und der thermomechanischen Belastung entlang der Nockengeometrie. In [15] werden Randzonendiagramme beim Planschleifen mit Korund um Zonen gleicher Anlasszonentiefe Δz und eine Neuhärtungsgrenze erweitert.

Eine empirische Funktion erlaubt die Abschätzung der Anlasszonentiefe aus P_c'' und Δt. Weiterhin wurde die Funktion für mehrstufige Prozesse validiert, bei denen Anlasszonen gezielt erzeugt und im Schlichtprozess entfernt wurden. Zudem wurde ein Algorithmus zur Prozesszeitverkürzung vorgestellt. Ergänzend lässt sich die Tiefenausdehnung von Anlasszonen simulationsbasiert über Zementitausscheidung und Anlasszeit Δt_t vorhersagen, wodurch thermische Prozessgrenzen im Randzonendiagramm bestimmt werden können [15], [16].

Neben der Wahl der Stellgrößen nimmt das verwendete Schleifmittel Einfluss auf das thermomechanische Belastungskollektiv. Im Vergleich zu einer konventionellen Korund-Schleifscheibe treten thermomechanisch bedingte Oberflächenmodifikationen bei dem Einsatz von CBN erst bei höheren kontaktflächenbezogenen Schleifleistungen auf [17], [18]. Wie u. a. durch Gühring und Dittmann [19] beispielhaft gezeigt, können im Vergleich zu Korund- mithilfe von CBN-Schleifscheiben bezogene Zeitspanungsvolumen Q'_w deutlich über 100 mm^3 / (mm·s) erreicht und somit sehr produktive Prozesse realisiert werden [19]. Trotz der Wahl hoher bezogener Zeitspanungsvolumina besteht beim Einsatz von CBN-Schleifscheiben eine deutlich geringere Gefahr einer thermischen Werkstückschädigung [9]. Wie durch z. B. Brinksmeier [20] und Choi [21] nachgewiesen, sind im Vergleich zu Korund-Schleifscheiben vorteilhafte Randzoneneigenschaften vor allem im Hinblick auf den Eigenspannungszustand (Druckeigenspannungen) mit CBN-Schleifscheiben erzielbar.

Die geringere Gefahr der Ausbildung einer thermischen Schädigung und das Auftreten von Druckeigenspannungen lassen sich durch geringere Temperaturen in der Kontaktzone aufgrund der hohen Wärmeleitfähigkeit λ von CBN erklären [22], [23]. Malkin [9] gibt an, dass die Wärmeleitfähigkeit von CBN etwa 35-mal höher ist als bei Korund. Eine umfangreiche Übersicht der Größenordnungen der Wärmeleitfähigkeit von Korund und CBN wird von Morgan [24] gegeben. Gemäß seinen Ausführungen variiert die Wärmeleitfähigkeit für Korund zwischen 1,55 W / (m·K) und 46 W/(m·K) und für CBN zwischen 83 W / (m·K) und 1.300 W / (m·K), wobei der letzte Wert als theoretisch erreichbare Größe angenommen wird [24].

Die Wahl von System- und Stellgrößen – etwa Schneidstoffen und kinematischen Parametern – beeinflusst zentrale Prozessgrößen wie Kräfte, Schleifleistung und Kontaktzonentemperatur. Allerdings reicht die alleinige Betrachtung dieser Größen nicht aus, um Randzonenmodifikationen zu bewerten, da beispielsweise die Schleifscheibentopographie und die schneidstoffabhängige Wärmeverteilung unberücksichtigt bleiben. So führt die höhere Wärmeleitfähigkeit von CBN gegenüber Korund zu einem reduzierten Wärmeeintrag in die Werkstückrandzone. Der Einfluss des Kornmaterials auf die thermische Prozessgrenze im Randzonendiagramm ist bislang nicht erforscht. Ein tieferes Verständnis der leistungs- und kontaktzeitabhängigen Schädigungstiefe ermöglicht eine gezielte Anpassung von Schrupp- und Schlichtzyklen. Liegt die Schädigung innerhalb des Restaufmaßes, kann sie durch geeignete Zustellungen entfernt werden – ohne neue Schäden zu verursachen [15].

3. Zielsetzung und Methodik

Ziel des Beitrages ist die Schließung dieser Wissenslücke zum Einfluss des Kornmaterials auf die Lage der thermischen Prozessgrenze im Randzonendiagramm. Die hier verfolgte Arbeitshypothese ist, dass der reduzierte Wärmestromeintrag in die Werkstückrandzone bei CBN zu einer Verschiebung der bisher für Korund-Schleifscheiben gültigen hergeleiteten thermischen Prozessgrenze führt. Im erweiterten Kontext kommt zudem die Fragestellung auf, inwiefern das verwendete Schleifmittel Einfluss auf die Randzonentiefenmodifikation hat. Zur Untersuchung der beiden beschriebenen Forschungsaspekte wurden experimentelle Schleifversuche durchgeführt und die Randzone mittels metallographischer Schliffbilder sowie Eigenspannungstiefenverläufen charakterisiert. Um einen breiten Kontaktzeitbereich abzudecken, kamen Außenrundeinstech- und Planschleifprozesse mit Korund- und CBN-Schleifscheiben zum Einsatz.

Während des Prozesses wurde u. a. die Tangentialkraft F_t gemessen, um daraus die kontaktflächenbezogene Schleifleistung P_c'' (s. Gl. (1)) zu berechnen. Die Kontaktzeit Δt wurde aus den jeweiligen Stell- und Systemgrößen ermittelt (s. Gl. (2)). Anhand der Schliffbilder konnten Anlasszonen und deren Tiefen identifiziert werden. Ergänzend wurden Eigenspannungstiefenverläufe für Korund und CBN beim Außenrundeinstechschleifen erstellt. Abschließend wurden alle Versuchspunkte beider Kinematiken in ein gemeinsames Randzonendiagramm überführt und es wurde untersucht, ob es zu einer Verschiebung der thermischen Prozessgrenze gekommen ist.

4. Versuchsumgebung

Die Schleifversuche erfolgten auf einer Rundschleifmaschine S41 (Fa. Fritz Studer AG) sowie auf einer Flach- und Profilschleifmaschine Blohm Profimat 412 HSG (Fa. Blohm Jung GmbH). Beide Versuchsaufbauten sind in **Bild 1** dargestellt.

Die Untersuchungen zum Außenrundeinstechschleifen erfolgten zwischen Spitzen gespannt an einsatzgehärteten Rundproben (Ø 57,5 mm) aus 18CrNiMo7-6 (853 ± 12 HV1, CHD = 1,97 mm). Die Tangentialkraft F_t wurde während des Schleifprozesses durch ein piezoelektrisches Kraftmesssystem der Fa. Kistler Instrumente AG erfasst. Zum Einsatz kamen eine keramisch gebundene Korund-Schleifscheibe (54A120H15VPMF904W – Ø 486 mm) der Fa. 3M und eine keramisch gebundene CBN-Schleifscheibe (58B181L7/6V243150 – Ø 500 mm) der Fa. Hermes Schleifmittel GmbH. Beim Außenrundeinstechschleifen wurde mit unterschiedlichen bezogenen Zeitspanungsvolumina Q'_w geschliffen. Vor

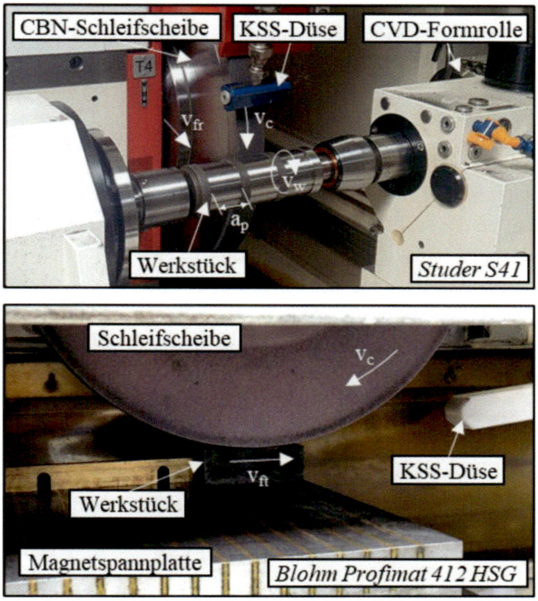

Bild 1: Versuchsaufbau für die Untersuchungen beim Außenrundeinstech- (oben) und Planschleifen (unten)

jedem Versuch wurde die Korund-Schleifscheibe mit einer rotierenden CVD-Formrolle der Fa. Tyrolit abgerichtet (U_d = 3, a_{ed} = 2 x 20 µm, q_d = -1). Aufgrund des deutlich höheren Verschleißwiderstandes wurde die CBN-Schleifscheibe dagegen nur vor dem ersten Versuch abgerichtet (U_d = 3, a_{ed} = 2 x 3 µm, q_d = 0,8). Als Kühlschmierstoff (KSS) wurde das Schleiföl Rhenus EG 10 (Fa. Rhenus) bei einem Volumenstrom von Q_{KSS} = 40 l/min zugeführt. Am Ende jedes Prozesses wurde für zwei Sekunden ausgefunkt.

Die Versuche zum Planschleifen erfolgten mit einer Korund- und einer CBN-Schleifscheibe mit der Spezifikation EWR80G12V09GP44 bzw. 29B151H6V243150 (beide Fa. Hermes Schleifmittel GmbH). Beide Schleifscheiben waren keramisch gebunden. Bei den Werkstücken handelte es sich um Quader aus dem gehärteten Einsatzstahl 20MnCr5 (753 HV1, CHD = 1,16 mm). Die Werkstücke wurden auf einer Magnetspannplatte gespannt. Diese war wiederum mit der Kraftmessplatte Typ 9225B (Fa. Kistler Instrumente AG) verbunden, welche für die Erfassung der Tangentialkraft F_t eingesetzt wurde. Die Korund-Schleifscheibe wurde mit einem stehenden Abrichter abgerichtet (U_d = 3, a_{ed} = 3 x 30 µm). Die CBN-Schleifscheibe wurde ebenfalls nur vor dem ersten Versuch unter Nutzung eines rotierenden Abrichters abgerichtet (U_d = 3, a_{ed} = 1 x 3 µm, q_d = 0,8). Als KSS wurde das Öl CUT-MAX 906-10 (Fa. Quaker

Houghton) mit Q_{KSS} = 50 l/min eingesetzt. Bei beiden Schleifkinematiken betrug die Schnittgeschwindigkeit v_c = 35 m/s.

Zwecks Generierung einer hohen Datenmenge bei reduziertem Versuchsaufwand wurden beim Planschleifen sog. Rampenschleifversuche durchgeführt. Dabei wird bei einer konstanten tangentialen Vorschubgeschwindigkeit v_{ft} die Zustellung a_e gesteigert. Somit lassen sich in einer Schleifoperation bzw. bei einem Schleifversuch unterschiedliche bezogene Zeitspanungsvolumina Q'_w und damit thermomechanische Beanspruchungen erzielen.

5. Experimentelle Untersuchungen

5.1 Außenrundschleifen

Im ersten Schritt wurden Außenrundeinstechschleifversuche mit Korund und CBN durchgeführt. Die dabei gemessenen Tangentialkräfte F_t bei Steigerung des bezogenen Zeitspanvolumens Q'_w durch Erhöhung der radialen Einstechgeschwindigkeit v_{fr} (0,33–5,31 mm/min) sind in **Bild 2** gegenübergestellt. Die Werkstückgeschwindigkeit v_w = 0,389 m/s, die Zustellung a_e = 300 µm und die Eingriffsbreite a_p = 36 mm blieben für alle Versuche konstant. Bedingt durch instabile Prozesse (Auftreten von intensiven Schwingungen), die zu Ausbrüchen in der Korund-Schleifscheibe führten, konnten die hohen, durch die CBN-Schleifscheibe erreichten bezogenen Zeitspanvolumina nicht angewendet werden.

Im Allgemeinen zeigen die gemessenen Kräfte einen erwarteten Anstieg durch die Zunahme der prozessbedingten Belastung. Bis auf das kleinste gegenübergestellte bezogene Zeitspanvolumen liegen die Kräfte beider Schleifscheibenspezifikationen in vergleichbarer Größenordnung.

Im Gegensatz zu den geringen Kraftunterschieden lassen die metallographischen Gefügeschliffbilder in **Bild 3** für die Korund-Schleifscheibe einen höheren Wärmeeintrag in die Werkstückrandzone vermuten. Denn bereits ab einem

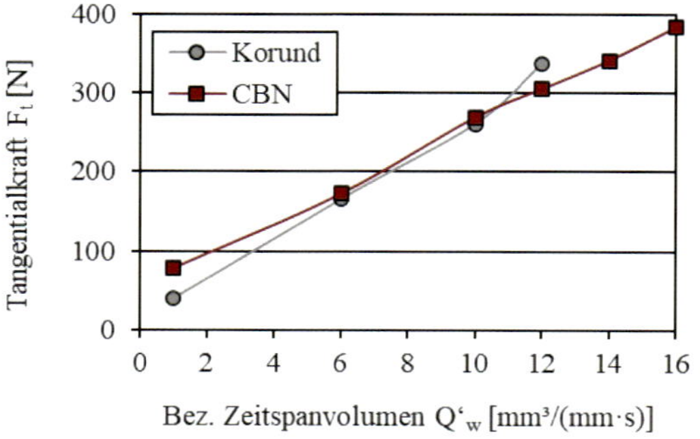

Bild 2: Gegenüberstellung der Tangentialkräfte F_t für Korund- und CBN-Schleifscheiben

bezogenen Zeitspanvolumen von Q'_w = 6 mm³ / (mm·s) treten bei der Korund-Schleifscheibe sichtbare Anlasszonen mit einer ungefähren Anlasszonentiefe von $\Delta z \approx 18$ µm auf. Unter dem Einsatz des hochharten Schneidstoffes kann das bezogene Zeitspanvolumen bis Q'_w = 14 mm³ / (mm·s) gesteigert werden, ohne dass es zur Bildung von sichtbaren Anlasszonen kommt. Erst bei weiterer Steigerung entstehen erste Anlasseffekte in der Werkstückrandzone. Die Schliffbilder verdeutlichen somit, dass durch den Einsatz von CBN-Schleifscheiben eine geringere Gefahr einer thermischen Werkstückschädigung trotz gleichzeitig höherer bezogener Zeitspanvolumina vorliegt.

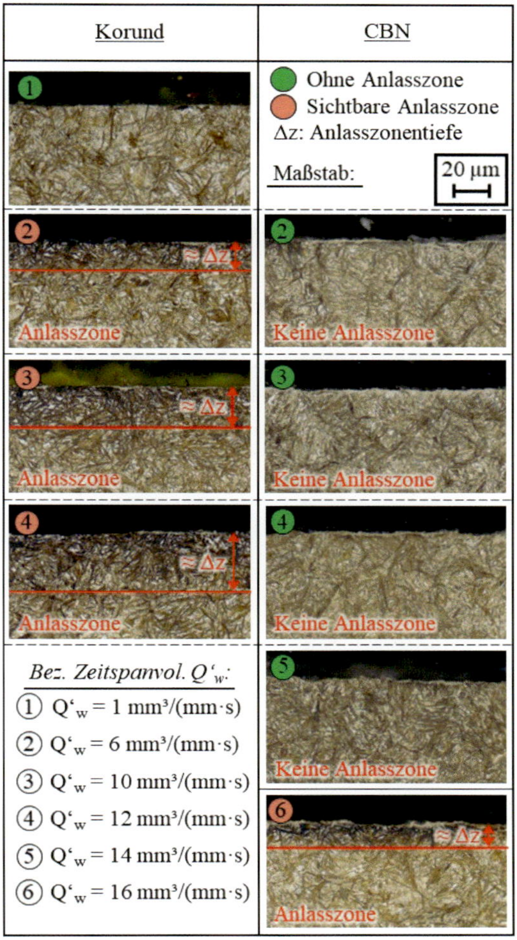

Bild 3: Metallographische Schliffbilder zur Identifikation von Anlasszonen und deren Reichweite in die Tiefe *Δz*

Die Kenntnis der Anlasszonentiefenwirkung ist von besonderem Interesse für die Auslegung der aufeinanderfolgenden Prozesszyklen des Schruppens und Schlichtens. Unter der Voraussetzung, dass das negativ beeinflusste Randschichtgefüge nicht über das verbleibendende Restaufmaß hinausgeht, kann durch die Anpassung der Prozessparameter für das Schlichten dieser Werkstoffbereich abgetragen werden, ohne dass Randzonenschädigungen im Bauteil verbleiben. Im Vergleich zum stetigen Anstieg der Tangentialkräfte zeigt sich zwischen Q'_w = 10 mm³ / (mm·s) und 12 mm³ / (mm·s) eine tiefer ausgeprägte Anlasszonentiefe. Die Ursache kann in der höheren Intensität der Wärmequelle bei gleichzeitig längerer Wärmeeinwirkdauer liegen. Dementsprechend wird der Kontaktzeit Δt eine größere Einflussnahme auf den Temperaturgradienten in die Tiefe zugewiesen. Die resultierende Anlasszonentiefe bei Einsatz der CBN-Schleifscheibe zeigt bei einem bezogenen Zeitspanvolumen von Q'_w = 16 mm³ / (mm·s) im Vergleich zum Korund-Schneidstoff bei einem bezogenen Zeitspanvolumen von Q'_w = 6 mm³ / (mm·s) eine geringere Tiefenausprägung und damit einen Anlasszonentiefenunterschied $\Delta z_{CBN\text{-}Korund}$ von ≈ 6 µm, obwohl das bezogene Zeitspanvolumen um 167 % gesteigert wurde.

Ungewollte Zugeigenspannungen können bereits vor sichtbaren Anlasszonen auftreten. Die Beurteilung anhand von Anlasszonen als alleiniges Kriterium für eine aufkommende Schädigung ist somit nicht immer ausreichend repräsentativ. Daher wurden ergänzend Eigenspannungstiefenverläufe angefertigt. **Bild 4** zeigt die Eigenspannungstiefenverläufe in Richtung der Schnittgeschwindigkeit für Korund und CBN bis ca. 120 µm Tiefe. Deutlich wird, dass für Korund unterhalb der Oberfläche Zugeigenspannungen zwischen ca. 15 und 45 µm vorliegen. Mit Steigerung des bezogenen Zeitspanvolumens werden die resultierenden Eigenspannungen weiter in den Zugbereich durch die Zunahme der thermischen Wirkung verlagert. Bei vergleichbaren bezogenen Zeitspanvolumina liegen bei der CBN-Schleifscheibe ausschließlich Druckeigenspannungen vor.

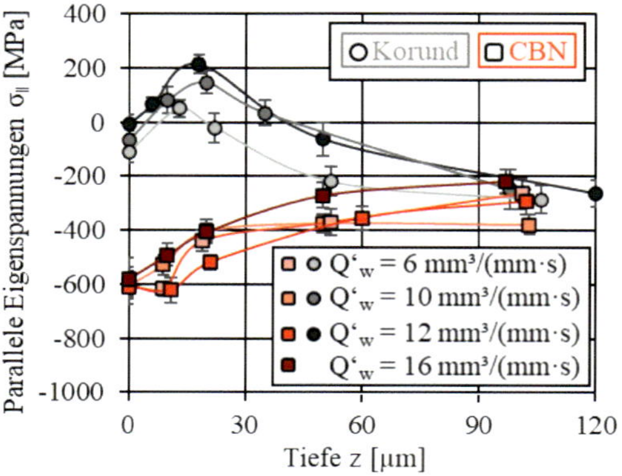

Bild 4: Eigenspannungstiefenverläufe in Richtung der Schnittgeschwindigkeit

Das anlasszonenbehaftete Werkstück zeigt auch hier bei einem bezogenen Zeitspanvolumen von $Q'_w = 16\ mm^3 / (mm \cdot s)$ ausschließlich Druckeigenspannungen, welche jedoch näher zu dem Zugbereich verlagert sind. Die dargestellten Ergebnisse verdeutlichen die reduzierte thermische und stärkere mechanische Wirkung des CBN-Schneidstoffs.

Obwohl für Versuchspunkte mit gleichen Prozessparametern gemessene Tangentialkräfte in einer vergleichbaren Größenordnung resultierten, scheint die thermische Belastung der Werkstückrandzone eine unterschiedliche zu sein. Das in **Bild 5** dargestellte Randzonendiagramm bestätigt diese Vermutung. Die eingezeichneten Punkte symbolisieren jene Gefügeschliffbilder der Versuchspunkte, bei denen kein sichtbarer Schleifbrand (grün) bzw. sichtbarer Schleifbrand (rot) vorliegt. Aus der Zuordnung der einzelnen Versuchspunkte zu den Gefügeschliffbildern geht hervor, dass die mit anlasszonenbehafteten Versuchspunkte für die Korund-Schleifscheibe oberhalb und jene Punkte ohne Anlasszonen unterhalb der thermischen Schleifbrandgrenze liegen. Folglich liegen die CBN-Versuchspunkte zwei bis sechs oberhalb der geltenden thermischen Schleifbrandgrenze für Korund. In Kombination mit den in Bild 3 dargestellten Gefügeschliffbildern wird jedoch ersichtlich, dass keine Anlasszonen vorliegen und es somit zu einer Verschiebung der thermischen Prozessgrenze gekommen sein muss. Um diese Aussage auch für eine andere Prozesskinematik und damit einen anderen Kontaktzeitbereich zu bestätigen, werden im nächsten Abschnitt Ergebnisse mit Korund- und CBN-Schleifscheiben fürs Planschleifen präsentiert.

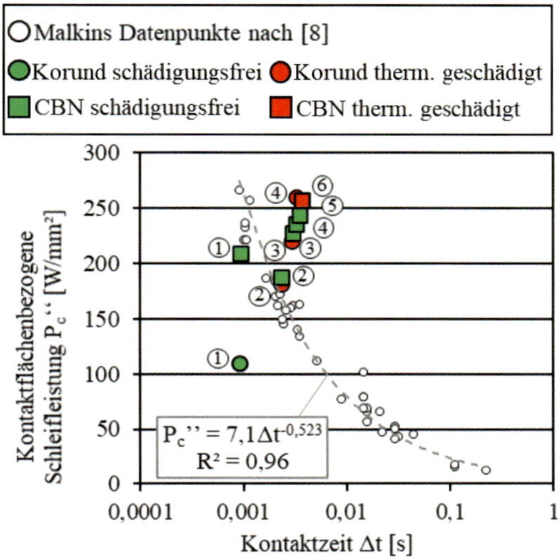

Bild 5: Randzonendiagramm unter Verwendung einer Korund- und CBN-Schleifscheibe beim Rundschleifen

5.2 Planschleifen

Wie in dem vorherigen Unterkapitel gezeigt, scheint es beim Einsatz einer CBN-Schleifscheibe zu einer Verschiebung der thermischen Prozessgrenze zu kommen. Um prüfen zu können, ob sich in einem anderen Kontaktzeitbereich eine vergleichbare Beobachtung ergibt, wurden weitere Untersuchungen beim Planschleifen durchgeführt. In **Bild 6** sind die während der Rampenschleifversuche aufgezeichneten Tangentialkräfte F_t bei einer tangentialen Vorschubgeschwindigkeit v_{ft} von 4.000 mm/min dargestellt. Die Zustellung a_e wurde dabei kontinuierlich gesteigert und damit wurde unter Berücksichtigung der gewählten Vorschubgeschwindigkeit ein bezogenes Zeitspanungsvolumen Q'_w von maximal 11,67 mm³ / (mm·s) erzielt. Wie beim Außenrundeinstechschleifen zeigt sich beim Planschleifen ebenfalls nur ein geringfügiger Unterschied in den Tangentialkräften F_t (vgl. Bild 2). Verglichen mit der Korund-Schleifscheibe haben sich bei der CBN-Schleifscheibe geringere Kräfte ergeben. Um den Verlauf der verschobenen thermischen Prozessgrenze bestimmen zu können, wurden weitere

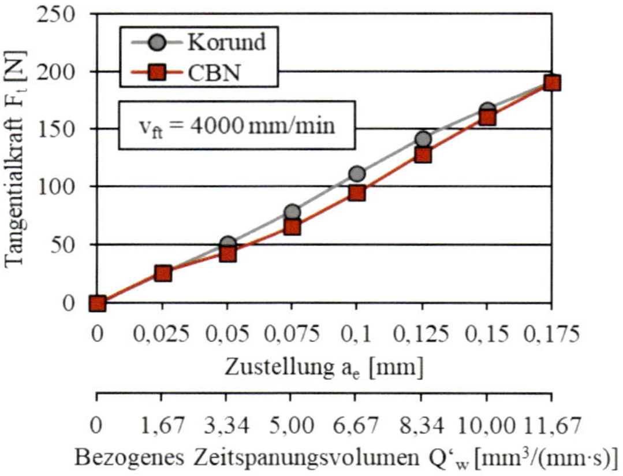

Bild 6: Entwicklung der Tangentialkraft F_t in Abhängigkeit der verwendeten Schleifscheibe

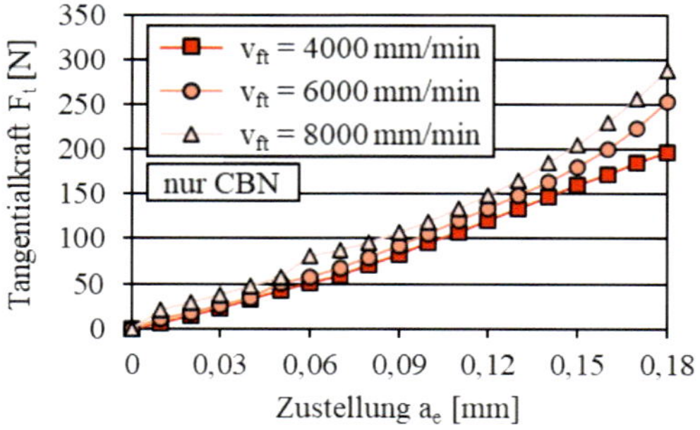

Bild 7: Entwicklung der Tangentialkraft F_t in Abhängigkeit von der tangentialen Vorschubgeschwindigkeit v_{ft}

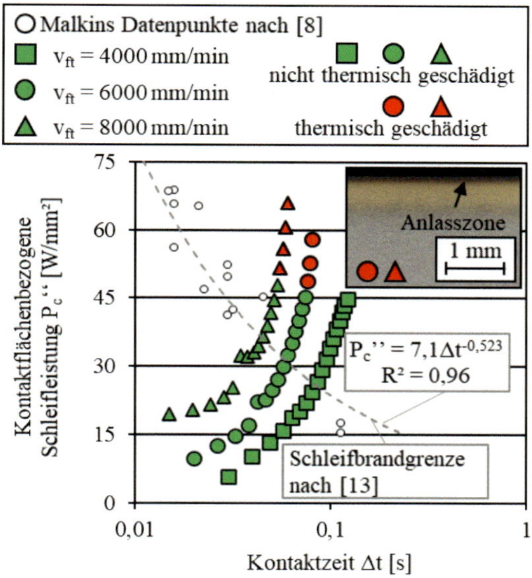

Bild 8: Resultierendes Randzonendiagramm unter Nutzung der CBN-Schleifscheibe beim Planschleifen

Untersuchungen durchgeführt. Dazu erfolgten Versuche bei höheren tangentialen Vorschubgeschwindigkeiten v_{ft} von 6.000 mm/min und 8.000 mm/min mit dem Ziel, die Werkstücke unter Einsatz von CBN-Schleifscheiben bewusst thermisch zu schädigen. Die dabei aufgezeichneten Tangentialkräfte F_t sind in **Bild 7** dargestellt.

Erwartungsgemäß kommt es bei einer Zunahme der tangentialen Vorschubgeschwindigkeit v_{ft} auch zu einem Anstieg der Tangentialkraft F_t und damit zu einer höheren thermischen Belastung der Werkstücke (vgl. Bild 7). Bestätigt wird dies in dem dazugehörigen Randzonendiagramm, welches in **Bild 8** dargestellt ist. Auch hier liegen Datenpunkte über der thermischen Prozessgrenze, bei der es zu keiner thermischen Schädigung in Form von Anlasszonen gekommen ist. Dies bestätigt die Annahme, dass es infolge der Verwendung von CBN-Schleifscheiben zu einer Verschiebung der thermischen Prozessgrenze kommt.

5.3 Gesamtbetrachtung der Schleifprozesse

Die in den Abschnitten 5.1 für das Außenrundeinstechschleifen und 5.2 für das Planschleifen dargestellten Ergebnisse beim Schleifen mit konventionellen und hochharten Schneidmitteln legen eine unterschiedlich hervorgerufene thermische Belastung der Werkstückrandzone nahe. Somit kommt es bei gleichen Versuchsbedingungen zu einer voneinander abweichenden Ausbildung der resultierenden Randzonenmodifikation und deren Ausprägung in die Werkstück-

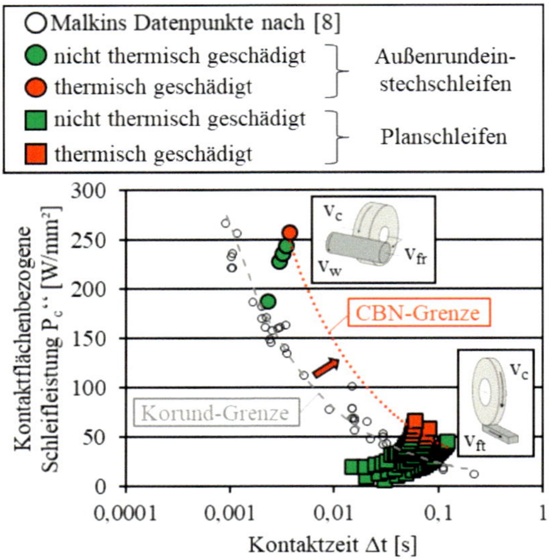

Bild 9: Resultierendes Randzonendiagramm unter Nutzung von CBN-Schleifscheiben beim Außenrundeinstech- und Planschleifen

tiefe. In gesamtheitlicher Betrachtung zeichnet sich eine neue gültige thermische Prozessgrenze für das Schleifen gehärteter Einsatzstähle mit CBN ab. Die Versuchspunkte aus beiden separaten Randzonendiagrammen für CBN werden in **Bild 9** in ein gemeinsames Randzonendiagramm überführt. Beide untersuchte Prozesskinematiken decken einen breiten kontaktflächenbezogenen Schleifleistungs- und Kontaktzeitbereich in dem Randzonendiagramm ab. Es liegt nahe, dass die Ursache für die schleifmittelabhängige Verschiebung der thermischen Prozessgrenze auf die Wärmeleitfähigkeit der CBN-Schleifscheibe zurückzuführen ist. Der theoretische eingebrachte Energieanteil der von der im Prozess umgesetzten Gesamtenergie in die Randzone fällt der Theorie nach geringer als bei dem Einsatz von Korund aus.

6. Fazit

Die Untersuchungen zielten darauf ab, die Auswirkungen der thermischen Belastung auf das Eintreten der Schleifbrandentstehung und die Randzonentiefenmodifikation unter Einsatz von CBN und Korund gegenüberzustellen. Die Ergebnisse für das Außenrundeinstechschleifen zeigen, dass trotz ähnlicher Kraftumsetzung bei Bearbeitung mit beiden Schleifmitteln die thermische Belastung durch eine CBN-Schleifscheibe geringer ist. Anhand der metallographischen Gefügeschliffbilder sowie Eigenspannungstiefenverläufe wurde verdeutlicht, dass CBN eine geringere Gefahr einer thermischen Werkstückschädigung aufweist.

Im zweiten Abschnitt wurden die Ergebnisse des Planschleifens mit Korund- und CBN-Schleifscheiben präsentiert. Auch hier zeigt sich, dass die CBN-Schleifscheibe selbst bei höheren Vorschubgeschwindigkeiten sowie Zustellungen eine geringere thermische Belastung verursacht. In dem dargestellten Randzonendiagramm liegt ebenfalls eine Verschiebung der thermischen Prozessgrenze fürs Planschleifen mit CBN-Schleifscheiben vor.

Die Gesamtbetrachtung beider Schleifprozesskinematiken verdeutlicht, dass die Verwendung von CBN-Schleifscheiben zu einer Verschiebung der für Korund geltenden thermischen Prozessgrenze führt. Diese Verschiebung wird durch ein gemeinsames Randzonendiagramm illustriert, das eine neue thermische Prozessgrenze für das Schleifen mit CBN-Schleifscheiben in einem breiten Kontaktzeitbereich aufzeigt. Dies ist auf die höhere Wärmeleitfähigkeit des CBN-Korns im Vergleich zu Korund zurückzuführen. Weiterhin wird die Bedeutung der Anlasszonentiefenwirkung für die Auslegung von Schrupp- und Schlichtprozessen hervorgehoben.

7. Danksagung

Die vorliegende Arbeit wurde von der DFG im Rahmen der Projekte 508491085 sowie 223500200 gefördert. Die Autoren danken der DFG für die Unterstützung.

Literatur

[1] Brinksmeier, E.; Eckebrecht, J.; Wilkens, A.: Wheel Based Temperature Measurement in Grinding. In: Advanced Materials Research, 325 (2011), S. 3–11

[2] Karpuschewski, B.; Bleicher, O.; Beutner, M.: Surface integrity inspection on gears using Barkhausen noise analysis. In: Procedia Engineering, 19 (2010), S. 162–171

[3] Brockhoff, T.; Brinksmeier, E.: Grind-Hardening: A Comprehensive View. In: CIRP Annals, 48 (1999) 1, S. 255–260

[4] Heinzel, C.; Heinzel, J.; Guba, N.; Hüsemann, T.: Comprehensive analysis of the thermal impact and its depth effect in grinding. In: CIRP Annals, 70 (2021) 1, S. 1–4

[5] Chen, X.; Rowe, W. B.; McCormack, D. F.: Analysis of the transitional temperature for tensile residual stress in grinding. In: Journal of Materials Processing Technology, 107 (2000), S. 216–221

[6] Guo, Y. B.; Warren, A. W.; Hashimoto, F.: The basic relationships between residual stress, white layer, and fatigue life of hard turned and ground surfaces in rolling contact. In: CIRP Journal of Manufacturing Science and Technology, 2 (2010) 2, S. 129–134

[7] Rowe, W. B.: Towards High Productivity in Precision Grinding. In: Inventions, 3 (2018) 2, S. 1-16

[8] Malkin, S.; Lenz, E.: Burning limit for surface and cylindrical grinding of steels. In: CIRP Annals, 27 (1978) 1, S. 233–236

[9] Malkin, S.; Guo, C.: Thermal Analysis of Grinding. In: CIRP Annals, 56 (2007) 2, S. 760–782

[10] Carslaw, H.; Jaeger, J. C.: Conduction of heat in solids. Oxford Science Publications, Oxford University Press, 1959

[11] Guba, N.; Heinzel, J.; Heinzel, C.; Karpuschewski, B.: Grinding burn limits: Generation of surface layer modification charts for discontinuous profile grinding with analogy trials. In: CIRP Journal of Manufacturing Science and Technology, 31 (2020), S. 99–107

[12] Heinzel, C.; Sölter, J.; Jermolajev, S.; Kolkwitz, B.; Brinksmeier, E.: A versatile method to determine thermal limits in grinding. In: Procedia CIRP, 13 (2014), S. 131–136

[13] Heinzel, J.: Thermische Prozessgrenzen beim Schleifen erkennen. Dr.-Ing. Dissertation, Universität Bremen, 2022

[14] Jedamski, R.; Kuhlmann, G.; Rößler, M.; Karpuschewski, B.; Dix, M.; Epp, J.: Towards developing a Control of Grinding Processes using a Combination of Grinding Power Evaluation and Barkhausen Noise Analysis. In: Production Engineering, 18 (2024) 6, S. 339–351

[15] Kuhlmann, G.; Langenhorst, L.; Hüsemann, T.; Heinzel, C.: Consideration of thermally induced material modification depth for grinding process cycle design. In: CIRP Annals, 74 (2025) 1, online, [https://doi.org/10.1016/j.cirp.2025.04.026]

[16] Kuhlmann, G.; Hunkel, M.; Langenhorst, L.; Heinzel, C.: Experimental and Numerical Analysis of Grinding Burn and Surface Layer Modification Depth after Case Hardening and subsequent Surface Grinding. In: Procedia CIRP, 133 (2025), S. 26–31

[17] Köhler, J.; Schindler, A.; Woiwode, S.: Continuous generating grinding-Tooth root machining and use of CBN-tools. In: CIRP Annals, 61 (2012) 1, S. 291–294

[18] Tönshoff, H. K.; Friemuth, T.; Becker, J. C.: Process Monitoring in Grinding. In: CIRP Annals, 51 (2002) 2, S. 551–571

[19] Gühring, K.; Dittmann, K.: Einsatz von CBN-Schleifscheiben in der HSG-Technologie. In: Industrie-Diamanten-Rundschau, 4 (1987), S. 218–225

[20] Brinksmeier, E.: Randzonenanalyse geschliffener Werkstücke. Dr.-Ing. Dissertation, Leibniz Universität Hannover, 1982

[21] Choi, H. Z.: Beitrag zur Ursachenanalyse der Randzonenbeeinflussung beim Schleifen. Dr.-Ing. Dissertation, Leibniz Universität Hannover, 1986

[22] Lavine, A. S.; Malkin, S.; Jen, T. C.: Thermal Aspects of Grinding with CBN Abrasives. In: CIRP Annals, 38 (1989) 1, S. 557–560

[23] Rowe, W. B.; Black, S. C. E.; Mills, B.; Qi, H. S.; Morgan, M. N.: Experimental Investigation of Heat Transfer in Grinding. In: CIRP Annals, 44 (1995) 1, S. 329–332

[24] Morgan, M. N.; Rowe, W. B.; Black, S. C. E., Allanson, D. R.: Effective thermal properties of grinding wheels and grains. In: Proceedings of the Institution of Mechanical Engineers, Journal of Engineering Manufacture, 212 (1998), Part B, S. 661–669

Datengetriebene Entwicklung neuer Methoden zur Überwachung von Schleifprozessen

Daniel Gutsche, Adrian Fried, Fabian Bieg, Hans-Christian Möhring

Die zuverlässige Überwachung von Schleifprozessen gewinnt im Kontext zunehmender Automatisierung stark an Bedeutung. In dieser Arbeit wird ein multisensorischer Messaufbau innerhalb einer DMG-Mori-65-hybrid-5-Achs-Werkzeugmaschine vorgestellt, der eine umfassende und automatisierte Datengenerierung ermöglicht. Der Aufbau kombiniert eine dreiachsige Kraftmessplattform, einen MEMS-Sensor zur Körperschallerfassung, einen Laserscanner zur hochauflösenden Profilaufnahme der Schleifscheibe sowie ein Kamerasystem mit multispektraler und multidirektionaler Beleuchtung. Durch diese Konfiguration entsteht eine konsistente, in-situ verfügbare Datenbasis, die eine prozessnahe Analyse erlaubt. Für die Validierung der Bilddaten wurde ein Vergleich mit dem Alicona Infinite Focus G5 durchgeführt, um die Referenzfähigkeit der optischen In-Situ-Messtechnik zu bewerten. Die Ergebnisse verdeutlichen das Potenzial der Multisensorfusion für eine robuste Prozesscharakterisierung und schaffen die Grundlage für datengetriebene Methoden der Verschleißerkennung, Abrichtzeitpunktbestimmung und adaptiven Prozessregelung im Schleifen.

1. Einleitung

Die Überwachung von Schleifprozessen gewinnt im Kontext steigender Anforderungen an Produktivität, Werkstückqualität und Prozesssicherheit stetig an Bedeutung. Gleichzeitig sieht sich der deutsche Präzisionsmaschinenbau zunehmenden externen Belastungen ausgesetzt: Hohe Lohnstückkosten kombiniert mit hohen Energiepreisen sowie einer ausgeprägten Steuer- und Bürokratielast beeinträchtigen die internationale Wettbewerbsfähigkeit. Parallel dazu führt ein ausgeprägter Fachkräftemangel zu Engpässen bei der Nachbesetzung qualifizierter Stellen in der Produktion – neuerlich nochmals intensiviert durch Reshoring-Aktivitäten, ausgelöst durch die zunehmenden Unsicherheiten in globalen Lieferketten. Gleichzeitig holen konkurrierende Wirtschaftsräume technologisch auch in der Präzisionsfertigung auf und sind teilweise bei der Implementierung digitalisierter Fertigungsökosysteme deutlich agiler.

Vor diesem Hintergrund steigt die Relevanz zuverlässiger, möglichst autonom arbeitender Fertigungssysteme. Anwendungen in der Großserie profitieren schon heute von den am Markt verfügbaren Lösungen zur weitestgehenden Automatisierung von Präzisionsfertigungsprozessen. Diese Systeme basieren auf umfassend optimierten und a-priori festgelegten Prozessparametern. Zur weiteren Senkung der Eintrittsschwelle in automatisierte Prozesse bedarf es allerdings eines Verzichts auf derartige a-priori Festlegungen und deren Substitution durch autonom adaptierbar arbeitende Systeme, um eine wirtschaftlich sinnvolle Automatisierung auch für Mittel- und Kleinserien umsetzen zu können.

Konventionelle Ansätze zur In-Situ-Prozessüberwachung, etwa die Erfassung von Prozesskräften oder Körperschallsignalen, liefern zwar wertvolle Hinweise auf das Prozessgeschehen, erlauben jedoch meist nur eine indirekte und partielle Beurteilung des Werkzeugzustands. Die Interpretation der erhobenen Daten und Ableitung geeigneter Maßnahmen und Reaktionen erfordern umfangreiches Erfahrungswissen. Informationen über den Zustand der eingesetzten Schleifwerkzeuge sind in diesen Überwachungsansätzen nur implizit enthalten. Zudem sind solche Systeme mit erheblichen Investitionskosten verbunden, insbesondere beim Retrofit in Bestandsanlagen.

Ergänzend hierzu bieten optische Messverfahren, beispielsweise die Fokusvariationsmikroskopie, die Möglichkeit, hochaufgelöste Topografiedaten von Schleifscheibenoberflächen zu erfassen und so Verschleiß- und Beladungszustände präzise zu quantifizieren. Ihr Einsatz ist bislang jedoch auf den Offline-Bereich außerhalb der Werkzeugmaschine beschränkt.

Schleifprozesse stellen aufgrund ihrer stochastischen Natur sowie der Vielzahl gleichzeitig wirkender Einflussgrößen eine besondere Herausforderung für die Entwicklung leistungsfähiger Prozessüberwachungsalgorithmen dar. Die Werkzeugtopografie unterliegt lokal stark variierenden Mikrointeraktionen, während Werkstoffinhomogenitäten, Kühlschmierstoffzustand und thermomechanische Randbedingungen das Prozessverhalten zusätzlich nichtlinear und zeitvariant prägen. Klassische modellbasierte oder regelbasierte Ansätze können diese Komplexität oft nur eingeschränkt abbilden.

Mit datengetriebenen Machine-Learning-Methoden stehen mittlerweile Werkzeuge zur Verfügung, die zunehmend besser mit dieser Komplexität umgehen können. Datenbasierte Modelle sind in der Lage, empirisch nicht eindeutig formulierbare oder analytisch unvollständig beschreibbare Zusammenhänge aus aufgezeichneten Prozessdaten zu erlernen und implizit abzubilden. Dies umfasst insbesondere die Erfassung hochgradig nichtlinearer Wechselwirkungen. Ein weiterer Vorteil dieser Verfahren liegt in der Möglichkeit, eine große Anzahl heterogener Eingangsparameter gleichzeitig zu berücksichtigen, selbst wenn deren Einfluss auf das Prozessergebnis stark gekoppelt oder nur partiell verstanden ist. Damit eröffnen Machine-Learning-Ansätze prinzipiell ein deutlich erweitertes Potenzial für robuste Prozesszustandsschätzung, frühzeitige Anomaliedetektion und prädiktive Qualitätsprognose – vorausgesetzt, es stehen ausreichend hochwertige Trainingsdaten zur Verfügung. Gleichzeitig kann durch die Nutzung neuer, kostengünstiger Sensoren eine breitere Datenbasis geschaffen werden, wodurch schnellere, präzisere Aussagen über Schleifprozesse möglich werden.

Vor diesem Hintergrund wurde am Institut für Werkzeugmaschinen der Universität Stuttgart ein Versuchsstand entwickelt, der drei komplementäre Teilziele vereint:

a. Die vollautomatische Erzeugung großer Datensätze unter Nutzung hochsensitiver, validierter Labormesstechnik zur Erfassung werkstückseitiger Prozesskräfte sowie Beschleunigungen
b. Die parallele Erfassung prozessseitig auftretender Beschleunigungen mittels kosteneffizienter Sensorsysteme
c. Die intermittierende Anwendung schneller und wirtschaftlicher Methoden zur Erfassung des Schleifscheibenzustands.

Durch die synchrone Aufzeichnung aller eingesetzten Sensoren und Datenquellen entsteht ein umfassender Datensatz, in dem die mittels Labormesstechnik erfassten Kraft- und Beschleunigungsdaten als verlässliche Referenzgrößen dienen. Dies ermöglicht sowohl eine fundierte Bewertung neuartiger, kosteneffizienter Sensorsysteme als auch ihre Nutzung als Label in Machine-Learning-Ansätzen. Auf diese Weise wird eine robuste und valide Grundlage für die Entwicklung und Evaluierung moderner Prozessüberwachungsalgorithmen geschaffen.

2. Stand der Technik

Bereits seit mehreren Jahrzehnten werden in der Forschung Ansätze zur zustandsorientierten Überwachung von Schleifscheiben entwickelt. Ein frühes Beispiel ist das von Brinksmeier und Werner [1] vorgestellte optische Triangulationssystem, das die Schleifscheibentopografie während des Schleifprozesses berührungslos erfasste. Damit konnten erstmals makro- und mikroskopische Verschleißmechanismen – wie Welligkeit, Rundlauf, Kornbruch oder Kornabflachung – in Echtzeit analysiert werden.

In den letzten Jahren gewannen insbesondere bildbasierte Verfahren zur Zustandsüberwachung an Bedeutung, da sie eine direkte Beurteilung von Verschleiß und Beladung der Werkzeugoberfläche ermöglichen. You et al. [2] kombinierten hierfür Kraft- und Temperaturmessungen mit kamerabasierter Bildauswertung. Mithilfe von Grauwert-Histogrammen und automatischer Binarisierung ließ sich der Beladungs- und Verschleißanteil präzise bestimmen. Diese in-situ-fähige Methode gilt als kostengünstige Alternative zu aufwändiger Sensorik und stellt einen wichtigen Schritt hin zu datenbasierten Überwachungssystemen dar.

Neben optischen Verfahren rücken zunehmend interne Maschinensignale als Grundlage für die Verschleißbewertung in den Fokus. Denkena et al. [3] nutzten hierzu Steuerungssignale wie Achsströme, Spindelmomente und Positionsabweichungen, um den Werkzeugzustand mittels Merkmalsextraktion und

Machine-Learning-Modellen vorherzusagen. Die erzielte Genauigkeit war mit Modellen auf Basis externer Kraftmessungen vergleichbar, was das Potenzial einer kosteneffizienten, sensorfreien Prozessüberwachung unterstreicht. Darauf aufbauend entwickelten Denkena et al. [4] ein rekursives Schätzverfahren zur Echtzeitüberwachung von Schleifscheibenfehlern. Der modellbasierte Ansatz ermöglicht die Erkennung von Unwuchten, Welligkeiten und lokalen Ausbrüchen während des Schleifens, wobei eine frequenzadaptive Parameterschätzung Messrauschen effektiv reduziert. Experimente im Außenrund-Planschleifen zeigten, dass das Verfahren für verschiedene Sensorarten geeignet ist und eine adaptive Einleitung von Abrichtzyklen erlaubt.

Zunehmend finden auch optische Messverfahren Anwendung in der Verschleißanalyse additiv gefertigter abrasiver Werkzeuge. Agebo et al. [5] verglichen hierzu ein 3D-Profilometer und einen Laserscanner zur berührungslosen Topografieanalyse eines selektiv lasergesinterten Polyamid-Läppwerkzeugs. Die Ergebnisse belegten das hohe Potenzial solcher Ansätze für die Bewertung neuartiger, additiv gefertigter Schleif- und Läppwerkzeuge.

Multispektrale und multidirektionale Beleuchtungsansätze erweitern diese Möglichkeiten, da sie eine detaillierte Analyse von partikelbasierten Werkstoffen und deren Oberflächenzuständen erlauben. Am Institut für Werkzeugmaschinen (IfW) der Universität Stuttgart wurde ein multispektrales und multidirektionales Beleuchtungssystem zur optischen Charakterisierung metallischer Pulver für additive Fertigungsprozesse entwickelt [6]. Das zugrunde liegende Konzept lässt sich auf die Schleifscheibenüberwachung übertragen, um Verschleiß- und Beladungszustände mittels multispektraler Bildaufnahme und Machine-Learning-Auswertung präzise zu erfassen. Damit entsteht ein vielversprechender Ansatz für eine datengestützte, optische Verschleißdiagnose mit hoher Informationsdichte und industrieller Relevanz.

3. Messaufbau und Versuchsmethodik

Die Versuche zum Außenrund-Planschleifen wurden in einer DMG MORI LASERTEC 65 DED hybrid durchgeführt. Der in **Bild 1** gezeigte multisensorische Versuchsaufbau ermöglichte dabei eine prozessnahe und hochauflösende Erfassung mechanischer und optischer Prozessgrößen unter realen Bearbeitungsbedingungen.

Als Werkstückmaterial wurde Toolox 44 eingesetzt, das in einem Präzisionsschraubstock auf einem Nullpunktspannsystem fixiert war. Dadurch konnten reproduzierbare Spann- und Randbedingungen sichergestellt werden, auch wenn die Versuchsprobe für externe Analysen aus der Maschine entnommen werden musste. Das verwendete Schleifwerkzeug war eine zylindrische Korundschleifscheibe (Al_2O_3) mit keramischer Bindung und einem Durchmesser von 50 mm, die direkt in der Maschine mittels Abrichtdiamant konditioniert

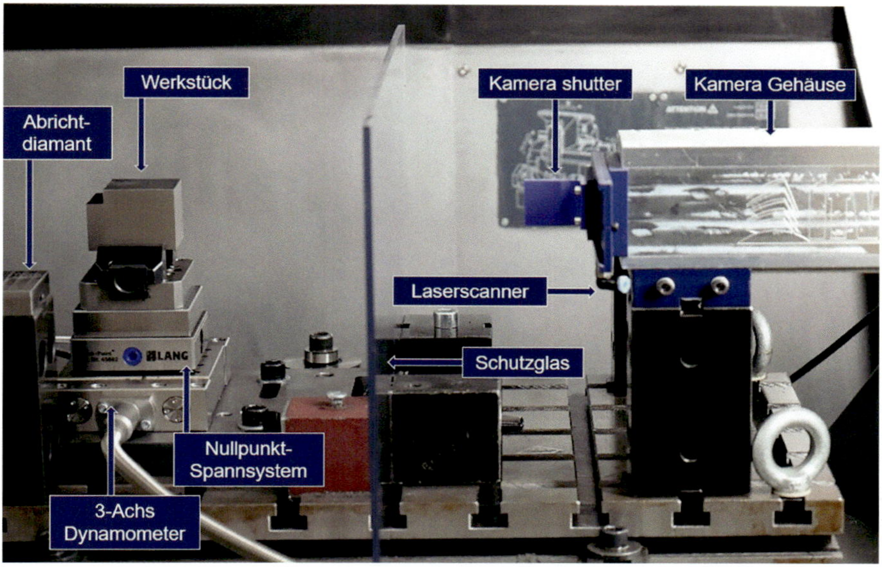

Bild 1: Versuchsaufbau mit verwendeter Messtechnik

werden konnte. Diese Konfiguration ermöglichte eine systematische und kontrollierte Untersuchung des Schleifprozesses unter definierten Geometrie- und Oberflächenbedingungen.

Mithilfe des Versuchsaufbaus wurde eine vollautomatisierte Datengenerierung durchgeführt, deren Verlauf in **Bild 2** zu sehen ist. Ein einzelner Versuchsdurchlauf bestand aus fünf Zustellungen von jeweils 0,02 mm, was einem äquivalenten Materialabtrag von 0,1 mm entspricht. Für jede Zustellung wurden die Bearbeitungskräfte sowie die Körperschallbeschleunigung als hochaufgelöste Zeitreihen mit 40 kHz erfasst. Ein Versuchsblock setzte sich aus 40 solcher Durchläufe zusammen und beinhaltete zusätzlich einen Abrichtvorgang zur Konditionierung der Schleifscheibe. Pro Durchlauf wurden insgesamt 22 optische Aufnahmen der Schleifscheibenoberfläche (jeweils elf Bilder in zwei Orientierungen) sowie eine Laserscan-Topografiemessung aufgezeichnet. Als Werkstück dienten 60 × 60 mm große Probekörper. Pro Probekörper konnten bis zu zwölf Versuchsblöcke realisiert werden (sechs pro Seite, mit verbleibendem Steg in der Mitte). Insgesamt wurden bisher 16 vollständige Versuchsreihen durchgeführt, die mehr als 3.200 Zeitreihenmessungen und rund 14.000 Einzelbilder umfassten.

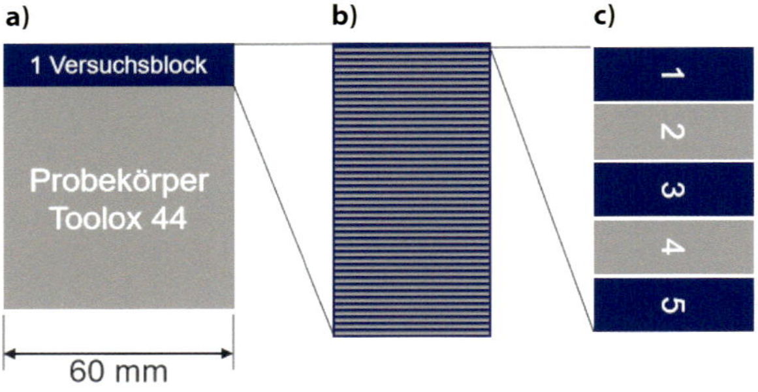

Bild 2: Ablauf der automatisierten Versuchsdurchführung mit a) dem Probekörper und dem dabei abgetragenen Material eines Versuchsblocks sowie b) dem Bearbeitungsaufmaßäquivalent von 40 × 0,1 mm, bestehend aus c) fünf Zustellungen zu je 0,02 mm

Zur In-Situ-Datenerfassung war der Versuchsaufbau mit einer Vielzahl unterschiedlicher zusätzlicher Sensoren ausgestattet, die eine simultane Erfassung relevanter physikalischer Prozessgrößen ermöglichten. Ein dreiachsiges Dynamometer (Kistler 9129A) erfasste die Bearbeitungskräfte mit einer Abtastrate von 40 kHz und erlaubte damit eine hochaufgelöste zeitliche Analyse des Kraftverlaufs während des Schleifprozesses. Ergänzend zeichnete ein analoger MEMS-Sensor des Typs ADXL1005 mit der gleichen Abtastrate wie die Kraftmessung Schwingungen aus dem Schleifprozess auf.

Für die optische Charakterisierung des Werkzeugzustands wurde ein Laserscanner des Typs Keyence LJ-V7060 eingesetzt. Dieser erfasste das Oberflächenprofil der Schleifscheibe kontinuierlich und erzeugte pro 360°-Umdrehung 10.000 hochaufgelöste Linienprofile, die sich jeweils aus Punkten mit einem lateralen Abstand von 0,02 mm zusammensetzten.

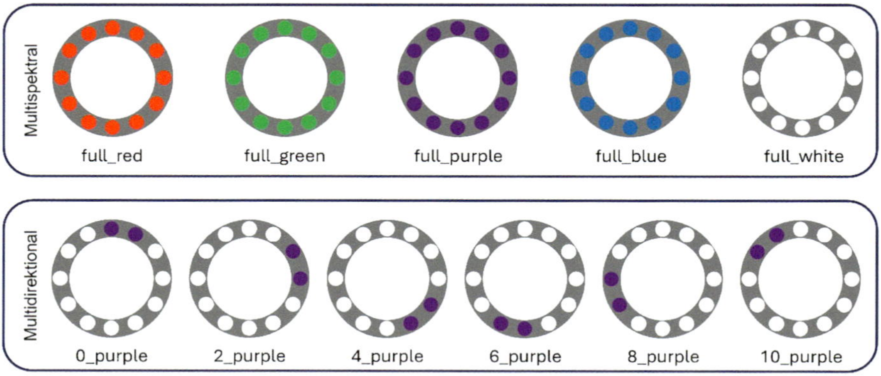

Bild 3: Multispektrale & multidirektionale Beleuchtungsszenarien

Für die optische Charakterisierung des Werkzeugzustands wurde ein industrielles Kamerasystem integriert, bestehend aus einer CMOS-Kamera (acht Megapixel) und einem Objektiv mit 1,5-facher Vergrößerung. Ein LED-Ring mit zwölf einzeln adressierbaren Leuchtdioden ermöglichte multispektrale und multidirektionale Beleuchtungskonzepte, um den Informationsgehalt der optischen Aufnahmen gezielt zu erhöhen. Die verwendeten Beleuchtungsszenarien sind in **Bild 3** dargestellt.

Um die Optik während des Schleifprozesses zuverlässig vor Kühlschmierstoff, Aerosolen und Partikeln zu schützen, wurde die Kamera in ein druckbeaufschlagtes Gehäuse integriert. Dieses wurde über eine 2-bar-Druckluftversorgung gespült und verfügte zusätzlich über einen Verschlussmechanismus, der sich mithilfe des Werkzeugs innerhalb des automatisierten Messablaufes öffnen und schließen ließ. Dadurch wurde ein Verschmutzen des Schutzglases während der Bearbeitung verhindert (**Bild 4**).

Zur Erhöhung des Informationsgehalts der optischen Messungen war das Kamerasystem mit einem LED-Ring ausgestattet, der zwölf einzeln adressierbare Lichtquellen umfasste. Dadurch ließen sich multispektrale und multidirektionale Beleuchtungsszenarien realisieren. Diese Konfiguration ermöglichte sowohl vollflächige Beleuchtung als auch gerichtete, partielle Anstrahlung definierter Bereiche der Schleifscheibenoberfläche.

Ergänzend zur In-Situ-Prozessmesstechnik werden für zukünftige Analysen externe Analyseverfahren herangezogen, um die durch den Schleifvorgang erzeugten Oberflächen- und Randzonenzustände der Probekörper zu bewerten und damit Rückschlüsse auf den Zustand der Schleifscheibe und deren funktionales Verhalten zu ermöglichen.

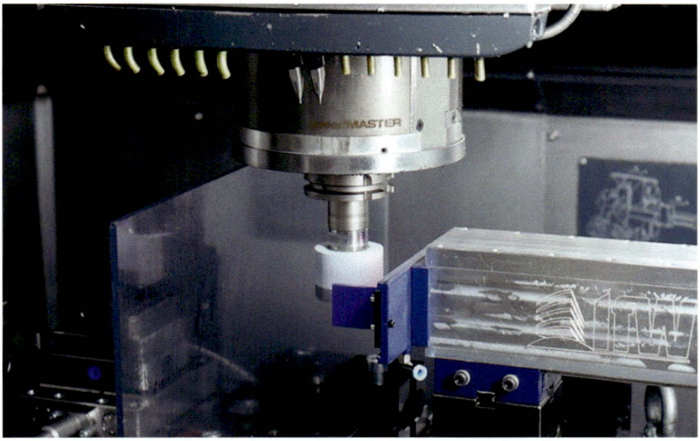

Bild 4: Bilddatengenerierung der Schleifscheibe

4. Ergebnisse

Die Auswertung der Kraftmessungen mithilfe des 3-Achs-Dynamometers zeigte einen Zusammenhang zwischen dem Zusetzen des Schleifwerkzeugs mit abgetragenem Material und den RMS-Werten. Mit fortschreitendem Zusetzen stiegen die RMS-Werte der einzelnen Schleifbahnen kontinuierlich an. Durch die Mittelung über fünf Schleifbahnen (Hübe) eines Durchlaufs konnte ein robuster Kennwert generiert werden, der als Indikator für den Werkzeugzustand dienen kann. **Bild 5** zeigt den Verlauf der Kraft über die Durchläufe für Trocken- sowie Nassbearbeitung. Dabei war ein deutlicher Anstieg der RMS-Werte im Trockenschliff (*V1*) ab etwa dem zehnten Durchlauf zu erkennen, was auf fortschreitendes Werkzeugzusetzen und zunehmende Reibung hinweist. Im Gegensatz dazu blieben die Werte bei Nassbearbeitung (*V3*) über weite Strecken stabil und deutlich niedriger, was den spülenden Effekt des Kühlschmierstoffs bestätigt.

Um die Qualität der optischen Messungen der Kamera und des Lasers zu bewerten, wurde eine Referenzmessung mit einem Alicona Infinite Focus G5 durchgeführt. Hierzu wurden sowohl eine verschlissene bzw. zugesetzte als auch eine abgerichtete Schleifscheibe mit beiden Verfahren vermessen und die Ergebnisse einander gegenübergestellt. Die Histogramme in **Bild 6** zeigen für die abgerichtete Schleifscheibe eine schmalere und höher ausgeprägte Verteilung, während die verschlissene Scheibe breiter und flacher erscheint. Dies weist auf eine gleichmäßigere und definiertere Oberfläche im abgerichteten Zustand hin. Der Verschleiß führte dagegen zu einer unregelmäßigeren Topografie und erhöhten Rauheit der Schleifoberfläche.

Bild 7 zeigt einen 3D-Plot des vom Laser erfassten Oberflächenprofils der Schleifscheibe. Es ist deutlich zu erkennen, dass sich die geometrisch unbestimmten Schneiden während des Schleifprozesses abgenutzt haben und das

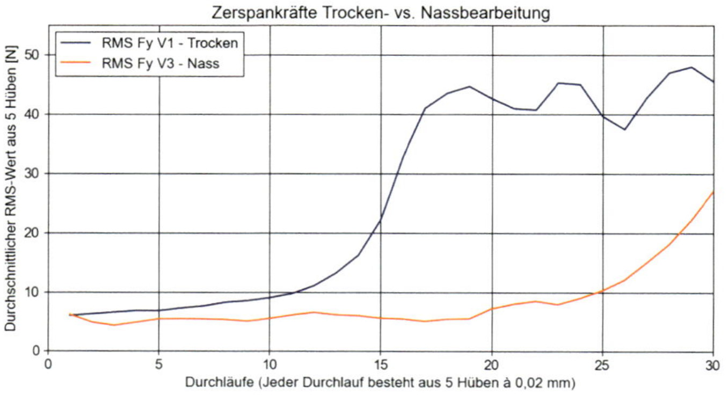

Bild 5: Verlauf der RMS der Schnittkraft *Fy* mit und ohne KSS

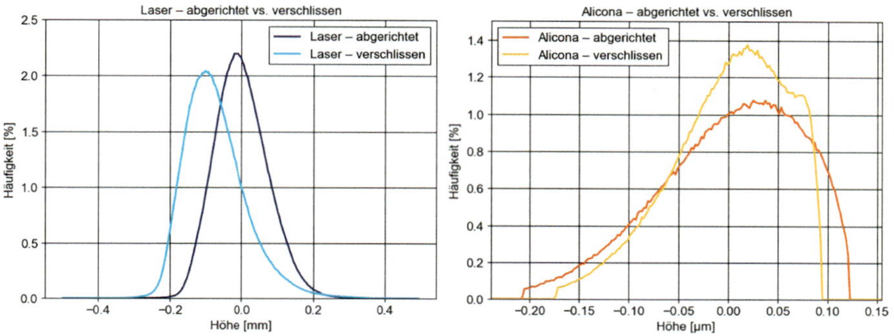

Bild 6: Vergleich abgerichtete & verschlissene Schleifscheibe: a) KEYENCE-LJ-7060-Laserscanner; b) Alicona Infinite Focus G5

ein Zusetzen der Schleifscheibe stattgefunden hat. Dies äußerte sich in einem geringeren effektiven Scheibenradius der verschlissenen Schleifscheibe. Ein qualitativ vergleichbarer Trend ließ sich ebenso in den Fokusvariationsmessungen feststellen.

Die Messungen des KEYENCE-Laserscanners lieferten zunächst Abstandswerte, die durch entsprechende Umrechnung in ein der Fokusvariationsmessung ähnliches Format überführt wurden. Dies ermöglichte eine prozessnahe Charakterisierung der Schleifscheibentopografie. Im Vergleich mit den Messungen am Alicona zeigte sich, dass durch die kontinuierliche Messung mit dem Laserscanner ein globaler Schleifscheibenzustand definiert werden konn-

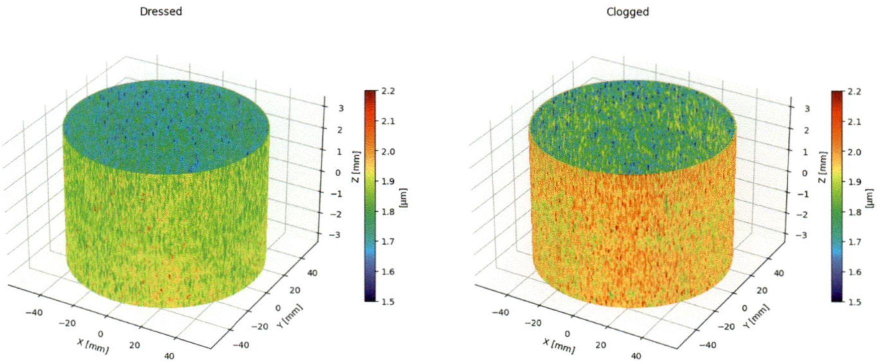

Bild 7: 3D-Darstellung der Oberflächenmessung mit einem KEYENCE-LJ-7060-Laserscanner im abgerichteten (links) und zugesetzten (rechts) Zustand

te, wohingegen das Alicona aufgrund der Vielzahl an Einzelmessungen keine globale Referenz hat.

Die Kameraaufnahmen (**Bild 8**) verdeutlichen die Funktionsweise der multispektralen und multidirektionalen Beleuchtung. Die Aufnahmen zeigen, dass die Beleuchtungsrichtung und das gewählte Spektrum einen Einfluss auf die Sichtbarkeit relevanter Verschleißmerkmale haben. Besonders deutlich traten Zusetzungsphänomene im violetten Beleuchtungsszenario („full purple") hervor. Durch die gezielte Variation der Beleuchtungsrichtungen konnten Mikrostrukturen, Materialanhaftungen und lokale Topographiemerkmale sichtbar gemacht werden, die mit konventioneller, homogen gerichteter Beleuchtung nicht erfasst werden können.

Auf Basis der multispektralen Aufnahmen wurden anschließend bildbasierte Merkmale extrahiert. Die Sensitivität dieser Merkmale war stark vom verwen-

a) Abgerichtete Schleifscheibe

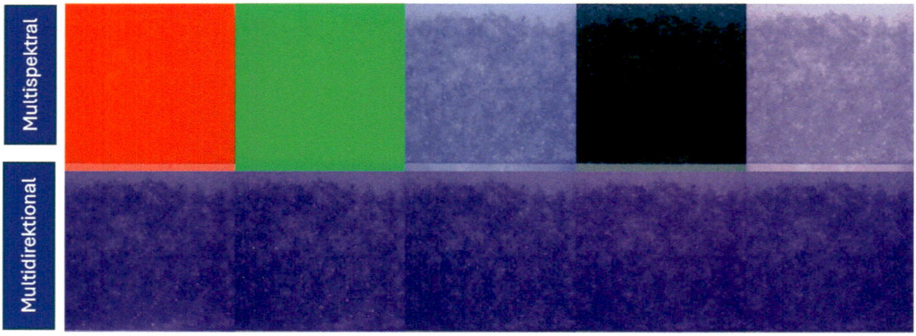

b) Zugesetzte Schleifscheibe

Bild 8: Multispektrale & multidirektionale Schleifscheibenaufnahmen für den abgerichteten und zugesetzten Zustand deten Beleuchtungsszenario abhängig. Insbesondere die partiellen multidirektionalen Szenarien zeigten eine erhöhte Robustheit gegenüber Reflexionen und lieferten die zuverlässigsten Indikatoren für die Berechnung eines Kennwertes (Bild 8 und **Bild 9**).

Auf Grundlage der aufgezeichneten Bilddaten wurde ein Zusetzungsindex der Schleifscheibe als Kennwert berechnet (Bild 9). Dazu wurden mehrere bildbasierte Merkmale extrahiert (u. a. Kontrastkennwerte, die Dichte lokaler Kantenstrukturen sowie Veränderungen der Intensitätsverteilungen). Diese Größen wurden normalisiert und in einem gewichteten Verfahren zu einem Gesamtindex zusammengeführt, der die fortschreitende Belegung der Schleifscheibenoberfläche beschreibt. Der Zusetzungsindex beschreibt somit den aktuellen Zustand der Schleifscheibentopografie im Hinblick auf Materialanhaftungen und die damit verbundene Reduktion der freien Korn- und Porenflächen. Niedrige Indexwerte kennzeichnen eine stärker zugesetzte Oberfläche, wohingegen höhere Werte auf eine überwiegend offene und schneidfähige Struktur hinweisen.

Die Analyse wurde zunächst getrennt für jedes Beleuchtungsszenario durchgeführt, um die Sensitivität der jeweiligen Beleuchtungsarten gegenüber Veränderungen an der Schleifscheibenoberfläche zu bewerten. Dabei zeigte sich, dass die verschiedenen Beleuchtungskonfigurationen unterschiedlich stark auf Zusetzungs- und Verschleißmerkmale reagierten. Insbesondere die partielle Beleuchtung lieferte eine deutlich höhere Kontrastierung relevanter Oberflächenstrukturen und ermöglichte somit eine präzisere und robustere Bestimmung des Zusetzungsindex‘ im Vergleich zum vollflächigen Beleuchtungsszenario.

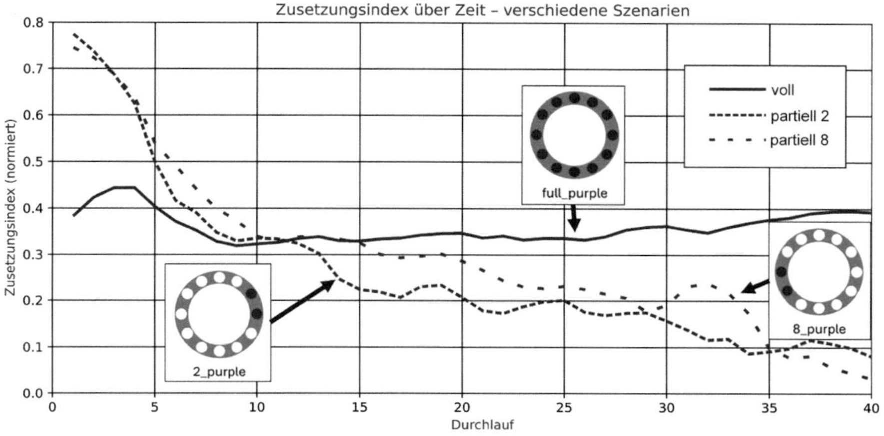

Bild 9: Zusetzungsindex über der Zeit bei verschiedenen Beleuchtungsszenarien

Dadurch ließ sich der Werkzeugzustand wesentlich zuverlässiger quantifizieren und Veränderungen im Schleifprozess früher detektieren.

Die automatisierte Bilddatengenerierung inklusive hardwareseitiger Datenaugmentierung bildet eine wertvolle Grundlage für die spätere Ableitung von Bildfeatures. Solche Features können in weiterführenden Arbeiten zur datengetriebenen Verschleißprädiktion in bspw. bildverarbeitenden neuronalen Netzen eingesetzt werden.

5. Zusammenfassung & Ausblick

Die Ergebnisse verdeutlichen das Potenzial einer kombinierten Multisensorik zur umfassenden Charakterisierung des Schleifprozesses. Durch die simultane Erfassung von Kräften, Körperschall, Laserprofilen und multispektralen Bilddaten entstand ein konsistentes Datenset, das eine ganzheitliche Bewertung von Werkzeugzustand und Prozessstabilität ermöglicht. Insbesondere zeigten sich Korrelationen zwischen steigenden Prozesskräften und zunehmender Oberflächenrauheit, die als Indikatoren für den Werkzeugverschleiß dienen können.

Der Vergleich mit Referenzmessungen bestätigte, dass die in-situ erfassten optischen Daten trotz geringerer Auflösung die wesentlichen Verschleißtrends zuverlässig abbilden. Damit wurde gezeigt, dass eine kontinuierliche Überwachung direkt in der Maschine prinzipiell möglich ist. Besonders die multispektrale und multidirektionale Beleuchtung erwies sich als vorteilhaft, da sie zusätzliche Informationen über Beladungs- und Verschleißzustände liefert, die bei konventioneller Beleuchtung nicht sichtbar sind.

Die Kombination multi-physikalischer Sensorik mit optischen Verfahren erhöht die Robustheit der Prozessbewertung und bildet die Grundlage für datengetriebene Modelle. Insgesamt zeigte der Aufbau das Potenzial, die Schleifprozessüberwachung von punktuellen Messungen hin zu einer kontinuierlichen, intelligenten Prozessdiagnose zu entwickeln. Die erzeugte Datenbasis eröffnet ein erhebliches Potenzial für bildbasierte Merkmalsextraktion und KI-gestützte Klassifikations- und Prädiktionsverfahren. Zukünftige Arbeiten konzentrieren sich auf die kanalübergreifende Synchronisation und die Entwicklung selbstlernender Auswertemethoden, um eine echtzeitfähige, autonome Prozessüberwachung im Schleifen zu realisieren.

Literatur

[1] Brinksmeier, E.; Werner, F.: Monitoring of Grinding Wheel Wear. In: CIRP Annals, 41 (1992) 1, S. 373–376

[2] You, F.; Zhou, W.; Wang, X.; Dai, Q.: Systematic Monitoring and Evaluating the Wear of Alumina Wheel When Grinding the Workpiece of Cr12. In: Liu, H. (Hrsg.): Complexity, (2021) 1, S. 666.5043

[3] Denkena, B.; Klemme, H.; Stoppel, D.: Condition monitoring of grinding wheels: Potential of internal control signals. In: Production Engineering, 19 (2025) 1, S. 65–75

[4] Denkena, B.; Ortmaier, T.; Ahrens, M.; Fischer, R.: Monitoring of grinding wheel defects using recursive estimation. In: The International Journal of Advanced Manufacturing Technology, 75 (2014) 5–8, S. 1.005–1.015

[5] Agebo, S. W.; Zieliński, D.; Deja, M.: Comparison of different optical measurement methods in the evaluation of the wear of SLS-fabricated tool used for free abrasive machining. In: The International Journal of Advanced Manufacturing Technology, 138 (2025) 11–12, S. 5.165–5.182

[6] Maucher, C.; Gerold, J.; Möhring, H.-C.: Towards efficient powder quality control in additive manufacturing via an in situ capable device and methodology leveraging multispectral machine learning. In: Journal of Manufacturing Processes, 119 (2024), S. 443–451

Geometrisch kinematische Modellierung des Schleifens – ein modulares Modell für viele Anwendungen

Ali Gharaei, Mert Ilten, Michal Kuffa, Konrad Wegener

1. Einleitung

Die Vorhersage von Resultaten aus Abrasivprozessen mit gebundenem Korn ist einerseits von hohem industriellem Interesse, erfordert andererseits aber gegenüber kontinuumsmechanischer Modellierung und Simulation des Materialabtrags ein deutlich anderes Vorgehen. Ursache ist die Vielzahl der Schneiden und deren Unterschiedlichkeit, die in der herkömmlichen Art der Simulation unendliche Rechenzeiten bedingen würde. Aufgrund dessen existieren neben diesen sehr aufwendigen Ansätzen sehr einfache Modelle, die eine vernünftige Vorhersagequalität für bestimmte Anwendungen ermöglichen. Beispiele hierfür sind Simulationen der thermischen Belastung des Werkstücks mithilfe analytischer Lösungen der Wärmeleitungsgleichung und der Schleifscheibe als reibendem Gegenkörper [1]. Bei Abrasivprozessen mit gebundenem Korn spielt aber der Verschleiß eine wesentliche, um nicht zu sagen systementscheidende Rolle. Schleifprozesse werden angewendet, wenn andere Abtragsprozesse nicht mehr funktionieren. Das ist speziell bei harten Werkstoffen der Fall und hier funktioniert der Schleifprozess nur durch den Verschleiß, weil die Härte des Schneidstoffes, des Abrasivkorns, nur unwesentlich bis gar nicht größer ist als die des Werkstückstoffs. Eine physikalisch zutreffende Modellierung des Verschleißes ist daher unumgänglich, wenn man Werkzeuge und Prozessbedingungen aufeinander abstimmen und gemeinsam optimieren möchte. Der Verschleiß benötigt allerdings eine Modellierung auf Einzelkornebene. Wie auch bei anderen Fertigungsprozessen ist die Vorhersage der Oberflächenqualität eine wichtige Aufgabe. Aber auch hier ist eine Vorhersage nur möglich, wenn die Modellierung beim individuellen Korneingriff beginnt und daraus auf das Verhalten des Gesamtprozesses mit sehr vielen solcher Einzeleingriffe hochgerechnet werden kann. Die Kunst der Simulation liegt dabei also nicht in einer möglichst exakten Simulation des Einzelkorns, sondern in der sinnvollen Beschränkung der Modellkomplexität und natürlich in der intelligenten Organisation des Rechenprozesses. Was die sinnvolle Beschränkung bzw. die notwendige Komplexität des Modells ist, hängt vom Ziel der Simulation ab: „The question is the question“ heißt es.

2. Konzeption der Simulationsumgebung

Die Antwort auf diese Aufgabestellung ist daher ein modular aufgebautes Modell, welches für die unterschiedlichen ablaufenden Teilprozesse Submodelle vorsieht, die jeweils einzeln für sich ausgetauscht werden können, während die anderen z. B. erprobten Submodelle unverändert übernommen werden können. **Bild 1** zeigt die Simulationsumgebung in Form eines aus der Konstruktionslehre bekannten morphologischen Kastens, wobei in jeder Funktionalität verschiedene Ausprägungen der Submodelle als Beispiele angeboten sind.

Den Rahmen bilden drei Funktionalitäten, nämlich die Darstellung der Kinematik und der Aufbau der Topografie des Werkzeugs sowie des Werkstücks. Speziell beim Aufbau des Werkzeugs muss aber beachtet werden, dass Schleifen eine zweistufige Prozesskette ist, wie **Bild 2** zeigt. Aufgrund der oben angesprochenen Notwendigkeit, sich mit dem Verschleiß zu arrangieren, ist die Vorbereitung und Regenerierung der Schleifscheibe, also das Abrichten, ein wichtiger Bestandteil der Umsetzung von Schleifprozessen auf der Schleifmaschine. Für den Einrichter eines Schleifprozesses stellt sich also die Frage, wie er ausgehend von den Werkstückeigenschaften zuerst den Schleifprozess aufsetzen und dann die Schleifscheibe und deren Kondition festlegen muss. Die Optimierung geht daher über die zwei Stufen der Prozesskette. Nun ist in Bild 1 der Abrichtprozess absichtlich nicht abgebildet, denn von der Anordnung her ist dies im Fach Konstruktion der Schleifscheibe untergebracht. Funktionell ist es aber ein definierter Verschleißprozess der Schleifscheibe, der mit dem zugehörigen Modell abgebildet werden muss.

Prozesskinematik		Konstruktion Schleifscheibe		Definition Werkstück	
Materialabtrag	Kraftmodell	Verschleissmodell	KSM-Strömung	Wärmeaustrag	Prozess Signatur
boolsch spröd duktil	Reibung Werkz. Kornreibung Mod. Kienzle Kienzle 3-D geometrisch 3-D-plastisch	Verallgemeinert Abrasiv (Usui) Splittern Makrobruch Kornausbruch Zusetzung	«useful flow» CFD 2D CFD 3D CFD+Wärme-austrag	Partitionskoeff. Wärmeschicht Korn-Wärme-leitung	Eigenspannung Temperaturlast Aufhärtung Mikrostruktur Versetzungen Phasenwechsel

Bild 1: Morphologischer Kasten für die Simulation von Abrasivprozessen mit gebundenem Korn

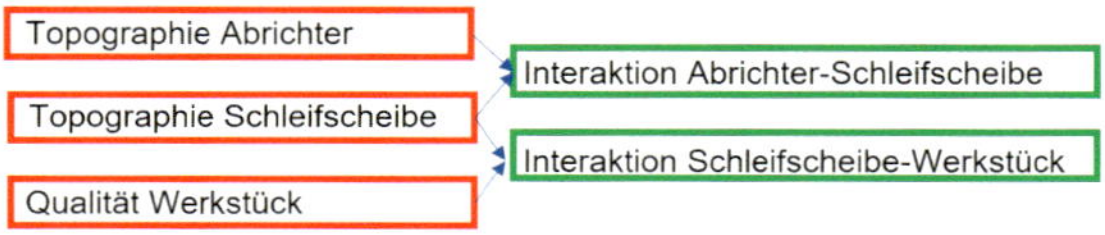

Bild 2: Prozesskette Schleifen aus Abrichten und Werkzeug-Werkstückinteraktion

3. Definition Werkstück, Werkzeug und Kinematik

Die einzelnen Körner sind grundsätzlich dreidimensionale Objekte und können bei Bedarf wie z. B. für die Interaktion mit dem Material aus Rechenzeitgründen als in Schnittrichtung projizierte zweidimensionale Objekte repräsentiert werden, womit es zweckmäßig wird, dass auch die Kollision der Körner mit dem Werkstück als zweidimensionaler Verschnitt zwischen Ebenen dargestellt wird und somit die Repräsentation des Werkstücks ebenfalls als Stapel von Ebenen erfolgt, wie **Bild 3** zeigt. Dabei sind die Ebenen weder notwendigerweise senkrecht zur Schnittrichtung noch notwendigerweise untereinander parallel. Lediglich der Abstand zwischen den Ebenen spielt eine wichtige Rolle, weil er die Diskretisierung der entstehenden Werkstückoberfläche darstellt. Die Feinheit der Diskretisierung hängt von der Geometrie der Schleifscheibe und auch

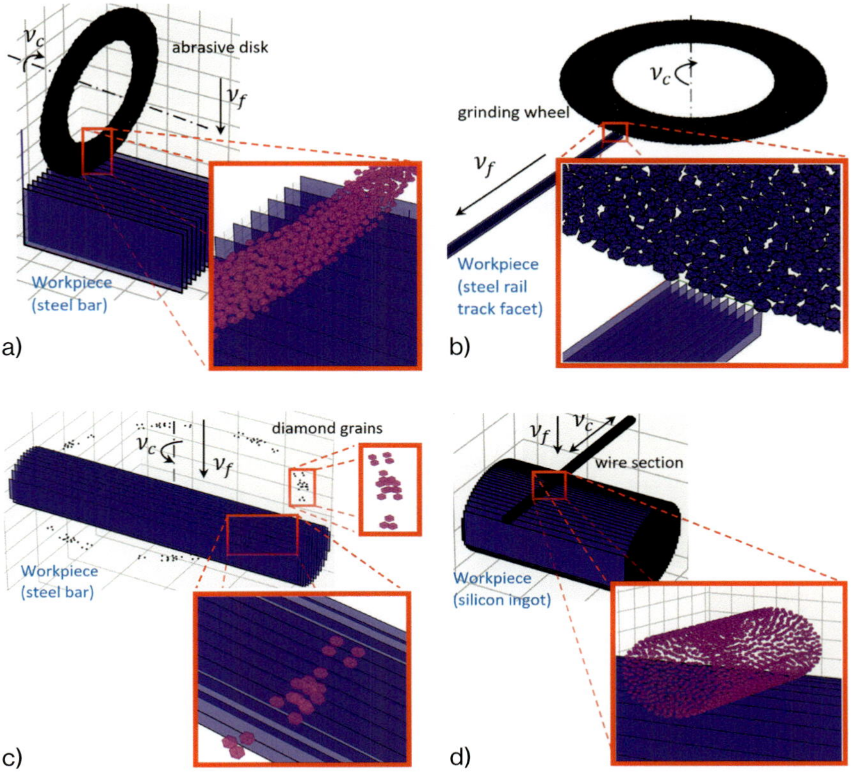

Bild 3: Beispiele für die Repräsentation des Werkstücks durch diskrete Ebenen: a) Trennschleifen, b) Stirnschleifen von Schienen, c) Kernbohren, d) Drahtsägen

von der Werkzeugkontur ab. Große Schleifscheiben ermöglichen tendenziell einen großen Abstand der Ebenen, was sich positiv auf die Rechenzeit auswirkt. Die Abtrags- und Verschleißmodellierung kann dennoch die dreidimensionale Geometrie des Korns berücksichtigen, wie in Abschnitt 4 und 5 gezeigt wird.

Komplizierter ist die Repräsentation des Werkzeugs, da die Oberflächentopografie eine entscheidende Rolle für die Funktionsfähigkeit des Werkzeugs spielt, während die des Werkstücks spätestens nach einem Überlauf der Schleifscheibe vollkommen verändert ist. Die Schleifscheibe entsteht durch eine stochastische Platzierung von Körnern in dem durch die Schleifscheibenaußenkontur vorgegebenen Raum. Dabei sind allerdings auch die Körner nicht alle gleich, sondern werden, wie **Bild 4** zeigt, pro Korn aus einer Verteilung der Kornmorphologie, der Größe und der Orientierung festgelegt. Während die Korngrößenverteilung einer Sieblinie folgt, wird die Morphologie als Verteilung über eine Auswahl der möglichen Geometrien festgelegt und die Orientierungen sind Gleichverteilungen über die drei Cardanischen Winkel zwischen 0 und 180°. Bild 4 zeigt als Beispiel die Kornmorphologie künstlicher Diamantkristalle. Blockigere Verteilungen enthalten vermehrt würfelähnliche Geometrien, spitzige Verteilungen eher Oktaeder, was durch eine Zufallsverteilung über den Parameter ξ gesteuert wird. Auf eine Veränderung des Seitenverhältnisses, um einachsig verlängerte Kristalle zu berücksichtigen, wird hier verzichtet. Auch definierte Platzierungen wie für Engineered Grinding Tools (EGT) können so dargestellt werden, indem jedes Korn mit einer Verteilung um den nominellen Ort des Korns, die die Positionierunsicherheit bei der Schleifscheibenfertigung widerspiegelt, platziert wird.

Damit die Topografie der virtuellen Schleifscheibe der der realen entspricht, werden die Korndichte und die Auswahl aus der Kornmorphologie so lange iterativ verändert, bis die Abbott-Firestone-Kurven im Außenbereich innerhalb einer Toleranz übereinstimmen, was in **Bild 5** gezeigt ist. Zum Innenbereich dürfen die Kurven abweichen, weil die real vermessene Schleifscheibe den Binder enthält, die virtuelle hingegen zunächst nur aus den Körnern besteht, während der Binder dann zu einem mittleren Horizont aufgefüllt wird.

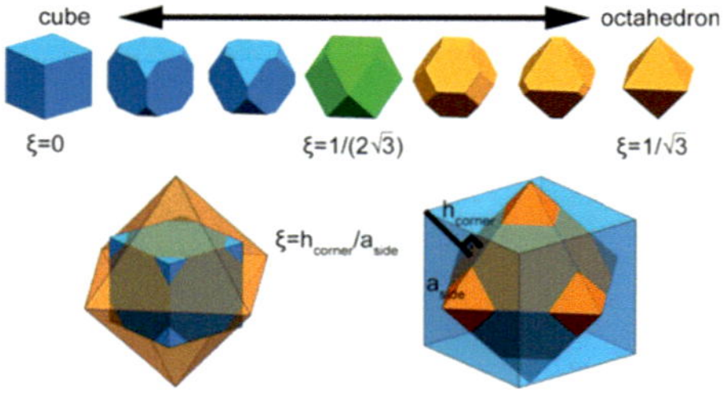

Bild 4: Morphologie künstlicher Diamanten und deren Steuerung durch einen Parameter ξ zwischen Würfelform und Oktaeder

Bild 5: Verschiedene modellierte Traganteilskurven (Abbott-Firestone-Kurven) im Vergleich zur gemessenen Kurve

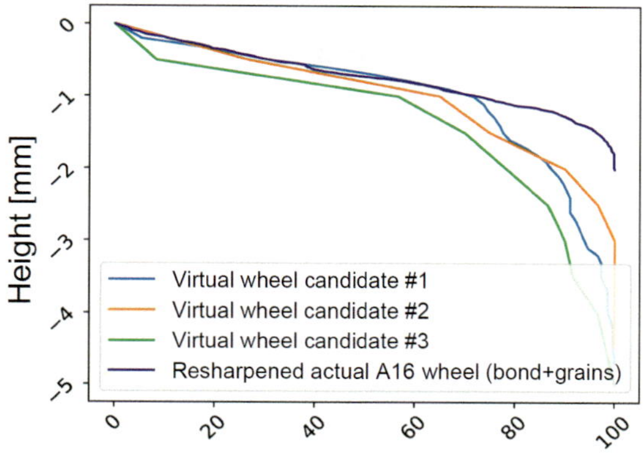

Die Relativbewegung zwischen Werkstück und Werkzeug wird komplett als Rotations-Translationsmatrix der Schleifscheibe und ihrer Körner definiert, die sich aus Nacheinanderschaltung der Schnitt- und Vorschubbewegung zusammensetzt. Damit ist die Grundfunktionalität der modularen Schleifsimulation gegeben. Die Schleifscheibe wird derzeit als Starrkörper simuliert. In der Realität wird die Kontaktlänge der Schleifscheibe sichtlich länger durch die Nachgiebigkeit. Dies zu berücksichtigen ist prinzipiell kein Problem, den Auflagern der Körner wird dann eine Nachgiebigkeit zugeordnet.

4. Modellierung von Materialabtrag und Kraftbedarf

Bild 6 zeigt verschiedene Modelle für die Interaktion zwischen dem Korn und dem Werkstückmaterial. Die einfachste Möglichkeit (Bild 6a) besteht darin,

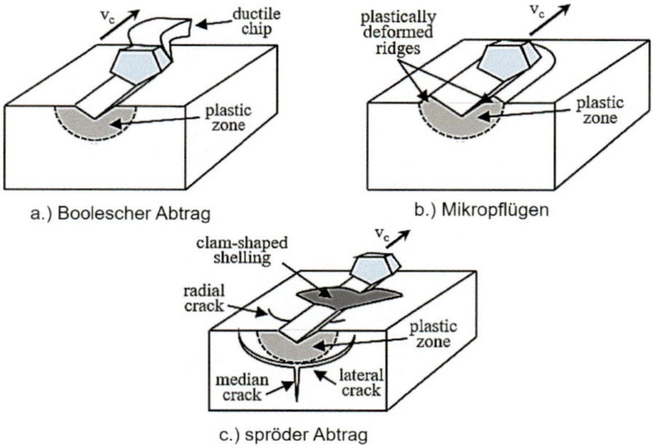

Bild 6: Unterschiedliche Formen des Materialabtrags durch ein einzelnes Schleifkorn [3]

die Geometrieveränderung des Werkstücks dadurch darzustellen, dass alles, was der Projektionsfläche des Korns in Richtung der Schnittgeschwindigkeit im Weg ist, von den Werkstückebenen entfernt wird. Daraus ergibt sich die neue Werkstückoberfläche. Allerdings ist dieses Modell für den Materialabtrag nur teilweise befriedigend, weil einerseits sprödes und duktiles Materialverhalten nicht richtig wiedergegeben wird und andererseits die Beeinflussung des Werkstückmaterials nicht dargestellt werden kann. Jedes Material zeigt bei genügend kleinen Schnitttiefen und großen, durch das Korn eingetragenen Druckspannungen duktiles Materialverhalten, also eine Kombination zwischen 6a und 6b. Die Grenzspanungsdicke zwischen duktilem und sprödem Materialverhalten wird mithilfe der Gleichung von Bifano [2] bestimmt

$$h_c = c \cdot \left(\frac{E}{H_V}\right) \cdot \left(\frac{K_{IC}}{H_V}\right)^2 \qquad (1),$$

wobei c eine Materialkonstante, E der Elastizitätsmodul, H die Vickers-Härte in N/mm^2 und K_{IC} die Risszähigkeit des Werkstückmaterials ist.

Allerdings ist die Aussagesicherheit begrenzt, weil etliche Einflüsse vernachlässigt werden, und sobald etwas Besseres vorliegt, kann diese Gleichung ausgetauscht werden. Bei duktilem Materialverhalten hinterlässt das Korn eine Spur, die mit Ausnahme der normalerweise vernachlässigten Rückfederung und des Grats wie oben beschrieben aussieht, während sprödes Materialverhalten eine Spur hinterlässt, die in lateraler Richtung gemäß **Bild 7** vergrößert ist. Bild 7 zeigt, wie mit zunehmender Eindringtiefe eines Einzelkorns die Spur immer größer und unregelmäßiger wird. Die Unregelmäßigkeit der Kratzerkante wird als gemittelter Querschnitt der Furche abgebildet, wobei auch hierfür andere Ansätze denkbar wären. Infolge des gestaffelten Schneidenraums führt jeder Schleifprozess an sprödem Material zu einer Mischung aus sprödem und duktilem Abtrag, was z. B. in **Bild 8** gezeigt ist.

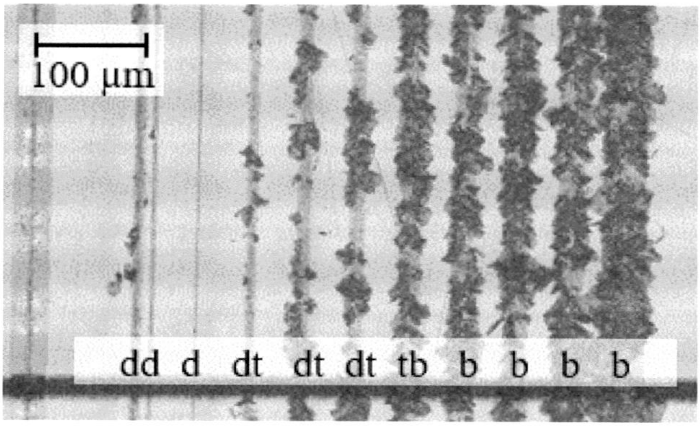

Bild 7: Einzelkornkratzer auf Silizium mit von links nach rechts steigender Eindringtiefe; der Buchstabe *d* steht für duktil, *dt* für die Transition duktil-spröde und *b* für voll spröden Abtrag [3]

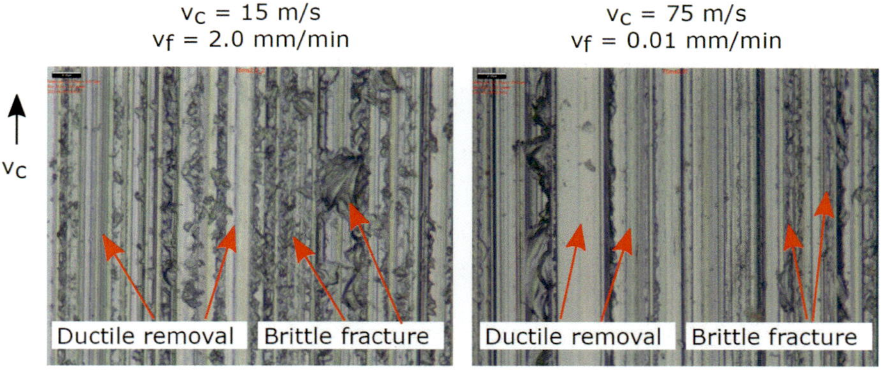

Bild 8: Schleifspuren auf Silizium bei verschiedenen Vorschub- und Schnittgeschwindigkeiten; daraus resultierend unterschiedliche Anteile spröden und duktilen Materialabtrags [3]

Dieser Ansatz ermöglicht eine detailliertere Darstellung der Auswirkungen auf das Werkstückmaterial und die Oberflächenintegrität. Während spröder Abtrag Risse in das Material einträgt und es so schwächt, führt duktiler Abtrag aufgrund der plastischen Deformation zur Verfestigung, sofern nicht thermische Effekte das Material weiter beeinflussen. Für die Berechnung der Schnittkräfte F_c wird in der Literatur normalerweise die modifizierte Kienzle-Gleichung angesetzt, bei der der Kienzle-Exponent nicht nur auf die Spanungsdicke, sondern auf den Spanungsquerschnitt A_c angewendet wird, da bei genügend zerklüfteter Werkstückoberfläche eine Unterscheidung zwischen Spanungsdicke und Spanungsbreite kaum noch möglich ist.

$$F_c = k_{c11} \cdot c_v \cdot A_c^n \qquad (2)$$

Hierbei ist k_{c11} der Hauptwert der Zerspanung, A_c der Projektionsquerschnitt des Korneingriffs in Richtung der Schnittgeschwindigkeit, n der Kienzle-Exponent und c_v ein Beiwert, der den Kraftanstieg durch die verschleißbedingte Kantenausrundung darstellt. Die beim Schleifen auftretenden hohen Normalkräfte werden aus den Schnittkräften über einen Reibbeiwert berechnet. Eine Alternative hierzu ist die Berechnung der Normalkraft über die Härte des Werkstückwerkstoffs und die Kontaktfäche des Korns in der Projektion auf die nominelle Oberflächennormale gemäß:

$$F_N = \mu^{-1} \cdot F_c, \qquad F_N = H_V \cdot A_N \qquad (3)$$

Bild 9 zeigt die unterschiedliche Span- und Gratbildung bei Schnittbewegungen von kubooktaedrischen Schleifkörnern in unterschiedlicher Orientierung um

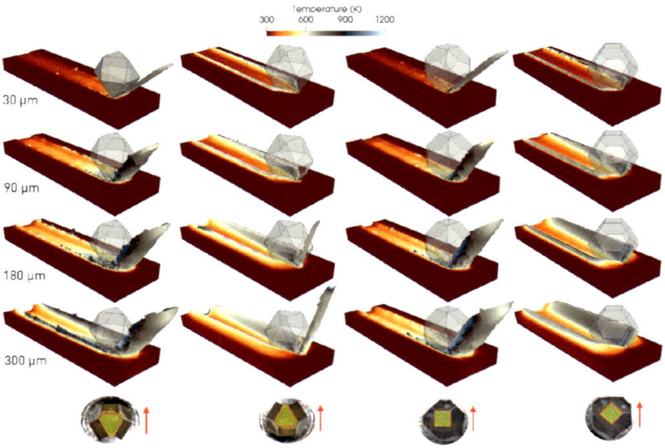

Bild 9: Duktiler Materialabtrag und Temperaturentwicklung aus validierter kontinuumsmechanischer Simulation mithilfe der Smoothed-Particle-Hydrodynamics-Methode in Stahl [4]

die Flächennormale und um die Schnittrichtung aus einer kontinuumsmechanischen Simulation, wobei die farbliche Codierung die sich einstellende Temperatur darstellt. Erkennbar ist dabei, wie unterschiedlich eine Furchenbildung und der Materialabtrag bei duktilem Materialabtrag sind und dass für eine Modellierung die dreidimensionale Form, d. h. Span-, Frei- Neigungs- und Einstellwinkel, wesentlichen Einfluss ausüben. Die Temperaturentwicklung folgt dabei erwartungsgemäß unmittelbar dem Umformgrad und nicht dem abgetragenen Materialvolumen.

5. Werkzeugverschleiß

Bild 10 zeigt sechs verschiedene Verschleißmechanismen von Schleifscheiben und dürfte das vollständige Verschleißbild darstellen. Dabei sind die einzelnen Verschleißmechanismen allerdings nicht unabhängig voneinander. Das gesamte Verschleißmodell muss einen zeitabhängig fortschreitenden Verschleiß dar-

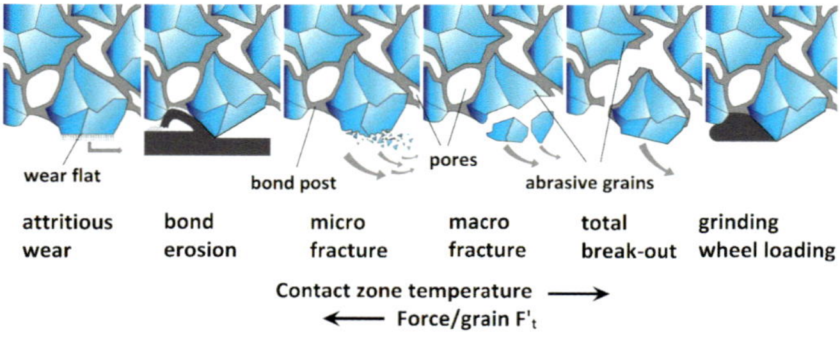

Bild 10: Die sechs verschiedenen Verschleißmechanismen einer Schleifscheibe

stellen können, der die Zeit entsprechend dem Autonomieprinzip der Kontinuumsmechanik nicht explizit enthält. Zentral sind daher Ratengleichungen, die die Geschwindigkeit der Geometrieveränderung beschreiben. Solche kontinuierlichen Geometrieveränderungen findet man sowohl beim Abtrag von den Körnern als auch vom Binder. Ersterer führt u. a. zu einer Ausrundung der Schneidkanten, damit zu einer Abstumpfung des Korns und bei sonst gleichen Eingriffsverhältnissen zu einem Anstieg der Schnittkräfte, was in Formel (2) durch den Verschleißbeiwert berücksichtigt ist. Neben der Ausrundung der Kanten führt der Verschleiß auch zu einem Materialverlust an den Kontaktflächen. Dafür, wie auch für die Entwicklung von c_V, wurde eine Ratengleichung von Usui [5] entworfen. Die Beanspruchungsgrößen der Kontaktfläche werden als Faktoren zusammenmultipliziert und sind die Normalspannung sowie die Relativgeschwindigkeit und die Temperatur, wobei die Temperatur nur über alle möglichen thermisch aktivierten Prozesse wirkt und daher in einen Arrhenius-Term eingebettet ist. Nun sind die Normalspannungen auf die aktiven Kornkontaktflächen genauso wenig bekannt wie die Relativgeschwindigkeiten zwischen Korn und Material. Allerdings skalieren erstere mit der Schnittkraft, letztere mit der Schnittgeschwindigkeit. Daher wird eine modifizierte Usui-Gleichung verwendet:

$$\frac{dW}{dt} = A\sigma v_t \exp\left(-\frac{B}{T}\right), \qquad \frac{dW}{dt} = AF_c v_c \exp\left(-\frac{B}{T}\right) \tag{4}$$

Diese verändert die Korngeometrie an jeder im Eingriff befindlichen Oberfläche des Korns. Da auch schon die Variablen in der Gleichung dem Schleifprozess angepasst vereinfacht wurden, wird auch der Verschleißbetrag vereinfacht. Die Usui-Gleichung wird verwendet für die Zurücksetzung der zumeist vorstehenden Ecke eines Korns und alle Kanten, die von dort ausgehen, werden linear interpolierend auf null an der nächsten Ecke zurückgenommen (**Bild 11**).

Andererseits greift der Span verschleißend in den Binder ein. Dies führt zu einer Vergrößerung des Spanraums, aber vor allem zu einer Schwächung der Kornanbindung und damit der Kornhaltekräfte. Auch hierfür werden die gleichen Vereinfachungen hinsichtlich der Abschätzung von Relativgeschwindigkeit und Normalspannung wie zuvor verwendet, wobei aber die zugehörigen materialabhängigen Konstanten dann andere sind, da diese eben nicht vom Korn-, sondern vom Bindermaterial abhängen. Makrobruch und Kornausbruch werden durch Abstumpfung und Binderverschleiß angetrieben, nämlich dadurch, dass die Kräfte auf das Korn steigen und die Rückhaltekräfte verringert werden. Je nachdem, welche Festigkeitsgrenze vorher erreicht ist, bricht das Korn mit einem Makrobruch oder es wird ausgerissen. Die Festigkeitsbedingung für den Kornausbruch folgt aus einem Ersatzmodell, bei dem die Schnittkräfte und Normalkräfte an der zumeist vorstehenden Schneide angreifen, das Korn sich gemäß **Bild 12** aber mit seiner gesamten Breite in Schnittrichtung im

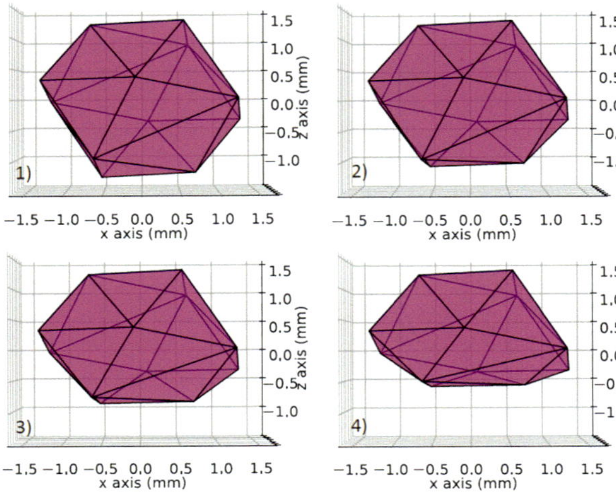

Bild 11: Sequenz des Kornverschleißes aufgrund von durch die Usui-Gleichung gesteuertem Zurücksetzen der zumeist vorstehenden Kornecken [7]

Binder abstützt. Die Zugspannungen im Binder auf der Angriffsseite des Korns spielen dabei die maßgebliche Rolle und werden mit den Zugfestigkeiten des Binders verglichen. Dieses Modell ist so gewählt, dass die beobachtete Stabilisierung des Schleifbelags durch die Normalkräfte abgebildet werden kann. Als Festigkeitsbedingung für den Kornbruch wird die Normalspannungshypothese angesetzt, da das Abrasivmaterial spröde ist. Da alle an der Oberfläche angreifenden Spannungen Druckspannungen sind, wird der Bruch durch das Biegemoment der Schnittkraft ausgelöst.

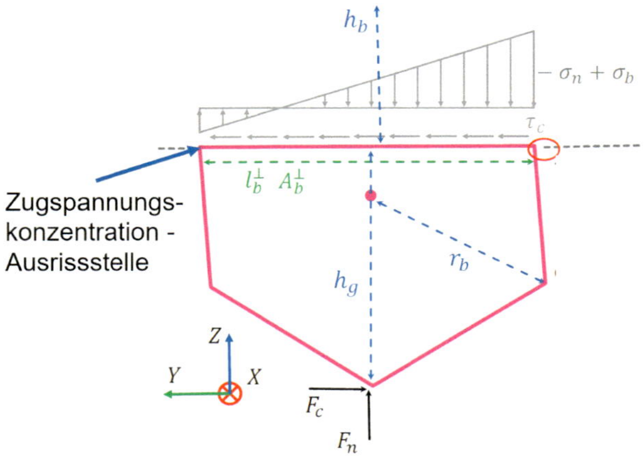

Bild 12: Mechanisches Ersatzmodell für die Festigkeitsbedingung gegen Kornauszug, den stabilisierenden Einfluss der Normalkraft berücksichtigend [6]

Zusätzlich entsteht noch Mikrobruch, was zu einer Geometrieänderung ohne Abstumpfungsverhalten führt. Das Schleifscheibenverhalten wird vervollständigt durch einen Modellansatz zur Zusetzung. Das Modell hierzu bereitet allerdings einige Schwierigkeiten, weil die Zusetzung von den lokalen Kornzwischenräumen und nicht vom Einzelkorn abhängt.

6. Thermische Modellierung

Für die thermische Seite des Schleifprozesses wird wegen der hohen Wärmeleitfähigkeit z. B. von Diamanten das Modell aus [6] für eine eindimensionale Wärmeeinleitung in ein als stabförmig angenommenes Korn verwendet. Die hohe Geschwindigkeit der Wärmeabgabe ermöglicht jedoch einen weitgehend adiabatischen Ansatz im Werkstück: Die vom Korn geleistete Arbeit wird auf das Spanvolumen, ein gleiches Volumen des Werkstücks und ein Volumen des Korns verteilt, das proportional zum Wärmeleitungsverhältnis größer als die Summe aus Werkstück- und Spanvolumen ist, sodass alle drei die gleiche Temperatur erreichen. Dieser Ansatz berücksichtigt die Wärmeleitfähigkeitsbeziehung und die Wärmekapazitätsbeziehung zwischen Werkstück und Korn auf korrekte Weise. Während das Korn jedoch gut gekühlt mit dem Material in Wechselwirkung tritt, geht das Werkstück mit einer durchschnittlichen Temperatur in den Prozess ein, die makroskopisch parallel zu den Einzelkorneingriffen mittels Wärmeleitungsgleichung in den unendlichen Halbraum des Werkstücks berechnet wird, wobei nur der Teil der erzeugten Wärme berücksichtigt wird, der die Summe der Wärme ist, die aus allen einzelnen Kornwechselwirkungen in das Material abgegeben wird. **Bild 13** zeigt anhand von Diamantkorn gegen

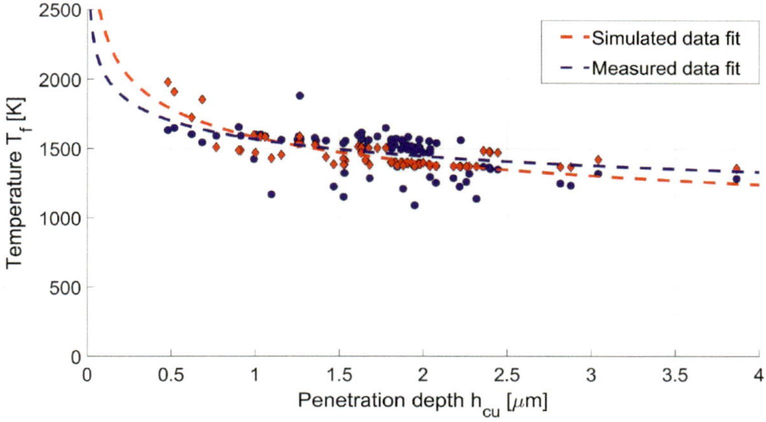

Bild 13: Vergleich der Blitztemperaturen gemäß Messung und Modellierung für Einzelkornkratzversuche mit Diamantkorn auf Silizium [6]

Silizium eine gute Übereinstimmung zwischen der modellmäßigen und der gemessenen Blitztemperatur.

7. Parametrisierung und Validierung

Jedes einzelne Teilmodell besteht aus einer oder mehreren Gleichungen, die einerseits physikalische Zusammenhänge beschreiben, vereinfachend aber Parameter enthalten, die experimentell bestimmt werden müssen. Dies erfolgt anhand von instrumentierten Einzelkornkratzversuchen, idealerweise mit Körnern der gleichen Größe, z. T. der einfacheren Handhabung und Beobachtung wegen mit größeren Körnern. Den Versuchsaufbau zeigt **Bild 14**. Dabei wird eine plangedrehte Scheibe des Werkstückmaterials in die Spindel einer Fräsmaschine eingespannt und in Drehungen versetzt. Das Korn wird auf einem Zylinder aufgeklebt und auf eine Kraftmessplattform montiert. Durch Zustellung der Z-Achse wird das Korn auf der Materialscheibe auf die gewünschte Tiefe in Eingriff gebracht. Während die Scheibe dreht, wird es mittels der Linearachse so verstellt, dass ein spiraliger Kratzer auf der Scheibe entsteht. Der Kratzer hat wegen des unvermeidlichen Planschlags nie überall die gleiche Tiefe, die demnach mit dem lokalen Spanungsquerschnitt des Korns korreliert werden muss, um die Kraftgleichungen zu validieren bzw. deren Parameter zu identifizieren. Dafür wird eine radiale Nut vorab in die Scheibe geritzt, die z. B. in Bild 7 als horizontale dunkle Linie erkennbar ist, womit bei deren Überstreichen durch das Korn ein Einbruch im Kraftsignal entsteht. Für nicht-boolsche Abtragsmodelle braucht es die Projektionsfläche des Korns zusätzlich zum Querschnitt des Kratzers, um deren Parameter zu identifizieren.

Zur statistischen Absicherung werden mehrere Körner untersucht, wobei die Streubreite aufgrund der geometrisch unterschiedlichen Form der Körner

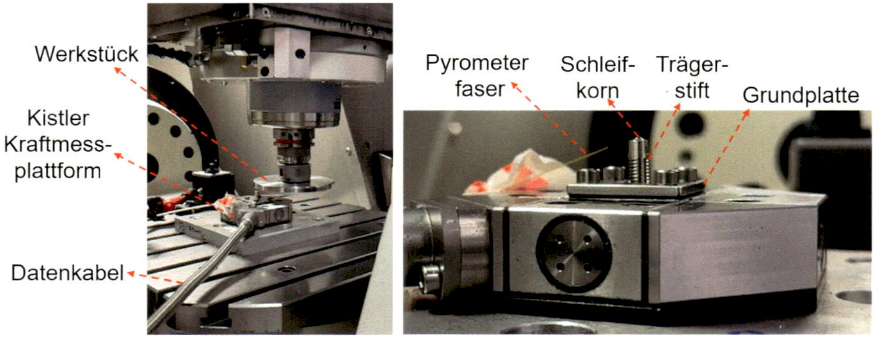

Bild 14: Vergleich der Blitztemperaturen gemäß Messung und Modellierung für Einzelkornkratzversuche mit Diamantkorn auf Silizium [7]

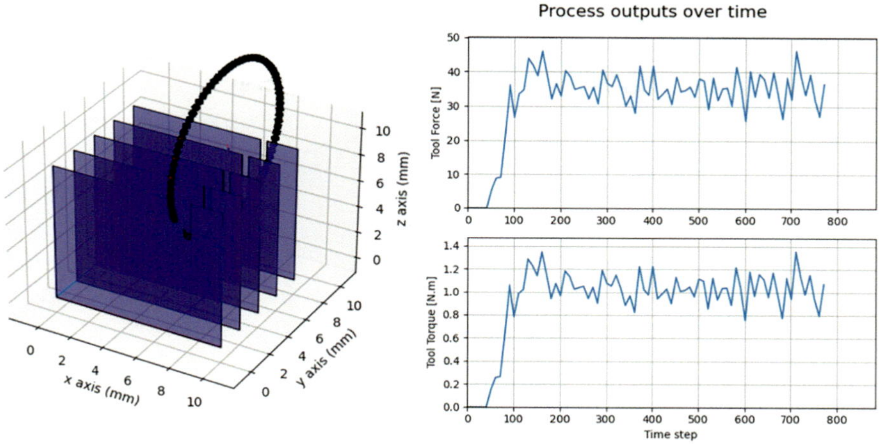

Bild 15: Trennschleifen, Screenshot der Animation: links: Bild der Prozesssituation, rechts: Verlauf von Vorschubkraft und Drehmoment für das Eintauchen der Scheibe

sehr weit ist. Die Parameteridentifikation der Verschleißgleichungen ist am schwierigsten. Auch hier sind die Einzelkornversuche am besten geeignet, um die Parameter der Usui-Gleichungen für das Korn, die Kantenverrundung und den Binderverschleiß zu identifizieren. Allerdings braucht es daneben noch Kornbruchversuche und Kornauszugsversuche, die sowohl auf einer eigenen Vorrichtung als auch durch weitere Zustellung auf dem Versuchsstand für die Kratzversuche gefahren werden.

Die Validierung erfolgt schlussendlich anhand der Simulation eines Schleifprozesses und dem Vergleich der Ergebnisse mit einem Experiment. Vergleichsgrößen sind dabei die Schleifkräfte, die Oberflächentopografie des Werkstücks und das Verschleißverhalten. Die Geometrieänderung der Schleifscheibe insgesamt, aber auch das Auszählen aus- bzw. abgebrochener Körner im Schleifbelag können als Verschleißgrenze herangezogen werden. Die Parameteridentifikation erfolgt stets mithilfe der kleinsten Fehlerquadrate. In **Bild 15** sind die Kraft- und Drehmomentkurven für das Eintauchen der Schleifscheibe zu sehen, während **Bild 16** den Schleifscheibenverschleiß als Kombination aus Kornabnutzung, Binderverschleiß und Kornausbruch/Makrobruch aufzeigt. Makroskopisch macht sich das als Durchmesserreduktion bemerkbar. Mit dem mehr oder weniger konstanten Drehmomentverlauf ist zu erkennen, dass der Selbstschärfungseffekt ausgebildet ist, d. h., die Körner brechen rechtzeitig genug aus, ggf. sogar zu früh. Hier wäre also eher der Binder zu verstärken.

Bild 16: Schleifbeläge vor dem Trennschleifen oben, nach dem Trennschleifen unten; dargestellt sind nur die äußeren Schichten der Körner, die unterste Kornlage ist exakt gleich

Literatur

[1] Brinksmeier, E.; Aurich, J. C.; Govekar, E.; Heinzel, C.; Hoffmeister, H.-W.; Klocke, F.; Peters, J.; Rentsch, R.; Stephenson, D. J.; Uhlmann, E.; Weinert, K.; Wittmann, M.: Advances in Modeling and Simulation of Grinding Processes. In: CIRP Annals, 55 (2012) 2, S. 667–696

[2] Bifano, T. G.; Dow, T. A.; Scattergood R. O.: Ductile-Regime Grinding – a New Technology for Machining Brittle Materials. In: Journal of Engineering for Industry-Transactions of the Asme, 113 (1991) 2, S. 184–189

[3] Süssmaier, S.: Process Modelling of Diamond Wire Sawing. Dissertation ETH Zürich, Nr. 29.186, 2023

[4] Fabbro, S.: Diamond impregnated segments and their wear behaviour used in reinforced concrete core drilling. Dissertation ETH Zürich, Nr. 29.172, 2023

[5] Usui, E.; Shirakashi, T.; Kitagawa, T.: Analytical Prediction of Cutting Tool Wear. In: Wear, 100 (1984) 1–3, S. 129–151

[6] Pala, U.: Experimental investigation and modelling of diamond wire sawing of single-crystal silicon. Dissertation ETH Zürich, Nr. 26.325, 2020

[7] Gharaei, A.: Modeling and Simulation of Abrasive Processes. Dissertation ETH Zürich, Nr. 31266, 2025

Technologische Innovationen im Spitzenlosschleifen von Ventilen für Großmotoren – höchste Präzision für maximale Lebensdauer

Waldemar Unrau

1. Einleitung

Das Märkische Werk ist Weltmarktführer in der Entwicklung, Herstellung und Überholung von Zylinderkopfsystemen und -komponenten für Verbrennungsmotoren, insbesondere im Großmotorenbereich mit Anwendung in der Schifffahrt, in Kraftwerken oder in Lokomotiven. Insbesondere bei der Auslegung und Fertigung der Ventiltriebskomponenten zeigt sich die technologische Kompetenz des Unternehmens, da die Qualität dieser Komponenten entscheidend für die Effizienz, Lebensdauer und Zuverlässigkeit des Motors ist. Je präziser die Komponenten des Ventiltriebes zusammenwirken, desto effizienter läuft der Motor. Sämtliche Zylinderkopfkomponenten sind genau aufeinander abgestimmt, damit sie in Perfektion interagieren und eine optimale Leistung erzielen. Eine zentrale Rolle in diesem Zusammenspiel übernehmen die Ventile: Sie steuern den Einlass des Luft-Kraftstoff-Gemischs sowie den Auslass der Abgase, indem sie sich synchron zum Motorzyklus öffnen und schließen, um einen effizienten Gaswechsel im Zylinder zu ermöglichen [1]. Die hohen Genauigkeitsanforderungen und die ständige Weiterentwicklung der industriell eingesetzten Werkstoffe zur Steigerung der Effizienz führen dazu, dass auch beim Herstellprozess der einzelnen Komponenten anspruchsvolle Bearbeitungsaufgaben vorliegen. Ein Beispiel dafür ist die Schleifbearbeitung des Ventilschaftes, der im Auslassbereich oftmals aus zwei unterschiedlichen, mittels Reibschweißen verbundenen Materialien besteht: einer Nickelbasislegierung (bspw. Nimonic), die speziell für extreme Temperaturen und korrosive Bedingungen entwickelt ist, sowie einem martensitischen Stahl.

Für das Schleifen von Ventilschäften bietet sich das Spitzenlosschleifen (Centerless Grinding, **Bild 1**) als besonders geeignete Verfahrenstechnik an. Das spitzenlose Schleifen ist ein hochpräzises und effizientes Verfahren zur Bearbeitung zylindrischer Werkstücke ohne den Einsatz einer festen Zentrierspitze oder eines Spannfutters. Es findet vor allem in der Massenproduktion Anwendung, da es kurze Zykluszeiten mit hoher Maßgenauigkeit und exzellenter Oberflächenbeschaffenheit vereint. Anders als beim konventionellen Schleifen wird das Werkstück dabei zwischen einer Schleif- und einer Regelscheibe geführt, was eine unterbrechungsfreie, kontinuierliche Bearbeitung ermöglicht. Aufgrund dieser Eigenschaften eignet sich das Verfahren ideal für die Serienfertigung. Ein gleichmäßiger Materialabtrag und minimierte Vibrationen tragen

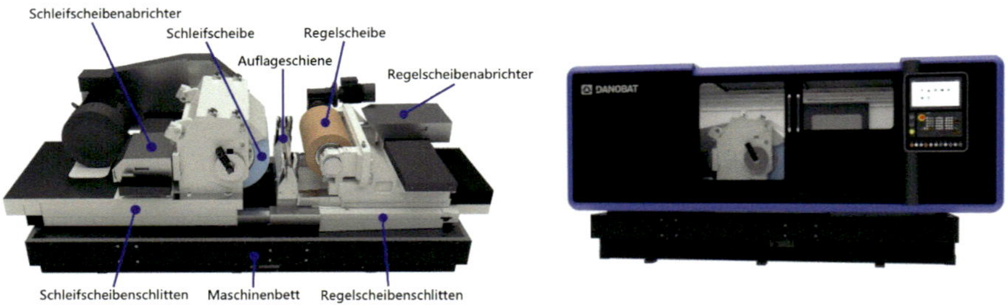

Bild 1: Centerless-Grinding, Verfahren zur Bearbeitung zylindrischer Werkstücke ohne feste Zentrierspitze (Bild in Anlehnung an [3]).

zusätzlich zu einer konstant hohen Bearbeitungsqualität bei. Das spitzenlose Schleifen kommt in zahlreichen Branchen zum Einsatz, darunter die Automobil- und Luftfahrtindustrie sowie der Werkzeug- und Medizintechnikbereich. Weitere typische Bauteile, die mit dieser Methode gefertigt werden, sind Kolbenbolzen, Lagerrollen sowie Komponenten für hydraulische und pneumatische Systeme [2].

2. Herausforderungen beim Spitzenlosschleifen von reibgeschweißten Ventilschäften

Das Spitzenlosschleifen von Ventilen stellt eine Reihe von Herausforderungen dar, die sich aus den physikalischen und mechanischen Eigenschaften des Materials sowie aus den spezifischen Anforderungen des Schleifprozesses ergeben. Diese Herausforderungen betreffen sowohl die Prozessstabilität als auch die Qualität der bearbeiteten Werkstücke. Die ungleichmäßige, durch den Schmiedeprozess bedingte Rohkontur des Ventils im Übergangsbereich der Hohlkehle zum Schaft stellt eine prozesstechnische Problematik dar. Infolge fortschreitenden Gesenkverschleißes kann an dieser Stelle ein ausgeprägter Geometrieversatz mit Durchmesserabweichungen von bis zu mehreren Zehntelmillimetern entstehen. Dies führt lokal zu einem erhöhten Schleifaufmaß, das wiederum den Werkzeugverschleiß verstärkt und dessen Inhomogenität begünstigt. Des Weiteren tritt bei der Schleifbearbeitung von reibgeschweißten Werkstücken aus einer Werkstoffkombination von Nimonic und martensitischem Stahl aufgrund der unterschiedlichen thermomechanischen und tribologischen Eigenschaften der beiden Materialien ein ungleichmäßiger Verschleiß an der Schleifscheibe auf. Dieser Werkzeugverschleiß führt zu variierender Materialabtragung entlang der Werkstückoberfläche und beeinträchtigt somit die Maßhaltigkeit und Zylindrizität der bearbeiteten Werkstücke (**Bild 2**).

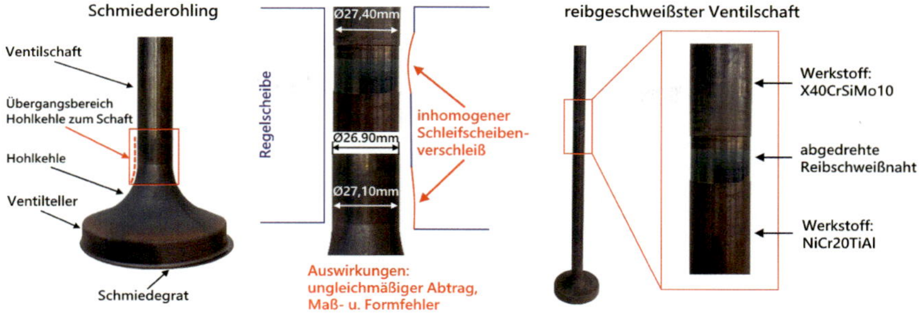

Bild 2: Geometrieversatz und Durchmesserabweichungen der geschmiedeten und reibgeschweißten Ventilrohlinge

Eine weitere Herausforderung beim Spitzenlosschleifen besteht darin, dass das Werkstück während des Schleifprozesses nicht eingespannt ist, wodurch ungleichmäßige Kontaktkräfte zwischen Schleif- und Regelscheibe sowie der Auflageschiene entstehen können. Besonders Ventile weisen aufgrund ihrer tellerlastigen Gewichtsverteilung eine ungleichmäßige Schwerpunktlage auf, was die Stabilität während des Schleifens beeinträchtigt und das Werkstück anfälliger für Schwingungsanregungen macht. In Kombination mit dem ungünstigen Reibkontakt zwischen dem Nimonic-Werkstückmaterial und der Hartmetallauflageschiene kommt es an der Kontaktstelle häufig zu einem Wechsel zwischen Haft- und Gleitreibung. Dieser intermittierende Übergang, bekannt als Stick-Slip-Effekt, führt zu ruckartigen Relativbewegungen zwischen Werkstück und Werkzeug, die Schwingungen auslösen. Das Zusammenwirken dieser Faktoren begünstigt die Entstehung dynamischer Instabilitäten, welche sich negativ auf die Bearbeitungsqualität auswirken und häufig zu Formabweichungen wie Unrundheit, Konizität sowie zur Ausbildung periodischer Strukturbilder in Form von Rattermarken auf der Werkstückoberfläche führen (**Bild 3**).

Die in Bild 2 und Bild 3 dargestellten Problemstellungen beim spitzenlosen Schleifen von reibgeschweißten Ventilschäften dienen als Ausgangspunkt für die Entwicklung angepasster Werkzeuglösungen. Um dem inhomogenen Verschleiß der Schleifscheibe entgegenzuwirken, wurde eine spezielle Schleifscheibenspezifikation entwickelt. Dabei wurden in definierten Zonen Schleifmittel mit unterschiedlicher Härte und Zusammensetzung eingesetzt. Zudem wurde in Zusammenarbeit mit Schleifmaschinenherstellern ein CNC-Abrichtprogramm konzipiert, um den inhomogenen Verschleiß der Schleifscheibe im Mikrometerbereich auszugleichen und somit eine konstant hohe Qualität sowie Maßhaltigkeit über den gesamten zylindrischen Ventilschaft sicherzustellen. Zur Verringerung der auftretenden Schwingungen des Werkstücks wurde ei-

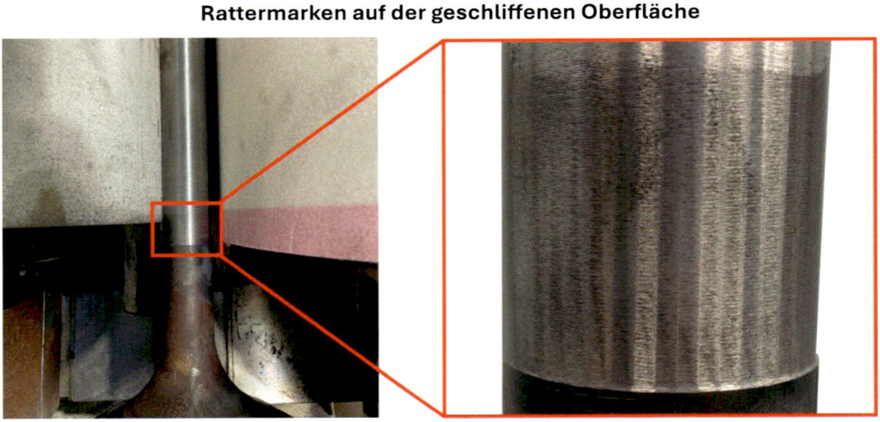

Bild 3: Rattermarken – wellenförmige Muster, die durch Vibrationen während der Bearbeitung entstehen

ne pneumatische Andruckvorrichtung mit gummierter Rolle entwickelt, um die tellerlastigen Werkstücke auf der Auflageschiene zu stabilisieren. Zur Reduzierung der Werkstückvibrationen wurde eine beschichtete Werkstückauflageschiene eingesetzt, um den Reibungskoeffizienten zu senken und die Gleiteigenschaften zu verbessern.

3. Optimierung der Schleifscheibenspezifikation

Eine geeignete Auswahl der Schleifscheibenart sowie deren Spezifikation ist von zentraler Bedeutung, um eine konstante Schneidleistung sicherzustellen und den Verschleißverlauf möglichst gleichmäßig zu gestalten. Dabei spielen insbesondere das Schleifmittel, die Härte, das Gefüge sowie die Bindung eine zentrale Rolle. Die Optimierung der Schleifscheibenspezifikation umfasst die anforderungsgerechte Anpassung der Schleifmittelrezeptur an den Bearbeitungsprozess des spitzenlosen Schleifens von Ventilschäften. Aufgrund der ausgeprägten Warmfestigkeit, Härte und Zähigkeit von Nimonic sowie der abrasiven Eigenschaften des martensitischen Stahls ist der Einsatz eines thermisch hochstabilen Schleifmittels zwingend erforderlich. Korundvarianten mit erhöhter Bruchzähigkeit, insbesondere edelkorundhaltige Mischkörner wie Halbedel- und Edelkorund (weiß oder rosa), stellen dabei einen geeigneten Kompromiss zwischen hoher Zerspanbarkeit und guter Verschleißbeständigkeit dar und ermöglichen eine prozesssichere Bearbeitung beider Werkstoffe. Die Wahl der Körnungsgröße hat einen maßgeblichen Einfluss auf die erreichbare Oberflächenbeschaffenheit und die Abtragsleistung während des Schleifprozesses. Für die Vorbearbeitung hat sich der Einsatz von Schleifkörnungen mittlerer Größe (F46–F60) als vorteilhaft erwiesen, da sie eine erhöhte Materialabtragsrate ermöglichen. Zur Feinbearbeitung und zur Einhaltung der geforderten Oberflächengüte von *Ra* < 0,4 µm hingegen haben sich feinere Körnungen (F80–F150) bewährt. Zur Sicherstellung der geometrischen Maßtoleranzen sowie der angestrebten Oberflächenqualität wird eine mehrstufige Prozesskette in Form eines abgestimmten Schleifkonzepts mit aufeinander angepassten Schleifscheibenspezifikationen eingesetzt. Für Werkstoffe mit hoher Festigkeit und geringer Wärmeleitfähigkeit wie Nimonic ist tendenziell eine weichere Schleifscheibe zu bevorzugen. Diese ermöglicht ein schnelleres Freilegen neuer, scharfer Schleifkörner und reduziert so die Gefahr von Schleifbrand infolge übermäßiger Reibungswärme. Die Bearbeitung von martensitischem Stahl hingegen erfordert eine härtere Schleifscheibe, um der abrasiven Beanspruchung standzuhalten und eine übermäßige Kornfreisetzung zu vermeiden. Aufgrund dieser gegenläufigen Anforderungen wurde ein Härtegrad (H–J nach klassischer Härteskala) gewählt, der einen ausgewogenen Kompromiss zwischen Standzeit, Abtragsleistung und thermischer Belastung der Werkstückoberfläche ermöglicht. Das Gefüge bestimmt die Porosität und damit das „Freischleifverhalten" sowie die Wärmeabfuhr der Schleifscheibe. Für die beschriebene Anwendung wurde ein offenes Schleifscheibengefüge mit hohem Porenanteil (Struktur 5–6) eingesetzt. Dies führt nachweislich zu einer verbesserten Spanabfuhr (**Bild 4**), einer reduzierten thermischen Belastung der Werkstückoberfläche und einer signifikanten Minimierung des Risikos von Schleifbrand.

Schleifmittel:	Edelkorund weiß	**Schleifmittel:**	Edelkorund weiß
Körnung:	F60	**Körnung:**	F60
Härte:	H–J	**Härte:**	H–J
Gefüge:	3–4 (mittel)	**Gefüge:**	5–6 (offen)
Bindung:	Keramisch	**Bindung:**	Keramisch

Schleifmittelkonzentration und Verteilung von Schleifkorn, Bindung und

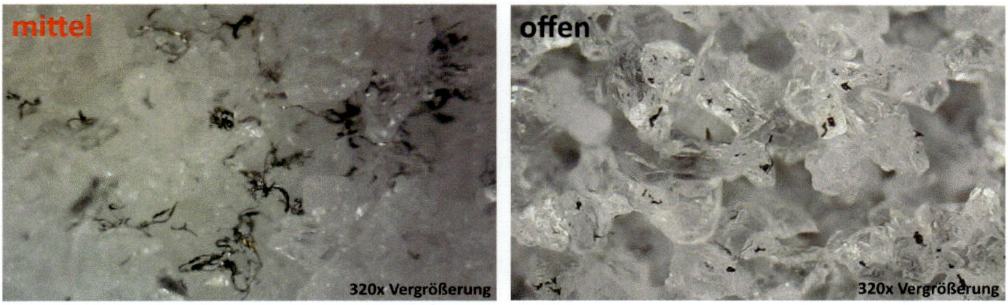

Bild 4: Verbesserte Spanabfuhr durch den Einsatz eines offenen Schleifscheibengefüges mit höherem Porenanteil

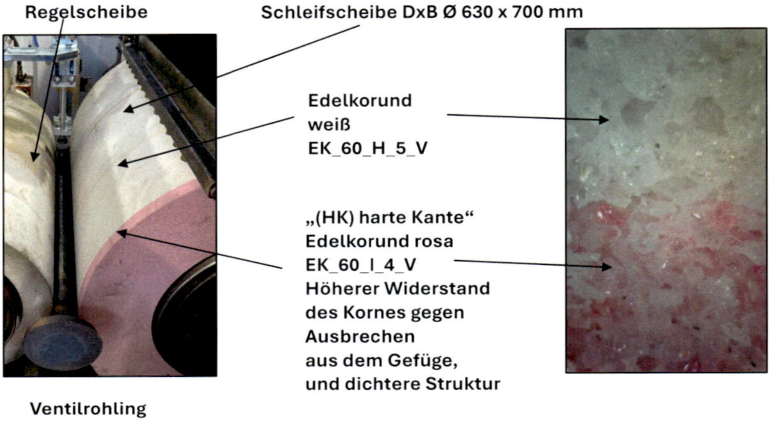

Bild 5: Partiell modifizierter Schleifscheibenbereich, Reduzierung des inhomogenen Scheibenverschleißes

Die Wahl der keramischen Bindung beeinflusst maßgeblich die Selbstschärfefähigkeit und die mechanische Stabilität der Schleifscheibe. Zur Kompensation des lokal erhöhten Schleifaufmaßes im Übergangsbereich zwischen Hohlkehle und Schaft wurden die Schleifscheibeneigenschaften gezielt durch ein spezielles, mehrstufiges Pressverfahren partiell modifiziert und an die betroffene Werkstückzone angepasst. Dabei wurde im Einlaufbereich der Schleifscheibe eine härtere, gemischte Schleifmittelzusammensetzung, „harte Kante" genannt (HK), eingebracht (**Bild 5**), um den erhöhten abrasiven Anforderungen lokal zu begegnen und einen gleichmäßigeren Verschleißverlauf sicherzustellen. Die Kombination aus Edelkorundkorn in keramischer Bindung und partiell modifizierten Scheibenbereichen mit Mischkörnung führt zu einer deutlichen Reduzierung des inhomogenen Scheibenverschleißes und ermöglicht dadurch eine höhere Zylinderformgenauigkeit des Schaftes.

Zur weiteren Steigerung der Prozessfähigkeit hinsichtlich Maßhaltigkeit des geschliffenen Schaftes kommen intelligent gesteuerte CNC-Abrichtsysteme zum Einsatz. Diese ermöglichen das präzise Abrichten und gezielte Nachformen der Schleifscheibe auch während des automatisierten Betriebs. Zylindrische Formabweichungen werden entweder durch den Bediener (manuell) oder automatisiert durch taktile Messstation erfasst und für die Korrektur der Abrichtkontur genutzt. Nach definierten Abrichtintervallen fährt der CNC-Abrichter bei Bedarf eine konkave, konvexe oder sinusförmige Bahn ab, um verschleißbedingte Formabweichungen an der Schleifscheibe und somit dem Werkstück in der Zylindrizität oder Konizität im Mikrometerbereich gezielt zu kompensieren (**Bild 6**).

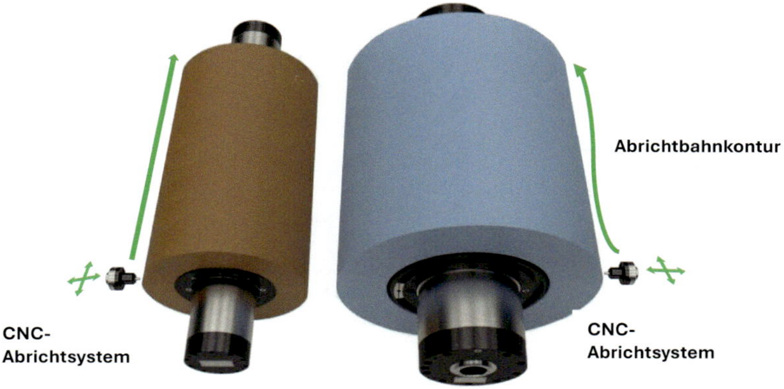

Bild 6: Intelligentes CNC-Abrichtsystem zur Kompensation von Schleifscheibenverschleiß durch gezielte Anpassung der Abrichtbahnkontur, Bild in Anlehnung an [4]

4. Einsatz einer pneumatischen Andruckvorrichtung

Zur Reduzierung der auftretenden Werkstückschwingungen wurde eine pneumatisch betätigte Andruckvorrichtung entwickelt und in Betrieb genommen. Sie dient der Fixierung der tellerlastigen Ventile auf der Auflageschiene sowie an der Regelscheibe. Die Vorrichtung wurde so konstruiert, dass sie sich flexibel an der variierenden Länge der Werkstücke in Längsrichtung sowie an unterschiedlichen Werkstückdurchmessern in Querrichtung im Arbeitsraum der Schleifmaschine positionieren lässt. Die Andruckeinheit wurde als gefederte Baugruppe ausgeführt und umfasst einen pneumatisch betätigten Antrieb (Festo-Zylinder) mit integrierter Näherungsschalter-Abfrage zur Endlagenkontrolle, eine spielfreie Gleitführung (Festo-Führungseinheit) zur präzisen Bewegungsführung, einen Andruckrollenhalter sowie die eigentliche Andruckrolle. Zur Vermeidung von Oberflächenbeschädigungen am feingeschliffenen Werkstück wird eine elastomerbeschichtete Lagerrolle eingesetzt (**Bild 7**). Die Rollenkontaktkraft ist durch die Federmechanik in Verbindung mit der Pneumatikeinheit definiert einstellbar. Das Auslösen der Andruckrolle erfolgt synchronisiert mit dem automatisierten Einstechschleifzyklus. Der Einsatz der Andruckrolle führt zu einer effektiven Stabilisierung des tellerlastigen Ventils auf der Hartmetallauflageschiene, wodurch Schwingungen während des Schleifprozesses signifikant reduziert werden. Dies trägt maßgeblich zur Minimierung des Risikos der Entstehung von Rattermarken bei und verbessert die Oberflächenqualität. Dennoch bleibt das Risiko bestehen, dass das Werkstück infolge des hohen Reibungswiderstands

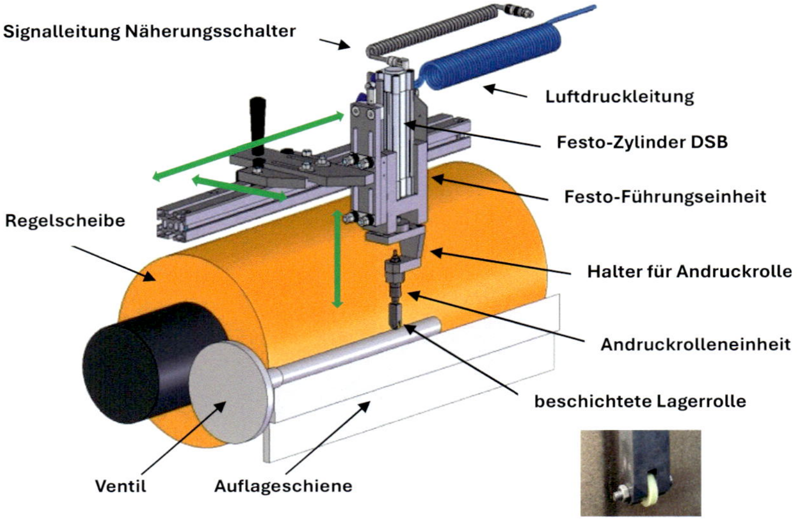

Bild 7: Pneumatisch betätigte Andruckvorrichtung zur Reduzierung werkstückinduzierter Schwingungen bei der Bearbeitung tellerlastiger Ventile

an der Hartmetallauflage in Vibrationen versetzt wird, was sich negativ auf die Prozessstabilität auswirkt.

5. Optimierung der Werkstückauflageschiene

Eine Alternative zur herkömmlichen Hartmetall-Auflageschiene für das spitzenlose Schleifen stellt die mit polykristallinem Diamant (PKD) bestückte Variante dar, die durch ihren besonders geringen Reibungskoeffizienten zum Stahl überzeugt. In spezifischen Anwendungsfällen erweist sich der Einsatz von PKD-Schienen aufgrund ihrer herausragenden tribologischen Eigenschaften und der damit verbundenen Prozessstabilität als unerlässlich. Aufgrund der hohen Materialkosten liegt sie jedoch preislich deutlich über der HM-Schiene, was zu signifikant höheren Werkzeugkosten führt. Die voranschreitende Werkzeugentwicklung, insbesondere im Bereich von Werkzeugbeschichtungen, bietet heute eine weitere Alternative, um die Leistungsfähigkeit und Lebensdauer von Werkzeugen für die Metallverarbeitung wesentlich zu verbessern. Somit wurden in Zusammenarbeit mit Beschichtungsdienstleistern gezielte Versuchsreihen zur Beschichtung der Auflageschienen durchgeführt. Ziel war es, durch eine verbesserte Oberflächentopografie den Stick-Slip-Effekt (Haftgleiteffekt)

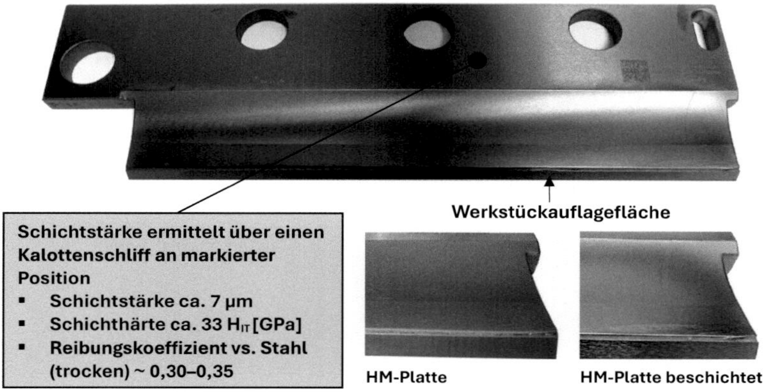

Bild 8: PVD-Beschichtung der Auflageschiene mit TiAlN-Schicht zur Reduzierung des Stick-Slip-Effekts

zu minimieren. Hierzu wurde die Auflageschiene großflächig zunächst mit einer TiAlN-Beschichtung mittels PVD-Verfahren beschichtet (**Bild 8**). Diese zeichnet sich durch eine hohe Schichthärte, ein optimiertes Verhältnis von Härte zu Druckeigenspannung, Verschleißbeständigkeit sowie hohe chemische und thermische Beständigkeit aus. Besonders hervorzuheben ist der geringe Reibwert von 0,30 bis 0,35 gegenüber Stahl unter Trockenlaufbedingungen. Die Erwartungen bezüglich des Schleifprozesses haben sich bestätigt. Durch die Anwendung der TiAlN-Beschichtung konnte aufgrund des verringerten Reibwerts ein deutlich stabilerer Bearbeitungsprozess realisiert werden. Insbesondere bei der Zerspanung von Nickelbasislegierungen, bei der typischerweise ein Stick-Slip-Effekt auftritt, konnten durch den Einsatz des beschichteten Lineals keine typischen Rattermarken auf der bearbeiteten Oberfläche mehr festgestellt werden, was vergleichbar mit der Bearbeitung mittels PKD-Werkzeugen ist.

Jedoch wurde im weiteren Einsatzverlauf eine partielle Abnutzung der Beschichtung beobachtet. Bereits nach etwa 300 Teilen war an den Kontaktflächen ein Tragbild sichtbar, nach etwa 500 Teilen war die Beschichtung in diesen Bereichen weitgehend abgetragen. Infolgedessen kam es zur Entstehung von Kratzern auf den bearbeiteten Werkstückoberflächen, was eine weitere Verwendung der Auflageschiene ausschloss (**Bild 9**).

Bei der Analyse wurde festgestellt, dass die Oberflächentopografie (Rauheit/Schliffstruktur) sowie die Belastungsrichtung (quer zu den Schleifriefen) das Verschleißverhalten ungünstig beeinflussen und maßgeblich zu Zerrüttung, Schichtausbrüchen und Auswaschungen beitragen. Für den zweiten Beschichtungsversuch wurde die Funktionsfläche gezielt vor- und nachbehandelt. Vor

Partieller linearer und flächiger Verschleiß der Schicht

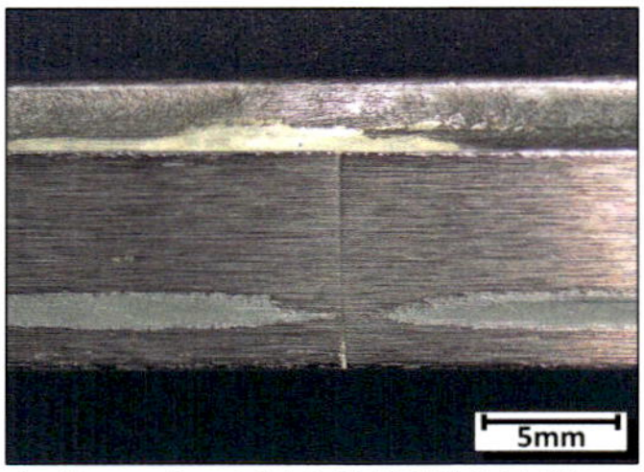

In diesem Bereich ist die TiAlN-Schicht verschlissen

Schichtausbrüche im Funktionsbereich

Bild 9: Abnutzung der TiAlN-Beschichtung an der Funktionsfläche nach ~ 500 Bearbeitungszyklen

der Beschichtung erfolgte ein Nachschliff in Belastungsrichtung, gefolgt von einer gezielten Politur nach der Beschichtung, um geometrisch bedingte Rauheitsspitzen zu reduzieren und dadurch auftretende Spitzenbelastungen im Einsatz zu minimieren. Da die Riefenbildung auf dem geschliffenen Bauteil das Abbruchkriterium darstellte, hätte eine hohe Schichtdicke mit entsprechend größerem Verschleißvolumen keinen Vorteil gebracht. Aus diesem Grund wurde beim zweiten Versuch eine etwas härtere und zugleich dünnere AlCrN-Beschichtung eingesetzt, um die Standzeit der Auflageschiene zu erhöhen (**Bild 10**). Die auf AlCrN basierende Schicht zeichnet sich durch eine höhere Verschleißfestigkeit aus, bedingt durch einen optimierten Schichtaufbau, eine erhöhte Härte sowie ein geringeres Risiko für Abplatzungen, das auf die reduzierte Eigenspannung zurückzuführen ist.

Wie bereits im ersten Versuch traten auch hier keine Rattermarken auf der bearbeiteten Oberfläche auf, da die Beschichtung über einen ebenfalls niedrigen Reibungskoeffizienten verfügt und somit den Stick-Slip-Effekt wirksam verhindert. Durch die Kombination der härteren AlCrN-Beschichtung mit der feineren Oberflächentopografie konnte die Standzeit der Werkstückauflageschiene verlängert werden. Die gezielte Reduktion von Spitzenbelastungen wirkte sich positiv auf das Verschleißverhalten aus. Erst nach der Bearbeitung

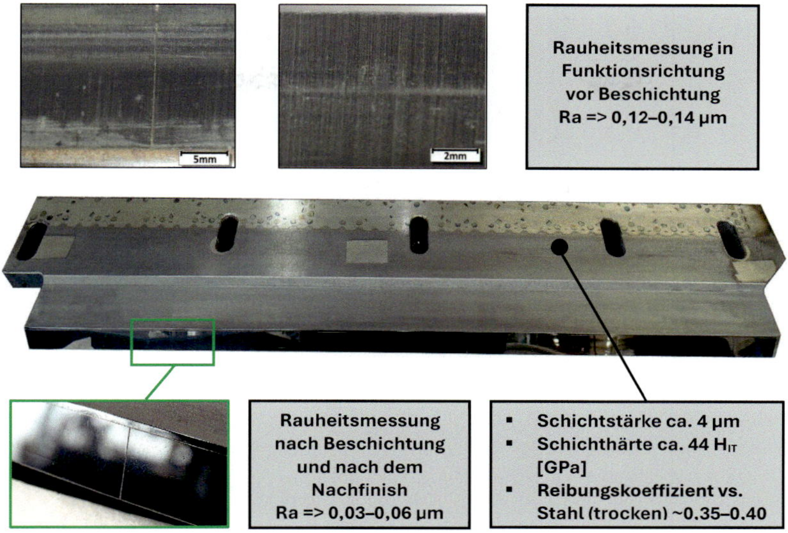

Bild 10: Härtere AlCrN-Beschichtung mit angepasster Oberflächenbearbeitung zur Reduktion von Spitzenbelastungen und Vermeidung von Schichtausbrüchen

von ~ 800 Werkstücken konnte eine messbare Verschleißbildung festgestellt werden. Ein Versagen durch Schichtausbrüche konnte im Gegensatz zum ersten Versuch nicht mehr festgestellt werden.

Abschließend bleibt festzuhalten, dass trotz der erzielten Fortschritte im Bereich moderner Beschichtungstechnologien der Einsatz von PKD-bestückten Werkstückauflageschienen nach wie vor die technisch vorteilhafteste Lösung für das spitzenlose Schleifen darstellt. Die Vorzüge dieser Variante sind durch fundierte Einsatzdaten und praktische Erfahrungen belegt. PKD ist extrem hart und weist eine sehr geringe Adhäsion zum Gegenmaterial auf, was zu äußerst niedrigen Reibwerten führt. Die daraus resultierende Reduktion des Stick-Slip-Effekts ermöglicht einen stabilen, prozesssicheren Schleifvorgang und verhindert zuverlässig das Auftreten von Rattermarken oder anderen Oberflächenbeschädigungen. In Kombination mit der hohen Verschleißfestigkeit treten erste signifikante Abnutzungserscheinungen erst nach der Bearbeitung von über 20.000 Werkstücken auf (**Bild 11**). Besonders in der Serienfertigung mit hohen Stückzahlen stellt PKD somit eine technisch überlegene und nachhaltige Alternative dar. Obwohl die Testergebnisse mit den beschichteten Auflageschienen noch nicht vollständig zufriedenstellend sind, wird die Weiterentwicklung der Beschichtung aktiv verfolgt. Weitere Versuche mit unterschiedlichen Schicht-

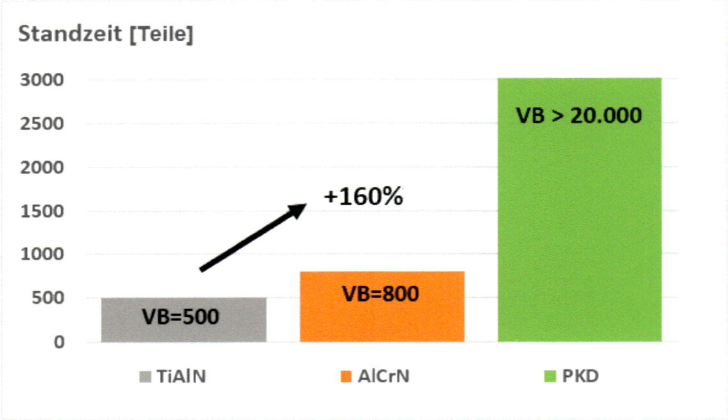

Bild 11: Standzeitvergleich von Werkstückauflageschienen mit TiAlN- und AlCrN-Beschichtung im Vergleich zur PKD-bestückten Variante

systemen sowie ergänzende Tests zur Prozessoptimierung sind geplant, um die Verschleißfestigkeit und Oberflächenqualität weiter zu verbessern und die Standzeiten der Werkstückauflageschienen zu erhöhen.

6. Zusammenfassung

Das spitzenlose Schleifen von reibgeschweißten Ventilschäften aus Nickelbasislegierungen und martensitischem Stahl erfordert angepasste Werkzeuglösungen. Inhomogener Schleifscheibenverschleiß sowie Werkstückschwingungen und Vibrationen stellen dabei zentrale Herausforderungen dar. Zur Reduktion des Schleifscheibenverschleißes erweist sich die angepasste Schleifscheibenspezifikation, bestehend aus Edelkorundkorn in keramischer Bindung in Kombination mit einer gezielt modifizierten, verstärkten Einlaufkante, als besonders effektiv. Ein intelligent gesteuertes Abrichtsystem ermöglicht zusätzlich das hochpräzise Nachformen der Schleifscheibe im Mikrometerbereich und kompensiert ungleichmäßigen Abtrag, was die Zylindrizität der Werkstücke verbessert. Zur Reduktion von Werkstückschwingungen lässt sich bei stark tellerlastigen Werkstückgeometrien die Andruckrollenvorrichtung zuschalten. Der Einsatz beschichteter oder mit PKD bestückter Werkstückauflageschienen mit niedrigem Reibungskoeffizienten verhindert wirksam den Stick-Slip-Effekt und damit die Anregung von Vibrationen während des Schleifprozesses. Die beschriebenen Lösungen erhöhen die Prozesssicherheit und ermöglichen zugleich eine Steigerung der Schnittwerte und damit der Produktivität.

Literatur

[1] Van Basshuysen, R.; Schäfer, F. (Hrsg.): Handbuch Verbrennungsmotor: Grundlagen, Komponenten, Systeme, Perspektiven. 8. Auflage, Springer Vieweg, 2016

[2] Klocke, F. (Hrsg.).: Fertigungstechnik: Grundlagen, Fertigungsverfahren, Fertigungssysteme, 8. Auflage, Springer, 2016

[3] Danobat Group: Spitzenlose Schleifmaschinen ESTARTA. 2025, online, [https://www.danobat.com/de-de/spitzenlose-schleifmaschinen/estarta]

[4] Danobat Group: Estarta-Technologie: Intelligente Systeme für einfacheres, schnelleres und sichereres Abrichten. 2025, online, [https://www.danobat.com/de-de/spitzenlose-schleifmaschinen/estarta]

Vorhersagemodell zum Post-Processing additiv gefertigter Bauteile

Eckart Uhlmann, Anton Hoyer, Marco Kopp, Malik Farhat

1. Einleitung

Die additive Fertigung (engl.: additive manufacturing, AM) von Bauteilen gewinnt in vielen Industriebereichen zunehmend an Bedeutung. Neben der hohen Flexibilität bei der Formgebung sind AM-Bauteile jedoch durch hohe Oberflächenrauheiten gekennzeichnet, die z. B. beim pulverbettbasierten Laserstrahlschmelzen (PBF-LB/M) aus der Partikelgeometrie und dem schichtweisen Aufbau resultieren [1]. Daher erfordern Funktionsflächen meist eine Endbearbeitung [1], [2]. Etablierte Verfahren umfassen u. a. das Gleitschleifen [3], das Bandschleifen [4], das Bürstspanen [5] und das Strahlspanen [6].

Beim robotergeführten Tauchgleitschleifen wird das Werkstück auf einer definierten Bahnkurve durch eine ruhende oder bewegte Schleifkörperschüttung geführt, wodurch Material am Werkstück getrennt wird. Aufgrund der Einbettung des Werkstücks in die frei bewegliche Schleifkörperschüttung wird das Werkstück an allen zugänglichen Flächen und Kanten simultan bearbeitet. Im Vergleich zu anderen Finishingverfahren, bei denen eine definierte Zustellung a_e des Werkzeugs erforderlich ist, stellt dies einen wesentlichen Verfahrensvorteil dar und steigert die Einsatzflexibilität des Gleitschleifens [3].

Das Bandschleifen zeichnet sich durch ein gebundenes Schleifmittel aus, das durch eine Kunstharzbindung an einer textilen Unterlage befestigt wird. Die Verwendung elastischer Kontaktrollen erhöht die Nachgiebigkeit des Werkzeugsystems, was die Spanungsdicke h_{cu} reduziert und die Fertigung glatter Oberflächen ermöglicht [4]. Im AM-Bereich werden typischerweise grobe Körnungen zur makroskopischen Glättung verwendet, beispielsweise zur Entfernung von Stützstrukturen.

Das Bürstspanen mit gebundenem Schleifmittel stellt ein weiteres Verfahren mit kraftgebundenem Wirkprinzip dar. Es zeichnet sich durch seine flexiblen Schleiffilamente aus, die typischerweise aus modifiziertem Polyamid 6.12 bestehen und Massenanteile von bis zu 30 % Schleifmittel enthalten. Bürstprozesse können sowohl nass als auch trocken erfolgen, wobei die Prozessgrenzen aufgrund der geringen Schmelztemperatur der Schleiffilamente primär durch die Wärmeleitfähigkeit des Werkstückmaterials limitiert sind [5].

Beim Strahlspanen liegt das Schleifmittel hingegen nicht gebunden vor, sondern wird mittels eines gasförmigen oder flüssigen Trägermediums beschleunigt. Beim Auftreffen auf die Werkstückoberfläche mit hoher Geschwindigkeit wird infolgedessen Material abgetrennt [6].

Insbesondere beim Gleitschleifen und beim Bürstspanen kommt es aufgrund der Vielzahl teils frei beweglicher Partikel zu einem komplexen Interaktions-, Zerspanungs- und Verschleißverhalten [7], [8]. Demzufolge basieren derartige Prozesse im industriellen Umfeld häufig auf Erfahrungswerten anstatt auf wissenschaftlichen Grundlagen, was die Vorhersage von Arbeitsergebnissen erschwert. Dabei ist ein tiefgreifendes Verständnis der Prozesse zwingend notwendig, um deren Produktivitätsgrenzen auszuweiten. Neben der physikalisch-numerischen Simulation bieten sich experimentelle Prozessmodelle an, wofür zunehmend Methoden der künstlichen Intelligenz (KI) eingesetzt werden. Dies ermöglicht die Prognose von Arbeitsergebnissen, die Entwicklung von Prozessstrategien sowie die Möglichkeit zur stetigen Verbesserung anhand neuer Daten. Allerdings hängt die Modellgüte sowohl von der Qualität als auch der Menge der Trainingsdaten ab, sodass KI-Modelle i. d. R. mit hohem experimentellem Aufwand und dadurch mit hohen Kosten verbunden sind.

2. Ziele und Vorgehensweise

2.1 Zielstellung

Während sich bisherige Modelle überwiegend auf einzelne Fertigungsprozesse konzentrieren, erfordert die Aufgabenvielfalt bei der Endbearbeitung von AM-Bauteilen die intelligente Verknüpfung eines breiten Verfahrensspektrums. Durch die Reduzierung des Arbeitsergebnisses auf Rauheitskennwerte R und Kantenradien r_k lassen sich verfahrensübergreifende Trends erfassen und modellieren, um produktive Prozessketten abzuleiten. Diese sollen in einer minimierten Prozesszeit t_p unter Berücksichtigung der jeweiligen Verfahrensgrenzen zur Erreichung einer Zielrauheit führen. Die zunehmende Kantenverrundung, die beim Gleitschleifen unvermeidlich ist, stellt hierbei eine ebenfalls zu minimierende Größe dar.

Herausforderungen ergeben sich vor allem aus der Komplexität der zu bearbeitenden AM-Bauteile, die verfahrensbedingt heterogene Topografien aufweisen, da die Aufbaurichtung beim PBF-LB/M einen großen Einfluss auf die Oberflächenrauheit hat [1]. Ferner verfügen die zu bearbeitenden AM-Bauteile über eine Vielzahl unterschiedlicher Geometriemerkmale, sogenannte „Features“, sodass nicht alle Fertigungsprozesse für sämtliche Bearbeitungsaufgaben geeignet sind. Aufgrund der jeweils hohen Einsatzflexibilität wird der Fokus des zu entwickelnden Prozessmodells daher zunächst auf das Gleitschleifen und das Bürstspanen gelegt, während die Verfahren Bandschleifen und Strahlspanen nur kontextuell betrachtet werden. Die Zielstellung umfasst demnach die Entwicklung eines KI-Modells, das auf Grundlage von Initial- und Zielwerten für

Rauheit R und Kantenradius r_k optimierte Prozessketten für die Endbearbeitung unterschiedlicher Features generiert.

2.2 Versuchsbedingungen

Zur Erreichung der Zielstellung wurden sowohl einfach als auch komplex geformte Demonstrator-Bauteile mit den jeweiligen Verfahren bearbeitet (**Bild 1**). Die zu bearbeitenden Features umfassten u. a. Planflächen unterschiedlicher Lage und Orientierung, konkav und konvex gekrümmte Flächen, Rund- und Rechtecknuten sowie gerade und gekrümmte Kanten (Bild 1a und Bild 1b). Die Validierung erfolgte anhand einer Turbinenschaufel, die über eine konkave Druckseite, eine konvexe Saugseite sowie mehrere Kanten verfügt (Bild 1c). Die Partikelgröße des pulverförmigen Ausgangsmaterials der Demonstrator-Bauteile betrug s_p = 30 ± 15 µm und die Schichtdicke des PBF-LB/M-Prozesses h_s = 40 µm.

Als Werkstückmaterial wurde die für den Hochtemperaturbereich typische Nickelbasislegierung HAYNES® 282® gewählt, deren Wärmeleitfähigkeit etwa viermal geringer ist als die von Einsatzstahl [9]. Dies stellt vor allem Bürstpro-

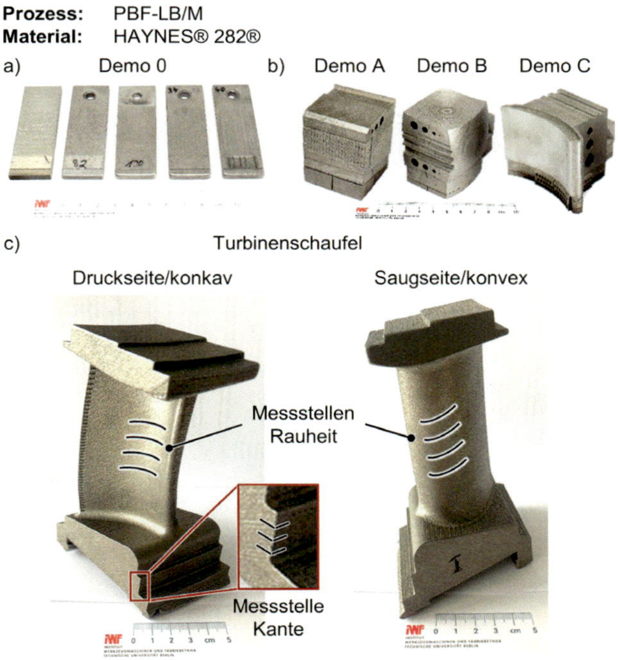

Bild 1: Verwendete Versuchswerkstücke: a) Planbauteile, b) komplex geformte Feature-Demonstratoren, c) industrielles Anwendungsbauteil

zesse vor Herausforderungen, da die Bearbeitungsversuche in einer offenen Roboterzelle durchgeführt wurden, sodass kein Kühlschmierstoff eingesetzt werden konnte. Demzufolge musste die Bürstenumfangsgeschwindigkeit v_b gering und die Vorschubgeschwindigkeit v_f hoch genug gewählt werden, um ein Aufschmelzen der Schleiffilamente und eine unweigerliche Beschädigung der Bürstwerkzeuge zu vermeiden.

Der für die Handhabung der Werkstücke eingesetzte Roboter war ein 6-Achs-Knickarmroboter vom Typ SMART NJ 370-2.7 des Herstellers Comau S.p.A., Grugliasco, Italien. Zum Gleitschleifen wurden zwei Rundvibratoren vom Typ R220DL und zwei verschiedene Gleitschleifmedien des Herstellers Rösler Oberflächentechnik GmbH, Untermerzbach, eingesetzt (**Bild 2a**). Die Gleitschleifmedien umfassten keramische Schrägzylinder des Typs RXX 20/20 QZ (RXX) für den Vorschliff sowie Kunststoffpyramiden des Typs RKH/4 15 P (RKH/4) für den Feinschliff. Zum Bürstspanen wurde ein eigens entwickelter Versuchsstand verwendet, der mit einem AC-Servomotor vom Typ MR 7454 des Herstellers

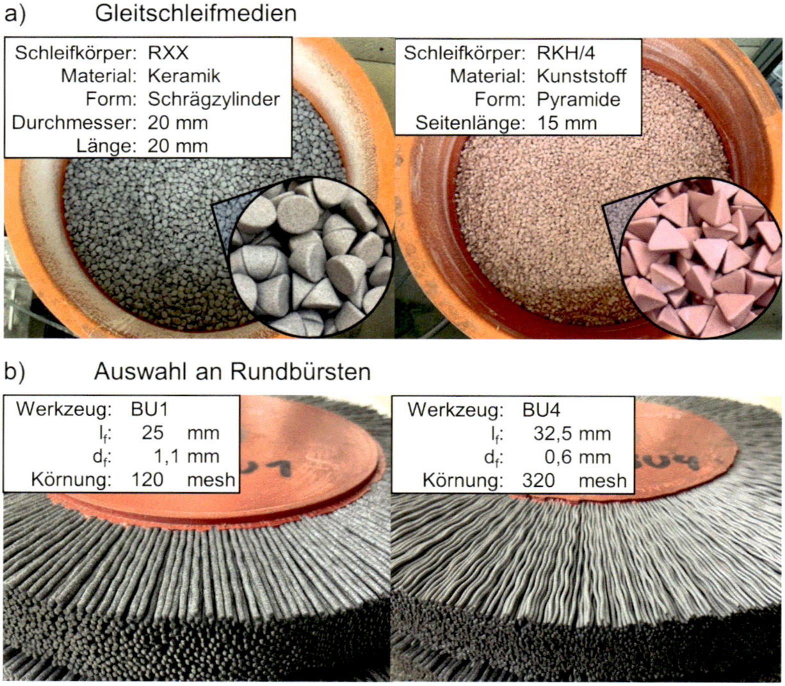

Bild 2: Verwendete Werkzeuge: a) Gleitschleifmedien, b) repräsentative Auswahl der Bürstwerkzeuge

ESR Pollmeier GmbH, Ober-Ramstadt, ausgestattet ist. Die genutzten Bürstwerkzeuge mit gebundenem Siliziumkarbid umfassen die sechs Spezifikationen *BU1* bis *BU6* des Herstellers Carl Hilzinger-Thum GmbH & Co. KG, Tuttlingen (**Bild 2b**). Die jeweils zweistufig variierten Werkzeugparameter umfassten Korngrößen von s_g = F320 bzw. F120 in Verbindung mit Filamentdurchmessern von d_f = 0,6 bzw. 1,1 mm, Filamentlängen von l_f = 25 bzw. 32,5 mm und Bürstenbreiten von b_b = 10 bzw. 20 mm.

Die Rauheit *R* wurde taktil mittels eines Tastschnittgeräts vom Typ Surftest SJ-411 des Herstellers Mitutoyo Deutschland GmbH aus Neuss gemessen. Zur Bestimmung der Kantenradien r_k kamen ein Laser-Linien-Triangulationssensor vom Typ LJ-X8060 des Herstellers Keyence Deutschland GmbH aus Neu-Isenburg sowie eigens entwickelte Auswertungssoftware zum Einsatz.

Tabelle 1 gibt einen Überblick über den durchgeführten Versuchsplan. Vollfaktoriell variiert wurden beim Gleitschleifen die Eintauchtiefe z_w, die Werkstückgeschwindigkeit v_w und die Anregungsfrequenz f_a sowie beim Bürstspanen die Bürstenumfangsgeschwindigkeit v_b, die tangentiale Vorschubgeschwindigkeit v_{ft} und die Zustellung a_e.

Tabelle 1: Versuchsplan der technologischen Untersuchungen zur Erzeugung von Trainingsdaten für das KI-Modell

Bauteil	Anzahl bearbeitet	Anzahl Features	Features
Demo 0	120	4	2 x plan, 2 x Kante
Demo A	10	7	Nut, Fase, 3 x plan, 2 x Kante
Demo B	10	9	konkav, 2 x konvex, plan, 3 x Rundnut, 2 x Kante
Demo C	15	15	Schaufel, 3 x Nutgrund, 3 x Nutflanke, plan, 3 x Bohrung, 4 x Kante
Turbinenschaufel	2	3	konkav, konvex, Kante
Verfahren	initial	Gleitschleifen	Bürstspanen
Paramater 1		z_w = 410; 460 mm	v_b = 8; 16 m/s
Parameter 2		v_w = 10; 20 m/min	v_{ft} = 200; 500 mm/min
Parameter 3		f_a = 0; 50 Hz	a_e = 1; 2 mm
Anzahl Rauheits-messungen	966	2.581	1.186
Anzahl Kanten-messungen	626	1.185	714

Durch zweistufige Variation der Prozessparameter, vier- bis sechsmalige Bearbeitung je Versuch sowie Versuchswiederholungen zur statistischen Absicherung ergab sich eine Datenbasis aus 4.733 Rauheits- und 2.525 Kantenmessungen, die insgesamt 20 verschiedenen Features zugeordnet werden können.

2.3 Prozessmodell

Das entwickelte Regressionsmodell zielt darauf ab, den zeitlichen Rauheitsverlauf $R(\vec{p},t_p)$ in Abhängigkeit der Prozessparameter $\vec{p}$ zu prognostizieren, um optimierte Prozessketten zu finden. Die Modellierung erfolgt durch eine Kombination aus nichtlinearen Regressionsanalysen [10] und Künstlichen Neuronalen Netzen (KNN) [11]. Die Rauheit $R = f(\vec{\gamma},t_p)$ wird als analytische Funktion der Prozesszeit t_p und der Regressionskoeffizienten $\vec{\gamma}$ approximiert, wobei das KNN den Einfluss der Prozessparameter $\vec{p}$ auf diese Regressionskoeffizienten $\vec{\gamma}$ modelliert. Zusätzlich wird ein Zeitversatz für jede Messreihe berechnet, um unterschiedliche Initialrauheiten zu berücksichtigen. Die KNN-Architektur besteht aus zwei parallel verbundenen Netzwerken: Das erste KNN berechnet den Zeitversatz $\vec{\delta}$ für jede Messreihe, während das zweite KNN die Regressionskoeffizienten $\vec{\gamma}$ in Abhängigkeit der Prozessparameter $\vec{p}$ modelliert. Die zu normalisierenden Eingangsgrößen des Modells umfassen die Verfahrensart, die Werkzeugspezifikationen sowie verfahrensspezifische Prozessparameter. Die Ausgangsgrößen sind die prognostizierten exponentiellen Verläufe der Rauheitswerte R und Kantenradien r_k. Die Netzwerkparameter $\vec{\theta}$, d. h. die Gewichte und Bias-Werte, sowie die Zeitversatze $\vec{\delta}$ werden durch iteratives Training mittels Backpropagation optimiert, indem eine Verlustfunktion auf Grundlage quadrierter Fehler minimiert wird [12]. Hierbei kommt der Adaptive-Moment-Estimation-Algorithmus (ADAM) zum Einsatz, der adaptive Lernraten η_γ und η_δ verwendet [13]. Die Wahl der Hyperparameter ist ausschlaggebend für die Komplexität und Generalisierungsfähigkeit des Prozessmodells [11]. Im vorliegenden Fall werden eine Schichtenanzahl von $S = 2$, eine Neuronenanzahl pro Zwischenschicht von $Z = 5$, eine Batchgröße von $B = 50$, eine Epochenanzahl von $E = 2.000$ und Softplus als Aktivierungsfunktion verwendet. Um ferner die simultane Bearbeitung mehrerer Bauteilfeatures beim Gleitschleifen zu modellieren, werden Referenzfeatures definiert. Diese bezeichnen jeweils ein Merkmal der Bauteilgeometrie, das im Trainingsdatensatz besonders gut repräsentiert ist und dessen Entwicklung daher tendenziell genau prognostiziert werden kann.

3. Ergebnisse

Bild 3 stellt die minimal erreichten Oberflächenrauheiten der untersuchten Verfahren einander gegenüber. Als Grundlage dienten hierfür die Planflächen des Bauteils Demo 0, das initial über einen arithmetischen Mittelwert der Höhe von

Bild 3: Minimal erreichte Rauheit der untersuchten Bearbeitungsprozesse

Prozess:

1. Bandschleifen SB36 + SB80:
   v_c = 20 m/s, v_{ft} = 1.000 mm/min, a_e = 1 mm, jeweils N_b = 1
2. Strahlspanen SM2001A:
   d_s = 10 mm, α_s = 50°, v_{ft} = 15 mm/min, p_s = 3 bar, N_b = 6
3. Gleitschleifen RXX + RKH/4:
   v_w = 20 m/min, z_w = 460 mm, f_a = 0 Hz, t_p = 30 + 60 min
4. Bürstspanen BU1:
   v_b = 20 m/s, v_{ft} = 200 mm/min, a_e = 1 mm, N_b = 4

Werkstück:

Demo 0, Planfläche, HAYNES® 282®

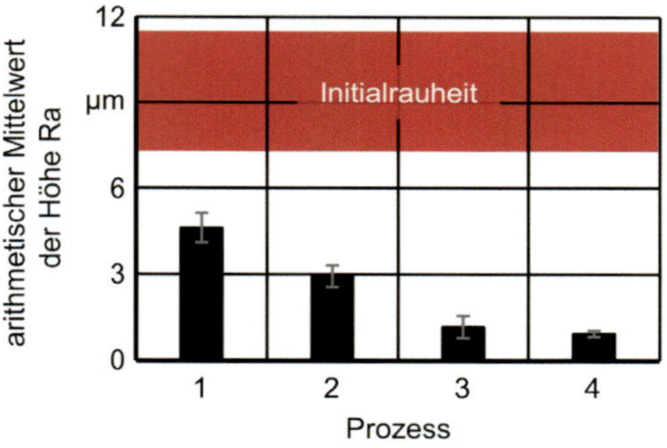

Ra = 9,4 ± 2,2 µm verfügte. Durch sukzessives Bandschleifen mit Korngrößen von s_g = F36 und s_g = F80 konnte dieser Wert auf *Ra* = 4,6 µm reduziert werden. Im Vergleich betrug die mittels Strahlspanen erzielte minimale Rauheit *Ra* = 2,9 µm. Demgegenüber wurden mittels Gleitschleifen und Bürstspanen Rauheiten von jeweils *Ra* = 1,2 µm und *Ra* = 0,9 µm erzielt. Beim Gleitschleifen wurde dies durch eine Kombination aus Vorschliff und anschließendem Feinschliff mit den jeweils aggressivsten Prozessparameterstufen erreicht. Beim Bürstspanen wurde die geringste Rauheit ebenfalls mit den aggressivsten Prozessparameterstufen nach mehrmaliger Bearbeitung erzielt; allerdings genügte hierfür die Verwendung des gröbsten Werkzeugs mit einem Filamentdurchmesser von d_f = 1,1 mm, einer Korngröße von s_g = F120 und einer Filamentlänge von l_f = 25 mm. Feinere Filamentspezifikationen erwiesen sich bei der Flächenbearbeitung aufgrund der hohen Initialrauheit als grundsätzlich unproduktiv, eignen sich jedoch für die gezielte Kantenbearbeitung.

Bild 4 zeigt Lichtmikroskopien der Oberfläche von Demo 0 vor sowie nach der Bearbeitung mit den verschiedenen Verfahren. Die unbearbeitete Oberfläche zeigt für PBF-LB/M-Prozesse typische Schichten und Spatter-Partikel unterschiedlicher Größe.

Bild 4: Lichtmikroskopien der Werkstückoberfläche vor und nach der Bearbeitung mit unterschiedlichen Verfahren

Demgegenüber erscheint die gestrahlte Oberfläche heterogen, wobei mikroskopische Kraterstrukturen für vergleichsweise hohe Rauheit sorgen. Die bandgeschliffene Oberfläche ist durch parallele Schleifriefen gekennzeichnet, während die Spuren der gebürsteten und der gleitgeschliffenen Oberflächen multidirektional sind. Um die Auswahl der Initialrauheiten für die jeweiligen Verfahren zu vergrößern und das Interpolationsergebnis des KI-Modells zu verbessern, wurden Prozesse kombiniert, woraus sich Überlagerungen der Schliffbilder ergaben.

Besondere Herausforderungen resultieren aus der Bearbeitung von Features geringer Zugänglichkeit, das heißt konkaver Flächen wie Rund- oder Rechtecknuten. Aufgrund der hohen Flexibilität und der geringen Filamentdurchmesser d_f bietet sich insbesondere das Bürstspanen für die Endbearbeitung unzugänglicher Nuten an, d. h. mit geringer Nutbreite b_{nut}. Zur Ermittlung der Zugänglichkeit wurden drei Rechtecknuten unter Variation der Nutbreite b_{nut} und der Nuttiefe h_{nut} mittels Bürstspanen bearbeitet (**Bild 5**).

Die Ergebnisse bestätigen, dass große Nutquerschnitte eine hohe Rauheitsreduzierung am Nutgrund ermöglichen, da sich mehr Schleifmedien gleichzeitig

Bild 5: Bürstbearbeitung von Rechtecknuten: a) Rauheitsverläufe, b) mittlere Höhe entlang der Nut z_μ, c) DEM-Simulation des Bürstprozesses

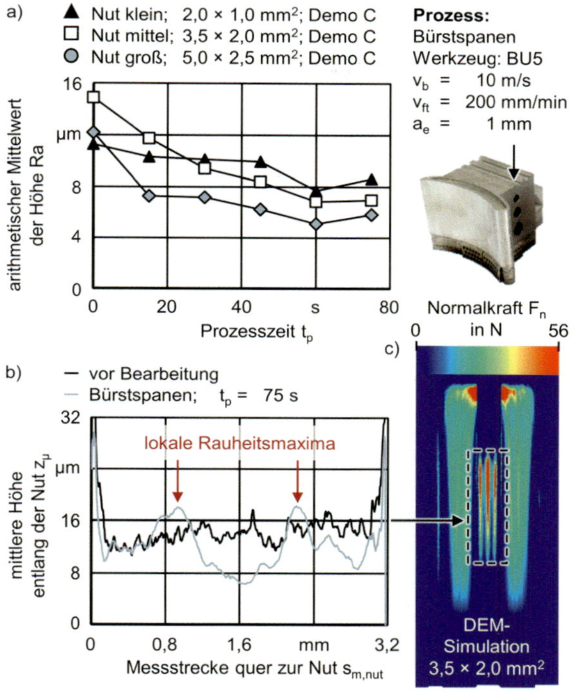

im Kontakt mit dem Nutgrund befinden (Bild 5a). Dementsprechend lässt sich die Zielrauheit nur erreichen, solange eine kritische Nutbreite $b_{nut,krit}$ nicht unterschritten wird, die von der Makrogeometrie des Schleifmediums abhängt. Insbesondere beim Bürstspanen konnte beobachtet werden, dass die zufällig angeordneten Filamentspitzen durch die Rechtecknut in geordnete, parallel verlaufende Bahnen gelenkt werden. Dies lässt sich anhand der Vertiefungen zwischen den lokalen Rauheitsmaxima beobachten, die erst durch die Bearbeitung eingebracht werden (Bild 5b). Dabei kann die Anzahl paralleler Filamente N_p anhand des Filamentdurchmessers d_f durch die Gleichung $b_{nut} \approx N_p \cdot d_f$ approximiert werden.

Bei einem Filamentdurchmesser von d_f = 1,1 mm ergaben sich für die drei untersuchten Nuten jeweils Anzahlen paralleler Filamente von N_p = 2; 3; 5. Dies deckt sich mit Simulationsergebnissen der Software Ansys Rocky (Bild 5c), die auf Grundlage der Diskrete-Elemente-Methode (DEM) operiert. Die räumliche Verteilung der Normalkraft F_n beim Bürstspanen ermöglicht hierbei qualitative Einblicke in die Homogenität des zu erwartenden Arbeitsergebnisses, sofern die Eingangsgrößen der Simulation hinreichend genau bestimmt werden [8].

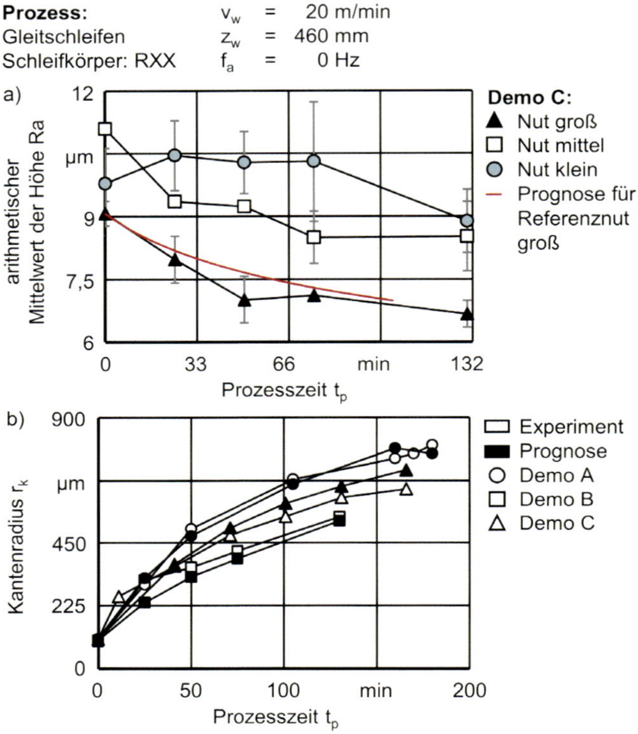

Bild 6: Gegenüberstellung von Versuchsergebnissen und KI-Prognosen an unterschiedlichen Bauteilfeatures: a) Rauheit der Rechtecknuten, b) Kantenrundung

Während die Zugänglichkeit beim Bürstspanen separat betrachtet werden kann, da Features i. d. R. gezielt bearbeitet werden können, kommt es beim Gleitschleifen stets zur simultanen Bearbeitung des gesamten Bauteils. Am Beispiel der Rechtecknuten wurden die zugänglichste große Nut mit den Abmessungen 5,0 × 2,5 mm² als Referenzfeature festgelegt. **Bild 6** zeigt die Ergebnisse des Gleitschleifprozesses am Bauteil Demo C. Hinsichtlich der Referenznut deuteten sich vergleichbare Trends zum Bürstspanen an, allerdings mit geringeren Zerspanungsvolumina (Bild 6a). Vor allem bei der kleinen Nut mit den Abmessungen 2,0 × 1,0 mm² lag jedoch eine mit den Initialrauheiten vergleichbare große Streuung vor, was darauf hindeutet, dass nahezu keine Materialabtrennung stattfindet. Die KI-Prognose für die Referenznut gibt das Prozessverhalten im untersuchten Parameterraum ausreichend wieder.

Ebenfalls verlässliche Prognosen wurden für Kantenrundungen erstellt, bei denen es mit zunehmender Prozesszeit t_p zu einer degressiven Vergrößerung der Kantenradien r_k kam (Bild 6b). Demzufolge ist das Gleitschleifen bei gewünsch-

Bild 7: Einfluss des Verfahrens auf die Kantensymmetrie: a) mittels Gleitschleifen verrundete symmetrische Kante, b) mittels Bürstspanen verrundete asymmetrische Kante

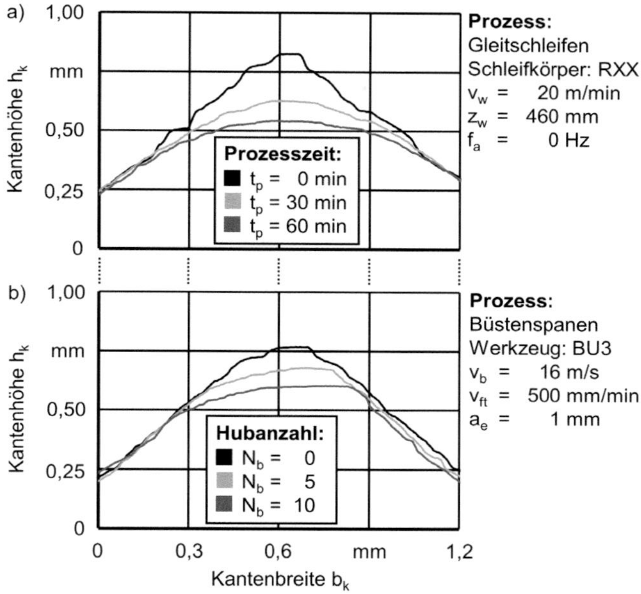

tem Erhalt der initialen Kantenrundungen ungeeignet, um unzugängliche Features gezielt und gleichmäßig zu bearbeiten.

Sofern gleichmäßige Kantenrundungen akzeptabel oder sogar gefordert sind, bietet das Gleitschleifen dagegen Vorteile gegenüber dem Bürstspanen. Zum Beispiel kommt es beim Gleitschleifen zur Ausbildung symmetrischer Kantenrundungen mit einem Formfaktor von $K \approx 1$ (**Bild 7a**), während gebürstete Kanten asymmetrische Wasserfall- oder Trompetenformen mit einem Formfaktor von $K < 1$ oder $K > 1$ aufweisen (**Bild 7b**). Dieser Effekt könnte beim Bürstspanen durch regelmäßige Wechsel zwischen Gleich- und Gegenlauf ansatzweise kompensiert werden, wofür jedoch zusätzliche Untersuchungen notwendig sind.

Weitere Nachteile des Bürstspanens ergeben sich aus dem erhöhten Aufwand bei der Bahnplanung, da die Bauteile komplexe Formen aufweisen und der verwendete Roboter über keine CAD-/CAM-Schnittstelle verfügt. Im Gegenzug genügt beim robotergeführten Gleitschleifen das repetitive Abfahren einer Kreisbahn, um das Bauteil von allen Seiten zu bearbeiten. Inhomogenitäten des Arbeitsergebnisses ergeben sich hierbei lediglich aus Unzugänglichkeiten und dem Einfluss der Eintauchtiefe z_w, sodass hohe Bauteile an der Unterseite stärker bearbeitet werden als an der Oberseite.

Zur Erreichung von Zielrauheiten in minimaler Prozesszeit t_p wird das KI-Modell ferner zum Prozesskettengenerator weiterentwickelt. Dabei werden die

Prozess: Gleitschleifen, Schleifkörper: RXX
Werkstück: Turbinenleitschaufel, HAYNES® 282®

Prozess-parameter		Prozesszeit t_p in min			
		0 bis 19	19 bis 32	32 bis 42	42 bis 50
v_w	m/min	20	20	20	20
z_w	mm	460	450	445	440
f_a	Hz	50	50	20	20

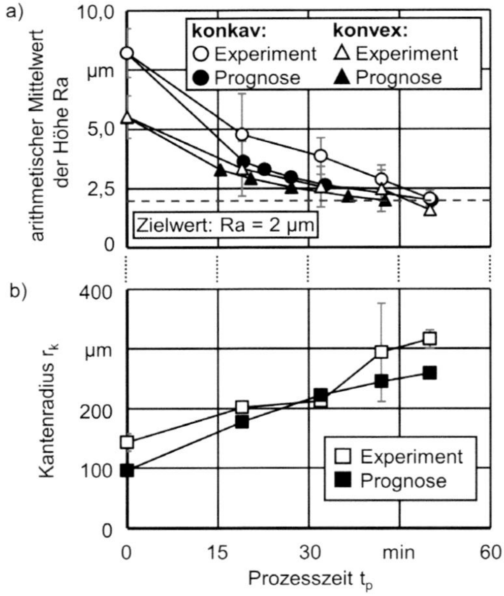

Bild 8: Endbearbeitung des industriellen Anwendungsbauteils mittels Gleitschleifen: a) Oberflächen, b) Kanten

Prozessparameter in diskreten Schritten adjustiert, um die Materialabtrennung zu maximieren. **Bild 8** verdeutlicht dies am Beispiel des Gleitschleifens eines industriellen Anwendungsbauteils (Bild 1c), das der Validierung des Prozessmodells dienen soll. Im Gegensatz zu den Feature-Demonstratoren, anhand derer das Modell trainiert wurde, verfügt die zu bearbeitende Turbinenschaufel über Freiformflächen, sodass es sich bei den Prognosen um Extrapolationen handelt.

Obwohl die Zielrauheit von Ra = 2 µm an der konkaven wie an der konvexen Fläche nach einer Prozesszeit von t_p = 50 min erreicht wird, fallen die prognostizierten Rauheiten geringer aus als die experimentell gemessenen, sodass es zu einer Überschätzung der Materialabtrennung kommt. Dies mag auf den Einfluss des zunehmenden Schleifkörperverschleißes zurückzuführen sein; allerdings kommt es beim Kantenradius r_k zu einem gegensätzlichen Phä-

Bild 9: Endbearbeitung des industriellen Anwendungsbauteils mittels Bürstspanen

Prozess: Bürstspanen, Werkzeug: BU1
Werkstück: Turbinenleitschaufel, HAYNES® 282®

Prozess-parameter		Prozesszeit t_p in s	
		0 bis 15	16 bis 75
v_b	m/s	16	10
v_{ft}	mm/min	200	200
a_e	mm	2	1,5

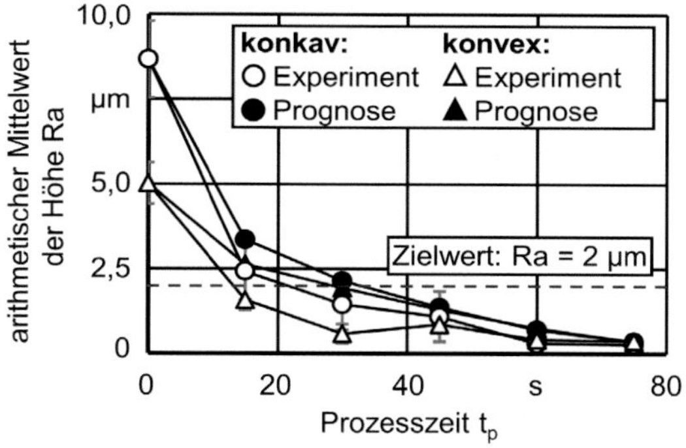

nomen, d. h. zu einer Unterschätzung der Materialabtrennung. Alternativ könnte der Fehler in der räumlichen Orientierung der jeweiligen Features liegen, da diese großen Einfluss auf die initiale Topografie und die Streuung der Messwerte hat. Demnach weisen insbesondere die Flächen an der Bauteiloberseite große Streuungen auf, was die Erfassung valider Rauheitskennwerte erschwert.

Bei der Bearbeitung der Turbinenschaufel mittels Bürstwerkzeugen kommt es, anders als beim Gleitschleifen, zu einer Unterschätzung der Materialabtrennung (**Bild 9**). Auch dies kann auf Verschleiß zurückgeführt werden, da für die Validierung ein neueres Werkzeug derselben Filamentspezifikation verwendet wird. Dies in Verbindung mit den unsicheren Prognosen für Freiformfeatures unterstreicht die Subjektivität des derzeitigen KI-Modells, in dem Werkzeugverschleiß nicht erfasst wird und Features nicht anhand geometrischer Kenngrößen, sondern diskretisiert beschrieben werden.

4. Fazit

In diesem Beitrag wurde ein Prozessmodell auf Grundlage von KNN erarbeitet, das anhand experimentell ermittelter Rauheiten und Kantenrundungen Prognosen erstellt. Hierfür wurden insgesamt 155 Planbauteile und Feature-Demonstratoren mit komplex geformten Oberflächen und Kanten bearbeitet, wobei die Verfahren Gleitschleifen, Bürstspanen, Strahlspanen und Bandschleifen zum

Einsatz kamen. Sowohl das Gleitschleifen als auch das Bürstspanen zeigten großes Potenzial bei der Endbearbeitung von AM-Bauteilen aus dem Hochtemperaturbereich. Dabei wies das Gleitschleifen Vorteile hinsichtlich Bahnplanung und Homogenität des Arbeitsergebnisses auf, während das Bürstspanen Vorteile hinsichtlich selektiver Bearbeitung, erhöhter Zugänglichkeit und geringer Prozesszeit t_p zeigte.

Das entwickelte KI-Modell erwies sich als grundsätzlich geeignet, die Trends der jeweiligen Verfahren aufzuzeigen, vor allem für Planflächen und gerade Kanten, die parallel zur Aufbaurichtung orientiert sind. Da diese den größten Teil der vollfaktoriell variierten Trainingsdaten ausmachen, sind die aufwendiger zu bearbeitenden komplex geformten Features im Datensatz unterrepräsentiert. Die Anwendung des Modells auf unbekannte Freiformflächen bestätigte ebenfalls, dass das KI-Modell allenfalls dem Aufzeigen von Trends dient, nicht jedoch physikalisch-numerische Simulationen ersetzen kann. In diesem Zuge empfiehlt sich die DEM, die bereits erfolgreich für Gleitschleif- und Bürstprozesse eingesetzt wurde [7], [8]. Prozessmodelle auf Basis experimenteller Daten stellen deutlich kostenintensivere und unflexiblere Lösungen dar, allerdings ist davon auszugehen, dass die Modellgüte mit zunehmender Datenmenge weiter steigt. Daher könnten vor allem industrielle Großunternehmen, die über leistungsfähige Messtechnik und einen hohen Automatisierungsgrad verfügen, von derartigen KI-Modellen profitieren.

Gegenstand aktueller Forschung ist demnach die intelligente Verknüpfung mehrerer Prozessschritte unterschiedlicher Verfahren, sodass diese in ihren spezifischen Produktivitätsfenstern eingesetzt werden können. Auch der Werkzeugverschleiß sollte künftig berücksichtigt werden; außerdem sollten Freiformfeatures als Prozessparameter für das KI-Modell parametrisch beschrieben, anstatt diskret nummeriert werden. Denkbar wäre ebenso eine Kombination mit DEM-Modellen, um die Zugänglichkeit unterschiedlicher Features auf Basis von Kontaktkräften und Partikelinteraktionen zu ermitteln.

Danksagung

Die dargestellten Ergebnisse sind im Rahmen des ProFIT-Projekts „Nachhaltige Additive Fertigung für Hochtemperaturanwendungen HTA – Phase 2“ entstanden. Die Autoren danken dem Europäischen Fonds für regionale Entwicklung (EFRE) und dem Werner-von-Siemens Centre for Industry and Science (WvSC) für die Förderung.

Literatur

[1] Gerlitzky, G.: Einfluss des Post-Processings auf laserstrahlgeschmolzene Bauteile am Beispiel von ß-Titanlegierungen. In: Uhlmann, E. (Hrsg.): Berichte aus

dem Produktionstechnischen Zentrum Berlin. Technische Universität Berlin, Fraunhofer IRB, Stuttgart, 2022

[2] Gordon, E. R.; Shokrani, A.; Flynn, J. M.; Goguelin, S.; Barclay, J.; Dhokia, V.: Surface Modification Decision Tree to Influence Design in Additive Manufacturing. In: Setchi, R.; Howlett, R.; Lius, Y.; Theobald, P.: Sustainable Design and Manufacturing 2016, SDM 2016, Smart Innovation, Systems and Technologies, Springer, Cham, S. 423–434

[3] Uhlmann, E.; Kopp, M.; Kröger, R.: Oberflächenfinishing additiv gefertigter Bauteile. In: wt Werkstattstechnik online, 113 (2023), S. 328–334

[4] Eiken, M.: Deformationsverhalten des elastischen Werkzeugsystems beim Bandschleifen. In: Uhlmann, E. (Hrsg.): Berichte aus dem Produktionstechnischen Zentrum Berlin, Technische Universität Berlin, Fraunhofer IRB, Stuttgart, 2024

[5] Sommerfeld, C.: Modellbasierte Prozessvorhersagen für das Bürstspanen mit gebundenem Schleifmittel. In: Uhlmann, E. (Hrsg.): Berichte aus dem Produktionstechnischen Zentrum Berlin, Dissertation, Technische Universität Berlin, Fraunhofer IRB, Stuttgart, 2022

[6] De Formanoir, C.; Logé, R. E.: Postprocess treatments for surface quality improvement, mitigation of defects, and microstructural control. In: Kadkhodapour, J.; Schmauder, S.; Sajadi, F. (Hrsg.): Quality Analysis of Additively Manufactured Metals, Kap. 7, Elsevier, Amsterdam, 2023, S. 261–320

[7] Kopp, M.; Uhlmann, E.: Prediction of the Roughness Reduction in Centrifugal Disc Finishing of Additive Manufactured Parts Based on Discrete Element Method. In: Machines, 10/12 (2022) 1.151, S. 1–17

[8] Hoyer, A.; Uhlmann, E.: DEM Simulation of Abrasive Brushing Processes on Additively Manufactured Workpieces. In: Procedia CIRP, 133 (2025), S. 203–208

[9] Haynes International: HAYNES® 282® alloy. Online, [https://haynesintl.com/en/alloys/alloy-portfolio/high-temperature-alloys/haynes-282/], zuletzt abgerufen am 25.06.2025

[10] Backhaus, K.; Erichson, B.; Weiber, R.: Fortgeschrittene Multivariate Analysemethoden: Eine anwendungsorientierte Einführung. Springer, Berlin, Heidelberg, 2015

[11] Cerulli, G.: Fundamentals of Supervised Machine Learning: With Applications in Python, R, and Stata. Springer, Cham, 2023

[12] Rumelhart, D. E.; Hinton, G. E.; Williams, R. J.: Learning representations by backpropagating errors. In: Nature, 323 (1986) 6.088, S. 533–536

[13] Kingma, D. P.; Ba, J.: Adam: A Method for Stochastic Optimization. 3rd International Conference on Learning Representations, 2015

Endbearbeitung von additiv gefertigten Stahlkomponenten und ihrer Supportstrukturen mittels NC-Formschleifen und Nassstrahlspanen

Lukas Vogel, Nils Illing, Monika Kipp, Dirk Biermann

1. Einleitung und Motivation

Die additive Fertigung hat in den letzten Jahren bedeutend an Verbreitung und Akzeptanz in der industriellen Anwendung gewonnen. Für die additive Fertigung von Stahlkomponenten zählt das pulverbettbasierte Schmelzen (PBF-LB/M), das auch als „Selective Laser Melting“ (SLM) bezeichnet wird, zu den am häufigsten eingesetzten Verfahren. Es hat sich infolge kontinuierlicher Prozessverbesserungen von einem Verfahren des Rapid Prototyping hin zum Fertigungsprozess entwickelt, der auch bei höheren Stückzahlen Anwendung findet und sich dabei durch deutlich geringer gewordene Fertigungstoleranzen auszeichnet [1], [2]. Durch den schichtweisen Aufbau ergibt sich die Möglichkeit, komplexe Strukturen unter Einbindung fortschrittlicher Ansätze zu fertigen, z. B. hinsichtlich Leichtbau, topologieoptimierter Gestaltung und funktionsintegrierenden Konzepten. Ein Beispiel dafür ist die Integration von partikelgedämpften Strukturen in Werkzeughaltern [3], [4]. Diesen Potenzialen der additiven Fertigung stehen Einschränkungen gegenüber, beispielsweise in Form von aufwendigen Prozessvorbereitungen wie dem Sieben des Pulvers für die Fertigung [3] oder besondere Aspekte der Arbeitssicherheit und des Bedienerschutzes [5].

Herausforderungen bestehen zum derzeitigen Stand der Forschung weiterhin hinsichtlich der resultierenden Oberflächentopographien der Werkstücke, die sich durch hohe Rauheiten auszeichnen, insbesondere im Bereich der sogenannten „Downskin-Flächen“, die sich nicht unmittelbar auf gefertigte Strukturen in darunterliegenden Schichten abstützen können. Hierdurch ergibt sich die Notwendigkeit, die häufig geometrisch komplexen Oberflächen durch spanende Prozesse nachzubearbeiten, um die geforderten Funktionseigenschaften, die an Oberflächen gestellt werden, zu erzielen [3], [5]. Dabei kommen verschiedene Verfahren der Zerspanung mit geometrisch bestimmter und unbestimmter Schneide zum Einsatz. Es existieren grundlegende Erkenntnisse hinsichtlich der schleiftechnologischen Endbearbeitung von additiv gefertigten Komponenten durch verschiedene Prozesse. Beispiele dafür sind Untersuchungen durch Microfinishen mit Band [6], [7], Nassstrahlspanen zur Oberflächennachbehandlung [8], [9] sowie Außenrund- und Flachschleifuntersuchungen an Geometrien wie Zylindern und Quadern [2], [7].

Unberücksichtigt blieb dabei bisher häufig der Einfluss von komplexeren Werkstückgestalten additiv hergestellter Komponenten, beispielsweise in Form von filigranen Strukturen. Über die Bearbeitung von Funktionsflächen hinaus ist dies auch von Relevanz für die in Abhängigkeit von der Bauteilkontur häufig unvermeidbaren Stützstrukturen, zu deren Entfernung aktuell häufig manuelle Prozesse mit handgeführten Werkzeugen eingesetzt werden. Im Folgenden werden aktuelle Untersuchungen zu zwei Verfahren zur Endbearbeitung von additiv gefertigten Stahlkomponenten vorgestellt, die diese Herausforderungen adressieren.

Grundsätzlich bietet sich der Einsatz von schleiftechnologischen Verfahren an, wenn sowohl hohe Anforderungen an die Maßgenauigkeit als auch an feine Oberflächentopographien von Funktionsflächen gestellt werden. Insbesondere die Endbearbeitung durch NC-Formschleifprozesse mit Schleifstiften ist dabei von hoher Relevanz für additive Komponenten. Durch die Verwendung von kleinen Werkzeugdimensionen ergibt sich hierbei die Möglichkeit, auch schwer zugängliche und filigrane Komponenten zu schleifen. Bekannt ist zudem, dass aufgrund von Formabweichungen infolge des additiven Fertigungsprozesses ein entsprechendes Aufmaß berücksichtigt werden muss [8]. Dabei existiert die Fragestellung, welche Besonderheiten hinsichtlich der Prozessgestaltung der Endbearbeitung von additiven Komponenten bestehen, die aus verschiedenen Konturelementen bestehen. Ziel der durchgeführten Untersuchungen war es, einen Beitrag zu einer effizienteren additiv-subtraktiven Prozesskette zu leisten, indem für eine Endbearbeitung durch NC-Formschleifprozesse die relevanten Aufmaße in Abhängigkeit von der Bauteilgestalt und der spezifischen Kontaktsituation herausgearbeitet werden.

Für noch filigranere Strukturen, beispielsweise bei Stützstrukturen der additiven Komponenten, kann die Zugänglichkeit noch weiter eingeschränkt sein. Oftmals besteht jedoch hier gleichermaßen die Notwendigkeit zur Endbearbeitung oder Entfernung. Als Alternative zu den aktuell eingesetzten Endbearbeitungsverfahren wird im zweiten Teil dieses Beitrags die Eignung des Nassstrahlspanens hinsichtlich der Entfernung von Supportstrukturen untersucht. Dazu werden gezielt verschiedene Stützstrukturkonzepte analysiert. Ziel der Untersuchungen war es, diese Entfernung mit der bekannten Eignung des Verfahrens zur Oberflächennachbehandlung zu verknüpfen, um die Prozesskette effizienter zu gestalten.

2. Experimentelle Randbedingungen

Für die Untersuchungen wurden jeweils Werkstücke aus dem Werkzeugstahl 1.2709 per selektivem Laserschmelzen (PBF-LB/M) angefertigt und nachbearbeitet. Die additive Fertigung der Komponenten erfolgte am Institut für Spanende Fertigung (ISF) mit einer Maschine des Typs SLM 280 HL der Firma SLM

Solutions GmbH. Für die Digitalisierung der Werkstückoberflächen wurden ein Mikroskop des Typs Duo Vario / TOOLInspect S (Confovis GmbH) unter Verwendung des Messprinzips der Structured Illumination sowie das Digitalmikroskop VHX-5000 der Fa. Keyence GmbH eingesetzt. Für die rasterelektronenmikroskopischen Aufnahmen kam das Gerät Mira 3 der Tescan Group zum Einsatz.

3. NC-Formschleifen von additiv gefertigten Stahlkomponenten

Im Zustand nach der additiven Fertigung ohne weitere Nachbehandlung („as built") weisen additive Komponenten, die im PBF-LB/M-Verfahren angefertigt wurden, häufig Oberflächentopographien auf, die sich durch hohe Rauheiten auszeichnen, bedingt durch nicht gänzlich aufgeschmolzene Pulverpartikel und den schichtweisen Aufbau. Daraus resultiert bei der schleiftechnologischen Bearbeitung eine Kontaktsituation, die wenig vergleichbar mit der Bearbeitung von konventionell gefertigten Komponenten ist. In den nachfolgend beschriebenen Untersuchungen wurde daher das Ziel verfolgt, den Einfluss dieser Kontaktsituation im Rahmen der additiv-subtraktiven Prozesskette in einem NC-Formschleifprozess zu untersuchen und Besonderheiten herauszuarbeiten.

Dazu wurden die in **Bild 1a** dargestellten Werkstückkomponenten gefertigt und mit Schleifstiften nachbearbeitet. Die Werkstückgestalt weist neben ebenen Flächen Innen- und Außenradien (6 mm bzw. 2 mm) auf, um die Betrachtung verschiedener Kontaktsituationen zu ermöglichen. Durch integrierte Bohrungen im Werkstücksockel ist es möglich, die Bauteile direkt auf eine piezoelektrische Kraftmessplattform (Fa. Kistler Instrumente AG) zu spannen, mit der die Prozesskräfte aufgezeichnet wurden (**Bild 1b**). Die Aufstandsfläche der Werkstücke wurde dafür durch einen Planschleifprozess vorbereitet. Als Werkzeugmaschine kam das Fünfachsbearbeitungszentrum DMU 50 eVolution der

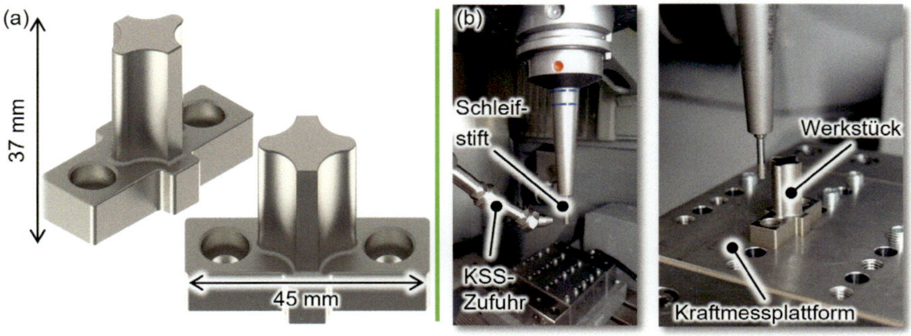

Bild 1: (a) Werkstückdesign für das NC-Formschleifen, (b) Versuchsaufbau für Untersuchungen des NC-Formschleifens in der Werkzeugmaschine

Fa. Deckel Maho GmbH zum Einsatz. Hinsichtlich der Werkzeuge kamen galvanisch gebundene cBN-Schleifstifte (Körnung B64) mit Hartmetallschaft zum Einsatz, die über einen Durchmesser von d = 4 mm und eine Belaghöhe von b = 7 mm verfügen. Eine separate Konditionierung der Werkzeuge erfolgte vor den Untersuchungen nicht. Die Kühlschmierstoffzufuhr (Emulsion) wurde durch eine werkzeugnah platzierte Runddüse realisiert. Es wurde pro Prozess eine Hälfte der Außenkontur der Werkstücke geschliffen. Dabei wurde die Umfangsgeschwindigkeit konstant mit v_s = 3 m/s und die Eingriffsbreite des Werkzeugs konstant mit a_P = 7 mm gewählt. Die Bauteilnullpunkte wurden individuell durch einen Koordinatenmesstaster bestimmt.

Im Rahmen der Untersuchungen zeigte sich, dass die individuellen Bauteiltoleranzen von hoher Relevanz für die resultierende Kontaktsituation in der

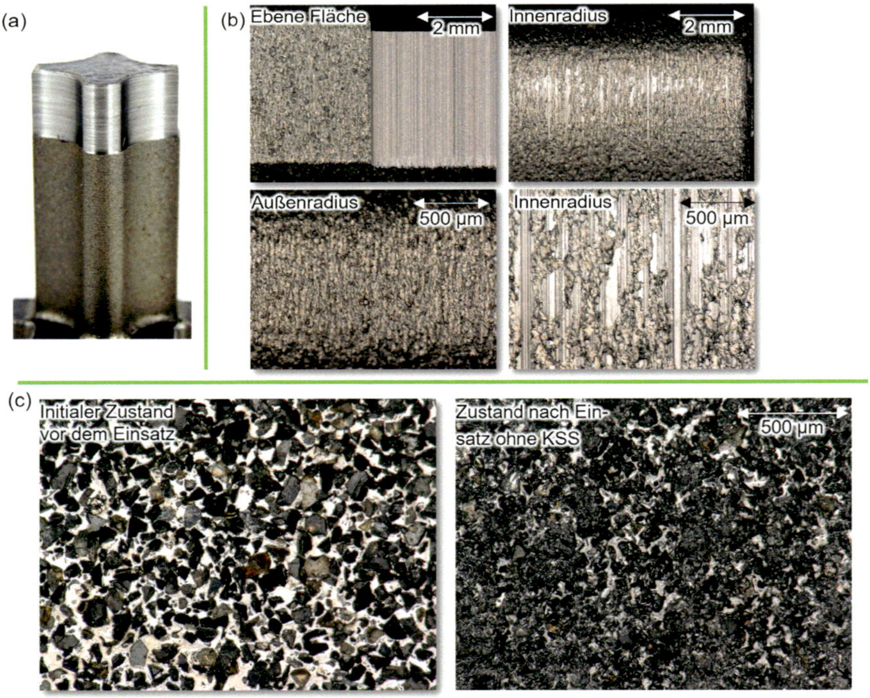

Bild 2: (a) Vollständig geschliffene Eingriffskontur, (b) digitalmikroskopische Aufnahmen der resultierenden Oberflächen diverser geometrischer Elemente verschiedener Werkstücke, (c) digitalmikroskopische Aufnahme eines Werkzeugs im initialen Zustand und nach Prozessführung ohne Einsatz von Kühlschmierstoff

Bearbeitung des jeweiligen Werkstücks sind. Unabhängig von einem direkten Einfluss der gewählten Gesamtzustellung $a_{e,ges}$ wurden viele verschiedene Kontaktstadien beobachtet, die in **Bild 2** beispielhaft dargestellt sind. Es ist deutlich zu erkennen, dass es bei verschiedenen geometrischen Elementen zu einem Eingriff kam. Während bei einigen Werkstücken die gesamte Kontur bereits bei geringer Gesamtzustellung geschliffen war, war bei anderen Werkstücken die durch die additive Fertigung bedingte Topographie auch bei höheren Gesamtzustellungen noch deutlich zu erkennen. Häufig kamen die ebenen Flächen im Rahmen des Prozesses zuerst in Eingriff. Eine direkte Zuordenbarkeit der geometrischen Elemente konnte jedoch nicht sicher festgestellt werden. Es ist davon auszugehen, dass beim Antastprozess mit dem Messtaster ein hoher Einfluss der jeweiligen Bauteiltoleranz und der hohen Oberflächenrauheit sowie auch des Vorschleifprozesses der Sockelfläche auf das Tastergebnis besteht. Um prozesssicher die raue Topographie abzutragen, waren daher häufig Gesamtzustellungen von $a_{e,ges}$ > 80 µm notwendig, die mit der hohen, initialen Oberflächenrauheit in der Größenordnung von Rz = 40–50 µm korrespondieren.

Die Prozesskräfte betrugen sowohl hinsichtlich der Tangential- als auch der Normalkraft häufig weniger als 10 N, was auf die geringe Kontaktfläche infolge der kleinen Werkzeugdimensionen zurückgeführt werden kann. Zudem zeigte sich hier eine deutliche Beeinflussung durch den applizierten Kühlschmierstoffstrahl. Um diesen Einfluss zu isolieren, wurden zu Vergleichszwecken Prozesse unter Verzicht auf Kühlschmierstoff durchgeführt. Bei Prozessführung ohne KSS konnte durch den Einsatz der Kraftmesstechnik die Kontaktzeit von Werkzeug und Werkstück sicher detektiert werden. Bei Verwendung von KSS war dies nur in Verbindung mit erhöhten Zustellungen (a_e ≥ 20 µm) möglich. Unter Verzicht auf KSS kam es jedoch bereits bei geringer Zustellung (a_e = 10 µm) zur frühzeitigen Zusetzung des Werkzeugs durch Werkstückmaterial, wie durch digitalmikroskopische Aufnahmen nachgewiesen werden konnte, die in Bild 2c dargestellt sind. Die erzielten, geschliffenen Topographien waren, unabhängig von der Wahl der Prozessparameter, vergleichbar mit der Topographie eines konventionell gefertigten und geschliffenen Stahls.

Vor diesem Hintergrund wurde eine Charakterisierung des Übergangsbereiches von additiver zu geschliffener Topographie vorgenommen, wie in **Bild 3a** und **Bild 3b** vergleichend dargestellt ist. In diesen Aufnahmen sind insbesondere die nicht vollständig aufgeschmolzenen Pulverpartikel zu erkennen, an die sich weiter unten im Bildausschnitt Schleifriefen anschließen. Bei einer weiteren Vergrößerung und konfokalmikroskopischen Betrachtung zeigte sich, dass diese Pulverpartikel teilweise bereits in Kontakt mit dem Schleifwerkzeug standen. Wie in **Bild 3c** zu erkennen ist, wurden darüber hinaus an einem anderen Werkstück vereinzelt tiefe Riefen in der noch charakteristischen, additiven Topographie detektiert, wie an den lokalen Spitzen erkannt werden kann. Die Betrachtung einer gemittelten Profilkurve der Topographie zeigte, dass die Rie-

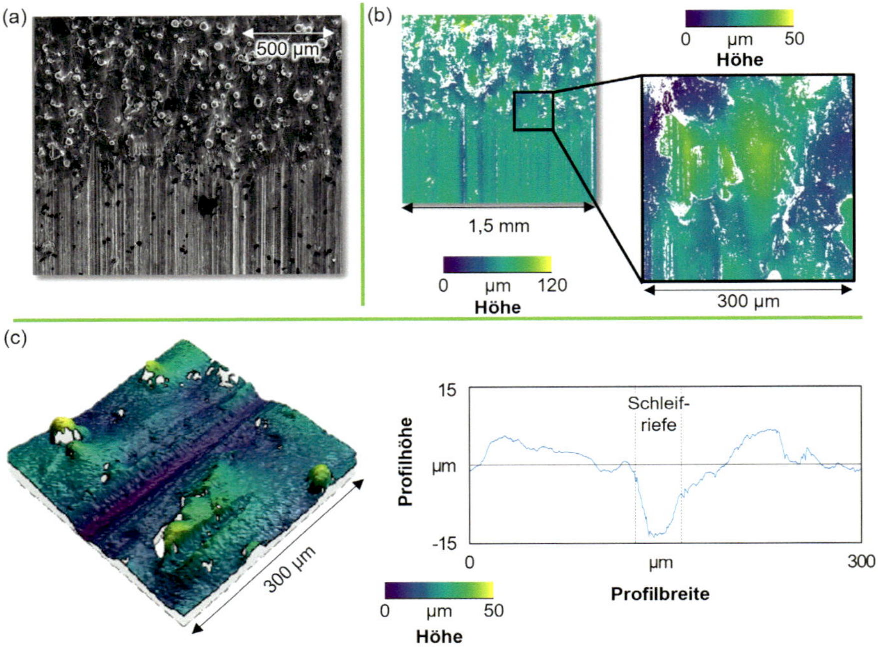

Bild 3: Übergangsbereiche von additiver zu geschliffener Topographie: (a) REM-Aufnahme, (b) Bereich angeschliffener Partikel, (c) charakteristische Schleifriefe in additiver Topographie

fenbreite und -tiefe mit der Körnung (B64) der eingesetzten Schleifwerkzeuge korreliert. Die Schleifriefe ähnelt dem Bearbeitungsergebnis einer Einzelkornritzuntersuchung. Demnach konnten im Rahmen der Untersuchungen, über die ursprüngliche Zielsetzung hinaus, auch Oberflächenzustände erzeugt werden, die für grundlegende Analysen zum Materialtrennverhalten aufschlussreich sein können.

Über die betrachteten geometrischen Elemente hinaus wird die additive Fertigung im SLM-Verfahren auch zur Fertigung von feineren und dünnwandigen Strukturen eingesetzt, deren Zugänglichkeit in der Endbearbeitung nochmals deutlich aufwendiger ausfallen kann. Insbesondere hinsichtlich der häufig unverzichtbaren Stützstrukturen ist es daher von Interesse, im Rahmen der additiv-subtraktiven Prozesskette einen gezielten Beitrag zur Auslegung und Endbearbeitung der Stützstrukturen zu leisten, der im Folgenden behandelt wird.

4. Nassstrahlspanen von PBF-LB/M-Supportstrukturen

Stützstrukturen sind im SLM-Prozess im Allgemeinen notwendig, um komplexere Geometrien zu realisieren, die Anbindung an die Bauplattform zu gewährleisten und den punktuell hohen thermischen Wärmeeintrag abzuleiten [10], [11]. Sofern eine Endbearbeitung der Stützstrukturen notwendig und unabdingbar ist, werden diese im aktuellen Stand der Technik häufig mit handgeführten Werkzeugen nachbearbeitet, die wiederum Herausforderungen im Bedienerschutz mit sich bringen. Weitere häufig zur Endbearbeitung eingesetzte Verfahren sind Fräsprozesse [10], [12], Erodierverfahren oder chemisch-abtragende Prozesse [13], [14]. Um bei der Verwendung von Schleifwerkzeugen eine ausreichende Bearbeitungszugänglichkeit zu den teilweise äußerst komplexen Stützstrukturen zu gewährleisten, ist der Einsatz äußerst kleiner Werkzeugdimensionen notwendig. Eine typische Prozessrandbedingung, die eine Herausforderung darstellt, ist dabei die Limitation bezüglich der erreichbaren Schnittgeschwindigkeiten. Aus diesen Gründen kann der Einsatz von alternativen, in diesem Kontext bisher kaum untersuchten Verfahren vielversprechend sein. Diesbezüglich wird im Folgenden das Nassstrahlspanen untersucht.

Das Nassstrahlspanen ist ein trennendes Verfahren mit geometrisch unbestimmter Schneide und ungebundenem Korn und wird zur Endbearbeitung von Oberflächen sowie auch zur gezielten Kantenpräparation bei Zerspanungswerkzeugen eingesetzt. Unter Einsatz von Druckluft wird ein Wasser-Abrasiv-Gemisch, beispielsweise bestehend aus Korund, beschleunigt und mittels Düsen auf die zu bearbeitende Oberfläche appliziert. Infolge des energiegebundenen Wirkprinzips stellt sich hierdurch ein Materialabtrag ein [15]. Es existieren erste Erkenntnisse zum Einsatz des Verfahrens zur Endbearbeitung von additiv gefertigten Werkstückoberflächen. Aus diesen Erkenntnissen sowie aus weiteren Untersuchungen ging hervor, dass bei entsprechender Prozessführung grundsätzlich die charakteristische additive Oberflächentopographie abgetragen werden kann und sich eine typische Strahltopographie, die sich durch Grübchenbildung auszeichnet, einstellen lässt [8]. Vor diesem Hintergrund wurde untersucht, ob das Nassstrahlspanen auch geeignet ist, um filigrane Stützstrukturen gänzlich zu entfernen, ähnlich einem Trennschneidprozess. Dabei wurde analysiert, wie Stützstrukturen ausgelegt sein müssen, um die Entfernung durch das Nassstrahlen als Alternative zu den anderen etablierten Endbearbeitungsverfahren zu qualifizieren. Insbesondere die Verknüpfung mit den Erkenntnissen zur Oberflächennachbehandlung stand dabei im Fokus. Ziel der Untersuchungen war es, beide Aspekte in einem Prozessschritt zu adressieren.

Zur Beantwortung dieser Fragestellung wurde ein Arbeitsprogramm in drei Schritten verfolgt. Zunächst wurde im Rahmen von Voruntersuchungen grundlegend analysiert, welche Potenziale hinsichtlich der Entfernung von verschiedenen Arten von Stützstrukturen durch das Nassstrahlspanen bestehen.

Anschließend wurde evaluiert, welche Stützstrukturkonzepte weiterverfolgt und unter gezielter Variation ihrer konstruktiven Parameter untersucht werden sollten. Abschließend wurde die aus diesen Erkenntnissen resultierende Supportgeometrie auf ein komplexeres Bauteil übertragen und die bisherigen Ergebnisse zur Endbearbeitung validiert. Das Vorgehen und die methodische Arbeitsplanung sind zusammen mit den eingesetzten Bauteilgestalten in **Bild 4** dargestellt. Zum Einsatz kamen zunächst Werkstücke, die Auslegern ähnlich sind und säulenförmige Supportstrukturen aufweisen. Im letzten Schritt wurde eine komplexere Gestalt mit gewundenen Säulen eingesetzt.

Die Untersuchungen zum Nassstrahlspanen wurden auf einer Anlage der Firma Nicolis Technologies am ISF unter Verwendung einer Abrasiv-Wasser-Suspension durchgeführt. Als Abrasiv kam Edelkorund weiß der Korngröße F360 zum Einsatz. Die Konzentration betrug 10 Vol.-%. Hinsichtlich der Prozessparameter wurde ausschließlich die effektive Strahlvorschubgeschwindigkeit $v_{f,\,eff}$ verknüpft mit der kumulierten Strahlzeit $t_{st,kum}$ variiert. Die Untersuchungen wurden bei einem Strahlabstand von ca. d_{st} = 15 mm bei einem Strahldruck von p_{st} = 7 bar durchgeführt. In **Bild 5** ist ein eingespanntes Versuchswerkstück unter der Strahldüse dargestellt. Die Aufstandsflächen der Versuchswerkstücke wurden nach ihrer Anfertigung durch einen Planschleifprozess bearbeitet, um vergleichbare Einspannsituationen im Strahlprozess zu gewährleisten. Die Positionierung und Führung der Werkstücke erfolgte durch einen Roboter der Firma ABB Automation des Typs IRB 140 unter einem Neigungswinkel der dargestellten Bezugsebene zum Strahl von α_{st} = 10°.

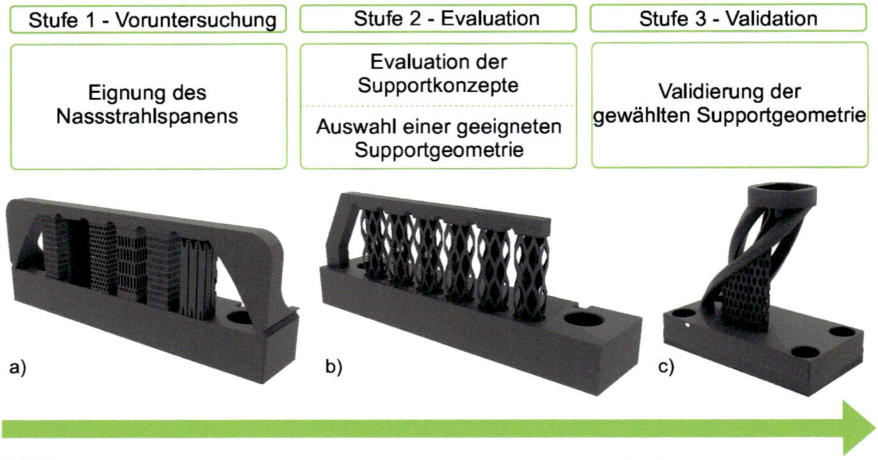

Bild 4: Methodisches Vorgehen bei der Untersuchung zur Entfernung von Supportstrukturen additiv gefertigter Komponenten durch das Nassstrahlspanen: (a)–(c) verwendete Werkstückgestalten

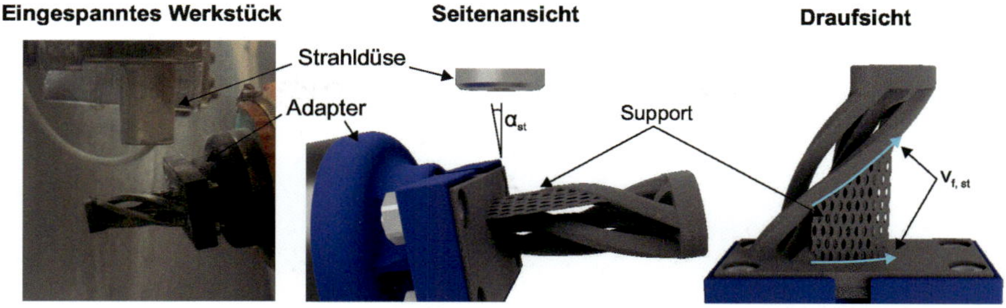

Bild 5: Versuchsaufbau mit eingespanntem Werkstück beim Nassstrahlspanen, positioniert unter der Strahldüse

Für den ersten Schritt wurden vergleichend Supportstrukturen aus Block-, Web- und Kontursupport eingesetzt und durch REM-Aufnahmen vor und nach dem Strahlprozess analysiert, die in **Bild 6** dargestellt sind. Es wird ersichtlich, dass in Abhängigkeit von der gewählten Supportstruktur eine Entfernung durch den Strahlprozess mit einer effektiven Strahlvorschubgeschwindigkeit von $v_{f,eff}$ = 0,5 mm/s eintreten kann. Insbesondere für die feineren Strukturen des Blocksupports (Säulen C & D), die einen vergleichsweise hohen Hatching-Abstand aufwiesen, sowie für den Websupport (Säule B) ergab sich eine Entfernung der Strukturen. Bei allen drei Konturarten war ein symmetrischer Einfluss um den Strahlmittelpunkt ersichtlich. Das Verfahren ist damit grundsätzlich geeignet, um typische Supportstrukturen zu entfernen. Da für die dichteren Blockstrukturen und insbesondere für den Kontursupport der Anteil an entfernten Strukturen geringer ausfiel, zeigte sich bereits in diesem ersten Schritt der Einfluss der Supportgestaltung auf das Bearbeitungsergebnis.

Aufbauend auf den bisherigen Erkenntnissen erfolgte im zweiten Schritt eine Anpassung und Parametervariation von Block-, Kontur- und Websupport, um den Einfluss von größeren Hatching-Abständen auf die Entfernbarkeit zu untersuchen. Es wurde das Ziel verfolgt, zu einer Supportstruktur zu gelangen, die sowohl ausreichend stützt als auch eine gute Entfernbarkeit aufweist. Durch eine weitere Iteration im Strahlprozess wurde zudem die effektive Vorschubgeschwindigkeit auf $v_{f,eff}$ = 0,25 mm/s reduziert. Bei der additiven Fertigung des perforierten und dünnwandigen Liniensupports sowie des Kontursupports kam es vereinzelt zu Fehlstellen, die in einer nicht ausreichenden Abstützung der darüberliegenden Bauteilschichten resultierten. Aus diesem Grund wurde der Einsatz dieser Supportstrukturen für die folgenden Untersuchungen nicht weiterverfolgt.

Die REM-Aufnahmen der erfolgreich gefertigten Supportstrukturen sind vergleichend vor und nach dem Strahlprozess in **Bild 7** dargestellt. Es wird ersichtlich, dass insbesondere solche Strukturflächen, die nahezu senkrecht

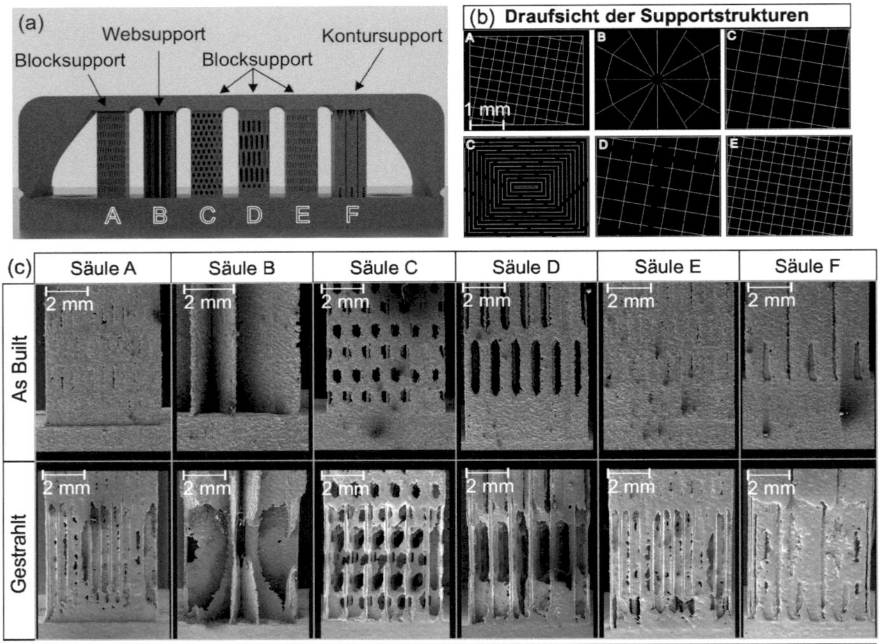

Strahlabstand	Strahlwinkel	eff. Strahlvorschubgeschw.	Strahldruck	Strahlmittelkonzentration
d_{st} = 15 mm	α_{st} = 10°	$v_{f,eff}$ = 0,5 mm/s	p_{st} = 7 bar	σ_{st} = 10 Vol.-%

Bild 6: (a) Werkstückgeometrie mit Supportsäulen aus verschiedenen Strukturen, (b) Draufsicht der eingesetzten Strukturarten, (c) Supportstrukturen im Zustand „as built“ und gestrahlt aus Phase 1 gegenübergestellt

zum Strahl stehen, kaum entfernt wurden, während beinahe orthogonal dazu stehende Flächen einen deutlichen Materialabtrag aufwiesen. Dies wird insbesondere am Beispiel des Liniensupports deutlich. Hier wurden die orthogonal stehenden Flächen teilweise vollständig abgetragen, während die parallel zum Strahl stehenden Flächen weiterhin dem Zustand „as built“ ähnelten. Vergleichbar ausgeprägte Effekte wurden beim Websupport beobachtet. Hierbei ließ sich insbesondere durch den verringerten Einsatz von Querrippen der Materialabtrag deutlich erhöhen; die Strukturen ließen sich jedoch nicht vollständig durchtrennen. Einzig der Blocksupport ließ sich durch weitere Erhöhung des Hatching-Abstands nahezu vollständig entfernen. Es ist davon auszugehen, dass die Winkligkeit der dünnwandigen Strukturen zueinander einen effizienten Materialabtrag begünstigt. In einer finalen Iterationsstufe wurde der Blocksupport daher noch filigraner gestaltet (Bild 7b) und erneut die Entfernbarkeit

Bild 7:
(a) Supportstrukturen im Zustand „as built" und gestrahlt aus Phase 2 gegenübergestellt,
(b) Bauteil mit finaler Block-Supportstruktur, zusätzlich im Zustand „as built" und gestrahlt gegenübergestellt

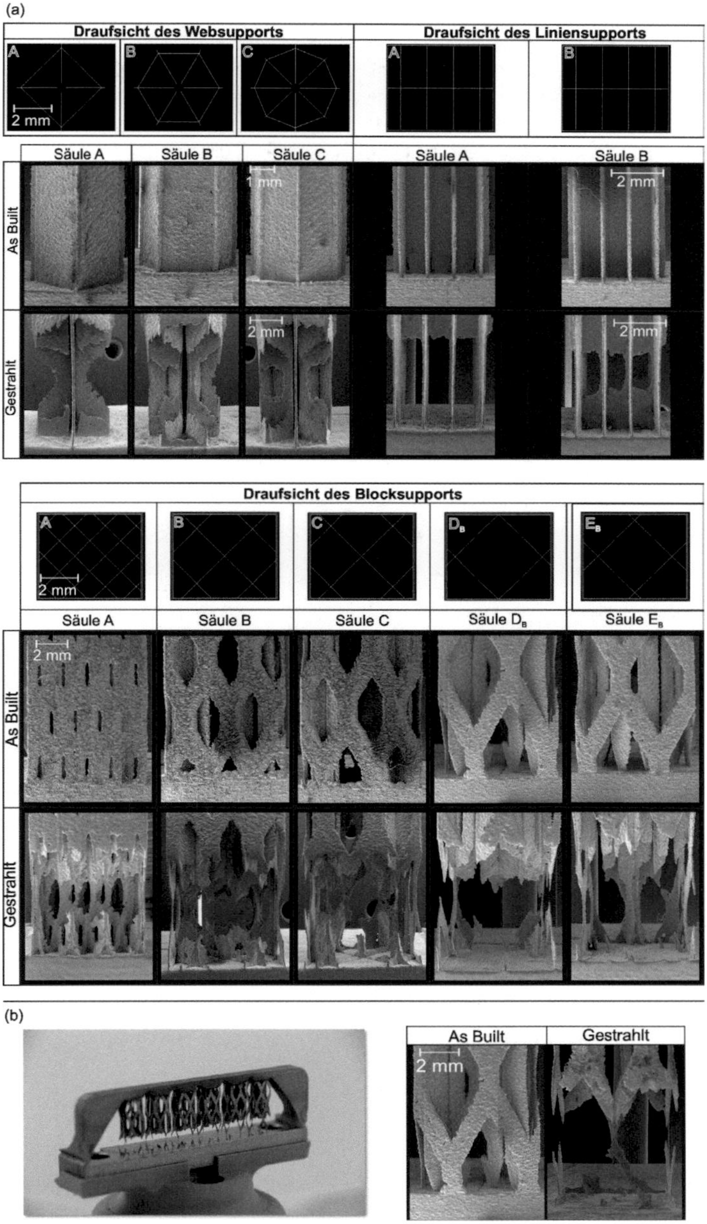

der Strukturen in einem Nassstrahlspanprozess untersucht. Bei der Fertigung der Komponenten kam es hierbei vereinzelt zu Anlauffarben in den Schichten oberhalb der Supportstruktur, was auf nicht ausreichende Wärmeleitung zurückgeführt werden kann. Wie in Bild 7 zu sehen ist, konnte hier eine nahezu vollständige Entfernung erzielt werden, womit der oben beschriebene Zielkonflikt zwischen ausreichender Abstützung und guter Entfernbarkeit möglichst gut angenähert werden konnte.

Zusätzlich wurden Oberflächenaufnahmen der bearbeiteten Werkstücke in der Draufsicht angefertigt, um die Verknüpfung mit der Oberflächennachbe-

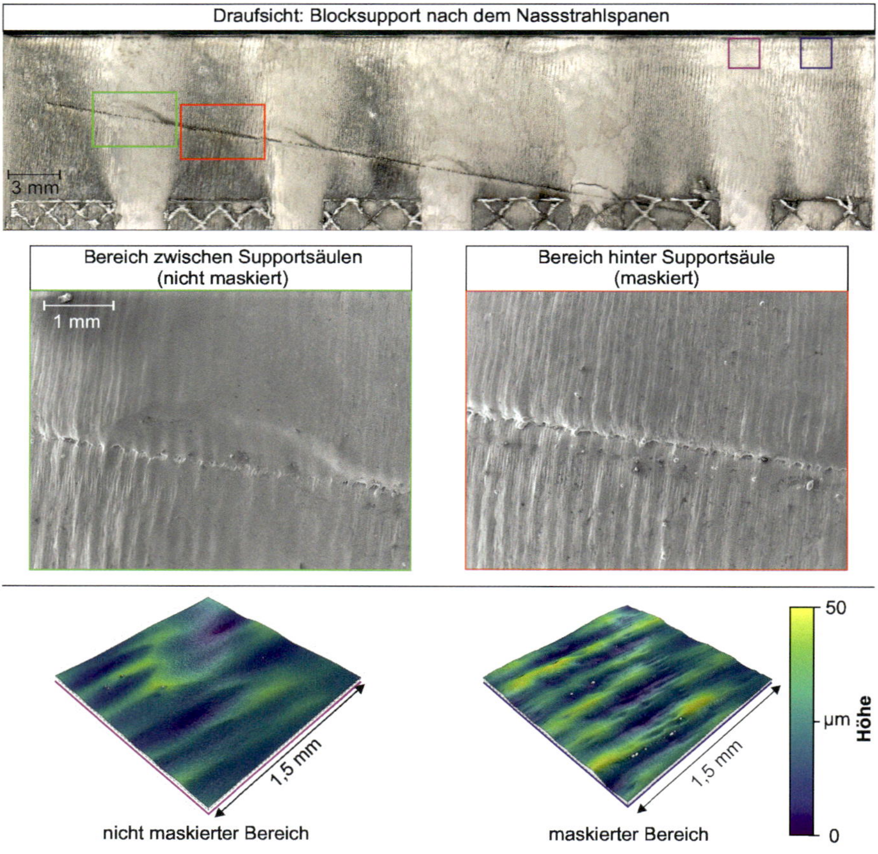

Bild 8: Änderung in der Oberflächentopgraphie in Abhängigkeit von der Maskierung durch Supportstrukturen beim Nassstrahlspanen

handlung zu analysieren. In **Bild 8** sind vergleichend an einem aufgetrennten Werkstück Aufnahmen per Digitalmikroskopie, REM und Konfokalmikroskopie dargestellt. Es wird deutlich ersichtlich, dass in den Bereichen, die nicht durch Supportstrukturen maskiert waren, eine erhebliche Änderung der Oberflächentopographie eintrat. Insbesondere im Bereich der Kante im Werkstück, die sich infolge der Belichtung im Stripes-Muster durch den additiven Fertigungsprozess ergab, setzte eine deutliche Homogenisierung der Oberfläche ein. In der digitalmikroskopischen Aufnahme ist zudem die Strahlauffächerung zu erkennen. Charakteristische Spitzen aus der additiven Fertigung wurden erfolgreich abgetragen und die Oberfläche weist einen ausgeprägten Glanzeffekt auf. Damit bietet das Verfahren auch Potenzial zur Bearbeitung von Komponenten, für die das optische Erscheinungsbild von Relevanz ist.

In einem finalen Schritt wurde die Block-Supportstruktur der oben beschriebenen Iterationsstufe auf eine komplexere Geometrie übertragen. Die Geometrie besteht aus vier tordierten Säulen, die, ergänzt um einen zentralen Pfeiler, auf einem Sockel als Grundelement fußen. Die Block-Supportstruktur wurde unterhalb einer der tordierten Säulen exemplarisch verwendet. Zur Abstützung der oberen Fläche wurde zudem Gusssetsupport verwendet, der nicht nachbearbeitet wurde. Die Prozessführung wurde erneut angepasst, resultierend in einer effektiven Vorschubgeschwindigkeit von $v_{f,eff}$ = 0,125 mm/s. Um eine gezielte Entfernung der Stützstrukturen zu erzielen, wurde die Nassstrahlspan-

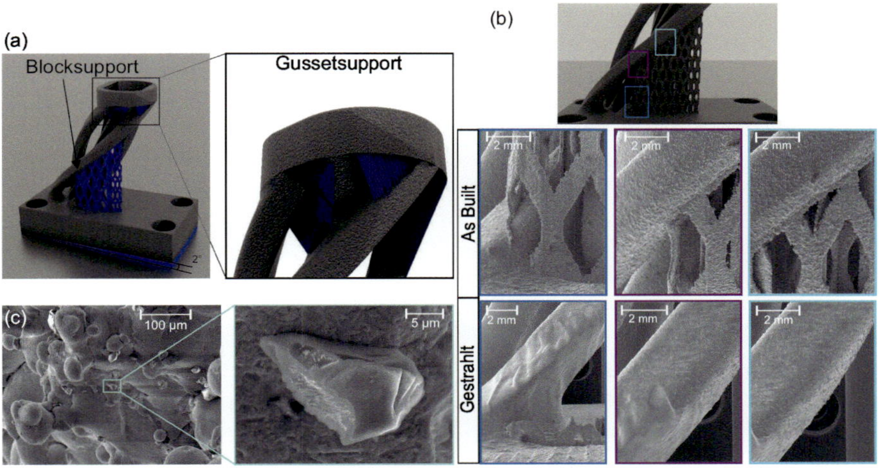

Bild 9: (a) Werkstückgeometrie mit komplexerer Gestalt mit Block-Supportstruktur der finalen Iterationsstufe; (b) finale Block-Supportstruktur im Zustand „as built" und gestrahlt gegenübergestellt, (c) festgesetztes Strahlgut infolge der Bearbeitung auf dem Werkstück

bearbeitung jeweils im oberen und unteren Bereich der Block-Supportstruktur durchgeführt. **Bild 9** stellt die Bauteilgestalt (a) und erneut vergleichend charakteristische Bereiche vor und nach dem Strahlprozess (b) dar. Die Supportstrukturen konnten erneut erfolgreich entfernt werden. Zudem wurde auch hier eine deutliche Änderung der Oberflächentopographie offensichtlich. Teilweise wurde festgestellt, dass es auch zum Festsetzen von Strahlgut infolge des beschleunigten Aufpralls kommen kann. So wurden – beim nicht direkt im Strahl geführten Gusssetsupport – vereinzelt Partikel in der Oberfläche detektiert, wie in Bild 9c zu sehen ist, deren Größe und Form annähernd passend zur eingesetzten Körnung ist. Dies legt die Vermutung nahe, dass es sich hier um die eingesetzten Abrasivkörner des Strahlprozesses handelt, wie mittels EDX-Untersuchungen verifiziert werden sollte.

5. Fazit und Ausblick

Additiv gefertigte Komponenten weisen im Rahmen der Endbearbeitung teilweise charakteristische Herausforderungen auf, die insbesondere für komplexe Werkstückgestalten bestehen. Diesbezüglich wurden aktuelle Erkenntnisse zu zwei Verfahren der Endbearbeitung in zwei unterschiedlichen Kontexten vorgestellt. In Untersuchungen zum NC-Formschleifen wurde mit Schleifstiften, die geringe Werkzeugdimensionen aufweisen, der Einfluss verschiedener Konturelemente auf den Bearbeitungsprozess untersucht. Eine direkte Zuordenbarkeit der geometrischen Elemente ergab sich hierbei nicht. Vielmehr zeigte sich, dass relativ unabhängig von den gewählten Prozessparametern viele verschiedene Kontaktstadien auftraten, die auf die individuelle Bauteilbeschaffenheit und Formabweichung im Zustand „as built" zurückgeführt werden. Zu einer prozesssicheren Entfernung der initialen, rauen Oberflächentopographie mussten häufig hohe Gesamtzustellungen gewählt werden. Eine Prozessführung ohne Einsatz von Kühlschmierstoff resultierte, vergleichbar mit der Schleifbearbeitung von konventionell gefertigten Stählen, in frühzeitiger Zusetzung des Schleifwerkzeugs. Eine weitergehende Analyse der Übergangsbereiche zwischen additiver und geschliffener Topographie zeigte darüber hinaus, dass, in Abhängigkeit von der individuellen Bauteilgestalt, teilweise nur einzelne Schneidkörner in den Eingriff kamen, ähnlich wie bei Einzelkornritzuntersuchungen zum Materialtrennverhalten.

Mit dem Nassstrahlspanen wurde das Potenzial eines zum aktuellen Stand der Technik alternativen Bearbeitungsverfahren aufgezeigt, das insbesondere für komplexe Bauteilgestalten mit schlechter Zugänglichkeit, bei denen Stützstrukturen entfernt werden müssen und auch eine Oberflächennachbehandlung eine Rolle spielt, einen Mehrwert bietet. Durch gezielte Auslegung der Strukturen konnten diese erfolgreich entfernt werden. Zwar sind dazu aufgrund der geringen Strahlvorschubgeschwindigkeit hohe Prozesszeiten notwendig, speziell aber die Verknüpfung mit der gleichzeitigen Oberflächennachbehandlung stellt das Potenzial dieses Bearbeitungsprozesses dar. Dieses besteht insbesondere für Komponenten, an die hohe Ansprüche hinsichtlich ihrer optischen Gestalt gestellt werden. Weitergehende Untersuchungen sollten sich auf Variationen im Strahlprozess fokussieren, beispielsweise durch gröbere Körnungen, die kürzere Prozesszeiten und damit energieeffizientere Prozesse ermöglichen könnten.

Förderhinweis

IGF-Vorhaben 326 EBG/2 „Advanced Processing of Additively Manufactured Parts II (Ad Proc Add II)“

Das Projekt wurde durch das Bundesministerium für Wirtschaft und Energie aufgrund eines Beschlusses des Deutschen Bundestages gefördert.

Literatur

[1] Wits, W.; Amsterdam, E.: Fatigue prediction and life assessment method for metal laser powder bed fusion parts. In: CIRP Annals, 72 (2023) 1, doi.org/10.1016/j.cirp.2023.03.011

[2] Hoier, A.; Santhosh, D. K.; Hryha, E.; Krajnik, P.: An investigation into the grindability of additively manufactured 42CrMo4 steel. In: CIRP Annals, 73 (2024) 1, doi.org/10.1016/j.cirp.2024.04.039

[3] Fischmann, P.; Schrauth, F.; Zanger, F.: Influence of particle size distribution on surface roughness in powder bed fusion – A contribution to increase resource efficiency. In: CIRP Annals, 72 (2023) 1, doi.org/10.1016/j.cirp.2023.04.018

[4] Vogel, F.; Baumann, J.; Jaquet, S.; Biermann, D.: Particle Damped Tool Holders Enable Higher Stability Limits when Milling EN AW-7075. In: Proceedings of the Machining Innovations Conference for Aerospace Industry (MIC) 2023, 29.–30. November 2023, Hannover, dx.doi.org/10.2139/ssrn.4657844

[5] Smith, S.; Schmitz, T.; Feldhausen, T.; Sealy, M.: Hybrid metal additive/subtractive machine tools and applications. In: CIRP Annals, 73 (2024) 1, doi.org/10.1016/j.cirp.2024.05.002

[6] Maucher, C.; Duntschew, J.; Möhring, H.-C.; Tilger, M.; Biermann, D.: Mastering the additive subtractive processchain. In: Proceedings of the 5th Metal Additive Manufacturing Conference 2020 (MAMC), online

[7] Biermann, D.; Tilger, M.: Vom 3D-Druck zur Funktionsfläche – Feinbearbeitung additiv erzeugter Bauteile. In: Hoffmeister, H.-W.; Denkena, B. (Hrsg.): Jahrbuch Schleifen, Honen, Läppen und Polieren, 70. Ausgabe, Vulkan-Verlag GmbH, Essen, 2022, S. 180–192

[8] Brandt, R.; Walther, F.; Sehrt, J. T.; Biermann, D.; Lindner, M.; Stern, F.; Grimm, T.; Hase, S.; Tilger, M.: The impact of additive manufacturing on the mechanical properties of a stainless precipitation hardening steel. In: Science and Technology of Advanced Materials: Methods, 2 (2022) 1, S. 3849, doi.org/10.1080/27660400.2021.2023684

[9] Biermann, D.; Tilger, M.: Oberflächenfeinbearbeitung in der additiv-subtraktiven Fertigungskette. In: Werkstoffe in der Fertigung, 2 (2022), S. 20–21

[10] Cao, Q.; Bai, Y.; Zhang, J.; Shi, Z.; Fuh, J.; Wang, H.: Removability of 316L stainless steel cone and block support structures fabricated by Selective Laser Melting (SLM). In: Materials & Design, 191 (2020), S. 108691, doi.org/10.1016/j.matdes.2020.108691

[11] Jaeger, E.; Bergmann, J. A.; Wiederkehr, P.: Simulation-based analysis for the machining of thin-walled, additively manufactured support structures. In: Procedia CIRP, 118 (2023), S. 454–458, doi.org/10.1016/j.procir.2023.06.078

[12] Denkena, B.; Dittrich, M.-A.; Henning, S.; Lindecke, P.: Investigations on a standardized process chain and support structure related rework procedures of SLM manufactured components. In: Procedia Manufacturing, 18 (2018), S. 50–57, doi:10.1016/j.promfg.2018.11.007

[13] Zhang, J.; Cao, Q.; Lu, W. F.: A review on design and removal of support structures in metal additive manufacturing. In: Materials Today: Proceedings, 70 (2022), S. 407–411, doi.org/10.1016/j.matpr.2022.09.277

[14] Beevers, E.; Neumayer, D.; Bonvoisin, D.; Brandão, A.; Hansal, S.; Doppler, M.; Rohr, T.; van Hooreweder, B.: Effect of Hirtisation treatment on surface quality and mechanical properties of AlSi10Mg samples produced by laser powder bed fusion. In: Materials Today Communications, 38 (2024), S. 108042, doi:10.1016/j.mtcomm.2024.108042

[15] Aßmuth, R.: Schneidkantenpräparation durch Druckluft-Nassstrahlspanen mit Industrierobotern. Dissertation, Technische Universität Dortmund, Vulkan-Verlag GmbH, Essen, 2019

2. Honen, Läppen & Polieren

Polierschleifen – Grundlagen und Prozessführung bei der Verzahnungsbearbeitung

Martin Dix, Robin Krage, Jens Gentzen, Steffen Weber

1. Feinbearbeitung von Funktionsoberflächen – Grundlagen

1.1 Anforderungen an Funktionsoberflächen

Ein aktueller, globaler Trend bei der Auslegung von Präzisionsbauteilen ist die Steigerungen der Rauheitsanforderungen. Das betrifft neben Bauteilen im Antriebsstrang von Fahrzeugen auch zahlreiche Anwendungen im allgemeinen Maschinenbau (z. B. Lager), der Energieerzeugung (z. B. Wellen für Windkraftanlagen), der Medizintechnik und Anlagen zur Druckluft- bzw. Kälteerzeugung (z. B. Kompressorenbauteile). Durch diese Reduzierung sollen die im Folgenden genannten Vorteile erreicht werden.

Steigerung der Dauerfestigkeit

Leichtbau und Downsizing führen zu immer kleineren Bauteilquerschnitten. Um trotzdem die notwendigen Festigkeiten zu erzielen, sind geringe Rautiefen (R_z < 1,5 µm) notwendig. So konnte in einem Projekt die kritische Belastung (die Bauteilbelastung, wo die zulässige Oberflächenspannung überschritten wird) durch eine Reduzierung der Rautiefe von R_z = 3,25 µm auf R_z = 1,0 µm fast verdoppelt werden (**Bild 1**). Das ermöglichte eine deutlich kleinere Bauteilauslegung.

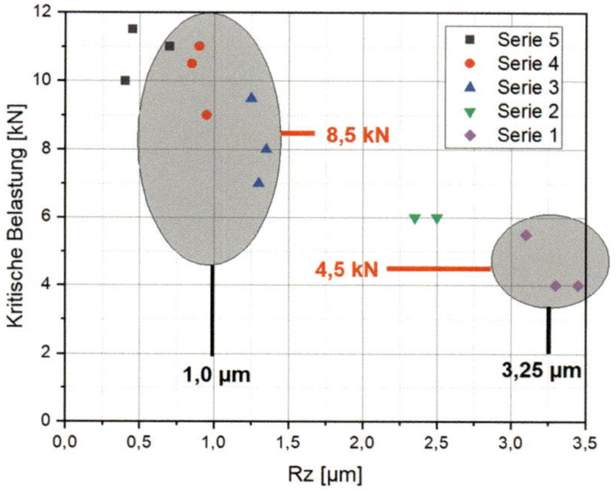

Bild 1: Abhängigkeit der kritischen Laststufe von der Rautiefe (Quelle: IWU/Linamar)

Die Ursache ist das Vorhandensein von Mikrokerben bei erhöhter Rauigkeit, die zur Bildung von Ermüdungsrissen führen können und damit die Dauerfestigkeit deutlich reduzieren.

Reduzierung der Reibung

Bei der Reibungsreduzierung spielt die Topografie der Bauteiloberfläche eine wesentliche Rolle (**Bild 2**). Einerseits soll die Rautiefe gering sein, um bei Misch- bzw. Grenzreibung optimale Kontaktbedingungen zu erreichen. Andererseits muss die Oberfläche genügend Schmierstoff aufnehmen können, um bei Flüssigkeitsreibung optimale tribologische Verhältnisse zu erzielen. Daher ist für die Endbearbeitung ein Verfahren notwendig, das die Spitzen im Rauheitsprofil abträgt und die Täler zur Schmierstoffspeicherung nicht verändert. Dadurch wird bei der Bearbeitung die Basisgeometrie nicht verändert. Hierbei haben sich Polierverfahren in der Praxis bewährt. Ein weiterer Aspekt ist die Forderung nach Schmierstoffen mit geringer Viskosität, um beispielsweise die Planschverluste in Verbrennungsmotoren und Hydraulikanlagen zu minimieren. Hierbei kann der verschleißintensive Mischreibungsbereich nur mit einer reduzierten Rautiefe vermieden werden.

Reduzierung Bakterienablagerung

Speziell bei der Herstellung von medizinischen Bauteilen wie Gelenkimplantaten müssen extrem gute Oberflächen hergestellt werden. Neben der Reibungsreduzierung ist hierbei vor allem die Anhaftung von Bakterien kritisch. Bei Rautiefen von R_a < 0,005 µm kann dies deutlich reduziert werden. Ähnliches gilt für chirurgische Werkzeuge und Operationstechnik.

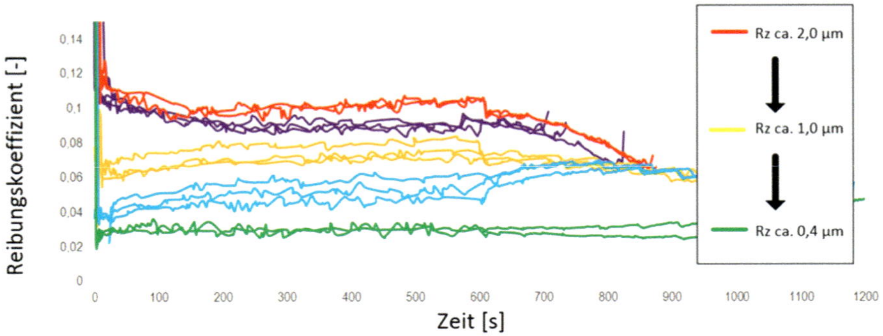

Bild 2: Abhängigkeit des Reibungskoeffizienten nach Coloumb von der Rautiefe (Quelle: IWU/Linamar)

Druckeigenspannungen

Druckspannungen wirken sich positiv auf die Bauteileigenschaften, besonders auf die Dauerfestigkeit, aus. Da beim Polieren aufgrund der geringen Reibung zwischen Werkstück und Werkzeug hauptsächlich Radialkräfte auftreten (**Bild 3**), können mechanisch Druckeigenspannungen in die Randzone eingebracht werden. Das führt auch zu einer reduzierten Spindelleistung, da hier nur die Tangentialkräfte wirken.

Dabei muss jedoch beachtet werden, dass diese Spannungen nicht durch einen zu hohen Wärmeeintrag in Zugeigenspannungen umgewandelt werden.

Verbesserung der Akustik

Aus der Verzahnungstechnik ist bekannt, dass Oberflächen mit geringer Rautiefe wesentlich günstigere akustische Laufeigenschaften als nur geschliffenen Bauteile aufweisen. In mehreren Veröffentlichungen wurde nachgewiesen, dass eine optimale Oberflächenstruktur die Geräuschanregung signifikant reduziert. Das spielt vor allem bei Bauteilen für die Elektromobilität eine wesentliche Rolle. Aber auch Bauteile im Verbrennungsmotor (z. B. Kurbel- und Nockenwellen) und Lenkungsbauteile (z. B. Kugelgewindetriebe bei einer Elektrolenkung) werden aus diesem Grund feinstbearbeitet. Um diese Anforderungen prozesssicher erfüllen zu können, gibt es auch einen Trend zu erweiterten Oberflächenanforderungen an Bauteilen. Während noch vor einigen Jahren ausschließlich Anforderungen auf Basis von Tastschnittverfahren, wie die mittlere Rautiefe R_z oder der arithmetische Mittenrauwert R_a nach ISO 4287, gestellt wurden, geht der Trend in Richtung Profilmethode (ISU 13565-2 und ISO 13565-3). Diese Normenreihe zielt speziell auf die Charakterisierung geschichteter Oberflächenbeschaffenheit ab, die in einem zweistufigen Herstellungsprozess wie z. B.

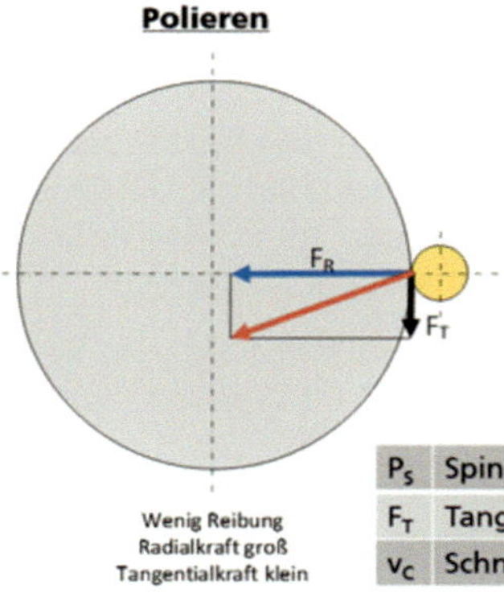

$$P_S = F_T \times v_C$$

P_S	Spindelleistung	Watt
F_T	Tangentialkraft	N
v_C	Schnittgeschwindigkeit	m/s

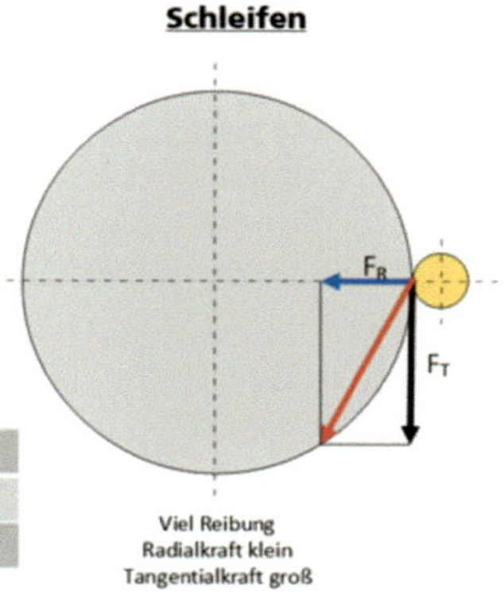

Bild 3: Bearbeitungskräfte beim Polieren und Schleifen [1]

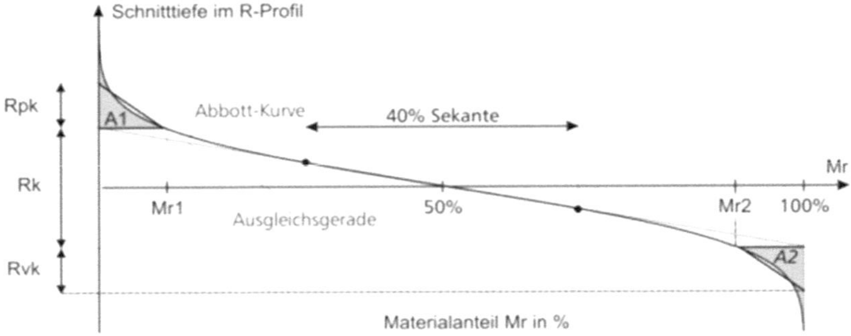

Bild 4: Kenngrößen der Abbottkurve [2]

Schleifen – Feinstbearbeitung hergestellt wurden. Ein typischer Kennwert ist hier die Kernrautiefe R_k. Weiterhin erfolgt zunehmend die Auswertung von Traganteilen der Abbottkurve (**Bild 4**), aus der die Traganteile der Oberfläche abgeleitet werden können. Ein typischer Wert ist hier der Materialanteil R_{mr}.

Diese neuen Anforderungen stellen nicht nur an die Maschinen, die Technologien und Werkzeuge hohe Ansprüche. Auch die Messtechnik ist deutlich aufwändiger als bei den bisher verwendeten Rauheitskenngrößen.

Die genannten Bauteilanforderungen sind durch konventionelle Verfahren mit geometrisch bestimmter und unbestimmter Schneide nicht oder nur mit sehr hohem Aufwand erreichbar; aus diesem Grund ist eine Feinstbearbeitung zwingend erforderlich.

1.2 Fertigungsverfahren zur Feinstbearbeitung von Funktionsoberflächen

Beim aktuellen Stand der Technik gibt es zahlreiche Technologien zur Erzeugung von Funktionsflächen mit hoher Oberflächengüte. Bei der Bewertung dieser Verfahren muss beachtet werden, dass viele in der Praxis üblichen Bezeichnungen nicht klar definiert sind (z. B. Feinstbearbeitung), nach DIN nicht existieren (z. B. Superfinishen) und oft falsch eingesetzt werden (z. B. werden oft Technologien als Läppen bezeichnet, die keine Läppkinematik aufweisen).

Im Nachfolgenden wird eine Rautiefe von $R_z < 1{,}0$ µm als Feinstbearbeitung definiert. In **Bild 5** sind mögliche Verfahren gelistet, auf die im Weiteren näher eingegangen wird.

Bürsten

Das Bürsten zur Erzielung geringer Rautiefen ist Inhalt mehrerer laufender Forschungsprojekte (Schwerpunkt IWF). Hierbei kommen Filamente (i. d. R. Poly-

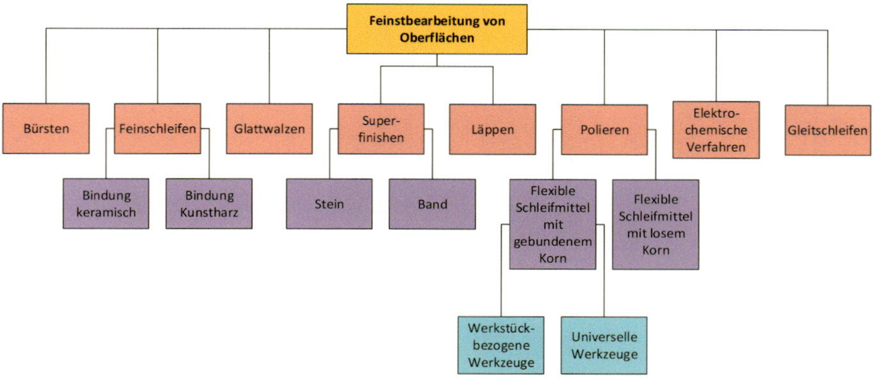

Bild 5: Verfahren zur Feinbearbeitung von Funktionsoberflächen

amid) mit Durchmessern von 0,2 bis 0,5 mm zum Einsatz (**Bild 6**). In die Bürsten sind Schleifkörner eingelagert (meist Siliziumkarbid mit einer Korngröße von 120...600 mesh). Geringe Schnittgeschwindigkeiten (< 20 m/s) ermöglichen keine hohe Produktivität. Das Abtragsverhalten ändert sich im Laufe der Standzeit durch die Reduzierung der Filamentlänge erheblich und ein Abrichten ist nicht Stand der Technik. Ein hoher Werkzeugverschleiß führt zu erheblichen Werkzeugkosten.

Feinschleifen

Beim Feinschleifen kommen Werkzeuge mit Kunstharz- oder Keramikbindung zum Einsatz. Das Schleifmittel ist meist Edelkorund mit einer Korngröße von 200...800 mesh. Nachteilig ist, dass die Produktivität gegenüber einer konventionellen Schleifscheibe stark sinkt und feinste Oberflächen nicht

Bild 6: Gebürstetes Referenzzahnrad (z = 39, mn = 10 mm, b = 200 mm) und abrasives Bürstwerkzeug [3]

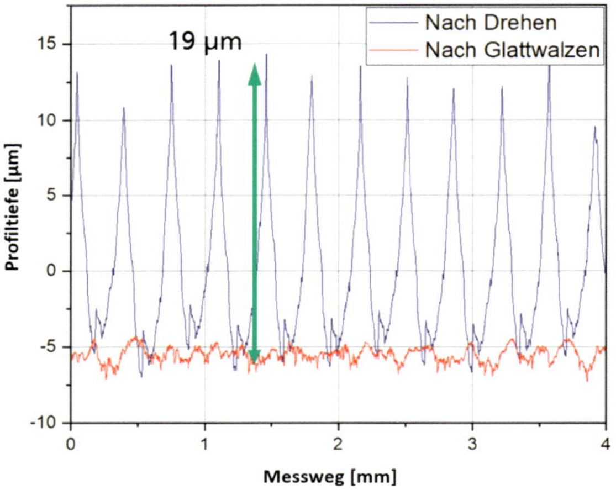

Bild 7: Oberflächenprofil vor und nach dem Glattwalzen [4]

erreichbar sind. Da es sich um einen Schleifprozess handelt, entsteht auch das typische Schleifprofil mit Spitzen und Tälern, was die tribologischen Eigenschaften negativ beeinflusst.

Glattwalzen

Da beim Glattwalzen die Fließgrenze des Werkstoffs örtlich überschritten wird, verschiebt sich Material von den Spitzen in die Täler des Profils (**Bild 7**). Dadurch reduziert sich das Ölhaltevolumen drastisch, was zu einer Verschlechterung der Flüssigkeitsreibung führt. Für die Bearbeitung gehärteter Werkstoffe sind aufwändige spezielle Werkzeuge (z. B. Ballpoint von Ecoroll) notwendig. Die dabei erforderlichen hohen Walzkräfte können das Werkstück verformen. Beim Glattwalzen ist eine Verbesserung der Makrogeometrie (Rundheit, Geradheit oder Maßtoleranz) nicht möglich.

Superfinishen

Das Superfinishen (korrekte Bezeichnung „Kurzhubhonen") ist durch eine Überlagerung einer Axialbewegung mit einer Drehbewegung gekennzeichnet, wodurch der typische Kreuzschliff entsteht. Beim Einsatz von Schleifband sind nur zylindrische Werkstücke bearbeitbar. Im Gegensatz dazu sinkt bei der Nutzung eines Finisteins die Produktivität. Da der Stein nicht abgerichtet werden kann, ändert sich das Abtragsverhalten über die Standzeit hinweg.

Läppen

Beim Läppen erfolgt immer die gleichzeitige Bearbeitung einer Bauteilpaarung. Hierbei ist ein geometrisch exaktes Gegenstück des Bauteils erforderlich. Das

Bauteil selbst muss ebenfalls sehr genau sein, da es im Prozess keine Werkzeugnachgiebigkeit gibt. Beim Läppen kommt eine Läppsuspension mit eingeschlämmten Schleifkörnern von einer Größe > 400 mesh (meist Siliziumkarbid) zum Einsatz. Die Bearbeitungszeiten sind extrem lang (bis zu mehreren Stunden). Des Weiteren ist der Prozess nur schwer automatisierbar. Nach dem Läppen ist eine aufwändige Bauteilreinigung erforderlich.

Elektrochemische Verfahren

Auf dem Markt existieren zahlreiche elektrochemische Polierverfahren, mit denen sehr gute Oberflächen erreichbar sind. Nachteilig sind bei allen verfügbaren Technologien die lange Bearbeitungszeit, die geringe Umweltverträglichkeit (hoher Energiebedarf und Notwendigkeit eines Elektrolyts) und die schlechte Automatisierbarkeit.

Gleitschleifen

Beim Gleitschleifen werden die zu bearbeitenden Werkstücke zusammen mit Schleifkörpern (sogenannten „Chips“) und meist einem Zusatzmittel als Schüttgut in eine wässrige Lösung („Compound“) in einen Behälter gegeben. Dabei besteht die Gefahr von Beschädigungen. Das kann durch ein aufwändiges Führen der Teile („Streamfinish“) verhindert werden. Eine gezielte Bearbeitung einzelner Bauteilbereiche ist nicht möglich. Des Weiteren ist durch die chargenweise Bearbeitung eine Automatisierung ebenfalls schwer umsetzbar. Das Gleitschleifen wird oft zum Entgraten und zur Erzeugung dekorativer Oberflächen genutzt.

Polieren

Polierverfahren haben in den letzten Jahren deutlich an Bedeutung gewonnen. Dabei werden nur die Spitzen im Rauheitsprofil abgetragen, was sehr gute tribologische Eigenschaften ermöglicht. Eine sehr effiziente Variante des Polierens ist der Einsatz elastischer Werkzeuge (z. B. mit einer Polyurethanbindung) mit eingelagerten Schleifkörnern. Diese Werkzeuge sind kostengünstig, abrichtbar, ermöglichen eine effiziente Bearbeitung und passen sich in Grenzen an die Bauteilkontur an. Die homogene Herstellung dieser Werkzeuge sowie die Festigkeit für hohe Schnittgeschwindigkeiten (bis 80 m/s) sind problematisch. Weiterhin behindern mangelnde Kenntnisse zum dynamischen Verhalten bisher einen breiten Einsatz.

Zusammenfassend wird eingeschätzt, dass das Polieren eine technisch und wirtschaftlich sehr gut geeignete Technologie für die Erzielung hoher Oberflächengüten in Bezug auf Rauheit und Welligkeit ist. Durch die hohen Radialkräfte können Druckeigenspannungen in das Bauteil eingebracht werden.

1.3 Zustellung und Fliehkraftdehnung beim Polieren mit elastischen Werkzeugen

Da es sich bei Poliervorgängen oft um zusätzliche Prozessschritte handelt, muss die Produktivität hoch sein, um die Mehrkosten minimieren zu können. Daraus ergeben sich eine ganze Reihe von Anforderungen an die Maschine und den Prozess. Das Einsatzverhalten von Polierwerkzeugen ist dabei maßgeblich von der Flächenpressung zwischen Werkzeug und Werkstück abhängig. Eine signifikante indirekte Stellgröße beim Einsatz solcher elastischen Polierwerkzeuge ist die radiale Zustellung. Zudem liegen bei Kombiprozessen, bestehend aus Schleifen und Polieren, die Schnittgeschwindigkeiten deutlich höher (teilweise > 80 m/s), als es bei Verfahren mit geometrisch bestimmter Schneide üblich ist. Dadurch ergibt sich eine nicht vernachlässigbare Ausdehnung des Werkzeugs durch die Fliehkraft, welche wiederum erheblich die radiale Zustellung beeinflusst.

Aufgrund des geringeren Elastizitätsmoduls (übliche E-Modulwerte < 5 GPa) ist die Ausdehnung von elastischen Polierwerkzeugen deutlich größer als z. B. von keramisch-gebundenen Werkzeugen. Die Werkzeuge müssen daher sehr homogen gefertigt sowie ausgelegt sein und eine anitrope Fliehkraftdehnung aufweisen. Weiterhin dürfen sich die Werkzeugeigenschaften auch bei längerer Einwirkung von Kühlschmierstoffen nicht signifikant ändern. Um kleinste Rautiefen und hohe Oberflächengüten zu erreichen, kommen überwiegend sehr feine Schleifkörnungen (180 mesh und kleiner) zum Einsatz. Diese müssen homogen in die Bindungsmatrix eingebracht werden, was wiederum verarbeitungstechnisch eine Herausforderung darstellt. Die Elastizität muss so hoch sein, dass beim Polieren die Makrogeometrie des Bauteils nicht oder nur gering verändert wird. Außerdem darf es zu keiner thermischen Randzonenschädigung (Polierbrand) kommen. Die Werkzeuge müssen reproduzierbar herstellbar sein und sich gut abrichten lassen. Um eine sichere und genaue Prozessauslegung des Poliervorgangs gewährleisten zu können, ist es daher zwingend notwendig, die Ausdehnung zu kennen und zu kompensieren. Dies kann über vorangeschaltete Simulationen realisiert werden, die auf Basis hergeleiteter Berechnungsmodelle und existierenden Materiakennwerten durchgeführt werden.

Im Rahmen des Forschungsprojektes EPol (Zentrales Innovationsprogramm Mittelstand / ZIM) wurde das Ausdehnungsverhalten elastischer Polierwerkzeuge mit unterschiedlichen Materialkennwerten untersucht und messtechnisch erfasst. Da die Werkzeuge nicht metallisch sind, konnten verfügbare Verfahren zur Dehnungsmessung (z. B. Wirbelstromsensoren) nicht eingesetzt werden. Realisiert wurde die Dehnungsmessung über den Einsatz neuer Laserverfahren und kapazitiver Wegmesssensoren. Hierbei sind auch Rundlauffehler und Streuungen aufgrund der durch Kornüberstand und Poren nicht ebenen Werkzeugoberfläche kompensiert worden. Die Bewertung erfolgte dabei nicht nur radial, sondern auch axial, um den Einfluss der Einspannung erfassen zu können. Weiterhin ist der Einfluss der Durchmesseränderung beim Abrichten untersucht worden. Die messtechnisch erfassten Ausdehnungen wurden abschließend mit den Simulationsergebnissen verglichen und validiert.

Die im Rahmen von EPol eingesetzten Polyurethan-Werkzeuge wurden von der Fa. Krebs & Riedel Schleifscheibenfabrik GmbH & Co. KG hergestellt. Dabei kam eine neu entwickelte Fertigungstechnik zum Einsatz, mit der unterschiedliche Werkzeuge in verschiedenen Abmessungen (100 x 20 x 45 mm und 300 x 70 x 127 mm) und mit unterschiedlichen Materialeigenschaften (Dichte, E-Modul usw.) gefertigt wurden. Die produktionstechnischen Einflussfaktoren auf Homogenität und Einsatzverhalten der Werkzeuge sind dabei durch die Auswahl verschiedener Rohstoffkomponenten (Schleifkorn, Polyurethansystem, Additive usw.) dargestellt worden.

Bei der Bearbeitung mit elastischen Polierwerkzeugen sind die Flächenpressung zwischen Bauteil und Werkzeug und die Kontaktzeit die wesentlichen Einflussgrößen (**Bild 8**). Die Kontaktzeit kann bei Wälzschleifprozessen über den Vorschub und beim Einstechschleifen über die Ausfunkzeit präzise eingestellt werden. Dabei ist der Begriff Ausfunkzeit nicht exakt, da beim Polieren die Aufbiegung der Maschine nicht abgebaut werden kann. Für die Bestimmung der Flächenpressung ist die Kenntnis des exakten Zustellbetrages erforderlich. Beim Einsatz starrer Schleifwerkzeuge kann der Bezugspunkt für die Einstellung dieses Wertes durch ein Ankratzen des stehenden Werkstückes am Bauteil ermittelt werden. Durch ein Nachmessen des geschliffenen Teils erfolgt dann die Kontrolle bzw. eine erforderliche Korrektur.

Bei elastischen Polierwerkzeugen ist diese Vorgehensweise nicht anwendbar, da sich das Werkzeug bei Arbeitsdrehzahl radial stark ausdehnt. Eine alternative Möglichkeit ist eine adaptive Prozessführung, bei der die Zustellung vom Weg unabhängig kraftgeregelt geschieht und dann nur noch ein Ausfunken erfolgt. Hierzu laufen am IWU gegenwärtig Forschungsarbeiten. Ein Nachmessen des Werkstückdurchmessers ist auch nicht möglich, da die Zustellung nicht dem Materialabtrag entspricht. Daher ist für eine exakte Prozessführung die genaue Kennt-

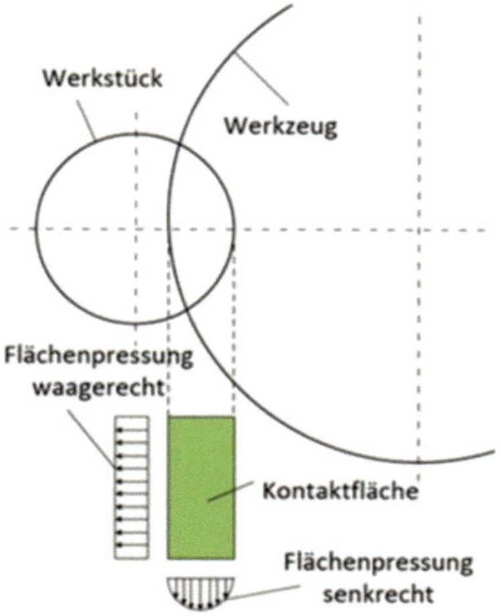

Bild 8: Kontaktverhältnisse beim Polieren eines Außendurchmessers [1]

nis der Fliehkraftdehnung zwingend erforderlich. Eine grobe Abschätzung ist durch die folgende Formel möglich, welche die Fliehkraftdehnung von Schleifwerkzeugen beschreibt [2]:

$$\Delta D = \frac{\rho \cdot v^2 \cdot 10^{-6}}{E \cdot D \cdot 4} \cdot \left[(3+\vartheta) \cdot H^2 + (1-\vartheta) \cdot D^2 \right] \tag{1}$$

Mit:

ΔD: Änderung des Außendurchmessers in mm

P: Dichte in g/cm³

V: Schnittgeschwindigkeit in m/s

E: Elastizitätsmodul in GPa

D: Außendurchmesser in mm

ϑ: Querkontraktionszahl

H: Bohrungsdurchmesser in mm.

Aus dieser Gleichung sind auch die Einflussfaktoren auf die Fliehkraftdehnung ersichtlich. Nachteilig ist, dass die Einspannung nicht berücksichtigt wird. Aus der Praxis ist bekannt, dass dadurch die Ausdehnung behindert wird. Annäherungsweise kann jedoch die Ausdehnung des gesamten Werkzeuges berechnet werden und prozentual um den Bereich reduziert werden, der sich innerhalb der Spannflansche befindet [2].

$$\Delta D_K = \Delta D \left| \frac{1}{D-H} \cdot (D-F) \right| \tag{2}$$

Formel (2) zeigt die Korrektur des Einflusses der Spannbedingungen mit:

ΔD_K: Korrigierte Änderung des Außendurchmessers in mm

ΔD: Änderung des Außendurchmessers in mm nach Formel (1)

F: Spannflanschdurchmesser in mm.

Zur Wichtung der Einflussfaktoren wurden diese einzeln jeweils um +/- 50 % variiert und dann wurde die jeweilige Fliehkraftdehnung nach Formel (2) berechnet. Das Ergebnis ist in **Bild 9** dargestellt.

Wie zu erkennen ist, hat die Schnittgeschwindigkeit den größten Einfluss, gefolgt vom Elastizitätsmodul. Eine Änderung der Querkontraktionszahl hat den geringsten Einfluss. Die Unstetigkeit beim Außendurchmesser ergibt sich durch die stark reduzierte Wandstärke bei kleinen Durchmessern.

Um diese Angaben genauer spezifizieren zu können, erfolgten anschließend umfangreiche Messungen zum tatsächlichen Ausdehnungsverhalten. Dabei erwies sich nach Erprobung mehrerer Systeme ein Laserlinienscanner LJ-V7020 der Firma Keyence als geeignet. Damit war es aufgrund der hohen Abtastrate von 64 kHz möglich, auch bei Schnittgeschwindigkeiten von über 80 m/s die Fliehkraftdehnung ausreichend genau messen zu können. Dabei erfolgte die

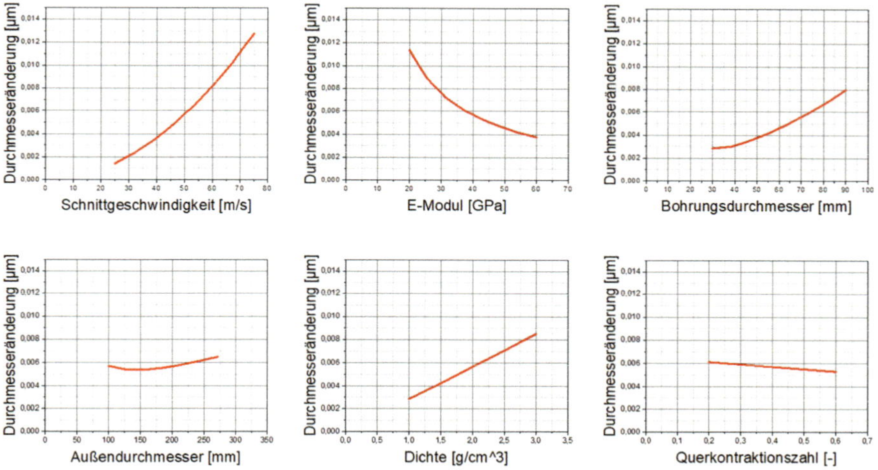

Bild 9: Änderung der Fliehkraftdehnung bei Variation der Einflussgrößen um +/- 50 % [1]

Messung indirekt über die Durchmesseränderung. Die Vorgehensweise war dabei wie folgt (**Bild 10**, links):

- Hochlaufen der Schleifspindel
- Haltezeit
- Zustellung um 50 µm zur Verifizierung der Kalibrierung

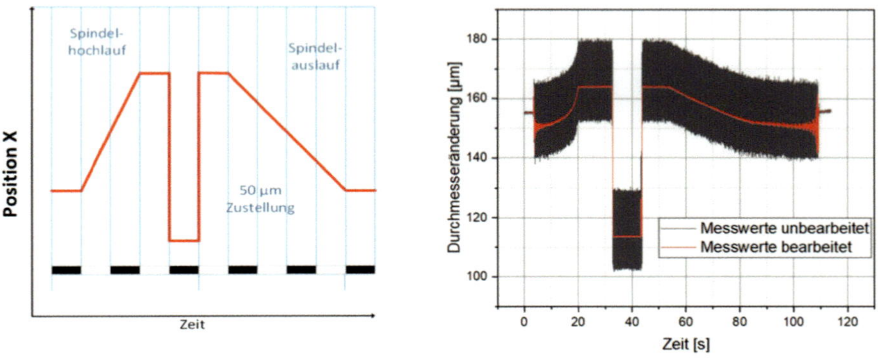

Bild 10: Weg-Zeit-Diagramm bei Messung der Fliehkraftdehnung (links) und zugehörige Messdaten (rechts) [1]

- Haltezeit
- Ausschalten der Schleifspindel
- Auslaufen der Schleifspindel.

Um Rundlauffehler und Inhomogenitäten im Schleifwerkzeug kompensieren zu können, mussten die Messdaten gefiltert werden (Bild 10, rechts). Mit den entwickelten Mess- und Auswerteverfahren war eine reproduzierbare Fliehkraftdehnung mit einer Genauigkeit < 2 µm möglich.

Ein weiterer Aspekt bei der Fliehkraftdehnung ist der Verlauf über die axiale Werkzeugbreite. Erfahrungen beim Einsatz von sehr breiten Werkzeugen (z. B. beim Wälzschleifen) lassen vermuten, dass sich das Werkzeug in der Mitte mehr ausdehnt als am Rand und somit ballig wird. Kann mit der Schnittgeschwindigkeit des Teilprozesses Schleifen abgerichtet werden, wird dies durch das Abrichten vollständig kompensiert. Das Werkzeug ist nach dem Abrichten und beim Schleifen gerade. Bei einigen Verfahren ist das jedoch maschinentechnisch nicht möglich. So wird beispielsweise beim Wälzschleifen mit ca. 2 m/s abgerichtet und bei 80 m/s geschliffen. In diesem Fall ist das Werkzeug nach dem Abrichten gerade, beim Schleifen allerdings ballig. Zur Berechnung der auftretenden Balligkeit sind die genannten Gleichungen ungeeignet, wodurch ein FEM-Modell und eine entsprechende Simulation erforderlich werden. Mit diesem Modell ist es auch möglich, die genauen Kontaktverhältnisse in der Bearbeitungszone zu analysieren (**Bild 11**). Links ist die Fliehkraftdehnung eines Polierwerkzeuges bei 80 m/s Schnittgeschwindigkeit dargestellt; dabei wurden die Einspannverhältnisse (Werkzeugdurchmesser: 100 mm, Spannflanschdurchmesser: 65 mm) berücksichtigt.

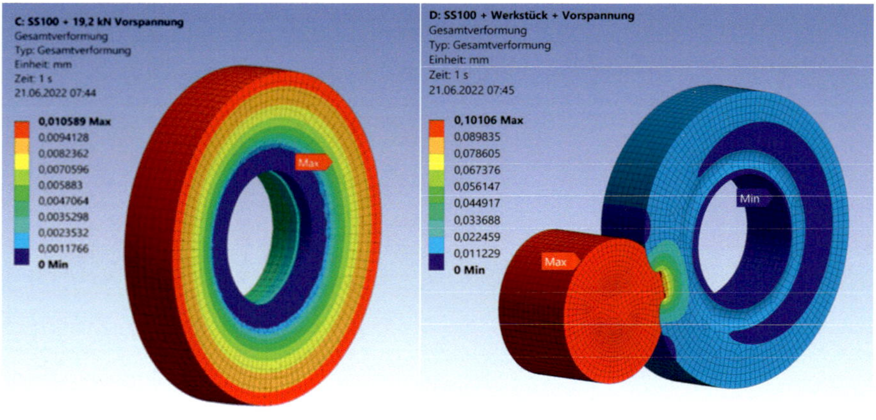

Bild 11: FEM-Modell zur Simulation der Kontaktverhältnisse (Rot = Werkstück) [1]

Auf der rechten Seite ist auch die Werkstückverformung (Kontaktbreite: 10 mm, theoretische Zustellung: 0,05 mm) zu erkennen. Wie zu sehen ist, erhöht sich durch die Verformung des Polierwerkzeuges (rot dargestellt) die Kontaktfläche.

Es wurden umfangreiche Messungen zum Ausdehnungsverhalten der Polierwerkzeuge durchgeführt und wiederholt. Die Ergebnisse wurden mit der numerischen Berechnung und der Simulation verglichen. Mit den Ergebnissen konnte ein vereinfachtes analytisches Berechnungsmodell ohne aufwändige FEM-Software erstellt werden, mit dem bei Kenntnis der Randbedingungen die Fliehkraftdehnung prozessdienlich bestimmt werden kann.

Speziell bei der Verzahnungsbearbeitung werden oft Kombinationswerkzeuge eingesetzt. Dabei sind auf einer Schleifspindel ein keramisch gebundenes Schleifwerkzeug und ein Polierwerkzeug mit elastischer Bindung axial montiert (**Bild 12**). Damit kann bei geringen Nebenzeiten in einer Spannung geschliffen und poliert werden. Bei den Untersuchungen zur Fliehkraftdehnung konnte nachgewiesen werden, dass sich das Polierwerkzeug an der Anlage zum Korundwerkzeug unter Einwirken der Fliehkraft ca. 30 % weniger ausdehnt (Bild 12). Ursache ist der große Reibwert zwischen der rauen Schleifwerkzeugoberfläche und dem glatten Polierwerkzeug. Dadurch wird die Ausdehnung des Polierwerkzeuges behindert.

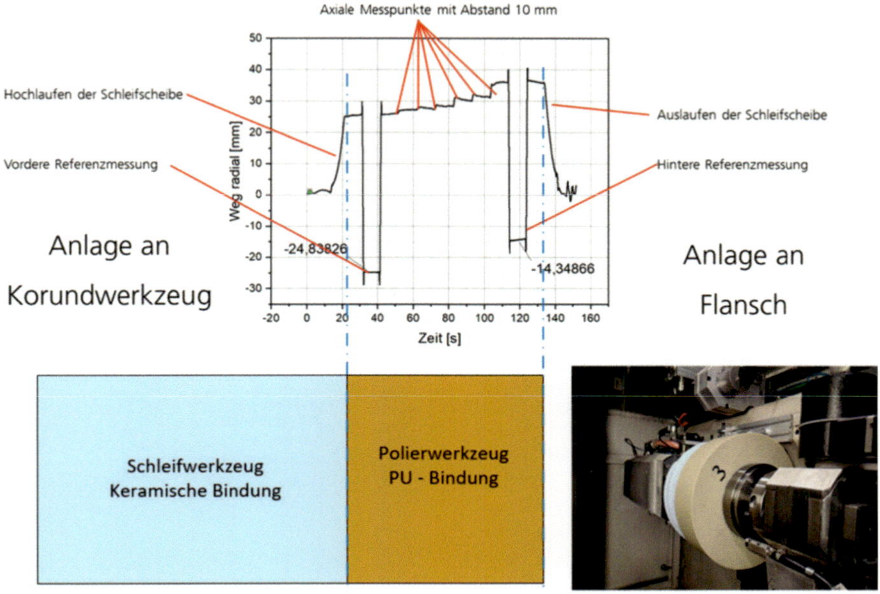

Bild 12: Fliehkraftdehnung bei einem Kombinationswerkzeug

Das hat auch einen großen Einfluss auf das Festigkeitsverhalten. Durch die Ausdehnung des Polierwerkzeuges werden an der Kontaktstelle zusätzliche Spannungen in das Schleifwerkzeug eingebracht, was die Festigkeit und damit die maximal mögliche Schnittgeschwindigkeit reduziert. Daher werden beide Werkzeuge oft verklebt oder es wird durch konstruktive Maßnahmen dieser Einfluss reduziert. Bei den Versuchen erfolgte das Einlegen eines Zwischenrings aus Stahl, der den Außendurchmesser des Spannflansches hatte und 5 mm breit war. Damit war jede Beeinflussung des Schleifwerkzeuges durch das Polierwerkzeug ausgeschlossen.

2. Prozessführung bei der Verzahnungsbearbeitung

Das kontinuierliche Wälzschleifen von Verzahnungen wird zur Hartfeinbearbeitung am Ende der Prozesskette eingesetzt (**Bild 13**), um a) die aus der Weichbearbeitung und der Wärmebehandlung resultierenden Formabweichungen zu eliminieren, b) geforderte geometrische Modifikationen einzubringen und c) erforderliche Oberflächenqualitäten bzw. Randzoneneigenschaften zu erzielen. Durch eine mehrstufige Bearbeitung, die einen Schrupp- und einen Schlichthub umfasst, sind auf der Zahnflanke Rautiefen von R_z = 2–4 µm einstellbar [5].

Zur weiteren Reduzierung der Oberflächenrauheit kann nach dem Wälzschleifen ein Finishprozess angeschlossen werden. Aus Gründen des zeitlichen und apparativen Aufwandes bietet sich das Polierschleifen an. Der Prozess erfordert ein mehrteiliges Kombinationswerkzeug (**Bild 14**, links), wobei im Anschluss an die konventionelle Schleifbearbeitung mit keramisch gebundenem Vorschleifteil ein Shiftsprung in den zweiten Bereich des Werkzeugs und ein zusätzlicher Hub erfolgen.

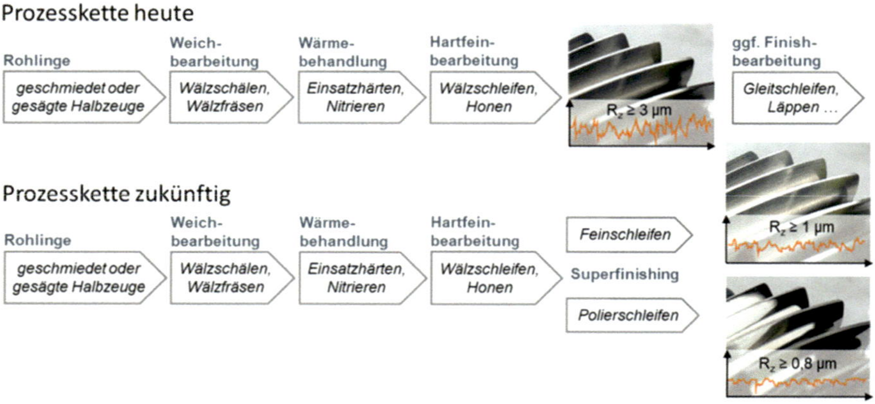

Bild 13: Heutige und zukünftige Prozesskette

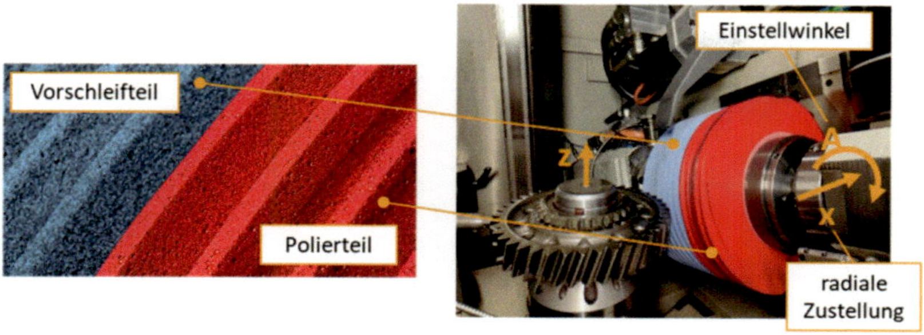

Bild 14: Aufbau einer Zwei-Zonen-Schleifschnecke (links), Einstellgrößen des Polierdrucks (rechts)

Gegenüber der Finishbearbeitung durch bspw. Gleitschleifen kann hierbei zwar eine Verkürzung der Prozesszeit durch die gleichzeitige Aufnahme der Vorschleif- und Polierzone auf der Maschinenhauptspindel erreicht werden. Jedoch sind die eingesetzten Kombinationswerkzeuge mit dem Nachteil verbunden, dass ein Teil der Schneckenbreite für die Zusatzoperation vorgesehen werden muss und dadurch nicht der konventionellen Schleifbearbeitung zur Verfügung steht. Infolgedessen ergibt sich gegenüber konventionellem Wälzschleifen eine geringere Standmenge je Abrichtintervall.

Beim Polierwälzschleifen wird im Nachgang an den herkömmlichen Schleifprozess nicht nochmals eine komplett neue Oberfläche ausgebildet. Durch das Polieren wird das Relief der bereits aus dem Schleifen vorhandenen Rauheit verändert.

Ziel ist es, eine plateauartige Oberfläche zu erzeugen, indem lediglich die Spitzen und ein Teil der Kernrautiefe des Rauheitsgebirges abgetragen werden. So entsteht eine Oberfläche mit sehr hohem Traganteil. Die dann noch vorliegenden Täler dienen der Aufnahme von Schmiermittel im späteren Betrieb. Zur Erzeugung einer solchen polierten Bauteiloberfläche werden eine spezielle Technologie und besondere Werkzeuge benötigt. Die Werkzeuge sind hierbei durch eine elastische Bindung aus Polyurethan und eine Korngröße im Bereich von 800 mesh gekennzeichnet. Der für den Materialabtrag erforderliche Polierdruck wird dabei vornehmlich über die radiale Zustellung realisiert (Bild 14, rechts).

Aus technologischer Sicht besteht die Herausforderung des Verfahrens darin, konstante Kontaktbedingungen über die Zahnflanke und die Abrichtzyklen der Schnecke zu gewährleisten, um eine gleichbleibende Oberflächengüte auf der Zahnflanke zu erzeugen und keine Veränderung der zuvor gefertigten Makro-

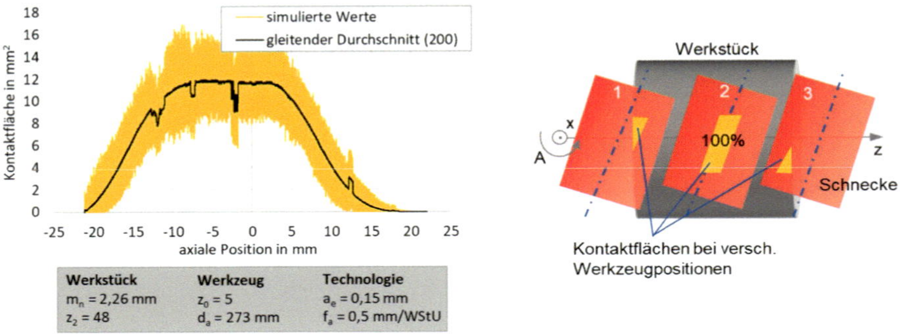

Bild 15: Exemplarische Entwicklung der Kontaktflächengröße zwischen Schnecke und Werkstück (links), Kontaktbedingungen (rechts)

geometrie herbeizuführen. Bei der Prozessgestaltung sind v. a. folgende Einflüsse zu berücksichtigen:

Über die Verzahnungsbreite ergeben sich an den Stirnseiten kleinere Kontaktflächen und damit höhere Polierdrücke, welche unkompensiert an den Stirnseiten zu Einschnürungen der Flankenlinie sowie veränderten Rauheitsprofilen führen.

In Zahnhöhenrichtung resultieren unerwünschte Einschnürungen im Zahnfuß dadurch, dass der Kopf des Schneckenzahns im Zahngrund des Werkstücks gestaucht wird. Das elastische Material weicht seitlich aus und führt zu einem höheren Abtrag im unteren Bereich der Werkstückzahnflanke.

Das Abrichten der Schnecke hat einen abnehmenden Werkzeugdurchmesser zur Folge. Dies wirkt sich auf die Größe der Kontaktflächen (**Bild 15**) sowie auf das elastische Verhalten, d. h. die Fliehkraftdehnung, aus. Dies beeinflusst wiederum die Abtragsbedingungen, sodass gleichbleibende Bauteilqualitäten über die Lebensdauer der Schnecke ohne Kompensation nicht eingehalten werden können.

Neben den beschriebenen Effekten beeinflusst die zu bearbeitende Werkstückgeometrie signifikant die Prozessgestaltung, wie nachfolgend anhand eigener Untersuchungsergebnisse erläutert wird. In Polierschleifversuchen an zwei Bauteilen einer Getriebestufe (**Bild 16**) ist unter Anwendung derselben Technologie und desselben Werkzeuges am kleineren Ritzel festzustellen, dass zwar eine im Rahmen der Anforderungen liegende Oberfläche erzeugt wurde, jedoch Einschnürungen im Fußbereich auftraten, was auf einen zu hohen Polierdruck zurückzuführen ist.

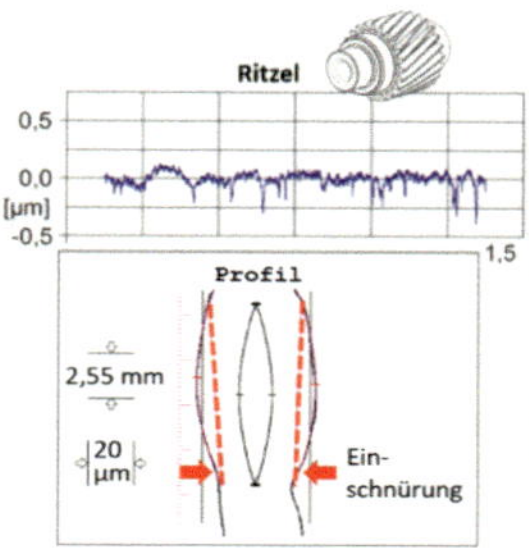

R_a	0,044 µm
R_z	0,351 µm
R_t	0,509 µm
R_q	0,059 µm
R_{pk}	0,037 µm
R_k	0,143 µm
R_{vk}	0,106 µm

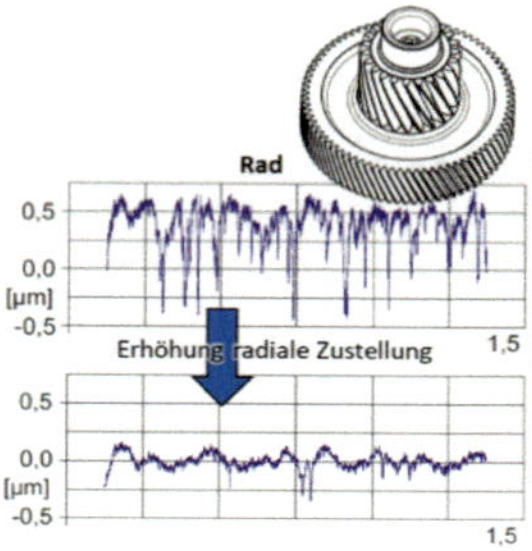

R_a	0,168 µm	0,050 µm
R_z	1,295 µm	0,372 µm
R_t	1,484 µm	0,517 µm
R_q	0,220 µm	0,064 µm
R_{pk}	0,080 µm	0,041 µm
R_k	0,504 µm	0,167 µm
R_{vk}	0,428 µm	0,121 µm

Bild 16: Oberflächenrauheit in Abhängigkeit der Verzahnungsgeometrie bei identischem Werkzeug und identischer Poliertechnologie für Ritzel (links) und Rad (rechts) einer Getriebestufe

Das Gegenrad wies zwar keine Auffälligkeiten in Profil und Flankenlinie auf, jedoch waren die Rauheitsparameter, bedingt durch einen zu geringen Polierdruck, unzulässig hoch. Am Beispiel des Gegenrades kann gezeigt werden, dass durch eine Erhöhung der radialen Zustellung und damit eine höhere Flächenpressung zwischen Schnecke und Werkstück eine Verbesserung der Rauheit erzielt werden kann.

Die Untersuchungen ergaben, dass es einen Übergangsbereich gibt (**Bild 17**), bei welchem der erzeugte Polierdruck hoch genug ist, um die geforderte Oberflächenrauheit zu erzeugen, aber nicht zu hoch ist, um einen übermäßigen Materialabtrag und damit ungewollte Formabweichungen der Zahnflanken zu vermeiden.

Auf Basis dieser Erkenntnisse kann eines der bedeutendsten Abtragsmodelle (1927 von Preston beschrieben) [6], [7] auf das Polierschleifen angewendet werden.

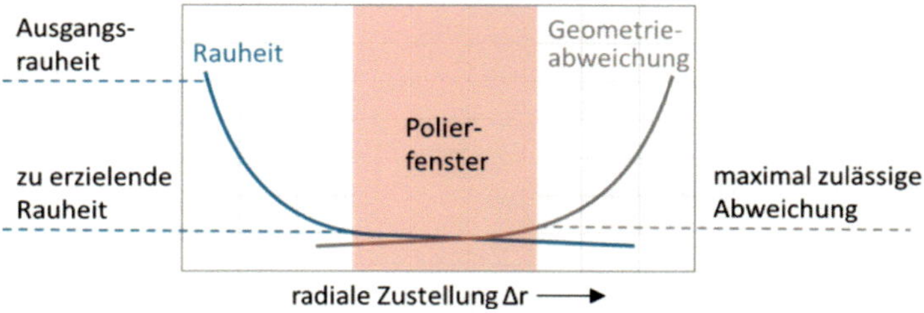

Bild 17: Zielkonflikt zwischen zu erzielender Rauheit und zu vermeidender geometrischer Abweichung bei der Einstellung des Polierdrucks durch die radiale Zustellung

Gemäß dem Modell ist der Materialabtrag pro Zeiteinheit *dz/dt* direkt proportional zum Druck *p* und der Relativgeschwindigkeit v_{rel} zwischen Werkzeug und Werkstück am Arbeitspunkt:

$$\frac{dz}{dt} = p(t) \cdot v_{rel}(t) \cdot k \tag{3}$$

Formel (3) zeigt die Berechnung des Materialabtrages pro Zeiteinheit [6].

Die Preston-Konstante *k* beschreibt die mechanischen und chemischen Eigenschaften des Wirksystems aus Polierwerkzeug und Werkstückoberfläche. Zur Berechnung dieser Konstante wurden unterschiedliche Ansätze entwickelt, darunter der Ansatz von Dambon [8], welcher die Härte und das Umformvermögen des zu polierenden Werkstoffes berücksichtigt.

Auf Basis dieser Modellannahmen werden gegenwärtig Strategien zur Prozessauslegung und -führung beim Polierschleifen von Stirnradverzahnungen entwickelt, um gleichbleibende Abtragsbedingungen auf der Werkstückzahnflanke, d. h. in Zahnhöhen- und Zahnbreitenrichtung, und über die Abrichtzyklen des Polierwerkzeuges zu realisieren. Als Arbeitshypothese wird davon ausgegangen, dass, basierend auf Grundlagenuntersuchungen zum Verformungsverhalten des elastischen Bindungsmaterials, ein Modell abgeleitet werden kann, um den Materialabtrag bzw. das geometrische Polierergebnis simulativ für variierende Werkzeug-, Werkstück- und technologische Parameter zu berechnen. Ziel ist es, abschließend dieses Simulationsmodell in Algorithmen zu überführen, die eine weggesteuerte Prozessführung und geometrische Korrekturen am Werkzeug zur Einhaltung konstanter Abtragsbedingungen zwischen Werkzeug und Werkstück beschreiben.

3. Zusammenfassung

Aktuelle Anforderungen an die Oberflächen von Präzisionsbauteilen führen zu hohen Ansprüchen an den finalen Bearbeitungsprozess. Mit dem Verfahren Polieren und dem Einsatz elastischer Hochleistungswerkzeuge sind diese Anforderungen erfüllbar. Voraussetzung sind aber neben der erforderlichen Maschinen- und Werkzeugtechnik auch grundlegende Kenntnisse zum Poliervorgang und eine darauf aufbauende Prozessführung. Die Erarbeitung dieser Grundlagen erfolgte teilweise im Rahmen von Forschungsprojekten, die durch das Bundesministerium für Wirtschaft und Energie (ZIM) und das Sächsische Staatsministerium für Wirtschaft, Arbeit, Energie und Klimaschutz unterstützt wurden.

Mit den Ergebnissen ist es möglich, Polierprozesses reproduzierbar und mit hoher Wirtschaftlichkeit auszulegen. Um auch zukünftige Anforderungen (z. B. das Polieren von Innenverzahnungen) erfüllen zu können, sind darauf aufbauende Forschungsaktivitäten notwendig.

Literatur

[1] Weber, S.: Prozessführung beim Polieren mit elastischen Werkzeugen. Vortrag zum Schweizer Schleifsymposium, Zürich, Schweiz, 2022

[2] Seerweg, J.: Charakterisierung technischer Bauteiloberflächen. Stand der Oberflächenmesstechnik heute. Technische Universität Kaiserslautern

[3] Gülzow, B.: Bürsten von Verzahnungen zur Verbesserung der Oberflächenqualität. Forschungsbericht FVA 2015

[4] Gentzen, J. et al.: Abschlussbericht zum BMWi-Projekt „Erhöhung der Energieeffizienz in der Produktion durch multivalente Datennutzung (EmulDan)". TiB, 2024

[5] Bausch, T. et al.: Innovative Zahnradfertigung. Expert Verlag, Tübingen, 2006

[6] Preston, F. W.: The Theory and Design of Plate Glass Polishing Machines. In: Journal of the Society of Glass Technology, 1927, S. 214–256

[7] Tian, F. et al.: Polishing pressure investigations of robot automatic polishing on curved surfaces. In: The International Journal of Advanced Manufacturing Technology, 87 (2016), S. 639–646

[8] Dambon, O.: Das Polieren von Stahl für den Werk- und Formenbau. Dissertation, RWTH Aachen, 2005

Analyse des Einflusses der Werkzeugeigenschaften auf das Einsatzverhalten diamantbelegter Schaumstoffe

Jan Peters, Monika Kipp, Dirk Biermann

1. Einleitung und Motivation

Die gezielte Gestaltung von Funktionsoberflächen spielt in zahlreichen Branchen eine Schlüsselrolle, da die Oberflächentopografie maßgeblich die tribologischen, optischen und funktionellen Eigenschaften von Bauteilen bestimmt. Deshalb erfolgen die Auslegung und die Erzeugung dieser Oberflächen häufig anwendungsorientiert. Bei Zerspanungswerkzeugen können durch hohe Oberflächengüten beispielsweise Materialanhaftungen auf Funktionsflächen verringert werden [1], [2], während bei Umformwerkzeugen definierte Mikrostrukturen beispielsweise den Materialfluss steuern und damit Verschleiß reduzieren oder die Werkstückqualität verbessern können [3]. Auch in tribologischen Anwendungen, etwa bei Gleitlagern oder Dichtflächen, ermöglicht die Einstellung der Oberfläche die gezielte Beeinflussung von Schmierfilmaufbau und Reibungskoeffizienten [4]. Diese Oberflächen entstehen dabei je nach Anwendungsfeld beispielsweise durch Verfahren mit geometrisch unbestimmter Schneide, wie Schleifen [2], bestimmter Schneide, wie Hochvorschubfräsen [1], [5], oder auch mit anderen Fertigungsverfahren wie dem Laserstrukturieren [6]. Bedingt durch die eingesetzten Verfahren zur Erzeugung dieser Topografien weisen die erzeugten Oberflächen aber teils Bearbeitungsartefakte, wie Mikrorauheiten, Grate oder lokale Formabweichungen, auf [7], [8]. Diese können die Funktion der Oberfläche beeinträchtigen, indem sie zu erhöhter Reibung, ungünstiger Spannungsverteilung oder schlechteren Schichthaftungseigenschaften führen [4], [9]. Aus diesem Grund werden häufig nachgelagerte Feinstbearbeitungsverfahren mit geometrisch unbestimmter Schneide eingesetzt, um die Oberflächenrauheit zu reduzieren, Mikrodefekte zu entfernen und dabei beispielsweise die Maß- und Formgenauigkeit oder funktionale Strukturen nicht zu beeinträchtigen.

Verfahren mit gebundenem Korn bieten dabei den Vorteil, dass sie lokal definierte Materialabträge ermöglichen und auf gängigen Werkzeugmaschinen integrierbar sind [10]. So können beispielsweise elastisch gebundene Schleifscheiben und andere nachgiebige Werkzeugkonzepte genutzt werden, um auch für komplexe Anwendungsfälle hohe Formtreue und gleichmäßige Oberflächenqualitäten zu erzielen [11], [12], [13]. Die Nachgiebigkeit dieser Werkzeugkonzepte ermöglicht dabei die Anpassung an Konturen und reduziert das Risiko, die grundlegende Form zu beeinflussen, was insbesondere bei komplexer gestalteten Oberflächen relevant ist [14], [15]. Zentral ist dabei die Kontrollierbarkeit des Kontaktzustands zwischen Werkzeug und Werkstück. Parameter wie Kontaktkraft, Kontaktzeit, Kornverteilung und die Nachgiebigkeit der Bindung beeinflussen das Abtragsverhalten signifikant [2], [11].

In diesem Kontext stellen diamantbelegte Schaumstoffe einen alternativen Ansatz dar, da sie die hohe Verformbarkeit eines offenporigen Polyurethanschaumstoffes mit den Vorteilen einer Bearbeitung mit gebundenem Korn verbinden. Diese Nachgiebigkeit ermöglicht dabei eine Anpassung des Werkzeugs an die Topografie einer Oberfläche und erlaubt dadurch die gleichmäßige Präparation dieser [16]. Untersuchungen konnten dabei zeigen, dass sich durch eine gezielte Anpassung der Prozessparameter, insbesondere Zustellung, Vorschub und Schnittgeschwindigkeit, sowie durch Variation der Schaumstoffstauchhärte das Materialabtragsverhalten und die resultierende Oberflächenqualität steuern lassen. Zudem konnte nachgewiesen werden, dass sich nicht nur klassische Rauheitskennwerte, sondern auch die überlagerte Mikrorauheit gezielt beeinflussen lassen, wobei kurze Wellenlängen des Rauheitsprofils besonders deutlich reduziert werden. Auch auf strukturierten Oberflächen, beispielsweise erzeugt durch Hochvorschubfräsen, ermöglicht die geeignete Kombination von Werkzeugnachgiebigkeit und Prozessparametern die Entfernung von Mikrograten und das Glätten von Flanken, ohne die funktionale Topografie deutlich zu verändern [17].

Die kombinierte Betrachtung dieser Parameter eröffnet daher die Möglichkeit, Bearbeitungsstrategien derart zu gestalten, dass Mikrorauheit und Oberflächenfehler reduziert werden, ohne die makroskopische Form oder Struktur zu verändern. Werkzeugseitig lassen sich jedoch weitere Parameter identifizieren, welche das Einsatzverhalten beeinflussen. In Kombination mit dem bereits teilweise betrachteten Einfluss der Schaumstoffnachgiebigkeit [16] ist so beispielsweise zu erwarten, dass die Variation der Schaumstoffbelagdicke eine zusätzliche gezielte Beeinflussung der Verformungsfähigkeit des Werkzeugs ermöglicht. Ergänzt wird dies durch die Hypothese, dass durch eine Größenvariation der auf den Schaumstoff aufgebrachten Diamantkörner eine weitere Stellgröße abgebildet werden kann, die es ermöglicht, Art und Intensität des Materialabtrags zu steuern, ohne die Verformungsfähigkeit des Trägermaterials zu beeinflussen. Ziel dieses Beitrags soll es daher sein, diese Hypothesen zu prüfen und dadurch das Prozesswissen über diese Einflussgrößen und den Einsatz diamantbelegter Schaumstoffe zur Feinstbearbeitung von Oberflächen zu vertiefen.

2. Werkzeugkonzept

Die hier zu untersuchenden diamantbelegten Schaumstoffwerkzeuge bestehen aus einem offenporigen Polyurethanschaum als Träger und einer darauf klebstofffrei aufgebrachten Diamantkörnung. Der Schaumstoff als elastisches Trägermaterial ermöglicht dabei die gleichmäßige Verteilung der Kontaktkräfte auf die einzelnen Diamantkörner, während diese den eigentlichen Materialabtrag bewirken. Durch einen Hartmetallschaft lassen sich die so erzeugten Werkzeuge flexibel in verschiedenen Werkzeugspannsystemen und Bearbeitungsmaschinen einsetzen. Der grundsätzliche Aufbau wird in **Bild 1** verdeutlicht. Um diese Vielseitigkeit der Werkzeugkonzepte zu verdeutlichen, finden alle folgenden Analyse- und Bearbeitungsschritte auf einem 5-Achs-Bearbeitungszentrum des Typs DMU 50 eVolution (Deckel Maho Seebach GmbH) statt.

Um das Einsatzverhalten dieser diamantbelegten Schaumstoffe zu untersuchen, ist es zielführend, verschiedene Eingriffsbedingungen abbilden zu können. Dazu erfolgt die Applikation dieser Schaumstoffe in zwei unterschiedlichen Werkzeugkonzepten, die sich hinsichtlich des Aufbaus und der Positionierung des Schaumstoffs unterscheiden. Dies ist ebenfalls in Bild 1 dargestellt. Durch den Einsatz sowohl von stirnbelegten als auch umfangsbelegten Werkzeugen lassen sich so unterschiedliche Eingriffsbedingungen und damit auch unterschiedliche Bearbeitungskinematiken abbilden.

Die mechanischen Eigenschaften des Schaumstoffes können durch die Schaumstoffhärte variiert werden. Diese wird bei den vorliegenden Schaumstoffen gemäß der Herstellerangaben über die Stauchhärte definiert, welche die ausgeübte Kraft pro mm² bei einer Stauchung von 10 % darstellt und in Bild 1 für die drei genutzten Schaumstoffarten angegeben wird. So beeinflusst die Wahl dieser Stauchhärte einerseits die aus der Stauchung des Schaumstoffs bedingte resultierende Kraft, andererseits ist jedoch auch ein Einfluss auf das

Werkzeugkonzept

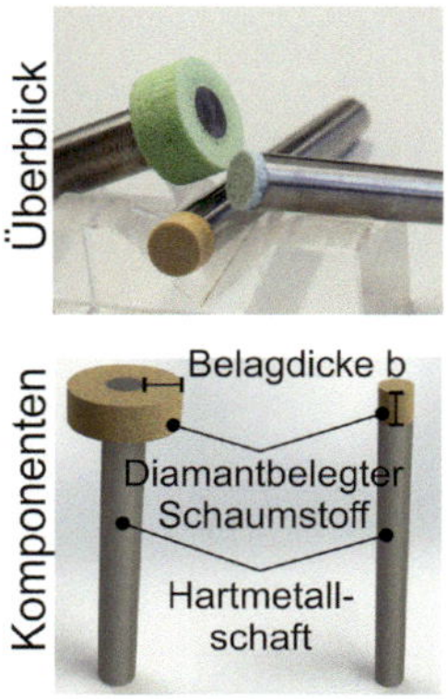

Parametervariation

Schaumstoffparameter		Variationen		
	Stauch-härte H	Weich	Mittel	Hart
	Belag-dicke b	2 mm	**6 mm**	10 mm
	Korn-größe	D12	D30	**D46**

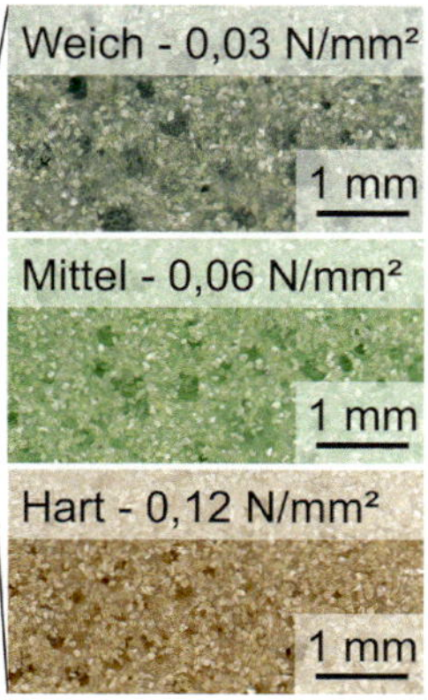

Bild 1: Darstellung des Werkzeugkonzepts und des Parameterraums

Verformungsverhalten zu erwarten. Dabei ist aber anzunehmen, dass dieser Einfluss zusätzlich durch die Belagdicke der Schaumstoffschicht überlagert wird. Um dies zu bestätigen, ist es zielführend, den Einfluss der Belagdicke auf die resultierende Kraft getrennt zu analysieren. Ergänzend zu der Variation der Stauchhärte ermöglicht der Einsatz von *b* = 2 mm, 6 mm und 10 mm Belagdicke so die Analyse, inwieweit diese beiden Parameter das Werkzeugverhalten beeinflussen.

Neben schaumstoffbezogenen Werkzeugeigenschaften spielt aber auch die Diamantkorngröße eine zentrale Rolle für das Einsatzverhalten. In Abhängigkeit von der Größe und Anzahl der Körner in der Kontaktfläche lässt sich ein direkter Einfluss auf die Art und die Intensität des Materialabtrags erwarten.

Zusammenfassend ist davon auszugehen, dass die drei diskutierten Parameter Belagdicke, Stauchhärte des Schaumstoffs und Korngröße der eingesetzten Diamanten geeignet sind, den Materialabtrag zu beeinflussen. Um diese Annahme zu bestätigen, ist es zentral, den Einfluss der einzelnen Parameter auf das Material- und Einsatzverhalten einzeln und systematisch zu untersuchen.

3. Analyse des Verformungsverhaltens bei stillstehendem Werkzeug

Methodischer Ansatz

Um die durch das mechanische Verformungsverhalten des Schaumstoffes resultierenden Kräfte unabhängig von den Prozessparametern analysieren zu können, bietet sich die Analyse des Materialverhaltens bei stillstehendem Werkzeug an. Wie in **Bild 2** dargestellt, lässt sich durch die Zustellung des Werkzeugs gegen ein einzelnes Kraftmesselement des Typs 9317C (Kistler Instrumente AG) die nur aus der Zustellbewegung resultierende Kontaktkraft aufzeichnen. Die gleichzeitige induktive Aufzeichnung dieser Bewegung mittels eines WI/2-mm-T-Sensors (Hottinger Brüel & Kjaer GmbH) ermöglicht dabei die eindeutige Verknüpfung dieser mit der Entwicklung der Kontaktkraft. Durch die kontinuierliche Zustellung bis zu einer nominellen Gesamtzustellung von 1 mm lassen sich so Rückschlüsse auf beliebige Zustellungsstufen innerhalb dieses Parameterbereichs ziehen. Im Folgenden soll jedoch nur die resultierende Kontaktkraft bei der maximalen Zustellung als Vergleichskriterium genutzt werden.

Ergebnisse und Diskussion

In Übereinstimmung mit den Hypothesen zeigt sich ein klarer Einfluss der Schaumstoffhärte auf die Prozesskräfte, wie sich im mittleren Teil von Bild 2 erkennen lässt. Übereinstimmend mit der aus Bild 1 hervorgehenden Herstellerspezifikation lässt sich zwischen den Kontaktkräften pro Härtegrad ungefähr

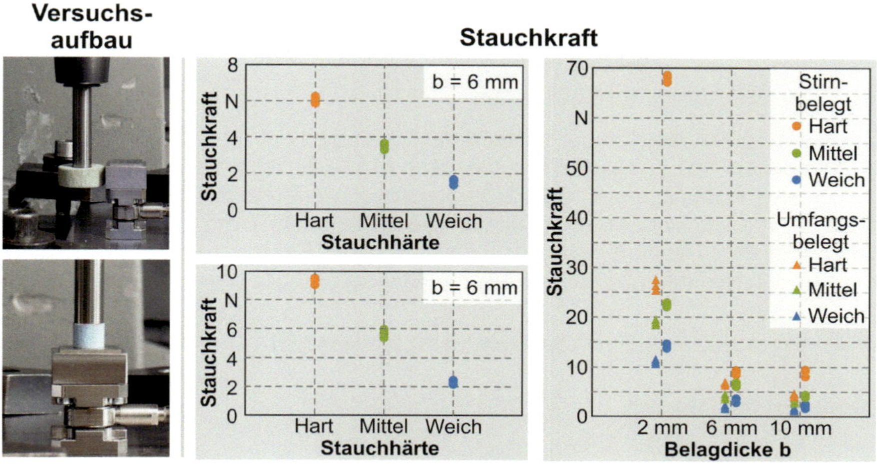

Prozessspezifikation:		Schnittgeschw.:	Stillstehend
Schaumstoffhärte:	Variiert	Vorschubgeschw.:	v_f = 0,02 mm/s
Belagdicke:	Variiert	Nominelle Zustellung:	$a_{e,nom}$ = 1 mm

Bild 2: Versuchsaufbau und Ergebnisdarstellung hinsichtlich der Stauchkräfte

eine Verdopplung feststellen, welche sich mit kleineren Schwankungen sowohl für das umfangsbelegte als auch das stirnbelegte Werkzeugkonzept bestätigt.

Aber auch die Betrachtung der aus der Variation der Belagdicke resultierenden Kräfte im rechten Teil von Bild 2 zeigt einen deutlichen Einfluss, der allerdings für die Erhöhung der Belagdicke von 6 mm auf 10 mm deutlich geringer ausfällt als von 2 mm auf 6 mm. Da die aus der Verformung resultierende Kraft durch die relative Verformung bezogen auf das Ausgangsmaß gesteuert wird und sich so im Falle der dünnen Belagdicke eine relative Verformung von 50 % ergibt, während diese bei der mittleren und hohen Belagdicke respektive bei ca. 17 % und 10 % liegt, ist dieser Verlauf der Kraftentwicklung zu erwarten. Allgemein lässt sich dabei für das Werkzeugkonzept festhalten, dass bei höherer Belagdicke mehr verformbares Material vorliegt und somit konstante Zustellungen in geringeren relativen Verformungen und damit geringeren Kontaktkräften resultieren.

Dadurch bestätigt sich die Hypothese, dass ein einander überlagernder Einfluss der Schaumstoffhärte und der Belagdicke auf die Kontaktkraft vorliegt. Gleichzeitig lässt sich davon aber auch ableiten, dass es durch eine gezielte Abstimmung dieser beiden Parameter möglich ist, die Kontaktkraft genau einzustellen und gleichzeitig auch das Verformungsvermögen getrennt von der Kontaktkraft zu beeinflussen. Eine höhere Belagdicke eines härteren Schaumstoffes würde so zwar die gleiche Kontaktkraft hervorrufen, wie eine geringere Belagdicke eines weicheren Schaumstoffs; die lokale Verformbarkeit und damit das Vermögen, sich an komplexere Formen und Strukturen anzupassen, muss davon aber getrennt berücksichtigt werden.

Grundsätzlich ist aber zu berücksichtigen, dass dies nur die globale Kontaktsituation beschreibt. Wie sich die gemessene Kontaktkraft auf die einzelnen Körner und im Kontakt stehenden Trägermaterialanteile auswirkt und inwieweit diese Kraft dazu führt, dass die einzelnen Körner in das Trägermaterial ausweichen oder ihre Position verändern, lässt sich auf Basis dieser Untersuchung nicht gezielt bestimmen und soll daher Fokus zukünftiger Untersuchungen sein.

4. Analyse der rotationsbedingten Schaumstoffaufweitung

Methodischer Ansatz

Während es die Analyse der Kontaktkraft bei stillstehendem Werkzeug ermöglicht, den Einfluss der Werkzeugparameter einzeln zu betrachten, ist gleichzeitig davon auszugehen, dass die tatsächliche Kontaktsituation durch die Rotation im Prozess beeinflusst wird. Neben den dynamischen Effekten auf das Verformungsverhalten ist eine rotationsbedingte Aufweitung des Schaumstoffs zu erwarten, weshalb für das umfangsbelegte Werkzeug von einer Veränderung des Nenndurchmessers und damit der effektiven Zustellung auszugehen ist. Um dies in der Prozessauslegung in der Kombination mit der bereits analysierten Verformung bei stillstehendem Werkzeug zu kombinieren, ist es daher zentral, diese rotationsbedingte Aufweitung ebenfalls zu analysieren und zu berücksichtigen. Um diese zu erfassen, ist es notwendig, das tatsächliche Außenmaß des Werkzeugs bei entsprechender Rotation zu vermessen. Der Einsatz optischer Abstandsmesssysteme zeigt sich dabei als zielführend, insofern die Porenstruktur dabei berücksichtigt wird. Dazu lassen sich beispielsweise, wie im linken Teil des **Bilds 3** erkennbar wird, zwei Lasertriangulationssensoren des Typs LK-G32 (Keyence Deutschland GmbH) einsetzen, die auf den Umfang des Werkzeugs ausgerichtet werden. Durch die stufenweise Erhöhung der Umfangsgeschwindigkeit der Werkzeuge von vs = 0,5 bis 6 m/s lässt sich dabei die Verknüpfung von Aufweitung und Umfangsgeschwindigkeit gewährleisten. Da der Einfluss dieser Aufweitung aufgrund der Kinematik besonders für die umfangsbelegten Werkzeuge als kritisch einzuschätzen ist, sollen diese hier genauer betrachtet werden.

Ergebnisse und Diskussion

Grundsätzlich ist die Hypothese zu bestätigen, dass in Abhängigkeit von der Umfangsgeschwindigkeit eine messbare Aufweitung des Werkzeugs auftritt. Es wird in der Abbildung im oberen Teil von Bild 3 aber auch deutlich, dass nur

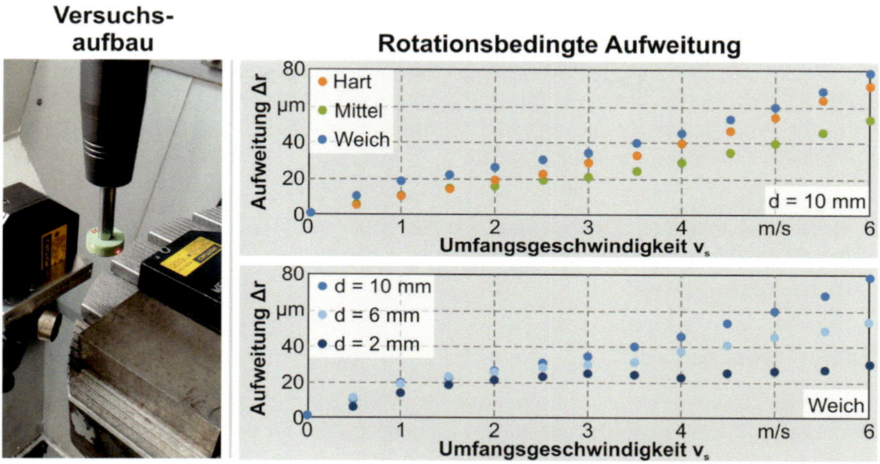

Prozessspezifikation:			
Schaumstoffhärte:	Variiert	Umfangsgeschw.:	v_s = 0 - 6 m/s
Belagdicke:	Variiert	Vorschubgeschw.:	Keine Vorschubbew.
		Nominelle Zustellung:	Keine Zustellung

Bild 3: Versuchsaufbau und Ergebnisdarstellung hinsichtlich der rotationsbedingten Aufweitung

bedingt ein eindeutiger Einfluss der Schaumstoffhärte erkennbar ist, obwohl eine höhere Stauchhärte bei gleichen Zentrifugalkräften zu einer verringerten Aufweitung führen müsste. Da allerdings auch die Schaumstoffdichte mit Erhöhung der Stauchhärte ansteigt, erhöht sich neben der Stauchhärte auch das Schaumstoffgewicht, welches ursächlich für die wirkenden Kräfte ist. Es ist anzunehmen, dass sich diese beiden Effekte bei Veränderung der Schaumstoffhärte teils ausgleichen, weshalb es in der betrachteten Konstellation für höhere Belagdicken bei Rotation des härteren Schaumstoffes zu einer höheren Aufweitung kommt als bei Rotation des Schaumstoffs mit mittlerer Stauchhärte. Ein klarerer Trend zeichnet sich dagegen bezüglich des Einflusses der Belagdicke auf die absolute Aufweitung des Schaumstoffes ab. Eine höhere Belagdicke führt dabei trotz konstanter Umfangsgeschwindigkeit zu einer Erhöhung der Aufweitung. Analog zu der bereits diskutierten Analyse des Verformungsverhaltens liegt dieses Phänomen aber auch hier darin begründet, dass bei höherer Belagdicke mehr Material verformt werden kann, was bei einer Erhöhung der absoluten Aufweitung zu einer unveränderten relativen Aufweitung führt.

Insgesamt ist aber festzuhalten, dass diese Aufweitung bei den moderaten hier betrachteten Umfangsgeschwindigkeiten das tatsächliche Maß der Werkzeuge im Vergleich zum Nennmaß nur geringfügig um ca. 0,5 % erhöht. Der Einfluss dieses Phänomens scheint daher dem Einfluss der eigentlichen Schaumstoffparametervariation deutlich untergeordnet zu sein. Speziell in Kombination mit höheren Umfangsgeschwindigkeiten, aber auch einer Veränderung der effektiven Dichte des Schaumstoffs durch eingeschlossenes KSS ist jedoch von einer weiteren Erhöhung dieser Aufweitung auszugehen, sodass die Berücksichtigung dieses Effekts für das möglichst umfassende Verständnis des Materialverhaltens weiterhin von Interesse ist.

5. Betrachtung des Einflusses der Schaumstoffhärte in Kombination mit der Belagdicke auf die Präparation von gehärtetem Stahl

Methodischer Ansatz

Neben der Analyse der Mechanismen in Analogieversuchen, die es ermöglichen, verschiedene Einflussfaktoren isoliert zu betrachten, ist es zielführend, die beiden Parameter Schaumstoffbelagdicke und Schaumstoffhärte auch hinsichtlich des Einsatzverhaltens zu untersuchen. Dazu wurden quaderförmige Proben aus gehärtetem Werkzeugstahl 1.2379 mit einer Härte von ungefähr 62 HRC zu-

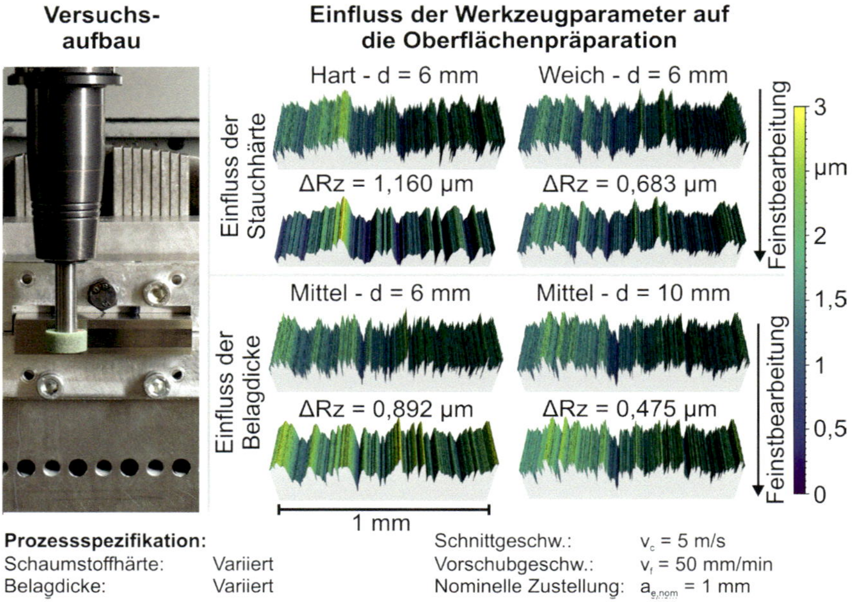

Bild 4: Versuchsaufbau und Ergebnisdarstellung hinsichtlich des Einsatzverhaltens in Abhängigkeit von Schaumstoffhärte und Belagdicke

nächst vorgeschliffen, um diese anschließend, wie im linken Teil von **Bild 4** dargestellt, durch die mit den diamantbelegten Schaumstoffen umfangsbelegten Werkzeugen nachzubearbeiten. Die so erzeugten Oberflächen lassen sich durch den Einsatz eines Mikroskops des Typs Duo Vario / TOOLInspect S (Confovis GmbH) auf Basis des Messprinzips „Structured Illumination" digitalisieren.

Ergebnisse und Diskussion

Durch die vertiefte Analyse des Einflusses der beiden Werkzeugparameter Belagdicke und Schaumstoffhärte lässt sich die Hypothese bestätigen, dass auch diese Parameter dazu geeignet sind, das Einsatzverhalten zu beeinflussen. Wie im rechten Teil von Bild 4 ersichtlich wird, äußert sich sowohl die Variation der Schaumstoffhärte als auch der Belagdicke direkt in einer Veränderung des resultierenden Topographiezustandes. Bei hoher Härte lässt sich insgesamt ein höherer Materialabtrag beobachten, der bedingt allerdings auch das vorhandene Rauheitsprofil abrundet, wie bereits in der Vergangenheit gezeigt werden konnte [16]. Die geringe Schaumstoffhärte dagegen führt bei ansonsten gleichen Prozessparametern zu einem deutlich weniger intensiven Materialabtrag, der sich zwar auch glättend auf die Flanken auswirkt, aber nur kleinere Oberflächendefekte entfernt. Die Erhöhung der Belagdicke von 6 mm auf 10 mm zeigt ebenfalls einen deutlichen Einfluss, der sich analog an der Intensität des Materialabtrags und auch in der Reduktion der Ausgangsrauheit ΔRz widerspiegelt. Zusammenfassend lassen sich so die Beobachtungen aus der Analyse der Stauchkräfte insofern bestätigen, dass sich sowohl Belagdicke als auch Schaumstoffhärte, neben dem Einfluss auf die Stauchkraft, ebenso auf den Materialabtrag auswirken. Eine Korrelation dieser beiden Merkmale und damit eine Bestätigung der grundsätzlich kraftgesteuerten Natur der Anwendung des hier dargestellten Werkzeugkonzeptes lässt sich so ebenfalls annehmen, was die Beobachtungen aus vergangenen Arbeiten unterstreicht [16].

6. Analyse des Materialabtrags in Abhängigkeit von der Korngröße

Methodischer Ansatz

Neben den bisher betrachteten Einflussgrößen hinsichtlich des Trägermaterials ist aber die genaue Analyse des Einflusses des eigentlichen Schneidstoffes ebenso zentral für die Vertiefung des Prozessverständnisses. Aus diesem Grund bietet sich die Größenvariation der auf den Schaumstoff aufgebrachten Diamantkörner an, um durch eine zusätzliche Stellgröße, die zusätzlich das Verformungsvermögen des Trägermaterials nicht beeinflusst, den Materialabtrag gezielt zu steuern. Analog zu den in Abschnitt 5 dargestellten Einsatzversuchen, in denen der Einfluss der Belagdicke und Schaumstoffhärte gesondert analysiert wurde, lässt sich daher so auch der Einfluss der Korngröße auf das

Einsatzverhalten der hier untersuchten Werkzeugkonzepte analysieren. Exemplarisch sollen dazu durch die stirnbelegten Werkzeuge nachbearbeitete, gehärtete Stahlproben analysiert werden. Die übergeordnete qualitative Betrachtung der Oberfläche lässt sich dabei auch hier auf Basis der mittels Structured Illumination erzeugten Topographieaufnahmen durchführen; für die Detailbetrachtung der erzeugten Oberflächentopografie bieten sich hier aber zusätzlich durch ein Rasterelektronenmikroskop des Typs Mira 3 (Tescan Group) erzeugte Aufnahmen an.

Ergebnisse und Diskussion

Bei Betrachtung der qualitativen Topografieänderungen auf Basis der Korngrößenvariation wird, wie im linken Teil von **Bild 5** gezeigt, erkennbar, dass der Einsatz höherer Korngrößen den Materialabtrag deutlich intensiviert. Das zugrunde liegende Riefenprofil wird erheblich stärker abgetragen und auch tiefere Riefen können bei ansonst gleichen Parametern stärker reduziert werden. Gleichzeitig

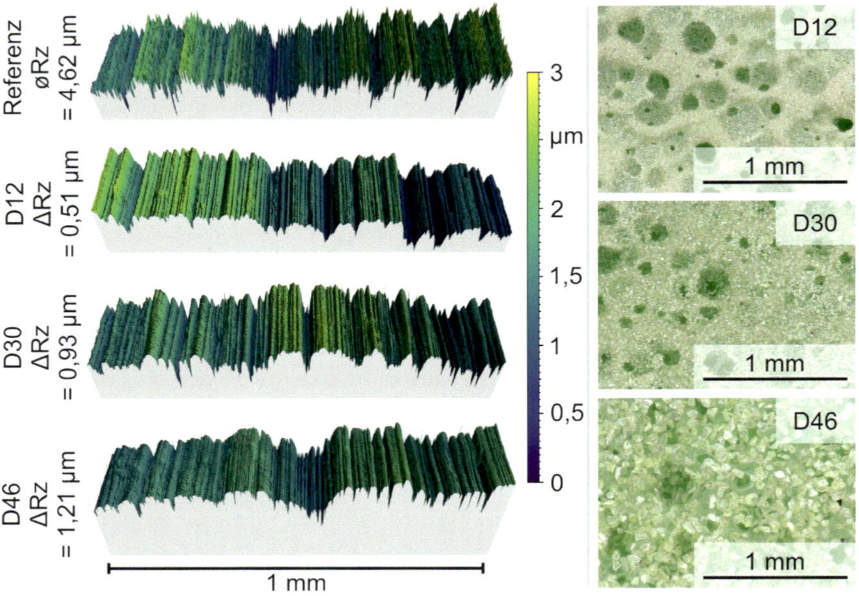

Prozessspezifikation:		Schnittgeschw.:	v_c = 3 m/s
Schaumstoffhärte:	Mittel	Vorschubgeschw.:	v_f = 150 mm/min
Belagdicke:	b = 6 mm	Nominelle Zustellung:	$a_{e,nom}$ = 0,6 mm

Bild 5: Einsatzverhalten in Abhängigkeit von der eingesetzten Korngröße und vergleichende Darstellung der Schaumstoffoberfläche

lässt sich aber auch deutlich erkennen, dass der Einfluss auf das übergeordnete Profil hier deutlich stärker ausgeprägt ist. Der Abtrag der Riefen liegt im Vergleich zum durch die kleinste Korngröße erzeugten Glättungseffekt bei der größeren Korngröße im Vordergrund. Dieser Effekt lässt sich jedoch nicht nur bei der qualitativen Betrachtung der Oberfläche feststellen, sondern auch bei den nun genauer betrachteten Detailaufnahmen der Topografie, die sich direkt von der durch die Diamantgröße definierten Schaumstoffoberfläche ableiten.

Die Betrachtung der im rechten Teil von Bild 5 dargestellten Schaumstoffoberfläche verdeutlicht anschaulich den Effekt der dreistufigen Variation der Diamantkorngröße. Neben den klar erkennbaren Größenunterschieden lässt sich auch die deutlich invers korrelierende Kornanzahl pro Fläche ableiten. Dadurch lässt sich schlussfolgern, dass neben der Kornanzahl auch die Kraft, die jedes einzelne Korn auf die Oberfläche und auch auf die Bindung ausübt, durch die Wahl der Korngröße direkt beeinflusst wird. Ein erhöhter Materialabtrag ist so

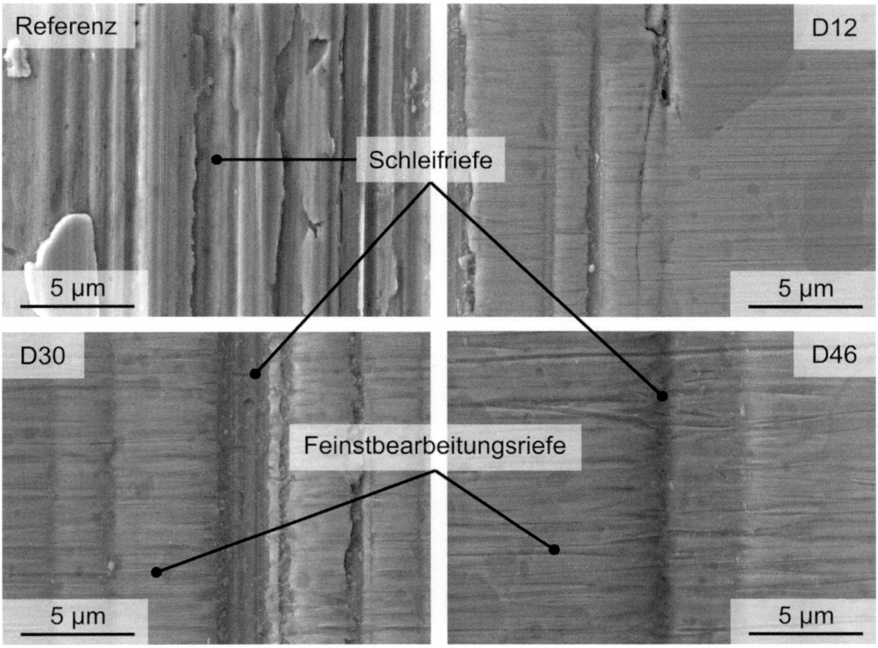

Prozessspezifikation:		Schnittgeschw.:	v_c = 3 m/s
Schaumstoffhärte:	Mittel	Vorschubgeschw.:	v_f = 150 mm/min
Belagdicke:	b = 6 mm	Nominelle Zustellung:	$a_{e,nom}$ = 0,6 mm

Bild 6: Detailbetrachtung der Oberflächentopografie in Abhängigkeit von der eingesetzten Korngröße

bei höherer Korngröße zu erwarten. Während sich dies bereits sowohl in der qualitativen Analyse der erzeugten Oberflächen als auch anhand der Reduktion der gemittelten Rautiefe ΔRz im Vergleich zur Referenzfläche im linken Teil von Bild 5 erkennen lässt, ermöglicht speziell die detaillierte Analyse der Oberfläche auf Basis der in **Bild 6** dargestellten rasterelektronenmikroskopischen Aufnahmen noch umfangreichere Schlussfolgerungen.

Dabei wird deutlich, dass die einzelnen Eingriffsspuren bei größerer Korngröße deutlich stärker erkennbar sind als bei kleinerer Korngröße. Die einzelnen Körner scheinen tiefer in die Oberfläche einzudringen, was durch die erhöhte Kraft pro Korn begründet sein könnte. Die Ausgangstopografie scheint durch die größeren Körner zudem deutlich intensiver abgetragen worden zu sein, sodass die kleineren Schleifriefen fast vollständig entfernt werden konnten. Ebenfalls erkennbar wird jedoch auch, dass die Eingriffsbahnen der einzelnen Körner bei ansteigender Korngröße von Verschiebungen des Korns senkrecht zur Schnittgeschwindigkeit beeinflusst werden, wodurch teils fast wellenförmige Eingriffsbahnen entstehen. Dieser Effekt lässt sich dabei potenziell ebenfalls durch die elastischen Eigenschaften des Trägermaterials erklären. Wie für elastisch gebundene Schleifwerkzeuge in der Vergangenheit bereits gezeigt wurde, kann es durch die Einwirkung von Prozesskräften auf die Körner zu einer Veränderung von Position und Winkel dieser kommen, was so beispielsweise das Materialabtragsverhalten [18] oder auch eventuelle Abrichtprozesse [19] beeinflussen kann. Dieser Effekt scheint hier durch die sehr hohe Verformbarkeit des Trägermaterials besonders deutlich zu werden, wobei die bei den größeren Körnern erhöhte Kraft pro Korn die Amplitude der Auslenkung scheinbar verstärkt.

7. Fazit und Ausblick

Die hier dargestellten Untersuchungen ermöglichen ein vertieftes Verständnis der Wirkmechanismen diamantbelegter Schaumstoffwerkzeuge. Dabei konnte u. a. gezeigt werden, dass sich Schaumstoffhärte, Belagdicke, aber auch Diamantkorngröße eignen, um das Einsatzverhalten zu beeinflussen und sich als zusätzliche Parameter neben den typischen Prozessparametern nutzen lassen, um die Bearbeitung auf die Zieltopografie abzustimmen. Dieses verbesserte Prozessverständnis erlaubt so zudem perspektivisch eine vorausschauende Werkzeugauslegung, die anwendungs- und werkstückspezifisch optimiert werden kann. Damit wird ein Teil der Grundlage geschaffen, diamantbelegte Schaumstoffwerkzeuge reproduzierbar und effizient in unterschiedlichen Präzisionsbearbeitungsprozessen einzusetzen.

Gleichzeitig verdeutlichen die hier gezeigten Zusammenhänge aber auch die Komplexität dieses Werkzeugkonzepts, dessen Wirkmechanismen sich sowohl an Zerspanprozesse mit gebundenem als auch ungebundenem Korn anlehnen. Zusätzliche Untersuchungen sind daher zwingend notwendig, um den Einsatz eines solchen Werkzeugkonzepts vorhersagbarer zu machen. Ein zentraler Punkt ist dabei das eigentliche Verformungsvermögen, welches für die Definition des Prozessfensters kritisch ist. Ein vertieftes Verständnis der Mechanismen, welche der Verformung zugrunde liegen, die die Präparation von sowohl Profilspitzen als auch Tälern ermöglichen, sollte dabei im weiteren Fokus der Untersuchungen liegen.

Förderhinweis

Gefördert durch die Deutsche Forschungsgemeinschaft (DFG) – 423137098

Literatur

[1] Özel, T.; Biermann, D.; Enomoto, T.; Mativenga, P.: Structured and Textured Cutting Tool Surfaces for Machining Applications. In: CIRP Annals – Manufacturing Technology, 70 (2021) 2, S. 495–518, online, [https://doi.org/10.1016/j.cirp.2021.05.003]

[2] Kipp, M.: Feinstbearbeitung von Hartmetall unter Einsatz elastisch gebundener Diamantschleifwerkzeuge zur Präparation von Spannuten. Dissertation, Technische Universität Dortmund, Vulkan-Verlag GmbH, Essen, 2023

[3] Hense, R.; Wels, C.; Kersting, P.; Vierzigmann, U.; Löffler, M.; Biermann, D.; Merklein, M.: High-Feed Milling of Tailored Surfaces for Sheet-Bulk Metal Forming Tools. In: Prod Eng Res Devel., 9 (2015), S. 215–223, online, [https://doi.org/10.1007/s11740-015-0601-3]

[4] Shimizu, J.; Nakayama, T.; Watanabe, K.; Yamamoto, T.; Onuki, T.; Ojima, H.; Zhou, L.: Friction Characteristics of Mechanically Microtextured Metal Surface in Dry Sliding. In: Tribology International, 149 (2020), 105.634, online, [https://doi.org/10.1016/j.triboint.2020.105634]

[5] Evans, C. J.; Bryan, J. B.: "Structured", "Textured" or "Engineered" Surfaces. In: CIRP Annals – Manufacturing Technology, 48 (1999) 2, S. 541–556, online, [https://doi.org/10.1016/S0007-8506(07)63233-8]

[6] Aragaw, E.; Gärtner, E.; Schubert, A.: Combined Laser Hardening and Laser Surface Texturing Forming Tool 1.2379. In: Procedia CIRP, 94 (2020), S. 914–918, online, [https://doi.org/10.1016/j.procir.2020.09.072]

[7] Mullany, B.; Savio, E.; Haitjema, H.; Leach, R.: The Implication and Evaluation of Geometrical Imperfections on Manufactured Surfaces. In: CIRP Annals – Manufacturing Technology., 71 (2022) 72, S. 717–739, online, [https://doi.org/10.1016/j.cirp.2022.05.014]

[8] Hashimoto, F.; Yamaguchi, H.; Krajnik, P.; Wegener, K.; Chaudhari, R.; Hoffmeister, H.-W.; Kuster, F.: Abrasive Fine-Finishing Technology. In: CIRP Annals – Manufacturing Technology, 65 (2016) 2, S. 597–620, online, [https://doi.org/10.1016/j.cirp.2016.06.003]

[9] Denkena, B.; Krödel, A.; Hein, M.: Innovative Method for Cutting Edge Preparation with Flexible Diamond Tools. In: Procedia CIRP, 86 (2019), S. 121–125, online, [https://doi.org/10.1016/j.procir.2020.09.072]

[10] Brinksmeier, E.; Heinzel, C.; Bleil, N.: Superfinishing and Grind-Strengthening with Elastic Bonding System. In: Journal of Materials Processing Technology, 209 (2009) 20, S. 6.117–6.123, online, [https://doi.org/10.1016/j.jmatprotec.2009.08.027]

[11] Heinzel, C.; Wagner, A.: Fine Finishing of Gears with High Shape Accuracy. In: CIRP Annals – Manufacturing Technology, 62 (2013) 1, S. 359–362, online, [https://doi.org/10.1016/j.cirp.2013.03.070]

[12] Dvorak, M.; Mielemeier, F.; Adams, H.: A New Generation of Highly Flexible and Soft Tools for High Precision Surface Finishing with Embedded Micro-Diamonds. In: IOP Conf Ser Mater Sci Eng, 480 (2019), 012.001, online, [https://doi.org/10.1088/1757-899X/480/1/012001]

[13] Zhu, W.-L.; Yang, Y.; Li, H. N.; Axinte, D.; Beaucamp, A.: Theoretical and Experimental Investigation of Material Removal Mechanism in Compliant Shape Adaptive Grinding Process. In: International Journal of Machine Tools and Manufacture, 142 (2019), S. 76–97, online, [https://doi.org/10.1016/j.ijmachtools.2019.04.011]

[14] Evans, C. J.; Paul, E.; Dornfeld, D.; Lucca, D. A.; Byrne, G.; Tricard, M.; Klocke, F.; Dambon, O.; Mullany, B. A.: Material Removal Mechanisms in Lapping and Polishing. In: CIRP Annals – Manufacturing Technology, 52 (2003) 2, S. 611–633, online, [https://doi.org/10.1016/S0007-8506(07)60207-8]

[15] Aurich, J. C.; Effgen, C.; Influence of the Machining Conditions when Preparing Cutting Edges with Elastic Bonded Grinding Wheels. In: Production Engineering: Research and Development, 9 (2015), S. 329–336, online, [https://doi.org/10.1007/s11740-015-0622-y]

[16] Peters, J.; Kipp, M.; Biermann, D.: Analysis of the process behaviour of diamond-coated foams in finishing of ground hardened steel. In: In: CIRP Journal of Manufacturing Science and Technology, 55 (2024), S. 54–61, online, [doi: https://doi.org/10.1016/j.cirpj.2024.09.003]

[17] Kipp, M.; Peters, J.; Platt, T.; Biermann, D.: Abrasive finishing of surface structures with diamond-coated foams. CIRP Annals – Manufacturing Technology, 73 (2024) 1, S. 261–261, online, [doi: https://doi.org/10.1016/j.cirp.2024.04.033]

[18] Borchers, F.; Wagner, A.; Heinzel, C.; Meyer, D.: Schleifen mit elastischen Werkzeugen. Prozessauslegung und Oberflächenbeeinflussung beim Außenrundschleifen. In: Wt Werkstatttechnik Online, 106 (2016) 06, S. 380–386, online, [https://doi.org/10.37544/1436-4980-2016-06-10]

[19] Bathe, T.: Untersuchungen zur Topographie- und Umfangsgestaltoptimierung von Einlippentiefbohrwerkzeugen. Dissertation, Technische Universität Dortmund, Vulkan-Verlag GmbH, Essen, 2020

Einfluss einer strukturoptimierten kardanischen Vorrichtung auf die Bauteilqualität beim Langhub-Innen-Rundhonen

Murat Güner, Sven-Erik Lang, Jochen Brandstetter, Henning Klein, Dirk Bähre

1. Einleitung und Motivation

Nach heutigem Stand der Technik ist das Honen in vielen Fertigungsprozessketten eine Schlüsseltechnologie zur Herstellung von hochpräzisen Funktionsbauteilen. Dieses Feinbearbeitungsverfahren steht i. d. R. am Ende einer Prozesskette; daher bestehen beim Honverfahren, aus Sicht der Fertigungstechnik und Qualitätssicherung, hohe technologische Anforderungen hinsichtlich der Prozesssicherheit sowie der Wirtschaftlichkeit. Anwendungen finden sich in der gesamten metallverarbeitenden Industrie: Automobil-, Hydraulik- und Pneumatikindustrie, Luft- und Raumfahrt sowie Medizintechnik. Gehonte Oberflächen besitzen die Eigenschaft einer fertigen Funktionsoberfläche, deren Aufgabe bei einer mechanischen Beanspruchung im Gleiten, Dichten und Führen liegt. Das Präzisionsniveau wird in engen Toleranzen durch hohe Form-, Maß- und Lagegenauigkeiten, Randzonen- und Oberflächenqualität sowie tribologische Eigenschaften erreicht. Um den stets wachsenden Anforderungen gerecht zu werden, ist eine kontinuierliche Optimierung der Hontechnologie erforderlich. [1–3]

Im Allgemeinen gehören Vorrichtungen, Werkzeuge sowie Mess- und Prüfmittel zu Betriebsmitteln, die in Fertigungseinrichtungen eingesetzt werden und zusammen mit Werkzeugmaschinen ein Fertigungsmittel darstellen [4]. Dieser Beitrag fokussiert sich auf das Prozessverhalten der kardanischen Vorrichtung beim Langhub-Innen-Rundhonen. In [5–7] wurden bereits Grundlagenuntersuchungen durchgeführt, die den Anlegeprozess und das Prozessverhalten der kardanischen Vorrichtung erläutern. Weiterhin wurde in [8] der Einfluss von Zusatzmassen und der Änderung der Schwerpunktslage auf die Vorrichtung behandelt. Dieser Beitrag stellt den Einfluss einer strukturoptimierten kardanischen und einer konventionellen Vorrichtung hinsichtlich der Bauteilendqualität einander gegenüber.

Die Genauigkeit und Leistungsfähigkeit von Werkzeugmaschinen werden u. a. durch die dynamischen Eigenschaften begrenzt. Unausgeglichene dynamische Eigenschaften einer Werkzeugmaschine begünstigen Schwingungserscheinungen, zu deren Folgen u. a. eine schlechte Werkstückoberflächenqualität sowie erhöhte Verschleißerscheinungen und Schäden an Werkzeugen und Maschinen gehören. [9–11] Das dynamische Verhalten einer Werkzeugmaschine wird durch folgende Eigenschaften bestimmt:

- Masse beziehungsweise räumliche Massenverteilung
- (Statische) Steifigkeit und deren räumliche Verteilung
- Dämpfung, die vornehmlich durch die Koppelstellen vorgegeben wird.

Prinzipiell ist im Rahmen der konstruktiven Gestaltung einer Werkzeugmaschine eine massearme beziehungsweise leichte Konstruktion anzustreben. Je näher die Komponente einer Werkzeugmaschine an der werkzeugwirkenden beziehungsweise spanenden Stelle liegt, wie z. B. im Falle einer Vorrichtung zur Werkstückaufnahme, desto ausschlaggebender ist eine leichtbauausgelegte Konstruktion, um gleichzeitig eine niedrige Masse bei ausreichender Steifigkeit zu gewährleisten [12]. Diese Forderungen stehen oft zueinander im Widerspruch und erschweren die konstruktive Auslegung. Hierzu werden i. d. R. Optimierungsmethoden der Finite-Elemente-Berechnung verwendet, um das Verhältnis von Steifigkeit zu Massen zu verbessern und die Masseverteilung zu optimieren. Eine durch strukturoptimierende Maßnahmen erhaltene Geometrie ist jedoch meist gar nicht oder nur mit hohem Aufwand durch subtraktive oder formative Fertigungsverfahren herstellbar. In diesem Kontext bietet sich die sogenannte metalladditive Fertigung an, welche basierend auf dem Prinzip der schichtweisen Bauteilgenerierung konstruktive Potenziale zur Umsetzung strukturoptimierter Geometrien bietet. Die Gestaltungspoteztiale der metalladditiven Fertigung sollen in diesem Beitrag zur strukturellen Überarbeitung der kardanischen Vorrichtung genutzt werden.

2. Werkzeugkinematik und Auslegung einer kardanischen Vorrichtung

Die Kinematik beim Langhub-Innen-Rundhonen zeichnet sich durch drei simultan ablaufende Bewegungskomponenten aus: eine Oszillationsbewegung entlang der Werkzeugachse, eine Rotationsbewegung um die Werkzeugachse und eine Zustellbewegung der Honleiste in radialer Richtung. Die Überlagerung der Bewegungen resultiert in einer auf der gehonten Oberfläche auftretenden charakteristischen Kreuzschraffur, die einen bestimmten Honwinkel aufspannt. Zudem ist das vorliegende Einleistenhonwerkzeug mit einer Honleiste und zwei Führungsleisten versehen. Eine achsunsymmetrische Anordnung begünstigt nach [1] die Laufruhe des Werkzeugs. Neben dem Werkzeug muss das System Werkzeug-Vorrichtung eine prozesssichere Funktion während des Honprozesses gewährleisten. Dahingehend fordern Prozessführung und Endqualität auch die Anpassung von Vorrichtungskonzepten, um die Vorteile beim Honen optimal nutzen zu können [13]. Um diesen Anforderungen zu genügen, ist eine gleichachsige Orientierung von Werkzeug und Werkstück notwendig, welche durch die Bewegungsspiele der kardanischen Vorrichtung gegeben ist. Bei diesem System werden i. d. R. der leichteren Komponente, dem Werkstück, die erforderlichen Freiheitsgrade in Form einer kardanischen Vorrichtung mit vier Frei-

Bild 1:
Aufteilung der Freiheitsgrade der kardanischen Vorrichtung [14]

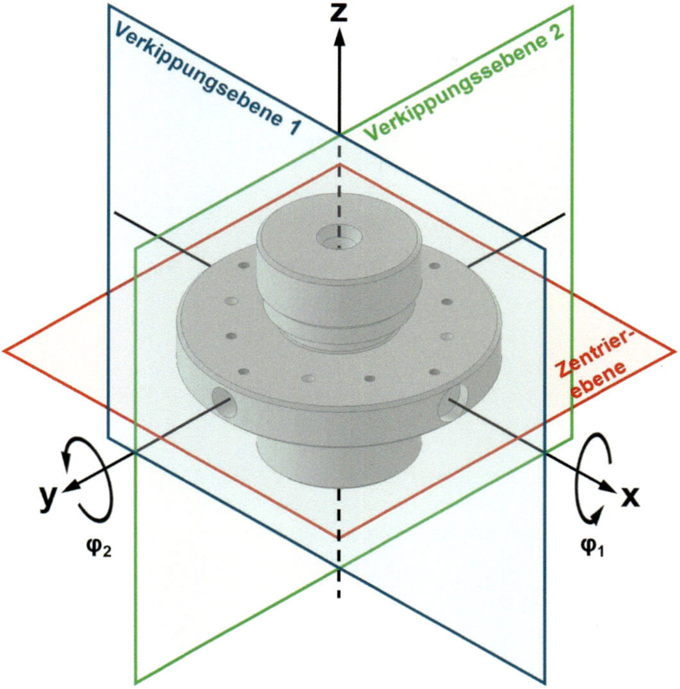

heitsgraden zugeordnet und das Werkzeug starr ausgeführt. Die Prinzipskizze in **Bild 1** fasst die Freiheitsgrade zusammen.

Zwei translatorische Freiheitsgrade spannen über die x- und y-Verschiebungsachsen die Verschiebungsebene (Zentrieren, x-y-Ebene) auf. Zwei weitere rotatorische Freiheitsgrade φ_1 und φ_2 um die beiden Verschiebungsachsen bilden entsprechend der jeweiligen Schräglage die beiden Verkippungsebenen 1 und 2 (Kippen, x-z-Ebene, y-z-Ebene). Die vorliegenden Freiheitsgrade realisieren nach Anlegen der Honleiste ein Zentrieren und Kippen der Werkstückbohrung, sodass eine gleichachsige Honbearbeitung gegeben ist. Diese prozessbedingten Eigenschaften ermöglichen eine Korrektur der Maß- und Formgenauigkeit sowie der Oberflächenqualität. Unabhängig von der Fertigungsaufgabe und Bauweise erfüllt eine Vorrichtung als eigenständiges Teilsystem der Fertigungseinrichtung drei Funktionen: Positionieren des Werkstücks, Spannen und Halten des Werkstücks sowie Führen des Werkzeugs [15]. Ausgehend von den allgemeinen Funktionen und der Forderung nach gleichachsiger Honbearbeitung gilt für die einwandfreie Funktionsweise der kardanischen Funktion eine

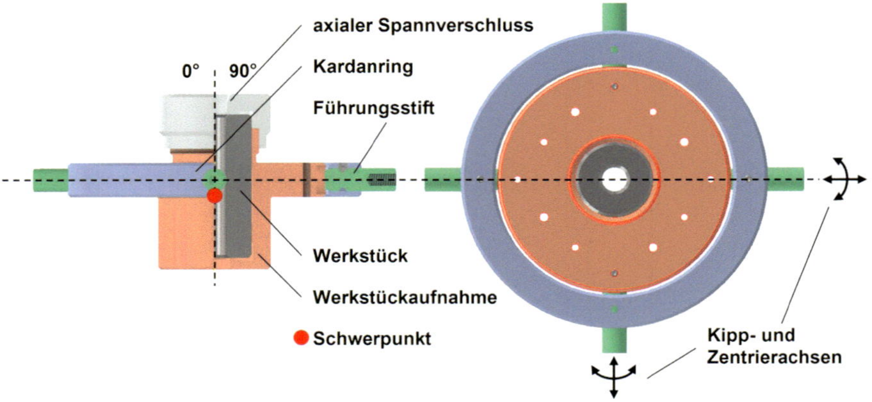

Bild 2: Auslegung der kardanischen Vorrichtung in Seiten- und Draufsicht nach [1]

korrekte Lage der Verschiebe- und Verkippungsachsen. Wie in **Bild 2** dargestellt, sollte das Drehachsenkreuz auf Schwerpunktniveau der bewegten Gesamtmasse oder für stabile Verhältnisse einige Millimeter oberhalb davon liegen [1–2].

Geprägt von der bewegten Gesamtmasse und Achsenauslegung lässt sich die Schwerpunktlage beispielsweise durch Anpassung der Vorrichtungsmasse verlagern.

Wie bereits beschrieben, ist die Relevanz einer massearmen Konstruktion abhängig von der Lage zur Zerspanstelle. Je näher die Komponente an der Bearbeitungsposition liegt, desto wichtiger ist eine Optimierung des Masse-Steifigkeits-Verhältnisses. Die Qualität des Honprozesses hängt stark von der Gleichachsigkeit zwischen Werkzeug und Werkstück und somit von einem ordnungsgemäßen dynamischen Verhalten der kardanischen Vorrichtung im Bearbeitungsprozess ab. Übermäßig auftretende Schwingungen beeinflussen die Prozessstabilität sowie die Qualität des zu bearbeitenden Werkstücks negativ, weswegen eine Bearbeitung in einem potenziellen Resonanzbereich einer Vorrichtung vermieden werden muss. Die Anpassung der Masse und deren Verteilung soll dementsprechend eine Verbesserung des dynamischen Verhaltens der Vorrichtung und eine daraus resultierende gesteigerte Bearbeitungsqualität bei höheren Schnittgeschwindigkeiten erreichen.

3. Konstruktive Anpassung der kardanischen Vorrichtung

Die strukturelle Überarbeitung der kardanischen Vorrichtung umfasst eine Topologieoptimierung und den Einsatz von zellulären Strukturen, um die Gesamtmasse zu reduzieren und das dynamische Verhalten zu verbessern. Topologieoptimierung ist ein computerbasiertes Verfahren, das auf der Finite-Elemente-Methode basiert und die optimale Materialverteilung für mechanisch belastete Bauteile ermittelt. Es verwendet einen Bauraum sowie definierte Randbedingungen und Belastungen, um einen Gestaltungsvorschlag zu generieren, der oft nachbearbeitet werden muss, um Fertigungsbeschränkungen zu berücksichtigen [16–18]. Dies führt zu komplexen, kraftflussangepassten Geometrien, die besonders für die additive Fertigung geeignet sind, da diese Technologie die Herstellung solcher Formen ermöglicht [19–20]. Zelluläre Strukturen, wie Gitter-, Waben- oder Schaumarchitekturen, bestehen aus einem Netzwerk von Streben oder Platten und bieten hohe Festigkeit bei geringer Masse sowie gute Energieabsorption, Wärmeleitung und Schalldämpfung [21–23]. In der additiven Fertigung sind sie aufgrund der geometrischen Freiheit besonders etabliert und bieten ein hohes Leichtbaupotenzial. Die mechanische Leistungsfähigkeit hängt stark von der Mesostruktur, wie der Strebentopologie und der Einheitszelle, ab [24–25]. Die Kombination dieser Methoden zielt darauf ab, die kardanische Vorrichtung kraftfluss- und fertigungsgerecht umzugestalten, um durch Gewichtsreduktion das dynamische Verhalten und die Bearbeitungsqualität positiv zu beeinflussen. Das Vorgehen orientiert sich an einer etablierten Methodik von Lippert et al. zur restriktionsgerechten Gestaltung gewichtsoptimierter Strukturen, die in **Bild 3** dargestellt ist [26].

Ausgangspunkt ist ein CAD-Modell, bei dem zunächst die Wirkflächen und Belastungen identifiziert werden, um einen Wirkraum als grundlegende Bauteilhülle zu definieren. Innerhalb dieses Wirkraums wird ein Gestaltungsraum festge-

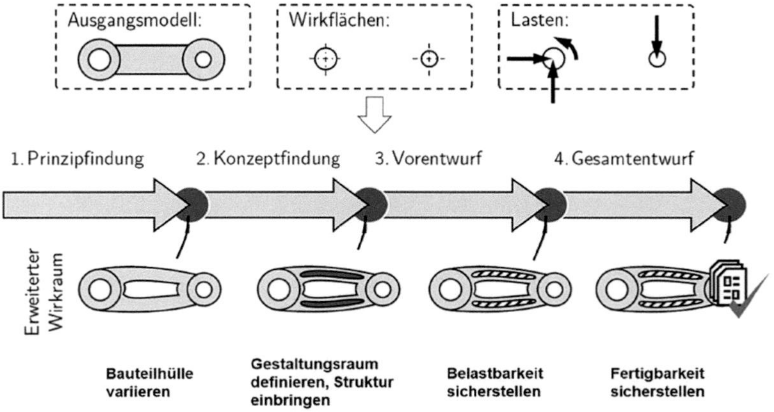

Bild 3: Vorgehensweise zur restriktionsgerechten Gestaltung gewichtsoptimierter Strukturen nach [26]

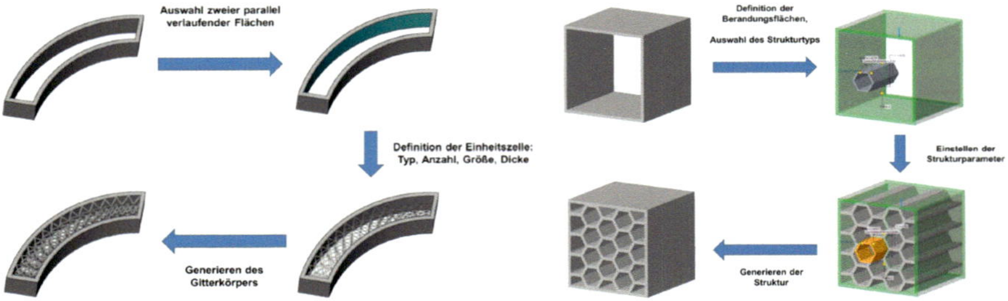

Bild 4: Schematische Darstellung der Erzeugung von konformen Gitterstrukturen (links) und Wabenstrukturen (rechts)

legt, der die Integration von zellulären Strukturen wie Waben- oder Gitterstrukturen ermöglicht. Diese Strukturen werden mit speziellen Rechnerwerkzeugen generiert, die 2,5-D-Strukturen (z. B. Waben) oder 3-D-Strukturen (z. B. Gitter) in komplexen Geometrien erzeugen können. **Bild 4** veranschaulicht die Erzeugung einer konformen Gitterstruktur in einer gekrümmten Geometrie sowie die Integration von Wabenstrukturen in einem Gestaltungsraum.

Die gewählten Parameter der Topologieoptimierung zielen darauf ab, die Steifigkeit zu maximieren, während das Bauteilvolumen auf 30 % des Ausgangsvolumens reduziert wird, ohne die Festigkeit zu beeinträchtigen. Die statische und dynamische Festigkeit sowie die Lebensdauer des Bauteils werden werkstoffabhängig durch FEM-basierte Simulationen überprüft, die auf Kraftverläufen aus vorherigen Bearbeitungen beim Langhub-Innen-Rundhonen basieren. Die Fertigbarkeit wird durch „Design for Manufacturing" (DfM) für spanende Verfahren und „Design for Additive Manufacturing" (DfAM) für die additive Fertigung sichergestellt, wobei AM-spezifische Gestaltungsrichtlinien eingehalten und besondere Gestaltungspotenziale genutzt werden, um die geometrischen Freiheiten der additiven Fertigung zu nutzen [27].

Bild 5 zeigt die Belastungsanalyse der Vorrichtungskomponenten vor und nach der Topologieoptimierung sowie der Integration zellulärer Strukturen. Funktionsflächen, wie Zylinderöffnungen oder Passbohrungen, erhielten ein Aufmaß, um eine präzise spanende Nachbearbeitung zu ermöglichen und um Toleranzen einzuhalten. Die Fertigung erfolgt mittels „Laser Powder Bed Fusion" (L-PBF) auf einer SLM125HL-Maschine der Firma Nikon SLM Solutions AG, bei dem auf ein Substrat aufgebrachtes Metallpulver aus AlSi10Mg in einem unter Inertgas stehenden Bauraum iterativ schichtweise aufgeschmolzen wird, bis das Bauteil vollständig generiert ist [28–29]. **Bild 6** zeigt die dabei entstandenen Bauteile nach der Entnahme aus dem Bauraum der Maschine und nach spanender Nachbearbeitung.

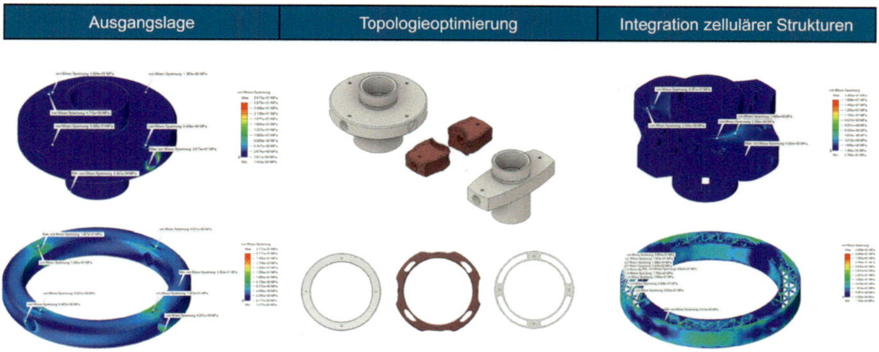

Bild 5: Von links nach rechts: Belastungsanalyse der Komponenten der kardanischen Vorrichtungskomponenten, Gestaltungsvorschlag der Topologieoptimierung, Belastungsanalyse der angepassten Vorrichtungskomponenten

Die Nachbearbeitung durch in diesem Fall Fräs-, Dreh- und Schleifoperationen wird durch prozessbedingte geometrische Abweichungen und die Anbindung an das Substrat durch sogenannte Supportstrukturen erforderlich, insbesondere an den vorhandenen Funktionsflächen. Die vorhandene Oberflächenrauheit wird mittels Sandstrahlen reduziert, um die Dauerfestigkeit des Bauteils zu steigern. Die optimierten Bauteile ersetzen anschließend die konventionell gefertig-

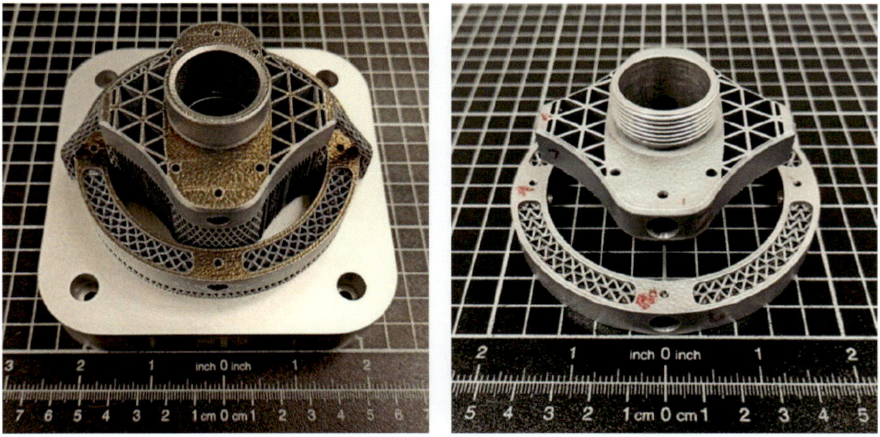

Bild 6: Die additiv gefertigten Vorrichtungsteile vor (links) und nach (rechts) der spanenden Nachbearbeitung

ten Vorrichtungskomponenten in der Honmaschine, wobei zelluläre Strukturen und Aussparungen die Funktionalität und Festigkeit sichern, den Materialbedarf senken und die Vorteile der additiven Fertigung nutzen, wodurch die Effizienz und Bearbeitungsqualität gesteigert werden sollen.

4. Versuchsaufbau und Durchführung der Honbearbeitungen

Der Fokus in diesem Beitrag liegt auf der Gegenüberstellung der erreichbaren Bauteilendqualitäten bei der strukturoptimierten und konventionellen kardanischen Vorrichtung. Für die Versuchsreihen wurde die vom Unternehmen KADIA Produktion GmbH + Co. zur Verfügung gestellte Honmaschine vom Typ LH 30/300R verwendet. **Bild 7** zeigt beide Vorrichtungen an der Honstation.

Die strukturoptimierte Vorrichtung erfüllt dieselben Funktionen wie die konventionelle Vorrichtung hinsichtlich der Freiheitsgrade und Beweglichkeit während des Honprozesses. Die Unterschiede liegen in der Materialauswahl, in diesem Fall Aluminium, der Struktur und dem Design sowie der Masse. **Tabelle 1** vergleicht die Massen der einzelnen Komponenten beider Vorrichtungen.

Die strukturoptimierte Vorrichtung erzielt in Kombination mit dem Materialwechsel eine Massereduktion von 80 % für den Kardanring und 75 % für den Aufnehmer gegenüber der konventionellen Vorrichtung.

Die Versuchsdurchführung beinhaltet zwei Versuchsreihen: konventionelle Vorrichtung und strukturoptimierte Vorrichtung. Beide Versuchsreihen werden mit gleichen Prozessparametern ausgeführt, damit einheitliche Bedingungen gege-

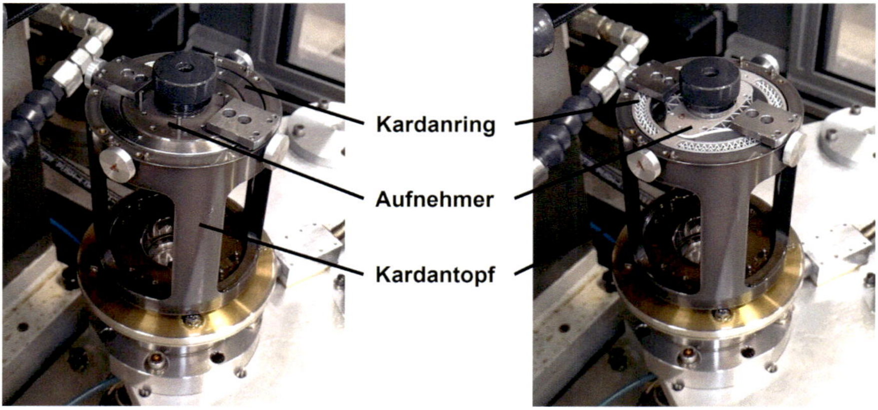

Bild 7: Konventionelle (links) und strukturoptimierte (rechts) kardanische Vorrichtung

Tabelle 1: Massenvergleich einzelner Komponenten beider Vorrichtungsvarianten

Masse	Konventionelle Vorrichtung	Strukturoptimierte Vorrichtung
Kardanring [g]	273	55
Werkstückaufnehmer [g]	499	123

Tabelle 2: Parameterstufen für Oszillations- und Rotationsgeschwindigkeit

Parameter	Stufe 1	Stufe 2	Stufe 3	Stufe 4	Stufe 5
Oszillationsgeschwindigkeit [mm/s]	86	172	258	344	429
Rotationsgeschwindigkeit [min^{-1}]	500	1.000	1.500	2.000	2.500
Schnittgeschwindigkeit [mm/s]	226	452	679	906	1.132
Honwinkel [°]	45	45	45	45	45

Tabelle 3: Weitere Prozessparameter, Werkzeug- und Werkstückspezifikationen

Kennwerte	Konventionelle Vorrichtung	Strukturoptimierte Vorrichtung
Bearbeitungsschritt	Vorhonen/Fertighonen	
Honleiste Körnung	D64/D15	
Führungsleiste Körnung	D46/D10	
Zustellschritt [µm]	0,5	
Abtrag [µm]	20/10	
Ausfeuerzeit [s]	2	
Werkstückstoff	16MnCr5 (HRC20)	
Werkstückanzahl	25 (5 pro Stufe)	25 (5 pro Stufe)
Werkstückausgangsdurchmesser [mm]	~ 7,967	

ben sind. **Tabelle 2** und **Tabelle 3** fassen die Prozessparameter sowie die Prozesskennwerte zusammen.

Für ein breites Vergleichsspektrum werden Oszillations- und Rotationsgeschwindigkeit in fünf Parameterstufen variiert. In jeder Versuchsreihe werden 25 Werkstücke bearbeitet, wobei jede Parameterstufe fünf Werkstücke beinhaltet. Für den detaillierten Qualitätsvergleich erfolgen je Versuchsreihe eine Vorhonen- und eine Fertighonenoperation, wobei das weg-zeit-geführte Zustellsystem angewendet wird. Die Werkzeuge für das Vorhonen und Fertighonen sind Einleistenwerkzeuge mit der Körnung D64 sowie D15.

5. Ergebnisse und Vergleich der Vorrichtungsvarianten

Dieser Abschnitt fasst alle Ergebnisse hinsichtlich der erreichten Oberflächen- und Formqualitäten durch den Einsatz der beiden Vorrichtungsvarianten zusammen. Die strukturoptimierte kardanische Vorrichtung bringt insbesondere die signifikante Massenreduktion in den Vordergrund, welche die Bewegungsdynamik ebenfalls beeinflusst. Wie sich dies auf die Qualität der bearbeiteten Werkstücke auswirkt, zeigt beginnend **Bild 8** mit der Rundheit.

Beide Vorrichtungen führen zu verbesserten Rundheitswerten < 2 µm nach dem Fertighonen. Vor dem Honen waren die Rundheitswerte stark verstreut, welche sich nach dem Vorhonen deutlich reduzieren. Die strukturoptimierte Vorrichtung zeigt vereinzelt Ausreißer bei den Parameterstufen 1, 4 und 5 sowie bei der konventionellen Vorrichtung bei 3 und 5. Auffallend ist auch die stärkere Streuung bei Parameterstufe 2 und 3 nach dem Vorhonen.

Die Geradheitswerte in **Bild 9** zeigen insgesamt auch eine Verbesserung, wobei die strukturoptimierte Vorrichtung einzelne Ausreißer nach dem Fertighonen in Parameterstufe 3 und 4 zeigt. Auffällig ist auch die engere Streuung nach dem Vorhonen im Vergleich zu der konventionellen Vorrichtung. Die Verteilung der konventionellen Vorrichtung wirkt nach dem Fertighonen gleichmäßiger und homogener, insbesondere nach der dritten Parameterstufe. Beide Vorrichtun-

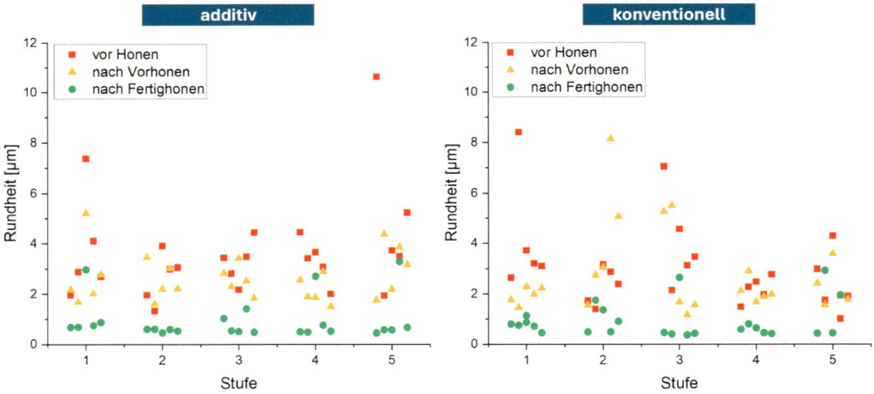

Bild 8: Ergebnisse zur Rundheit der strukturoptimierten und konventionellen Vorrichtung

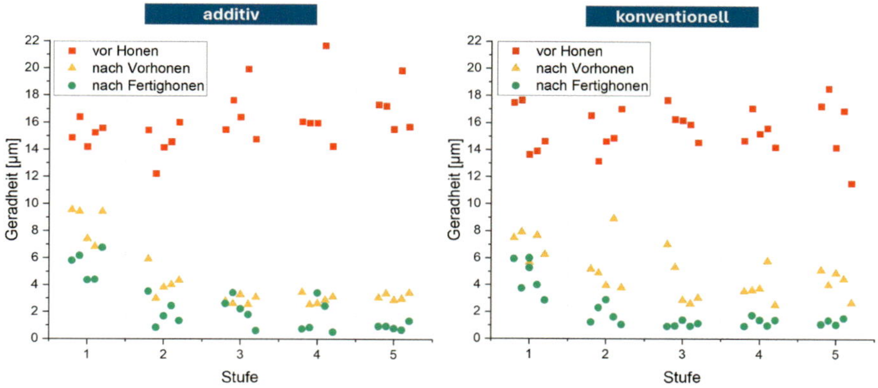

Bild 9: Ergebnisse zur Geradheit der strukturoptimierten und konventionellen Vorrichtung

gen zeigen bei Parameterstufe 1 die geringste Verbesserung. Hierbei ist die Schnittgeschwindigkeit sehr gering; gleichzeitig fällt die Abtragsleistung geringer aus, welche eine ausreichende Korrektur der Geradheit nicht zustande bringt.

Bild 10 fasst die Ergebnisse der Zylindrizität zusammen.

Die strukturoptimierte Vorrichtung erreicht nach dem Fertighonen in den Parameterstufen 2 bis 5 geringere Werte als die konventionelle Vorrichtung. Das

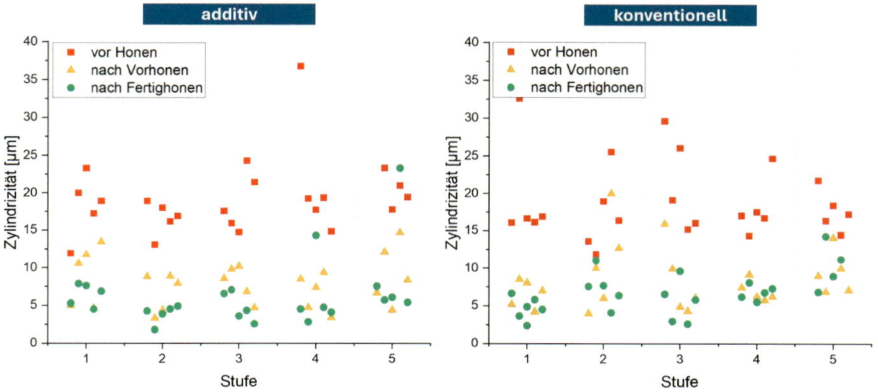

Bild 10: Ergebnisse zur Zylindrizität der strukturoptimierten und konventionellen Vorrichtung

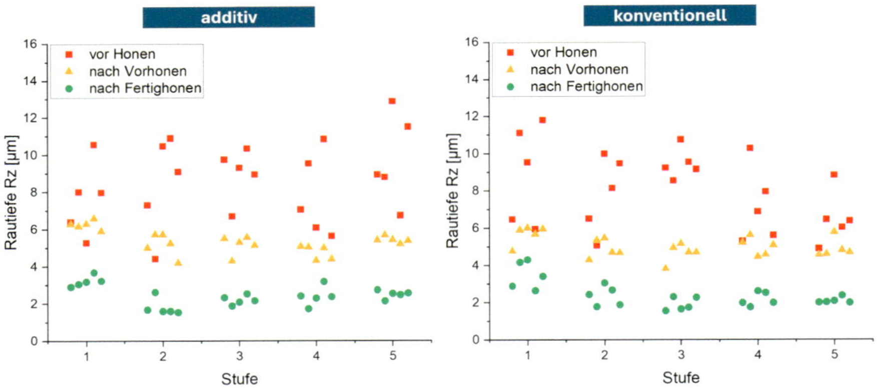

Bild 11: Ergebnisse zur Rautiefe der strukturoptimierten und konventionellen Vorrichtung

Vor- und Fertighonen kann die Zylindrizität substanziell verbessern, jedoch verbleiben teilweise hohe Abweichungen mit erhöhter Streuung.

Die Ergebnisse zu Rautiefe aus **Bild 11** zeigen deutliche Verbesserungen der Oberflächenqualität für beide Vorrichtungsvarianten. Nach dem Vorhonen wiesen beide Vorrichtungen für die ersten vier Stufen ähnliche Werte und Streuungen auf, wobei die mittleren Rauheitswerte bei der ersten Parameterstufe für beide Vorrichtungen am höchsten sind; für Parameterstufe 5 sind die Rauheitswerte der strukturoptimierten Vorrichtung deutlich geringer gestreut, wobei die Mittelwerte für beide Vorrichtungen vergleichbar bleiben. Im Mittel erreicht die strukturoptimierte Vorrichtung bei Parameterstufe 4 die geringsten Rauheitswerte, die konventionelle Vorrichtung bei Parameterstufe 3. Nach dem Fertighonen liegen für die strukturoptimierte Vorrichtung für die ersten beiden Parameterstufen deutlich geringere Streuungen der Messwerte vor. Die konventionelle Vorrichtung weist bezüglich der Mittelwerte leicht geringere Rauheitswerte auf, während die Streuung der Messwerte vergleichbar bleibt. Markant ist die geringe Streuung bei der höchsten Parameterstufe für beide Vorrichtungen, wobei sich die Vorrichtungen für die Parameterstufen 3 bis 5 kaum voneinander abheben.

6. Zusammenfassung und Ausblick

Im Rahmen dieses Beitrags wurde der Einfluss einer strukturoptimierten und AM-gerechten kardanischen Vorrichtung beim Langhubinnenrundhonen untersucht und präsentiert. Zu diesem Zweck wurden Honproben mit beiden Vorrichtungen unter vergleichbaren Ausgangs- und Prozessbedingungen bearbeitet und hinsichtlich ihrer Form- und Oberflächenqualität miteinander verglichen.

Die strukturoptimierte Vorrichtung bietet potenziell Vorteile in der Zylindrizität und teilweise in der Streuung der Rauheitswerte; sie zeigt jedoch vereinzelt Ausreißer bei Rund- und Geradheit, die auf prozessbedingte Schwankungen hinweisen könnten. Die konventionelle Vorrichtung liefert gleichmäßigere und homogenere Ergebnisse, insbesondere bei der Geradheit bei höheren Parameterstufen, und leicht niedrigere Rauheitsmittelwerte nach dem Fertighonen, was auf eine robustere, weniger optimierungsabhängige Leistung hindeutet. Insgesamt übertrifft die strukturoptimierte Vorrichtung die konventionelle in spezifischen Bereichen, während die konventionelle Variante sich durch Konsistenz auszeichnet. Grundsätzlich kann die strukturoptimierte Vorrichtung mit der konventionellen Vorrichtung hinsichtlich Oberflächen- und Formqualität mithalten; allerdings blieb ein markant zu erkennender Unterschied aus. Dies kann darauf zurückzuführen sein, dass der Steifigkeitsverlust beim Wechsel von Stahl zu Aluminium den Effekt der Massereduktion durch die Kombination aus Werkstoffwechsel und Strukturoptimierung stark negiert. Weiterhin können Unterschiede in den Passungen zu unterschiedlicher Dämpfung und somit zu einem instabileren dynamischen Verhalten führen.

Dahingehend sind Versuchsreihen zur Untersuchung der Vorrichtungsdynamik durch die Erfassung der Ausgleichsbewegungen während der Honversuche mit beiden Vorrichtungen in höheren Schnittgeschwindigkeiten geplant. Weiterhin soll die Vorrichtung iterativ strukturell überarbeitet und wieder mit Stahl als Werkstoff additiv gefertigt werden. Die Integration von Sensorik und Aktorik zur Steuerung des dynamischen Verhaltens stellt ebenfalls ein zu verfolgendes Forschungsfeld dar. Das Ziel dabei ist es, eine stabilere Prozessführung für gleichmäßigere Maßhaltigkeit bei hohen Bearbeitungsgeschwindigkeiten durch eine noch massearmere und steifere Vorrichtung mit gezielter Dämpfung potenziell auftretender Schwingungserscheinungen zu erreichen.

Literatur

[1] Flores, G.; Wiens, A.: Grundlagen und Anwendungen des Hones. 2. Auflage, Vulkan-Verlag GmbH, Essen, 2017

[2] Klink, K.; Dellin, M.; Kraushaar, S.: Honen. Umweltbewusst und kostengünstig Fertigen. 2. Auflage, Carl Hanser Verlag, München, 2022

[3] Klocke, F.: Fertigungsverfahren 2. Zerspanung mit geometrisch unbestimmter Schneide. 6. Auflage, Springer-Verlag GmbH, Berlin, 2018

[4] Brecher, C.; Weck, M.: Werkzeugmaschinen Fertigungssysteme 1. Maschinenarten und Anwendungsbereiche. 9. Auflage, Springer-Verlag GmbH, 2019

[5] Klein, S.; Forsch, K.; Maier, R.; Brandstetter, J.; Klein, H.; Bähre, D.: Untersuchung des kinematischen Verhaltens beim Präzisionshonen von Bohrungen. In:

Hoffmeister, H-W.; Denkena, B. (Hrsg.): Jahrbuch Schleifen, Honen, Läppen und Polieren, 67. Ausgabe, Vulkan-Verlag GmbH, Essen, 2015

[6] Klein, S.; Klein, H.; Bähre, D.: Analyse der Prozessdynamik beim Präzisionshonen von Bohrungen. In: Hoffmeister, H-W.; Denkena, B. (Hrsg.): Jahrbuch Schleifen, Honen, Läppen und Polieren, 68. Ausgabe, Vulkan-Verlag GmbH, Essen, 2019

[7] Klein, S.: Untersuchungen der Prozessdynamik beim Präzisionshonen. Dissertation, Universität des Saarlandes, 2020

[8] Güner, M.; Klein, H.; Bähre, D.: Einfluss der Masseverteilung auf die Vorrichtungsdynamik beim Langhub-Innen-Rundhonen. In: Hoffmeister, H-W.; Denkena, B. (Hrsg.): Jahrbuch Schleifen, Honen, Läppen und Polieren, 70. Ausgabe, Vulkan-Verlag GmbH, Essen, 2022

[9] Weck, M.; Brecher, C.: Werkzeugmaschinen 2. Konstruktion und Berechnung. 8. Auflage, VDI-Buch, Springer-Verlag, Berlin; Heidelberg, 2006

[10] Tönshoff, H. K.: Werkzeugmaschinen: Grundlagen. Lehrbuch. Springer-Verlag, Berlin; Heidelberg, 1995

[11] Milberg, J.: Werkzeugmaschinen – Grundlagen. Lehrbuch, Springer-Verlag, Berlin; Heidelberg, 1992

[12] Brecher, C.; Weck, M.: Werkzeugmaschinen Fertigungssysteme 2. Konstruktion, Berechnung und messtechnische Beurteilung. VDI-Buch, Springer-Verlag, Berlin; Heidelberg, 2017

[13] Haasis, G.: Zeitgemäße Vorrichtungsausführungen beim Langhub- und Dornhonen. Qualität in der Fertigung Honen in Forschung und industrieller Anwendung. 2. Fachtagung, 1991, S. 73–100

[14] Klein, S.; Bähre, D.: Analysis of the Movements in Relation to the Degrees of Freedom in Precision Honing. In: 46th SME North American Manufacturing Research Conference, Texas, USA, 2018, S. 286–293

[15] Brecher, C.; Weck, M.: Werkzeugmaschinen Fertigungssysteme 1. Maschinenarten und Anwendungsbereiche. 9. Auflage, Springer-Verlag GmbH, Berlin; Heidelberg, 2019

[16] Ottnad, J.: Topologieoptimierung von Bauteilen in dynamischen und geregelten Systemen. Dissertation, Karlsruher Institut für Technologie, Karlsruhe, 2009

[17] Bendsøe, P.; Sigmund, O.: Topology Optimization: Theory, Methods and Applications. Springer-Verlag, Berlin; Heidelberg, 2003

[18] Lachmayer, R., Lippert, R. B.; Kaierle, S.: Konstruktion für die Additive Fertigung. Springer-Verlag, Berlin; Heidelberg, 2018

[19] Rosen, D.: Research supporting principles for design for additive manufacturing, Virtual and Physical Prototyping. 2014, S. 225–232

[20] Tang, Y.; Hascoet, J-Y.; Zhao, Y.: Integration of Topological and Functional Optimization in Design for Additive Manufacturing. In: Proceedings of the ASME 2014, 12th Biennial Conference on Engineering Systems Design and Analysis, Kopenhagen, Dänemark, 2014

[21] Gibson, L. J.; Ashby, M. F.: Cellular Solids: Structure and Properties. 2. Auflage, Cambridge University Press, Cambridge, Großbritannien, 1997

[22] Tang, Y.; Kurtz, A.; Zhao, Y. F.: Bidirectional Evolutionary Structural Optimization (BESO) based design method for lattice structures to be fabricated by additive manufacturing. Computer.Aided-Design, 2015

[23] Nguyen, J.; Park, S.; Rosen, D.: Heuristic Optimization Method for Cellular Structure Design of Light Weight Components. In: International Journal of Precision Engineering and Manufacturing, 14 (2013) 6, S. 1.071–1.078

[24] Teufelhart, S.: Belastungsoptimiertes Design von Gitterstrukturen für die Additive Fertigung nach dem bionischen Prinzip der kraftflussgerechten Gestaltung. Dissertation, Technische Universität München, 2016

[25] Wang, H.; Rosen, D.: Parametric modeling method for truss structures. In: Proceedings of DETC'02 2002 ASME Design Engineering Technical Conferences and Computers and Information in Engineering Conference, Montreal, Kanada, 2002

[26] Lippert, R. B.: Restriktionsgerechtes Gestalten gewichtsoptimierter Strukturbauteile für das Selektive Laserstrahlschmelzen„Dissertation, Institut für Produktentwicklung und Gerätebau, Gottfried Wilhelm-Leibniz-Universität Hannover, 2018

[27] Kumke, M.: Methodisches Konstruieren von additiv gefertigten Bauteilen. Dissertation, Technische Universität Carolo-Wilhelmina zu Braunschweig, Braunschweig, 2018

[28] Buchbinder, D.: Selective Laser Melting von Aluminiumgusslegierungen. Dissertation RWTH Aachen, Shaker Verlag, Aachen, 2013

[29] Karg, M.: Laserstrahlschmelzen von Metallen. Aktuelle Entwicklungen im Bereich der Additiven Fertigung. Tagungsband, 15. Seminar µLEF 2012 Laser in der Elektronikproduktion und Feinwerktechnik, Meisenbach; Bamberg, 2012, S. 23–236

Honmaschinen, Lohnfertigung und Honwerkzeuge zur wirtschaftlichen Endbearbeitung von hochpräzisen Bohrungen

Patric Mikhai

Das Microcut-Honing-System (**Bild 1**) ist ein Verfahren zur Erreichung minimaler Streuung der Formgenauigkeit, Oberflächengüte und Masshaltigkeit. Das spezifisch für kleine Bohrungen von 0,25 bis 16 mm entwickelte System weist technische und wirtschaftliche Vorteile gegenüber etablierten Verfahren, wie Innenrundschleifen und konventionellem Honen, auf. Die sonic-honing-Technologie vereint Präzision und Produktivität. Mit dieser Entwicklungsstufe konnte die Zerspanungsleistung um den Faktor 4 gesteigert, die Oberflächenrauheit verbessert und die Werkzeugstandzeit verlängert werden.

Im Zuge der allgemeinen Miniaturisierung von Komponenten bietet das Microcut-Honing-System Lösungen für kleine Bohrungen, bei denen etablierte Verfahren prinzipbedingt an ihre Grenzen stoßen.

Ein stets steigender Qualitätsanspruch bei hohem Kostendruck kann einen Verfahrenswechsel zusätzlich begünstigen. Tiefe Werkzeugkosten pro Bohrung sowie ein geringer Platz- und Energiebedarf der Anlagen unterstreichen

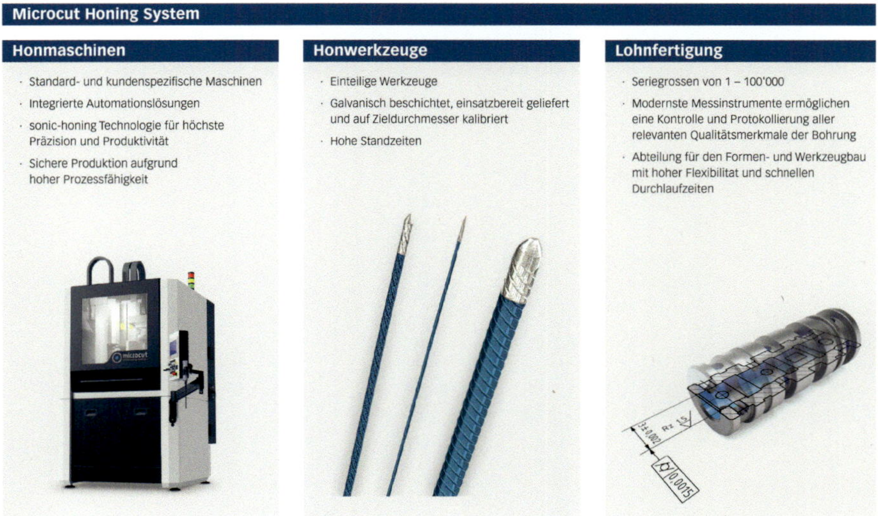

Bild 1: Übersicht über Honmaschinen, Honwerkzeuge und Lohnfertigung

den nachhaltigen Nutzen der hier vorgestellten Technologie. Das Verfahren eignet sich für kleine Stückzahlen, wie beispielsweise im Werkzeug- und Formenbau, aber auch für Großserien in der Automobilindustrie. Die Maschinen sind modular aufgebaut und skalierbar.

Besonders ausgeprägt offenbaren sich die Vorteile bei unterbrochenen Hauptbohrungen mit Freistellungen und Querbohrungen, wie beispielsweise bei Hydraulik-Steuer-Komponenten.

1. Prozess und Werkzeug

Die Formgenauigkeit (Zylinderform) stellt sich automatisch und prozessbedingt ohne Messsteuerung ein. Der Enddurchmesser wird durch das einteilige Werkzeug bestimmt.

Die einteiligen und somit steifen Werkzeuge mit präzise abgerichtetem Maß definieren den Enddurchmesser praktisch unabhängig von den Umgebungsbedingungen, wie beispielsweise der Temperatur. Mit dem Microcut-Honing-System kann auch ein relativ großes Aufmaß abgetragen werden (konischer Werkzeugabschnitt) und der Verschleiß pro Teil ist minimal (zylindrischer Werkzeugabschnitt). Bedingt durch das einlagig beschichtete Werkzeug treten keine spontanen Veränderungen auf (z. B. Kornausbruch).

2. Die Technologie

Die sonic-honing-Technologie (**Bild 2**) baut auf dem Microcut-Honing-System auf und eignet sich für spezifische Anwendungen. Es wird die adaptive Vorschubsteuerung (der Vorschub des Werkzeuges wird in Abhängigkeit des anliegenden Drehmoments geregelt) des Werkzeuges mit einem Schnellhub des

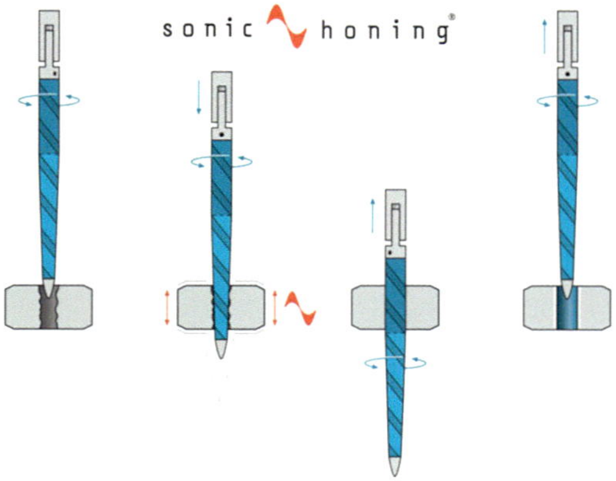

Bild 2: Die sonic-honing-Technologie

Bild 3:
Präzision

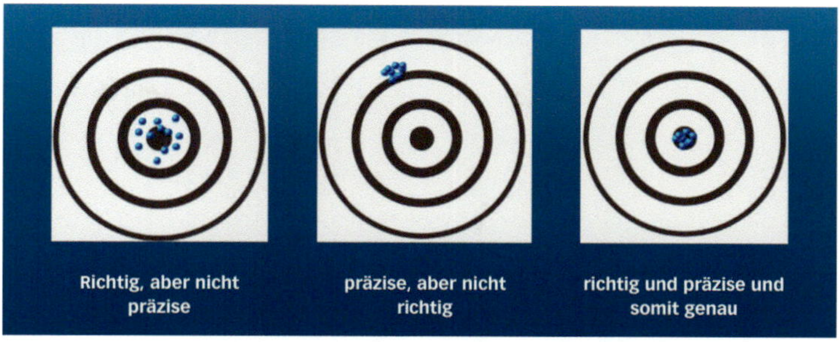

Bild 4:
Luftmessung von 2.500 Bohrungen aus der Serienfertigung

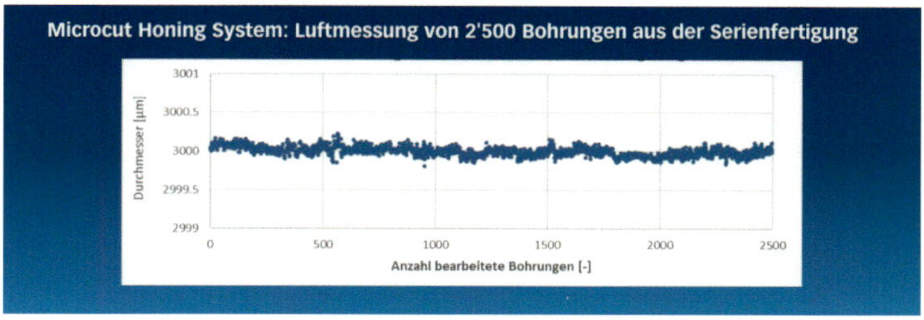

Werkstücks im Schallbereich kombiniert. Erfindungsgemäß wird der Vorschubgeschwindigkeit zumindest abschnittweise eine relative Oszillationsbewegung überlagert, die eine Frequenz in einem Bereich von 30 bis 100 Hz und vorzugsweise eine Amplitude in einem Bereich von 0,5 bis 4 mm aufweist. [1]

Dadurch werden eine Reduktion der Zykluszeit, eine längere Werkzeugstandzeit und feinere Oberflächen bei gleicher Korngröße erreicht.

3. Präzision: Was genau ist das?

Die Präzision (Streuung) ist hoch, wenn die Messwerte nahe aneinander liegen. Die Richtigkeit (Maß) ist hoch, wenn die Messwerte in der Mitte der Zielscheibe sind (**Bild 3**).

Die Prozessfähigkeit *Cpk* ist insbesondere in der Automobilindustrie zur Beurteilung eines Fertigungsprozesses sehr wichtig. Die Prozessfähigkeit liegt typischerweise deutlich über dem *Cpk*-Wert 2, auch bei Toleranzen von 1 µm. In **Bild 4** ist der *Cpk*-Wert 2,73 bei 2.500 Messwerten und einer Standardabweichung von 0,06 µm (1 Sigma).

4. Honmaschinen

Die Honmaschinen der Firma Microcut (**Bild 5**) können mit 1 bis 4 Honspindeln konfiguriert werden. Zudem kann ein Roboter für das ganze Teilehandling di-

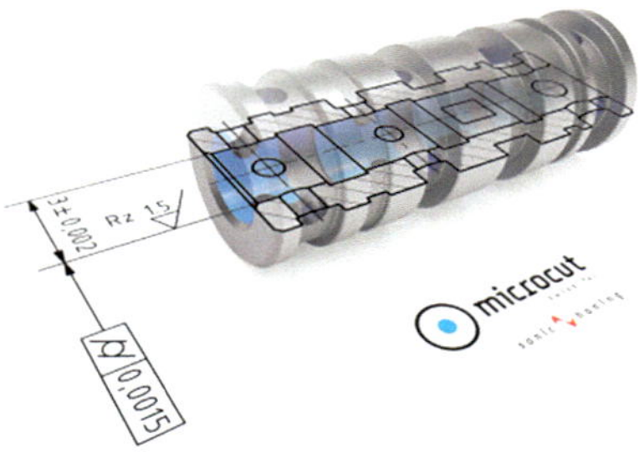

Bild 6: Schieberhülse mit Querbohrungen und höchsten Genauigkeitsanforderungen

Bild 5: Honmaschine

rekt in den Maschineraum integriert werden und ermöglicht dadurch eine kompakte und platzsparende Bauweise. Die Maschine kann aber auch manuell oder von einem externen Handling beladen werden.

5. Werkstück Spanntechnologie: Ein Schlüsselfaktor

Bei schwierigen, beispielsweise dünnwandigen und kleinen, Bauteilen stellt die Werkstück-Spanntechnologie einen wesentlichen Erfolgsfaktor zur Erreichung einer hohen Formqualität und der Automatisierbarkeit dar.

6. Anwendungsbeispiele:

6.1 Vorteile bei hydraulischen Steuerventilen

Schieberhülsen mit Querbohrungen (**Bild 6**) stellen in diversen Industrien, wie beispielsweise in der Luftfahrt- oder der Automobilbranche, hohe Anforderungen an die Zylinderform (Rundheit und Geradheit) der Bohrung und auch an die Oberfläche.

In **Bild 7** ist eine MFU mit 25 Schieberhülsen gezeigt. Es konnten bei allen Kriterien *Cpk*-Werte von mehr als 1,33 erreicht werden. [2]

Da die Microcut-Honing-Werkzeuge einteilig und 350 mm lang beschichtet sind, liegt das Werkzeug im Umfang der Bohrung und auf der vollen Länge überall an. Dies führt dazu, dass die Bohrung bestmöglich in der Geradheit korrigiert werden kann. Zudem ist der Vorteil auch in der Rundheit sichtbar, da die

Bild 7:
MFU mit 25 Schieberhülsen

Messmittel	TalyRond 31					TalySurf	TalySurf	pin gauge
Teilenr.	Rundheit 1: in µm	Rundheit 2: in µm	Rundheit 3: in µm	Rundheit 4: in µm	Zylinderform in µm	Oberflächen-rauheit Rz in µm: Cut off 0.25	Oberflächen-rauheit Rz in µm: Cut off: 0.8	Bohrungs-durchmesser in µm
1	0.19	0.16	0.11	0.15	0.81	0.7814	0.9797	3001
3	0.24	0.17	0.2	0.13	0.86	0.831	1.1577	3001
5	0.17	0.2	0.2	0.13	0.89	0.835	1.1246	3001
7	0.15	0.24	0.11	0.12	1.09	0.929	1.1682	3001
9	0.15	0.19	0.26	0.16	0.82	0.9279	1.1268	3001
11	0.17	0.16	0.16	0.15	0.72	0.809	1.0714	3001
13	0.19	0.2	0.17	0.17	0.97	0.7671	0.978	3001
15	0.15	0.35	0.18	0.14	0.80	0.7343	1.0264	3001
17	0.17	0.17	0.14	0.16	0.93	0.7566	1.126	3001
19	0.15	0.26	0.26	0.15	0.87	0.7484	0.842	3001
21	0.15	0.15	0.52	0.32	0.76	0.7887	1.1281	3001
23	0.31	0.17	0.18	0.18	0.95	0.7449	1.154	3001
25	0.18	0.14	0.17	0.16	0.87	0.8548	1.1575	3001
27	0.2	0.18	0.18	0.17	0.79	0.7735	1.1461	3001
29	0.17	0.18	0.39	0.21	1.01	0.8392	1.1377	3001
31	0.14	0.12	0.11	0.11	0.86	0.8973	1.1523	3001
33	0.18	0.15	0.1	0.1	0.88	0.802	1.1851	3001
35	0.19	0.17	0.45	0.15	0.77	1.0011	1.135	3001
37	0.11	0.16	0.16	0.08	0.83	0.9922	1.0926	3001
39	0.37	0.21	0.18	0.15	0.77	0.7427	1.0615	3001
41	0.13	0.17	0.14	0.25	0.69	0.7978	1.1326	3001
43	0.23	0.14	0.16	0.12	0.89	0.8347	1.1342	3001
45	0.15	0.18	0.14	0.19	0.92	1.0369	1.1332	3001
47	0.12	0.2	0.4	0.17	0.85	0.8973	1.0811	3001
49	0.16	0.14	0.19	0.12	0.80	0.9718	1.1337	3001
Toleranz (obere Grenze)	1	1	1	1	1.5	1.5	1.5	3002.00
Toleranz (untere Grenze)								2998.00
Toleranz obere - untere Grenze								4.00
Mittelwert	0.18	0.18	0.21	0.16	0.88	0.84	1.10	3001.004
Standardabweichung	0.06	0.05	0.11	0.05	0.15	0.09	0.08	0.02
Cpk > 1.33	4.77	5.81	2.36	5.73	1.34	2.44	1.73	16.60
Cp > 1.33								33.33
k								0.50
berechnet nach Verteilung:	normal	normal	normal	normal	normal	normal	normal	normal
Toleranz:	einseitig	einseitig	einseitig	einseitig	einseitig	einseitig	einseitig	beidseitig

Flächenpressung zwischen Werkzeug und Bohrungswand sehr homogen verteilt ist. Bei einem Werkzeug beim konventionellen Honen oder Innenschleifen (kurze Honahle oder Schleifstift), welches kürzer als die Bohrungslänge ist, ändern sich die Kräfte aufgrund der Querbohrung viel stärker, was sich schlussendlich in der Form (insbesondere der Geradheit der Bohrungswand) der gefertigten Bohrung widerspiegelt. Zudem beeinflussen die beiden Hub- und Umkehrpunkte die Zylinderform beim Innenschleifen und konventionellen Honen maßgeblich. Diese müssen permanent überwacht und angepasst werden.

6.2 Verschlussdüsen im Heißkanalsystem

Da bei der Microcut-Honing-Technologie alle Bearbeitungsbewegungen und Kraftmessungen durch das Werkzeug bewerkstelligt werden, können auch kleine, sehr kurze, abgesetzte Bohrungen in relativ großen Einsätzen bearbeitet werden. Die Lage der Bohrung im Werkstück wird dabei nicht verändert. Eine wichtige Anwendung im Spritzwerkzeugbau sind Verschlussdüsen (**Bild 8**). Es ist hierbei wichtig, dass die Nadel sehr exakt dichtet, was eine bestmögliche Form (Rundheit, Zylindrizität), Oberfläche sowie ein exaktes Maß der Bohrung voraussetzt (**Bild 9**). Dadurch wird eine minimale Gratbildung am Spritzteil erreicht. [3]

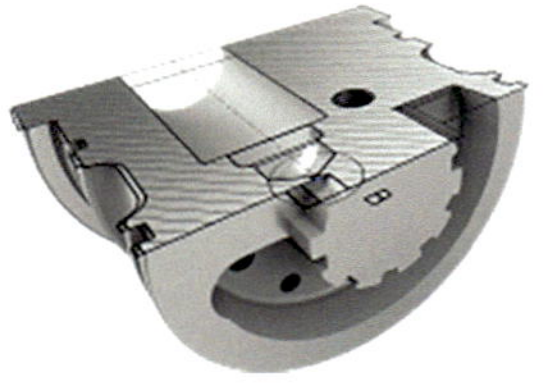

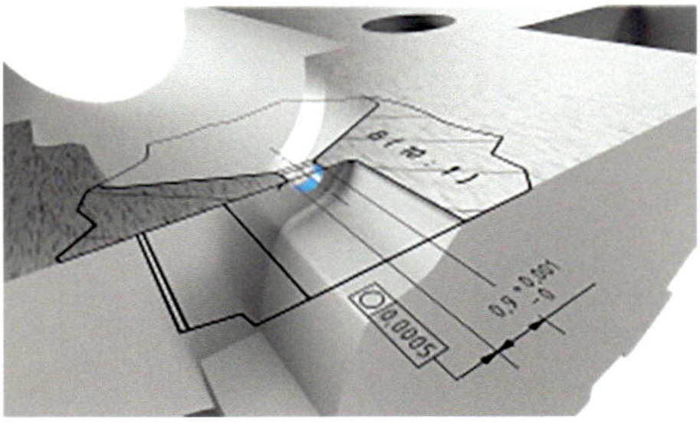

Bild 8: Nadelverschlussdüse

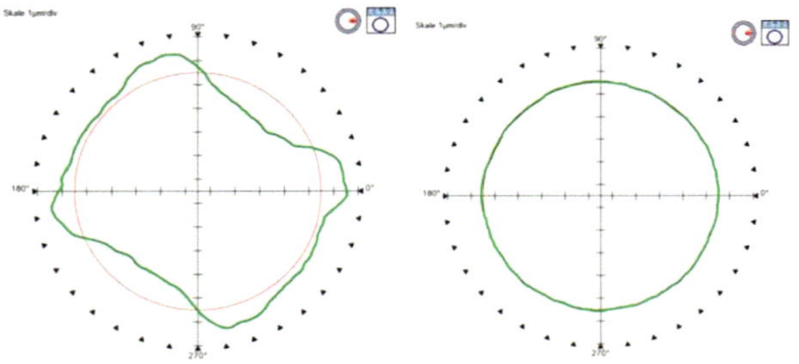

Bild 9: links: Koordinatengeschliffene oder hartgefräste Bohrung mit einer Rundheit von 2,31 µm; rechts: nach dem Microcut®-Honing-Prozess mit einer Rundheit von 0,16 µm

Aufgrund der nun geometrisch viel präziseren Bohrungen kann der Durchmesser der Nadel genauer definiert werden, was zu einem minimalen Paarungsspiel führt. Dadurch wird die Gratbildung am Spritzteil vom ersten Schuss an vermieden, da sich kein Material zwischen Bohrungswand und Nadel befindet. Langwierige Inbetriebnahmen mit Korrekturen am Spritzgusswerkzeug sind nicht mehr notwendig. [4]

6.3 Nadelführungen im Heißkanalsystem

Die Vorteile einer zylindrischen Bohrung mit optimierter Oberfläche zeigen sich vor allem bei Nadelführungen (**Bild 10**) über die Zeit der Produktionsphase: die

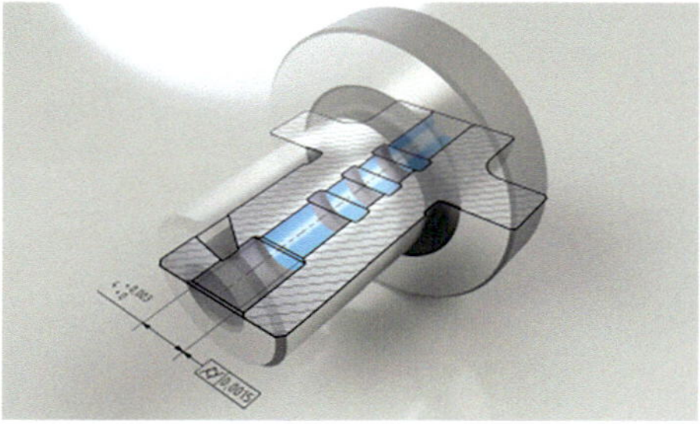

Bild 10: Nadelführung

Heißkanalsysteme können länger auf der Maschine eingesetzt werden, da der Verschleiß an der Nadel und Bohrung kleiner ausfällt. Dies führt zu einer höheren Verfügbarkeit von Maschine und Spritzwerkzeug und weniger Unterhaltsarbeiten am Werkzeug.

6.4 Bohrungsbearbeitung in technischer Keramik mit Fokus auf der Oberflächenverbesserung [5]

Das Werkstück ist ein Röhrchen aus Yttrium stabilisiertem Zirkonoxid. Die Bohrung hat einen Durchmesser von 1,0 +/- 0,02 mm und soll auf einen Enddurchmesser von 1,12 +/- 0,005 mm gehont werden (**Bild 11**).

Die Parameter der Maschine sind:

- Hub: 0,3 mm der sonic-honing-Oszillation
- Frequenz: 37 Hz der sonic-honing-Oszillation
- *Z*-Arbeit vorwärts *v**:8 mm/s
- *S*-Arbeit *n**: 1.200 min^{-1}
- *Wz*-Drehmoment *HC*: 25 mNm
- *Wz*-Auslenk-Kraft *HC**: 0,5 N
- *Z*-Arbeitshub rückwärts: -1 mm
- *Z*-Arbeit rückwärts *v*: 30 mm/s

*: z. T. andere Werte im letzten Prozessschritt (Varianten)

Die Bearbeitung wurde wie folgt durchgeführt:

Von einem Rohdurchmesser von 1,0 mm (Zustand 0) wurde auf 1,07 mm (Zustand 1) mit einem Honwerkzeug mit einlagig gebundenem Diamantkorn D35 gehont. Die nächsten Schritte wurden mit D15 auf 1,105 mm (Zustand 2) und

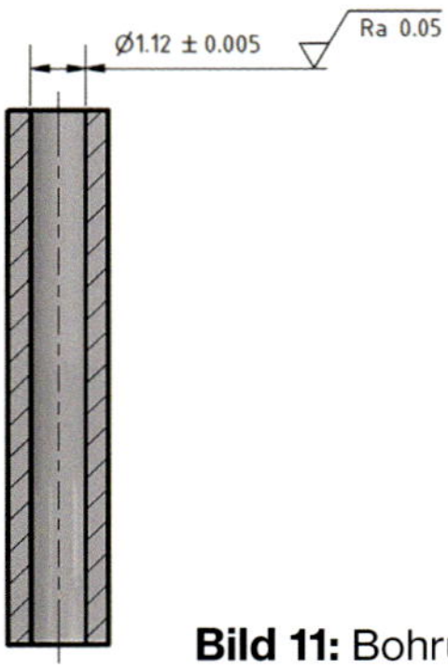

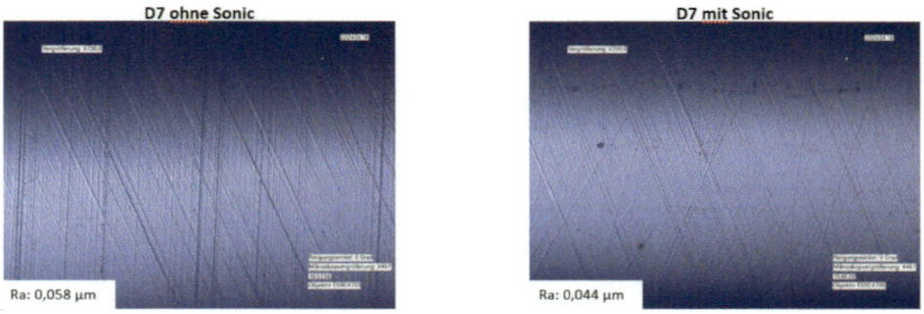

Bild 12: Vergleich von Oberflächenwerten

Bild 11: Bohrungsbearbeitung in technischer Keramik

Honen mit gebundenem Korn				
Zustand:	Werkzeug	Sonic		Ra-Werte [µm]
0				0.124
1	D35	x		0.399
2	D15	x		0.065
3.1	D7			0.058
3.2		x		0.044
Polieren mit losem Korn				
4.1	Stahl	x		0.027
4.2	Kupferbeschichtet	x		0.012

Bild 13: Oberflächenwerte der verschiedenen Honbearbeitungen (Zustand 1–3)

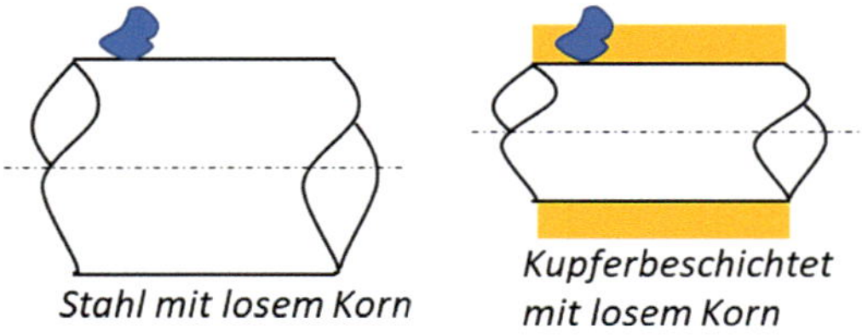

Bild 14: Trägerwerkzeuge

dann mit D7 auf 1,117 mm (Zustand 3) vorgenommen. Jeder dieser Schritte hatte eine Bearbeitungszeit von 80 bis 100 s. Der Prozess konnte optimiert werden, indem in einem Schritt auf 1,105 mm mit D35 geschruppt wurde und mit D7 geschlichtet, um die geforderte Oberflächengüte zu erreichen. Die Gesamtbearbeitungszeit betrug somit noch 180 s, statt vorher 270 s in drei Schritten.

Die Zylinderform lag bei < 1,5 µm bei einer Teilelänge von 6 mm.

Mit dem Honwerkzeug mit gebundenem D7-Korn konnte ein *Ra*-Wert von 0,058 µm erreicht werden. Der Einsatz von der sonic-honing-Oszillation zeigte einen besseren Oberflächenwert von *Ra* = 0,044 µm, statt 0,058 µm ohne sonic (**Bild 12**).

Bild 13 zeigt die Oberflächenwerte der verschiedenen Honbearbeitungen (Zustand 1 bis 3) und Werte für das Polieren mit losem Korn (Zustand 4). Das Trägerwerkzeug war Stahl oder Stahl mit Kupfer beschichtet (**Bild 14**).

Die besten Oberflächenwerte konnten mit einem kupferbeschichteten Werkzeug und losem Korn erreicht werden (**Bild 15**).

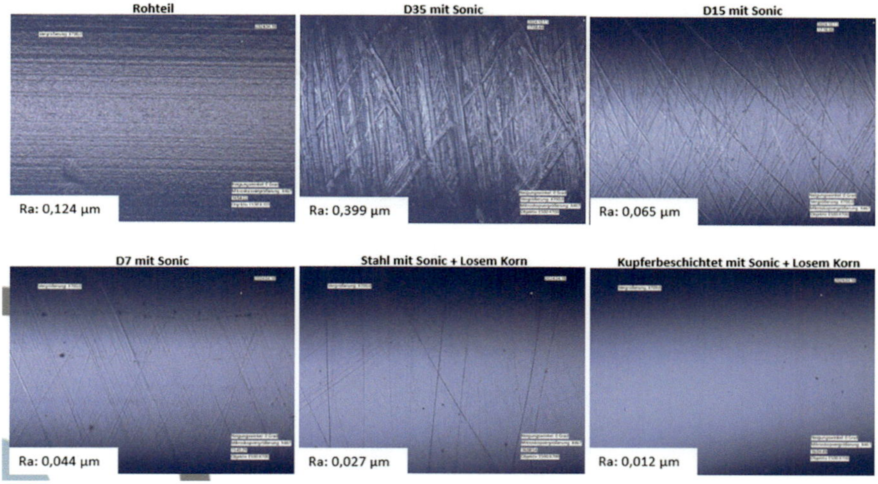

Bild 15: Vergleich verschiedener Oberflächenwerte

7. Fazit

Durch den Einsatz der Microcut-Honing-Technologie können Bohrungen unterhalb von 16 mm im Durchmesser präzise, effizient und somit wirtschaftlich gefertigt werden. Die Microcut-Honing-Technologie bietet systembedingte Vorteile auch bei Bohrungen mit Querlöchern oder Freistellungen. Die Anlagen sind für alle Seriengrößen konfigurierbar.

Literatur

[1] Europäisches Patent Nr. EP3681673: Verfahren und Vorrichtungen zur Feinbearbeitung von zylindrischen Werkstückflächen. Patentinhaber: Microcut Ltd

[2] Mikhail, P.: Effiziente Endbearbeitung von Bohrungen mittels Honmaschinen. In: Schleifen und Polieren, 3 (2023), Fachverlag Möller, S. 60–63

[3] Mikhail, P.: Innovatives Honsystem für die Feinstbearbeitung von Heißkanalsystemen. In: Der Stahlformenbauer, 5 (2024), Fachverlag Möller, S. 22–26

[4] Mikhail, P: Fachbuch Honen Umweltbewusst und kostengünstig fertigen. 2. überarbeitete und erweiterte Auflage, Hanser Verlag, 2022, S. 132–136

[5] Costan, J.: Microcut Honing System: Hochpräzise Endbearbeitung von Bohrungen mit Durchmesser 0,015 mm bis 16 mm in technischer Keramik. Fraunhofer Fachtagung, IAK-Keramikbearbeitung, 17.10.2024

Autoren

Prof. Dr.-Ing. Jan C. Aurich
Lehrstuhl für Fertigungstechnik
und Betriebsorganisation
Technische Universität
Kaiserslautern
Gottlieb-Daimler-Straße
67663 Kaiserslautern

Prof. Dr.-Ing. Bahman Azarhoushang
KSF-Institut
Hochschule Furtwangen
Katharinenstraße 2
78532 Tuttlingen

Univ.-Prof. Dr.-Ing. Dirk Bähre
Lehrstuhl für Fertigungstechnik
Universität des Saarlandes
Campus
66123 Saarbrücken

M. Sc. Saeed Behjat
KSF-Institut
Hochschule Furtwangen
Katharinenstraße 2
78532 Tuttlingen

Dr.-Ing. Benjamin Bergmann
Leibniz Universität Hannover
Institut für Fertigungstechnik
und Werkzeugmaschinen
An der Universität 2
30823 Garbsen

Prof. Dr.-Ing. Thomas Bergs
MTI – Manufacturing Technology
Institute
RWTH Aachen University
Campus-Boulevard 30
52074 Aachen

M. Sc. Fabian Bieg
Institut für Werkzeugmaschinen
Universität Stuttgart
Holzgartenstraße 17
70174 Stuttgart

Prof. Dr.-Ing. Prof. h.c. Dirk Biermann
Institut für Spanende Fertigung
Technische Universität Dortmund
Baroper Straße 303
44227 Dortmund

Dipl.-Ing. (BA) Jochen Brandstetter
KADIA Produktion GmbH + Co.
Fabrikstraße 2
72622 Nürtingen

M. Sc. Peter Breuer
MTI – Manufacturing Technology
Institute
RWTH Aachen University
Campus-Boulevard 30
52074 Aachen

Dr. Sebastian Brodbeck
VOLLMER WERKE
Maschinenfabrik GmbH
Ehinger Straße 34
88400 Biberach/Riß

M. Sc. Fabian Brüssel
MTI – Manufacturing Technology
Institute
RWTH Aachen University
Campus-Boulevard 30
52074 Aachen

Jesper Dahlmann
Seco Tools A/S
Björnbacksvägen 2
737 82 Fagersta, Schweden

Prof. Dr.-Ing. Berend Denkena
Leibniz Universität Hannover
Institut für Fertigungstechnik
und Werkzeugmaschinen
An der Universität 2
30823 Garbsen

Prof. Dr.-Ing. Martin Dix
Fraunhofer-Institut für Werkzeug-
maschinen und Umformtechnik
Reichenhainer Straße 88
09126 Chemnitz

Stefan Fabbro
Vormals tätig bei:
Inspire AG
Technoparkstrasse 1
CH-8005 Zürich, Schweiz
Aktuell tätig bei:
Hilti AG
Feldkircher Strasse 100
9494 Schaan, Liechtenstein

M. Sc. Malik Farhat
Institut für Werkzeugmaschinen
und Fabrikbetrieb
Technische Universität Berlin
Pascalstraße 8–9
10587 Berlin

Dr.-Ing. Markus Feldhoff
Alfred H. Schütte GmbH & Co. KG
Alfred-Schütte-Allee 76
51105 Köln

Dr. Gerd Fischer
LUKAS-ERZETT GmbH & Co. KG
Gebrüder-Lukas-Straße 1
51766 Engelskirchen

M. Sc. Adrian Fried
Institut für Werkzeugmaschinen
Universität Stuttgart
Holzgartenstraße 17
70174 Stuttgart

Lutz Gaida
Saint-Gobain Abrasives GmbH
Schützenwall 13–17
22844 Norderstedt

Dipl.-Ing. (FH) Jens Gentzen
Fraunhofer-Institut für Werkzeug-
maschinen und Umformtechnik
Reichenhainer Straße 88
09126 Chemnitz

Ali Gharaei
Vormals tätig bei:
Inspire AG
Technoparkstrasse 1
CH-8005 Zürich, Schweiz
Aktuell tätig bei:
Bühler AG
Gupfenstrasse 5
CH-9240 Uzwil, Schweiz

Dr. Gunnar Grecksch
VDS – Verband Deutscher Schleif-
mittelwerke e.V.
Oxfordstraße 8
53111 Bonn

Dr.-Ing. Nikolai Guba
BTA-Tiefbohrsysteme GmbH
Hainkämpe 12
28832 Achim

M. Sc. Murat Güner
Lehrstuhl für Fertigungstechnik
Universität des Saarlandes
Campus
66123 Saarbrücken

M. Sc. Daniel Gutsche
Institut für Werkzeugmaschinen
Universität Stuttgart
Holzgartenstraße 17
70174 Stuttgart

Arndt Hauger
VOLLMER WERKE
Maschinenfabrik GmbH
Ehinger Straße 34
88400 Biberach/Riß

Prof. Dr.-Ing. habil. Carsten Heinzel
Leibniz-Institut für Werkstoff-
orientierte Technologien
Universität Bremen
Badgasteiner Straße 3
28359 Bremen

Dr. Jonas Heinzel
Schaeffler Technologies AG
& Co. KG
Industriestraße 1–3
91074 Herzogenaurach

Andreas Hertreiter
Schaeffler Technologies AG
& Co. KG
Industriestraße 1–3
91074 Herzogenaurach

Ronald Hörmann
Saint-Gobain Diamant-
werkzeuge GmbH
Schützenwall 13–17
22844 Norderstedt

M. Sc. Anton Hoyer
Institut für Werkzeugmaschinen
und Fabrikbetrieb
Technische Universität Berlin
Pascalstraße 8–9
10587 Berlin

Dr.-Ing. Tobias Hüsemann
Leibniz-Institut für Werkstoff-
orientierte Technologien
Universität Bremen
Badgasteiner Straße 3
28359 Bremen

Nils Illing
Institut für Spanende Fertigung
Technische Universität Dortmund
Baroper Straße 303
44227 Dortmund

Mert Ilten
Inspire AG
Technoparkstrasse 1
CH-8005 Zürich, Schweiz

Prof. Dr.-Ing. habil. Prof. h.c. Dr. h.c. Dr. h.c. Bernhard Karpuschewski
Leibniz-Institut für Werkstoff-
orientierte Technologien
Universität Bremen
Badgasteiner Straße 3
28359 Bremen

Dr.-Ing. Jahangir Khosravi
KSF-Institut
Hochschule Furtwangen
Katharinenstraße 2
78532 Tuttlingen

Dr.-Ing. Monika Kipp
Institut für Spanende Fertigung
Technische Universität Dortmund
Baroper Straße 303
44227 Dortmund

Dr.-Ing. habil. Benjamin Kirsch
Lehrstuhl für Fertigungstechnik
und Betriebsorganisation
Technische Universität
Kaiserslautern
Gottlieb-Daimler-Straße
67663 Kaiserslautern

Vitali Klamm
Mitsubishi Electric Europe B.V.
Mitsubishi-Electric-Platz 1
40882 Ratingen

Dipl.-Wi.-Ing. Henning Klein
KADIA Produktion GmbH + Co.
Fabrikstr. 2
72622 Nürtingen

M. Sc. Marco Kopp
Institut für Werkzeugmaschinen
und Fabrikbetrieb
Technische Universität Berlin
Pascalstraße 8–9
10587 Berlin

M. Sc. Robin Krage
Fraunhofer-Institut für Werkzeug-
maschinen und Umformtechnik
Reichenhainer Straße 88
09126 Chemnitz

Dr. Michal Kuffa
Inspire AG
Technoparkstrasse 1
CH-8005 Zürich, Schweiz

M. Sc. Gerrit Kuhlmann
Leibniz-Institut für Werkstoff-
orientierte Technologien
Universität Bremen
Badgasteiner Straße 3
28359 Bremen

M. Sc. Sven-Erik Lang
Lehrstuhl für Fertigungstechnik
Universität des Saarlandes
Campus
66123 Saarbrücken

Dr.-Ing. Lars Langenhorst
Leibniz-Institut für Werkstoff-
orientierte Technologien
Universität Bremen
Badgasteiner Straße 3
28359 Bremen

Dr. Lucas Marra
Vormals tätig bei:
Inspire AG
Technoparkstrasse 1
CH-8005 Zürich, Schweiz
Aktuell tätig bei:
Leibniz Universität Hannover
Institut für Fertigungstechnik
und Werkzeugmaschinen
An der Universität 2
30823 Garbsen

Dr. Patric Mikhail
Microcut AG
Rolliweg 21
CH-2543 Lengnau BE
Schweiz

Prof. Dr.-Ing. Hans-Christian Möhring
Institut für Werkzeugmaschinen
Universität Stuttgart
Holzgartenstraße 17
70174 Stuttgart

M. Sc. Jan Peters
Institut für Spanende Fertigung
Technische Universität Dortmund
Baroper Straße 303
44227 Dortmund

Dr.-Ing. Sebastian Prinz
MTI – Manufacturing Technology Institute
RWTH Aachen University
Campus-Boulevard 30
52074 Aachen

Thomas Rabe
Krebs & Riedel Schleifscheibenfabrik GmbH & Co. KG
Bremer Straße 44
34385 Bad Karlshafen

Jannik Röttger, M. Sc. RWTH
EMAG Maschinenfabrik GmbH
Austraße 24
73084 Salach

Hermann Schall
Krebs & Riedel Schleifscheibenfabrik GmbH & Co. KG
Bremer Straße 44
34385 Bad Karlshafen

Fulko Scheffold
VOLLMER WERKE
Maschinenfabrik GmbH
Ehinger Straße 34
88400 Biberach/Riß

Adrian Scheitza
Lehrstuhl für Fertigungstechnik
und Betriebsorganisation
Technische Universität Kaiserslautern
Gottlieb-Daimler-Straße
67663 Kaiserslautern

Alexander Schmid
VOLLMER WERKE
Maschinenfabrik GmbH
Ehinger Straße 34
88400 Biberach/Riß

Dr. Stephan Scholze
Agathon AG
Gurzelenstrasse 1
4512 Bellach, Schweiz

M. Sc. Maximilian Michael Tontsch
Leibniz Universität Hannover
Institut für Fertigungstechnik
und Werkzeugmaschinen
An der Universität 2
30823 Garbsen

Prof. Dr. h. c. Dr.-Ing. Eckart Uhlmann
Institut für Werkzeugmaschinen
und Fabrikbetrieb (IWF)
Technische Universität Berlin sowie
Fraunhofer-Institut für Produktionsanlagen und Konstruktionstechnik IPK
Pascalstraße 8–9
10587 Berlin

Waldemar Unrau
Märkisches Werk GmbH
Haus Heide 21
58553 Halver

Dr.-Ing. Marijke van der Meer
Krebs & Riedel Schleifscheiben-
fabrik GmbH & Co. KG
Bremer Straße 44
34385 Bad Karlshafen

M. Sc. Lukas Konstantin Vogel
Institut für Spanende Fertigung
Technische Universität Dortmund
Baroper Straße 303
44227 Dortmund

Lennard Vorwerk-Handing
Fritz Studer AG
3607 Thun, Schweiz

Dr.-Ing. Daniel Weber
Lehrstuhl für Fertigungstechnik
und Betriebsorganisation
Technische Universität
Kaiserslautern
Gottlieb-Daimler-Straße
67663 Kaiserslautern

Dr.-Ing. Steffen Weber
Krebs & Riedel Schleifscheiben-
fabrik GmbH & Co. KG
Bremer Straße 44
34385 Bad Karlshafen

Prof. em. Dr.-Ing. Dr. h.c.
Konrad Wegener
Inspire AG
Technoparkstrasse 1
CH-8005 Zürich, Schweiz

Alphabetisches Firmenverzeichnis

ANCA Europe GmbH
Im Technologiepark 15
69469 Weinheim
Deutschland
Tel.: +49 620 184 669 0
gerinfo@anca.com
www.anca.com

Comet Schleiftechnik GmbH
Im Pottaschwald 5
66386 St. Ingbert
Deutschland
Tel.: +49 6894 9650 0
mail@comet-d.de
www.comet-d.de

FLP Microfinishing GmbH
Thura Mark 5
06780 Zörbig
Deutschland
Tel.: +49 34956 397 0
Fax: +49 34956 397 19
info@flp-microfinishing.de
www.flp-microfinishing.de

Fritz Studer AG
Thunstraße 15
3612 Steffisburg
Schweiz
Tel.: +41 33 439 11 11
Fax: +41 33 439 11 12
info@studer.com
www.studer.com

Krebs & Riedel Schleifscheibenfabrik GmbH & Co. KG
Bremer Straße 44
34385 Bad Karlshafen
Deutschland
Tel.: +49 5672 184 0
mail@krebs-riedel.de
www.krebs-riedel.de

Lapmaster Wolters GmbH
Büsumer Str. 96
24768 Rendsburg
Deutschland
Tel.: +49 4331458 0
Fax: +49 4331458 290
info@lapmaster-wolters.de
www.lapmaster-wolters.de

Microcut AG
Rolliweg 21
2543 Lengnau
Schweiz
Tel.: +41 32 654 15 15
info@microcut.ch
www.microcut.ch

Produktverzeichnis

Abrichtwerkzeuge

Krebs & Riedel Schleifscheiben-fabrik GmbH & Co. KG
Bremer Straße 44
34385 Bad Karlshafen
Deutschland
Tel.: +49 5672 184 0
mail@krebs-riedel.de
www.krebs-riedel.de

Bornitrid-Schleifkörper

Krebs & Riedel Schleifscheiben-fabrik GmbH & Co. KG
Bremer Straße 44
34385 Bad Karlshafen
Deutschland
Tel.: +49 5672 184 0
mail@krebs-riedel.de
www.krebs-riedel.de

Bornitrid-Schleifscheiben

Krebs & Riedel Schleifscheiben-fabrik GmbH & Co. KG
Bremer Straße 44
34385 Bad Karlshafen
Deutschland
Tel.: +49 5672 184 0
mail@krebs-riedel.de
www.krebs-riedel.de

Bornitrid-Schleifscheiben, keramisch gebunden

Krebs & Riedel Schleifscheiben-fabrik GmbH & Co. KG
Bremer Straße 44
34385 Bad Karlshafen
Deutschland
Tel.: +49 5672 184 0
mail@krebs-riedel.de
www.krebs-riedel.de

Bornitrid-Schleifstifte

KREBS
KREBS & RIEDEL

Krebs & Riedel Schleifscheiben-fabrik GmbH & Co. KG
Bremer Straße 44
34385 Bad Karlshafen
Deutschland
Tel.: +49 5672 184 0
mail@krebs-riedel.de
www.krebs-riedel.de

CBN-Schleifscheiben

KREBS
KREBS & RIEDEL

Krebs & Riedel Schleifscheiben-fabrik GmbH & Co. KG
Bremer Straße 44
34385 Bad Karlshafen
Deutschland
Tel.: +49 5672 184 0
mail@krebs-riedel.de
www.krebs-riedel.de

CBN-Schleifstifte

KREBS
KREBS & RIEDEL

Krebs & Riedel Schleifscheiben-fabrik GmbH & Co. KG
Bremer Straße 44
34385 Bad Karlshafen
Deutschland
Tel.: +49 5672 184 0
mail@krebs-riedel.de
www.krebs-riedel.de

Diamantabrichtrollen

KREBS
KREBS & RIEDEL

Krebs & Riedel Schleifscheiben-fabrik GmbH & Co. KG
Bremer Straße 44
34385 Bad Karlshafen
Deutschland
Tel.: +49 5672 184 0
mail@krebs-riedel.de
www.krebs-riedel.de

Diamantpellets

KREBS
KREBS & RIEDEL

Krebs & Riedel Schleifscheiben-fabrik GmbH & Co. KG
Bremer Straße 44
34385 Bad Karlshafen
Deutschland
Tel.: +49 5672 184 0
mail@krebs-riedel.de
www.krebs-riedel.de

Diamantschleifscheiben

KREBS
KREBS & RIEDEL

Krebs & Riedel Schleifscheiben-fabrik GmbH & Co. KG
Bremer Straße 44
34385 Bad Karlshafen
Deutschland
Tel.: +49 5672 184 0
mail@krebs-riedel.de
www.krebs-riedel.de

Diamantschleifstifte

KREBS
KREBS & RIEDEL

Krebs & Riedel Schleifscheiben-fabrik GmbH & Co. KG
Bremer Straße 44
34385 Bad Karlshafen
Deutschland
Tel.: +49 5672 184 0
mail@krebs-riedel.de
www.krebs-riedel.de

Diamantschleifstifte, keramisch gebunden

KREBS
KREBS & RIEDEL

Krebs & Riedel Schleifscheiben-fabrik GmbH & Co. KG
Bremer Straße 44
34385 Bad Karlshafen
Deutschland
Tel.: +49 5672 184 0
mail@krebs-riedel.de
www.krebs-riedel.de

Diamant- und CBN-Schleifwerkzeuge

Krebs & Riedel Schleifscheiben-fabrik GmbH & Co. KG
Bremer Straße 44
34385 Bad Karlshafen
Deutschland
Tel.: +49 5672 184 0
mail@krebs-riedel.de
www.krebs-riedel.de

Doppel-Flachschleifscheiben

Krebs & Riedel Schleifscheiben-fabrik GmbH & Co. KG
Bremer Straße 44
34385 Bad Karlshafen
Deutschland
Tel.: +49 5672 184 0
mail@krebs-riedel.de
www.krebs-riedel.de

Flach- und Rundläppmaschinen

Teil der NAGEL Gruppe

FLP Microfinishing GmbH
Thura Mark 5
06780 Zörbig
Deutschland
Tel.: +49 34956 397 0
Fax: +49 34956 397 19
info@flp-microfinishing.de
www.flp-microfinishing.de

Hochgeschwindigkeits-Schleifscheiben

Krebs & Riedel Schleifscheiben-fabrik GmbH & Co. KG
Bremer Straße 44
34385 Bad Karlshafen
Deutschland
Tel.: +49 5672 184 0
mail@krebs-riedel.de
www.krebs-riedel.de

Hochgeschwindigkeits-Schleifscheiben, keramisch gebunden

Krebs & Riedel Schleifscheiben-fabrik GmbH & Co. KG
Bremer Straße 44
34385 Bad Karlshafen
Deutschland
Tel.: +49 5672 184 0
mail@krebs-riedel.de
www.krebs-riedel.de

Honen

Krebs & Riedel Schleifscheiben-fabrik GmbH & Co. KG
Bremer Straße 44
34385 Bad Karlshafen
Deutschland
Tel.: +49 5672 184 0
mail@krebs-riedel.de
www.krebs-riedel.de

Hon-, Läpp- und Polierwerkzeuge

FLP Microfinishing GmbH
Thura Mark 5
06780 Zörbig
Deutschland
Tel.: +49 34956 397 0
Fax: +49 34956 397 19
info@flp-microfinishing.de
www.flp-microfinishing.de

Krebs & Riedel Schleifscheiben-fabrik GmbH & Co. KG
Bremer Straße 44
34385 Bad Karlshafen
Deutschland
Tel.: +49 5672 184 0
mail@krebs-riedel.de
www.krebs-riedel.de

Lapmaster Wolters GmbH
Büsumer Str. 96
24768 Rendsburg
Deutschland
Tel.: +49 4331458 0
Fax: +49 4331458 290
info@lapmaster-wolters.de
www.lapmaster-wolters.de

Honwerkzeuge

Krebs & Riedel Schleifscheiben-fabrik GmbH & Co. KG
Bremer Straße 44
34385 Bad Karlshafen
Deutschland
Tel.: +49 5672 184 0
mail@krebs-riedel.de
www.krebs-riedel.de

Konische und verjüngte Schleifscheiben

Krebs & Riedel Schleifscheiben-fabrik GmbH & Co. KG
Bremer Straße 44
34385 Bad Karlshafen
Deutschland
Tel.: +49 5672 184 0
mail@krebs-riedel.de
www.krebs-riedel.de

Läppwerkzeuge

FLP Microfinishing GmbH
Thura Mark 5
06780 Zörbig
Deutschland
Tel.: +49 34956 397 0
Fax: +49 34956 397 19
info@flp-microfinishing.de
www.flp-microfinishing.de

Planparallel-Schleifmaschinen

FLP Microfinishing GmbH
Thura Mark 5
06780 Zörbig
Deutschland
Tel.: +49 34956 397 0
Fax: +49 34956 397 19
info@flp-microfinishing.de
www.flp-microfinishing.de

Lapmaster Wolters GmbH
Büsumer Str. 96
24768 Rendsburg
Deutschland
Tel.: +49 4331458 0
Fax: +49 4331458 290
info@lapmaster-wolters.de
www.lapmaster-wolters.de

Schleifkörper, auf Tragscheiben befestigt

Krebs & Riedel Schleifscheiben-fabrik GmbH & Co. KG
Bremer Straße 44
34385 Bad Karlshafen
Deutschland
Tel.: +49 5672 184 0
mail@krebs-riedel.de

Schleifkörper aus gebundenen Schleifmitteln

Krebs & Riedel Schleifscheiben-fabrik GmbH & Co. KG
Bremer Straße 44
34385 Bad Karlshafen
Deutschland
Tel.: +49 5672 184 0
mail@krebs-riedel.de

Schleifmittel, elastische

KREBS
KREBS & RIEDEL

Krebs & Riedel Schleifscheiben-fabrik GmbH & Co. KG
Bremer Straße 44
34385 Bad Karlshafen
Deutschland
Tel.: +49 5672 184 0
mail@krebs-riedel.de
www.krebs-riedel.de

Schleif-, Läpp- und Poliermittel, pulverförmig

FLP MICROFINISHING
Teil der NAGEL Gruppe

FLP Microfinishing GmbH
Thura Mark 5
06780 Zörbig
Deutschland
Tel.: +49 34956 397 0
Fax: +49 34956 397 19
info@flp-microfinishing.de
www.flp-microfinishing.de

LAPMASTER WOLTERS

Lapmaster Wolters GmbH
Büsumer Str. 96
24768 Rendsburg
Deutschland
Tel.: +49 4331458 0
Fax: +49 4331458 290
info@lapmaster-wolters.de
www.lapmaster-wolters.de

Schleifringe

KREBS
KREBS & RIEDEL

Krebs & Riedel Schleifscheiben-fabrik GmbH & Co. KG
Bremer Straße 44
34385 Bad Karlshafen
Deutschland
Tel.: +49 5672 184 0
mail@krebs-riedel.de

Schleifscheiben

Krebs & Riedel Schleifscheiben-fabrik GmbH & Co. KG
Bremer Straße 44
34385 Bad Karlshafen
Deutschland
Tel.: +49 5672 184 0
mail@krebs-riedel.de

Schleifsegmente

Krebs & Riedel Schleifscheiben-fabrik GmbH & Co. KG
Bremer Straße 44
34385 Bad Karlshafen
Deutschland
Tel.: +49 5672 184 0
mail@krebs-riedel.de

Schleifstifte

Krebs & Riedel Schleifscheiben-fabrik GmbH & Co. KG
Bremer Straße 44
34385 Bad Karlshafen
Deutschland
Tel.: +49 5672 184 0
mail@krebs-riedel.de

Schleif- und Läppmaschinen

Lapmaster Wolters GmbH
Büsumer Str. 96
24768 Rendsburg
Deutschland
Tel.: +49 4331458 0
Fax: +49 4331458 290
info@lapmaster-wolters.de
www.lapmaster-wolters.de

Schleif- und Poliermittel

LAPMASTER WOLTERS

Lapmaster Wolters GmbH
Büsumer Str. 96
24768 Rendsburg
Deutschland
Tel.: +49 4331458 0
Fax: +49 4331458 290
info@lapmaster-wolters.de
www.lapmaster-wolters.de

Schleif- und Polierscheiben

KREBS
KREBS & RIEDEL

Krebs & Riedel Schleifscheiben-fabrik GmbH & Co. KG
Bremer Straße 44
34385 Bad Karlshafen
Deutschland
Tel.: +49 5672 184 0
mail@krebs-riedel.de

Schrupp-Schleifscheiben, hochtourige

KREBS
KREBS & RIEDEL

Krebs & Riedel Schleifscheiben-fabrik GmbH & Co. KG
Bremer Straße 44
34385 Bad Karlshafen
Deutschland
Tel.: +49 5672 184 0
mail@krebs-riedel.de

Sonderschleifscheiben

KREBS
KREBS & RIEDEL

Krebs & Riedel Schleifscheiben-fabrik GmbH & Co. KG
Bremer Straße 44
34385 Bad Karlshafen
Deutschland
Tel.: +49 5672 184 0
mail@krebs-riedel.de

Sonderwerkzeuge

KREBS
KREBS & RIEDEL

Krebs & Riedel Schleifscheiben-fabrik GmbH & Co. KG
Bremer Straße 44
34385 Bad Karlshafen
Deutschland
Tel.: +49 5672 184 0
mail@krebs-riedel.de

Sonstige Poliermaschinen

LAPMASTER WOLTERS

Lapmaster Wolters GmbH
Büsumer Str. 96
24768 Rendsburg
Deutschland
Tel.: +49 4331458 0
Fax: +49 4331458 290
info@lapmaster-wolters.de
www.lapmaster-wolters.de

Sonstige Schleifwerkzeuge und Schleifzubehör

KREBS
KREBS & RIEDEL

Krebs & Riedel Schleifscheiben-fabrik GmbH & Co. KG
Bremer Straße 44
34385 Bad Karlshafen
Deutschland
Tel.: +49 5672 184 0
mail@krebs-riedel.de

Tellerschleifscheiben

KREBS
KREBS & RIEDEL

Krebs & Riedel Schleifscheiben-fabrik GmbH & Co. KG
Bremer Straße 44
34385 Bad Karlshafen
Deutschland
Tel.: +49 5672 184 0
mail@krebs-riedel.de

Topfschleifscheiben

KREBS
KREBS & RIEDEL

Krebs & Riedel Schleifscheiben-fabrik GmbH & Co. KG
Bremer Straße 44
34385 Bad Karlshafen
Deutschland
Tel.: +49 5672 184 0
mail@krebs-riedel.de

Trennschleifscheiben

KREBS
KREBS & RIEDEL

Krebs & Riedel Schleifscheiben-fabrik GmbH & Co. KG
Bremer Straße 44
34385 Bad Karlshafen
Deutschland
Tel.: +49 5672 184 0
mail@krebs-riedel.de

Trennschleifscheiben in Kunstharzbindung

KREBS
KREBS & RIEDEL

Krebs & Riedel Schleifscheiben-fabrik GmbH & Co. KG
Bremer Straße 44
34385 Bad Karlshafen
Deutschland
Tel.: +49 5672 184 0
mail@krebs-riedel.de

Verzahnungswerkzeuge

KREBS
KREBS & RIEDEL

Krebs & Riedel Schleifscheiben-fabrik GmbH & Co. KG
Bremer Straße 44
34385 Bad Karlshafen
Deutschland
Tel.: +49 5672 184 0
mail@krebs-riedel.de

Werkzeugschleifen

Krebs & Riedel Schleifscheiben-fabrik GmbH & Co. KG
Bremer Straße 44
34385 Bad Karlshafen
Deutschland
Tel.: +49 5672 184 0
mail@krebs-riedel.de